高职高专"十三五"规划教材——安全技术系列

危险化学品安全技术

第二版

张　荣　张晓东　编
练学宁　主审

化学工业出版社

·北京·

《危险化学品安全技术》突出了高等职业教育特点，从培养应用型技术人才的目的出发，力求做到理论和实际相结合，理论以"必需"和"够用"为度，对复杂知识力求简化和通俗化，紧扣生产实际。

本书主要介绍职业安全管理法律法规、危险化学品基础知识、防火防爆技术、电气安全技术、化工单元操作的基本安全技术、典型化学反应的基本安全技术、化工机械设备的安全运行与管理、危险化学品包装与运输、危险化学品储存、危险化学品经营、职业危害及预防、风险控制与事故应急处置等有关知识。为方便读者学习，书后附有《危险化学品安全管理条例》及危险化学品安全技术说明书及习题参考答案。

本教材既可作为高职院校安全技术类专业的教材，也可以作为化工类专科层次安全技术课程教材或参考书。

图书在版编目（CIP）数据

危险化学品安全技术/张荣，张晓东编．—2 版．—北京：化学工业出版社，2016.11（2025.1 重印）
高职高专"十三五"规划教材——安全技术系列
ISBN 978-7-122-28287-3

Ⅰ.①危…　Ⅱ.①张…②张…　Ⅲ.①化工产品-危险物品管理-安全管理-高等职业教育-教材　Ⅳ.①TQ086.5

中国版本图书馆 CIP 数据核字（2016）第 249639 号

责任编辑：张双进　　　　　　　　　　　装帧设计：王晓宇
责任校对：吴　静

出版发行：化学工业出版社（北京市东城区青年湖南街 13 号　邮政编码 100011）
印　　刷：三河市航远印刷有限公司
装　　订：三河市宇新装订厂
787mm×1092mm　1/16　印张 17¾　字数 470 千字　　2025 年 1 月北京第 2 版第 9 次印刷

购书咨询：010-64518888　　　　　　　　售后服务：010-64518899
网　　址：http://www.cip.com.cn
凡购买本书，如有缺损质量问题，本社销售中心负责调换。

定　　价：39.00 元

化工安全技术类教学指导委员会

安全技术类教材编审委员会

FOREWORD 前言

　　危险化学品安全技术课程是安全技术专业类重要核心课程，《危险化学品安全技术》教材出版到现在已有近七年时间，其间国家对危险化学品安全管理出台和修订了部分管理制度和标准，因此，全国石油和化工职业教育教学指导委员会高职化工安全及环保类专业委员会组织相关院校教师和企业工程技术人员，对本书进行了修订。主要对教材第二章进行全面修订，增加了第十二章风险控制与事故应急处置，对各章节与现行法规和标准不符合内容进行修订。通过修订该教材对高职院校安全技术类专业的教学更具有针对性，对化工类企业单位也具有参考价值。

　　本书由张荣、张晓东编写，练学宁主审。参加教材修订和指导的人员有金万祥、周福富、郝宏强、刘景良、其乐木格、邓启华、王虎、周筱、贺小兰、纵孟、曲弦和王雨。

　　本教材在编写过程中得到了重庆化工职业学院、徐州工业职业技术学院、金华职业技术学院、河北化工医药职业技术学院、天津职业大学、呼和浩特职业学院、四川化工职业技术学院、扬凌职业技术学院、重庆科技学院、重庆化医控股（集团）公司和重庆紫光化工有限责任公司有关领导和专家的大力支持与帮助，编写过程中参阅和引用了大量文献资料和相关著作，在此一并表示感谢。

　　由于编者水平及实际工作经验等方面的限制，书中难免有不妥之处，敬请读者和同行们批评指正。

编　者

2016 年 8 月

FOREWORD 第一版前言

　　随着高等职业教育的迅猛发展，依据全国化工高职教育安全技术类专业教学指导委员会组织制定的安全技术类专业教学计划，组织全国高等职业技术学院的教师编写了《危险化学品安全技术》教材。该教材既可作为高职院校安全技术类专业的教材，也可作为化工类专科层次安全技术课程教材或参考书。

　　在编写过程中，从培养技术应用型人才的目的出发，力求做到理论和实际相结合，理论以"必需"和"够用"为度，对复杂知识力求简化和通俗化，紧扣生产实际。本书主要介绍职业安全管理法律法规，危险化学品基础知识，防火防爆技术，电气安全技术，化工单元操作的基本安全技术，典型化学反应的基本安全技术，化工机械设备的安全运行与管理，危险化学品包装与运输，危险化学品储存，危险化学品经营和职业危害及预防等有关知识。

　　《危险化学品安全技术》一书由张荣、张晓东编写，练学宁主审。全书共分十一章，张荣编写第一、二、四、八、九、十和十一章，张晓东编写三、五、六和七章。全书由张荣统稿整理。

　　本教材在编写过程中得到了重庆化工职工大学、徐州工业职业技术学院、重庆化医控股(集团)公司、重庆长寿化工有限责任公司和重庆紫光化工有限责任公司有关领导和专家的大力支持与帮助，编写过程中参阅和引用了大量文献资料和相关著作，在此一并表示感谢。由于编者水平及实际工作经验等方面的限制，书中难免有不妥之处，敬请读者和同行们批评指正。

编　者

2009 年 5 月

CONTENTS 目录

第一章　职业安全管理法律法规⋯⋯⋯ 001
　第一节　我国安全生产状况 ⋯⋯⋯⋯⋯ 001
　　一、安全生产发展史 ⋯⋯⋯⋯⋯⋯⋯ 001
　　二、安全生产现状 ⋯⋯⋯⋯⋯⋯⋯⋯ 003
　　三、安全生产目标 ⋯⋯⋯⋯⋯⋯⋯⋯ 004
　第二节　危险化学品安全管理的重要性 ⋯⋯ 005
　　一、危险化学品事故介绍 ⋯⋯⋯⋯⋯ 005
　　二、危险化学品安全事故案例 ⋯⋯⋯ 006
　　案例一　电子厂正己烷群体职业中毒
　　　　　　事故 ⋯⋯⋯⋯⋯⋯⋯⋯⋯ 006
　　案例二　汽车罐车违章维修火灾爆炸
　　　　　　事故 ⋯⋯⋯⋯⋯⋯⋯⋯⋯ 007
　　案例三　安全防护不周三氯乙烯中毒
　　　　　　事故 ⋯⋯⋯⋯⋯⋯⋯⋯⋯ 008
　　案例四　清釜工聚氯乙烯中毒死亡
　　　　　　事故 ⋯⋯⋯⋯⋯⋯⋯⋯⋯ 008
　　案例五　冒险清除作业导致窒息伤害
　　　　　　事故 ⋯⋯⋯⋯⋯⋯⋯⋯⋯ 009
　　三、加强危险化学品安全管理的重要
　　　　意义 ⋯⋯⋯⋯⋯⋯⋯⋯⋯⋯⋯ 010
　第三节　职业安全生产法律法规 ⋯⋯⋯ 010
　习题 ⋯⋯⋯⋯⋯⋯⋯⋯⋯⋯⋯⋯⋯⋯ 013
第二章　危险化学品基础知识 ⋯⋯⋯⋯ 015
　第一节　安全标志 ⋯⋯⋯⋯⋯⋯⋯⋯⋯ 015
　　一、安全标志意义 ⋯⋯⋯⋯⋯⋯⋯⋯ 015
　　二、安全标志类型 ⋯⋯⋯⋯⋯⋯⋯⋯ 015
　第二节　危险化学品概述 ⋯⋯⋯⋯⋯⋯ 015
　　一、化学品及危险化学品概念 ⋯⋯⋯ 015
　　二、危险化学品危害 ⋯⋯⋯⋯⋯⋯⋯ 016
　　三、危险化学品危害控制的一般原则 ⋯ 016
　第三节　危险化学品分类 ⋯⋯⋯⋯⋯⋯ 016
　　一、爆炸物 ⋯⋯⋯⋯⋯⋯⋯⋯⋯⋯⋯ 017
　　二、易燃气体 ⋯⋯⋯⋯⋯⋯⋯⋯⋯⋯ 017
　　三、易燃气溶胶 ⋯⋯⋯⋯⋯⋯⋯⋯⋯ 018
　　四、氧化性气体 ⋯⋯⋯⋯⋯⋯⋯⋯⋯ 018
　　五、压力下气体 ⋯⋯⋯⋯⋯⋯⋯⋯⋯ 018
　　六、易燃液体 ⋯⋯⋯⋯⋯⋯⋯⋯⋯⋯ 019
　　七、易燃固体 ⋯⋯⋯⋯⋯⋯⋯⋯⋯⋯ 019
　　八、自反应物质 ⋯⋯⋯⋯⋯⋯⋯⋯⋯ 019
　　九、自热物质 ⋯⋯⋯⋯⋯⋯⋯⋯⋯⋯ 020

　　十、自燃液体 ⋯⋯⋯⋯⋯⋯⋯⋯⋯⋯ 020
　　十一、自燃固体 ⋯⋯⋯⋯⋯⋯⋯⋯⋯ 020
　　十二、遇水放出易燃气体的物质 ⋯⋯ 021
　　十三、金属腐蚀物 ⋯⋯⋯⋯⋯⋯⋯⋯ 021
　　十四、氧化性液体 ⋯⋯⋯⋯⋯⋯⋯⋯ 021
　　十五、氧化性固体 ⋯⋯⋯⋯⋯⋯⋯⋯ 022
　　十六、有机过氧化物 ⋯⋯⋯⋯⋯⋯⋯ 022
　　十七、急性毒性 ⋯⋯⋯⋯⋯⋯⋯⋯⋯ 023
　　十八、皮肤腐蚀/刺激 ⋯⋯⋯⋯⋯⋯⋯ 023
　　十九、严重眼睛损伤/眼睛刺激性 ⋯⋯ 023
　　二十、呼吸或皮肤过敏 ⋯⋯⋯⋯⋯⋯ 024
　　二十一、生殖细胞突变性 ⋯⋯⋯⋯⋯ 024
　　二十二、致癌性 ⋯⋯⋯⋯⋯⋯⋯⋯⋯ 025
　　二十三、生殖毒性 ⋯⋯⋯⋯⋯⋯⋯⋯ 025
　　二十四、特异性靶器官系统毒性一次
　　　　　　接触 ⋯⋯⋯⋯⋯⋯⋯⋯⋯ 026
　　二十五、特异性靶器官系统毒性反复
　　　　　　接触 ⋯⋯⋯⋯⋯⋯⋯⋯⋯ 026
　　二十六、吸入危险 ⋯⋯⋯⋯⋯⋯⋯⋯ 026
　　二十七、对水环境的危害 ⋯⋯⋯⋯⋯ 026
　第四节　危险化学品的安全标签 ⋯⋯⋯ 027
　　一、危险化学品安全标签的定义 ⋯⋯ 027
　　二、化学品安全标签的内容 ⋯⋯⋯⋯ 027
　　三、标签使用注意事项 ⋯⋯⋯⋯⋯⋯ 027
　第五节　危险化学品的安全技术说明书 ⋯⋯ 029
　　一、危险化学品安全技术说明书的
　　　　定义 ⋯⋯⋯⋯⋯⋯⋯⋯⋯⋯⋯ 029
　　二、危险化学品安全技术说明书的主要
　　　　作用 ⋯⋯⋯⋯⋯⋯⋯⋯⋯⋯⋯ 029
　　三、危险化学品安全技术说明书的
　　　　内容 ⋯⋯⋯⋯⋯⋯⋯⋯⋯⋯⋯ 029
　　四、使用要求 ⋯⋯⋯⋯⋯⋯⋯⋯⋯⋯ 030
　　五、氯的安全技术说明书样张 ⋯⋯⋯ 030
　第六节　事故案例 ⋯⋯⋯⋯⋯⋯⋯⋯⋯ 030
　　案例　多人氯气中毒事件 ⋯⋯⋯⋯⋯ 030
　习题 ⋯⋯⋯⋯⋯⋯⋯⋯⋯⋯⋯⋯⋯⋯ 032
第三章　防火防爆技术 ⋯⋯⋯⋯⋯⋯⋯ 033
　第一节　燃烧 ⋯⋯⋯⋯⋯⋯⋯⋯⋯⋯⋯ 033
　　一、燃烧及燃烧条件 ⋯⋯⋯⋯⋯⋯⋯ 033
　　二、燃烧的种类 ⋯⋯⋯⋯⋯⋯⋯⋯⋯ 033

三、引燃源 ·········· 034
四、燃烧产物 ·········· 035
第二节　爆炸 ·········· 035
一、爆炸的含义 ·········· 035
二、爆炸的分类 ·········· 035
三、爆炸极限 ·········· 036
第三节　火灾爆炸的形成及总体预防 ·········· 037
一、火灾发生的条件 ·········· 037
二、火灾与爆炸事故 ·········· 038
三、预防火灾与爆炸事故的基本措施 ·········· 039
第四节　防火防爆安全措施 ·········· 041
一、灭火措施 ·········· 041
二、防火防爆安全装置 ·········· 045
三、火灾爆炸事故的处置要点 ·········· 046
第五节　事故案例 ·········· 047
案例一　某石化公司合成橡胶厂丙烯回收
　　　　罐发生闪爆 ·········· 047
案例二　印度博帕尔农药厂毒气泄漏
　　　　事故 ·········· 048
习题 ·········· 049

第四章　电气安全技术 ·········· 051
第一节　电气事故概述 ·········· 051
一、电气事故类型及危害 ·········· 051
二、电气事故特点 ·········· 051
第二节　触电及防护 ·········· 051
一、触电事故 ·········· 052
二、触电防护技术 ·········· 053
第三节　危险场所电气安全 ·········· 055
一、火灾爆炸危险场所电气安全 ·········· 055
二、电气防火防爆技术 ·········· 056
第四节　静电危害及控制 ·········· 057
一、静电的产生 ·········· 057
二、静电的危害 ·········· 058
三、静电控制技术 ·········· 059
第五节　雷电危害及防护 ·········· 060
一、雷电的危害 ·········· 060
二、防雷技术 ·········· 061
第六节　事故案例 ·········· 062
一、电气安全 ·········· 062
二、静电安全 ·········· 063
三、雷电安全 ·········· 063
习题 ·········· 063

第五章　化工单元操作的基本安全
　　　　技术 ·········· 065
第一节　物料输送 ·········· 065
一、固体块状物料和粉状物料输送 ·········· 065
二、液态物料输送 ·········· 066

三、气体物料输送 ·········· 067
第二节　加热 ·········· 068
一、直接火加热 ·········· 068
二、水蒸气、热水加热 ·········· 068
三、载体加热 ·········· 069
四、电加热 ·········· 069
第三节　冷却、冷凝与冷冻 ·········· 070
一、冷却、冷凝 ·········· 070
二、冷冻 ·········· 070
第四节　粉碎与筛分 ·········· 071
一、粉碎 ·········· 071
二、筛分 ·········· 072
第五节　熔融与混合 ·········· 072
一、熔融 ·········· 072
二、混合 ·········· 073
第六节　过滤 ·········· 074
一、过滤操作概述 ·········· 074
二、过滤的安全要点 ·········· 074
第七节　蒸发与干燥 ·········· 074
一、蒸发 ·········· 074
二、干燥 ·········· 075
第八节　蒸馏 ·········· 076
一、蒸馏操作概述 ·········· 076
二、蒸馏的安全要点 ·········· 076
第九节　事故案例 ·········· 077
案例一　压缩机爆炸事故 ·········· 077
案例二　离心机伤人事故 ·········· 077
案例三　干燥操作爆炸事故 ·········· 078
案例四　粉碎操作爆炸事故 ·········· 078
习题 ·········· 078

第六章　典型化学反应的基本安全技术 ·········· 080
第一节　氧化 ·········· 080
一、氧化反应及其应用 ·········· 080
二、氧化的危险性分析 ·········· 081
三、氧化的安全技术要点 ·········· 082
第二节　还原 ·········· 082
一、还原反应及其应用 ·········· 082
二、还原的危险性分析 ·········· 083
三、还原的安全技术要点 ·········· 083
第三节　硝化 ·········· 084
一、硝化反应及其应用 ·········· 084
二、硝化的危险性分析 ·········· 084
三、硝化的安全技术要点 ·········· 085
第四节　磺化 ·········· 085
一、磺化反应及其应用 ·········· 085
二、磺化的危险性分析 ·········· 086
三、磺化的安全技术要点 ·········· 086
第五节　烷基化 ·········· 086

一、烷基化反应及其应用 …………… 086
二、烷基化的危险性分析 …………… 087
三、烷基化的安全技术要点 ………… 087
第六节　氯化 …………………………… 087
一、氯化反应及其应用 ……………… 087
二、氯化的危险性分析 ……………… 088
三、氯化的安全技术要点 …………… 088
第七节　电解 …………………………… 089
一、电解及其应用 …………………… 089
二、食盐水电解的危险性分析 ……… 089
三、食盐水电解的安全技术要点 …… 089
第八节　聚合 …………………………… 090
一、聚合反应及其应用 ……………… 090
二、聚合的危险性分析 ……………… 091
三、聚合的安全技术要点 …………… 092
第九节　催化 …………………………… 092
一、催化反应及应用 ………………… 092
二、催化反应的危险性分析 ………… 092
三、常见催化反应的安全技术要点 … 093
第十节　化工工艺参数的安全控制 …… 093
一、准确控制反应温度 ……………… 093
二、严格控制操作压力 ……………… 094
三、精心控制投料的速度、配比和
　　顺序 …………………………… 094
四、有效控制物料纯度和副反应 …… 094
第十一节　事故案例 …………………… 095
案例一　硝化反应锅爆炸事故 ……… 095
案例二　氨合成气爆炸事故 ………… 095
案例三　液氯气化锅爆炸事故 ……… 095
案例四　氯乙烯爆炸事故 …………… 096
习题 ……………………………………… 096

第七章　化工机械设备的安全运行与
　　　　管理 …………………………… 098
第一节　特种设备安全监察 …………… 098
一、概述 ……………………………… 098
二、特种设备的监督管理 …………… 098
三、特种设备使用单位的责任 ……… 099
第二节　锅炉 …………………………… 100
一、锅炉概述 ………………………… 100
二、锅炉安全装置 …………………… 101
三、锅炉的安全使用管理 …………… 102
四、锅炉的安全运行 ………………… 103
五、锅炉事故及原因分析 …………… 104
第三节　压力容器 ……………………… 105
一、压力容器概述 …………………… 105
二、压力容器的安全装置 …………… 106
三、压力容器的安全使用管理 ……… 107
四、压力容器安全运行 ……………… 108

第四节　气瓶 …………………………… 110
一、气瓶概述 ………………………… 110
二、气瓶安全附件 …………………… 111
三、气瓶的充装 ……………………… 112
四、气瓶的安全使用与维护 ………… 113
五、气瓶事故及预防措施 …………… 113
第五节　压力管道 ……………………… 114
一、压力管道概述 …………………… 114
二、压力管道的安全使用管理 ……… 115
三、压力管道安全技术 ……………… 115
第六节　起重机械 ……………………… 116
一、起重机械概述 …………………… 116
二、起重机械的安全装置 …………… 117
三、起重机械事故及原因分析 ……… 118
四、起重吊运的基本安全要求 ……… 119
第七节　化工机械设备安全检修 ……… 120
一、检修前的准备 …………………… 120
二、装置的安全停车 ………………… 121
三、装置停车后的安全处理 ………… 121
四、检修中的特殊作业 ……………… 123
五、装置的安全开车 ………………… 126
第八节　事故案例 ……………………… 127
案例一　气瓶爆炸事故案例 ………… 127
案例二　高压管道爆炸着火事故 …… 128
案例三　锅炉爆炸事故 ……………… 129
案例四　检修违章动火事故 ………… 129
习题 ……………………………………… 130

第八章　危险化学品包装与运输 ……… 132
第一节　危险化学品包装类别及要求 … 132
一、常用包装术语 …………………… 132
二、危险化学品包装的有关规定 …… 133
三、包装类别 ………………………… 133
四、包装的基本要求 ………………… 133
第二节　危险化学品包装容器 ………… 134
一、金属包装 ………………………… 134
二、木质包装 ………………………… 135
三、纸质包装 ………………………… 135
四、塑料包装 ………………………… 136
五、陶瓷包装 ………………………… 136
第三节　危险化学品包装标志及标记
　　　　代号 …………………………… 136
一、包装标志 ………………………… 136
二、标记代号 ………………………… 137
第四节　危险化学品运输安全管理 …… 142
一、危险化学品运输管理 …………… 142
二、危险化学品运输资质认定 ……… 142
三、危险化学品运输的要求 ………… 143
四、剧毒化学品运输 ………………… 144

第五节　事故案例 ⋯⋯⋯⋯⋯⋯⋯⋯⋯ 145
案例一　汽车槽车倾覆造成氰化钠泄漏
事故 ⋯⋯⋯⋯⋯⋯⋯⋯ 145
案例二　押运硅铁造成中毒死亡事故 ⋯⋯ 145
案例三　驾驶员操作失误导致纯苯泄漏
事故 ⋯⋯⋯⋯⋯⋯⋯⋯ 146
案例四　油罐车油罐爆炸事故 ⋯⋯⋯⋯ 147
习题 ⋯⋯⋯⋯⋯⋯⋯⋯⋯⋯⋯⋯⋯⋯⋯ 147

第九章　危险化学品储存 ⋯⋯⋯⋯⋯⋯ 149
第一节　危险化学品储存分类 ⋯⋯⋯⋯ 149
一、易燃易爆性物品的分类 ⋯⋯⋯⋯⋯ 149
二、毒害性物品的分类 ⋯⋯⋯⋯⋯⋯ 150
三、腐蚀性物品的分类 ⋯⋯⋯⋯⋯⋯ 150
第二节　危险化学品储存的要求和条件 ⋯⋯ 151
一、危险化学品储存安全管理要求 ⋯⋯⋯ 151
二、危险化学品储存的基本要求 ⋯⋯⋯ 152
三、危险化学品储存的条件 ⋯⋯⋯⋯ 152
第三节　危险化学品储存安排 ⋯⋯⋯⋯ 156
一、危险化学品储存方式 ⋯⋯⋯⋯⋯ 156
二、危险化学品堆垛 ⋯⋯⋯⋯⋯⋯ 156
三、危险化学品储存安排 ⋯⋯⋯⋯⋯ 157
第四节　危险化学品储存养护 ⋯⋯⋯⋯ 158
一、易燃易爆性物品 ⋯⋯⋯⋯⋯⋯ 158
二、腐蚀性物品 ⋯⋯⋯⋯⋯⋯⋯⋯ 159
三、毒害性物品 ⋯⋯⋯⋯⋯⋯⋯⋯ 159
第五节　危险化学品出入库管理 ⋯⋯⋯ 160
一、入库要求 ⋯⋯⋯⋯⋯⋯⋯⋯⋯ 160
二、出库要求 ⋯⋯⋯⋯⋯⋯⋯⋯⋯ 160
三、其他要求 ⋯⋯⋯⋯⋯⋯⋯⋯⋯ 160
第六节　危险化学品储存安全操作 ⋯⋯⋯ 161
一、易燃易爆性物品 ⋯⋯⋯⋯⋯⋯ 161
二、腐蚀性物品 ⋯⋯⋯⋯⋯⋯⋯⋯ 161
三、毒害性物品 ⋯⋯⋯⋯⋯⋯⋯⋯ 161
第七节　危险化学品储存应急情况处理 ⋯⋯ 161
一、易燃易爆性物品 ⋯⋯⋯⋯⋯⋯ 161
二、腐蚀性物品 ⋯⋯⋯⋯⋯⋯⋯⋯ 162
三、毒害性物品 ⋯⋯⋯⋯⋯⋯⋯⋯ 163
第八节　废弃危险化学品处置 ⋯⋯⋯⋯ 164
一、废弃危险化学品处置的原则和基本
原理 ⋯⋯⋯⋯⋯⋯⋯⋯⋯⋯⋯ 165
二、废弃危险化学品处置方法 ⋯⋯⋯⋯ 165
第九节　事故案例 ⋯⋯⋯⋯⋯⋯⋯⋯ 165
案例一　汽油瓶保管不当引起火灾爆炸
事故 ⋯⋯⋯⋯⋯⋯⋯⋯ 165
案例二　库房存放金属镁自燃起火
事故 ⋯⋯⋯⋯⋯⋯⋯⋯ 166
案例三　深圳市清水河特大爆炸火灾
事故 ⋯⋯⋯⋯⋯⋯⋯⋯ 166

案例四　大华化工厂储存化学品爆炸
事故 ⋯⋯⋯⋯⋯⋯⋯⋯ 167
习题 ⋯⋯⋯⋯⋯⋯⋯⋯⋯⋯⋯⋯⋯⋯ 168

第十章　危险化学品经营 ⋯⋯⋯⋯⋯ 170
第一节　危险化学品经营管理 ⋯⋯⋯⋯ 170
一、危险化学品经营许可制度 ⋯⋯⋯⋯ 170
二、经营条件 ⋯⋯⋯⋯⋯⋯⋯⋯⋯ 170
三、经营和购买危险化学品的规定 ⋯⋯ 171
第二节　剧毒化学品的经营 ⋯⋯⋯⋯⋯ 171
一、购买剧毒化学品应遵守的规定 ⋯⋯ 171
二、销售剧毒化学品应遵守的规定 ⋯⋯ 171
第三节　汽车加油加气站的经营 ⋯⋯⋯ 172
一、加油加气站基本知识 ⋯⋯⋯⋯⋯ 172
二、站址的选择与平面布置 ⋯⋯⋯⋯ 177
三、工艺及设施 ⋯⋯⋯⋯⋯⋯⋯⋯ 178
四、卸油、加油和加气作业 ⋯⋯⋯⋯ 182
第四节　事故案例 ⋯⋯⋯⋯⋯⋯⋯⋯ 186
案例一　加油机发生爆炸 ⋯⋯⋯⋯⋯ 186
案例二　卸油过程中发生溢油 ⋯⋯⋯⋯ 186
习题 ⋯⋯⋯⋯⋯⋯⋯⋯⋯⋯⋯⋯⋯⋯ 187

第十一章　职业危害及防护 ⋯⋯⋯⋯ 188
第一节　职业卫生基础知识 ⋯⋯⋯⋯⋯ 188
一、职业卫生 ⋯⋯⋯⋯⋯⋯⋯⋯⋯ 188
二、职业病范围 ⋯⋯⋯⋯⋯⋯⋯⋯ 189
三、职业病的预防 ⋯⋯⋯⋯⋯⋯⋯ 189
四、职业卫生的三级预防原则 ⋯⋯⋯⋯ 190
五、职业病患者的确认和待遇 ⋯⋯⋯⋯ 190
第二节　职业危害及预防 ⋯⋯⋯⋯⋯⋯ 190
一、中毒与防毒 ⋯⋯⋯⋯⋯⋯⋯⋯ 190
二、粉尘危害及预防 ⋯⋯⋯⋯⋯⋯⋯ 192
三、物理性危害因素及预防 ⋯⋯⋯⋯ 193
第三节　个体防护 ⋯⋯⋯⋯⋯⋯⋯⋯ 194
一、呼吸系统防护 ⋯⋯⋯⋯⋯⋯⋯ 194
二、头部防护 ⋯⋯⋯⋯⋯⋯⋯⋯⋯ 195
三、眼、面部防护 ⋯⋯⋯⋯⋯⋯⋯ 195
四、皮肤的防护 ⋯⋯⋯⋯⋯⋯⋯⋯ 195
五、手、足部的防护 ⋯⋯⋯⋯⋯⋯⋯ 196
第四节　事故案例 ⋯⋯⋯⋯⋯⋯⋯⋯ 196
案例一　急性苯中毒 ⋯⋯⋯⋯⋯⋯⋯ 196
案例二　急性氨中毒 ⋯⋯⋯⋯⋯⋯⋯ 196
习题 ⋯⋯⋯⋯⋯⋯⋯⋯⋯⋯⋯⋯⋯⋯ 197

第十二章　风险控制与事故应急处置 ⋯ 199
第一节　危险化学品生产过程风险控制 ⋯⋯ 199
一、风险控制的基本知识 ⋯⋯⋯⋯⋯ 199
二、安全技术控制 ⋯⋯⋯⋯⋯⋯⋯ 200
三、危险化学品安全管理控制 ⋯⋯⋯⋯ 203
第二节　重大危险源的辨识 ⋯⋯⋯⋯⋯ 203

一、重大危险源的定义 ·············· 203
二、重大危险源的分类 ·············· 203
三、重大危险源的辨识 ·············· 203
第三节　事故调查与处理 ·············· 204
一、事故概述 ·············· 205
二、安全生产事故的分级 ·············· 205
三、事故报告制度 ·············· 206
四、事故调查 ·············· 206
五、事故处理 ·············· 206
六、事故赔偿 ·············· 207
第四节　事故应急救援 ·············· 207

一、应急救援预案的基本要求 ·············· 207
二、应急救援预案体系的构成 ·············· 207
三、应急救援预案的主要内容 ·············· 208
四、应急救援预案的演练 ·············· 208
习题 ·············· 208
附录一　危险化学品安全管理条例 ······ 210
附录二　危险化学品安全技术说明书 ··· 227
习题参考答案 ·············· 270
参考文献 ·············· 272

第一章　职业安全管理法律法规

化学品是指天然的或人造的各种化学元素组成的单质、化合物和混合物。

化学品已成为人类生存和生活不可缺少的一部分，随着人类生产和生活的不断发展和提高，人类使用化学品的品种、数量在迅速增加。目前已知的化学品已达 1000 余万种，日常使用的约有 700 余万种，年产量超过 4 亿吨，年总产值已超过 1 万亿美元。随着科学技术的进步，每年还有 1000 余种化学品问世。

化学工业是基础工业，既以其技术和产品服务于其他工业，也制约着其他工业的发展。化学工业和化学品的安全，是国民经济健康持续发展的重要保障条件之一。但是，由于不少化学品因其固有的易燃、易爆、有毒、有害的危险特性，容易发生群死群伤和重大财产损失的火灾、爆炸或中毒事故，因此，加强危险化学品安全管理，保障危险化学品在生产、经营、储存、运输、使用以及废弃物处置过程的安全，降低其危害、污染的风险，已引起世界各国的高度重视。

第一节　我国安全生产状况

事故易发期是工业化进程中必然要经历的阶段，用马克思的话来说是"自然的惩罚"。工伤事故状况与国家工业发展的基础水平、速度和规模等因素密切相关。认清我国安全生产历史、现状和奋斗目标，有利于提高安全管理水平。

一、安全生产发展史

1. 安全生产方针和管理体制初创时期（1949～1965 年）

1952 年，第二次全国劳动保护工作会议明确：要坚持"安全第一"的方针和"管生产必须管安全"的原则。1954 年，新中国制定的第一部《宪法》，把加强劳动保护、改善劳动条件作为国家的基本政策确定下来。同时出台了"三大规程"等行政法规，即《建筑安装工程安全技术规程》、《工人职员伤亡事故报告规程》和《工厂安全卫生规程》，建立了由劳动部门综合监管、行政部门具体管理的安全生产工作体制，劳动者的安全状况从根本上得到了改善。但从 1958 年下半年开始，由于"大跃进"时期忽视科学规律，冒险蛮干，只讲生产，不讲安全，大量削减安全设施，片面追求高经济指标，导致事故上升。随着 1961 年开始的经济调整，安全生产工作进行调整，全国相继开展了安全生产大检查、安全生产教育、严肃处理伤亡事故、加强安全生产责任制等广泛的群众运动；1963 年，国务院颁布了《关于加强企业生产中安全工作的几项规定》，恢复重建安全生产秩序，事故明显下降。

2. 受"文革"冲击时期（1966～1977 年）

"文革"期间，安全生产和劳动保护被抨击为"资产阶级活命哲学"，规章制度被视为"管、卡、压"，企业管理受到严重冲击，导致事故频发。政府和企业安全管理一度失控，1971～1973 年，工矿企业年平均事故死亡 16119 人，较 1962～1967 年增长 2.7 倍。

3. 恢复和创新发展时期（1978～2012 年）

该时期又可以分为以下三个阶段。

（1）恢复和整顿提高阶段（1978～1991 年）　　粉碎"四人帮"后，治理经济环境和整顿经济秩序，为加强安全生产创造了较好的宏观环境。1978 年 12 月召开的中国共产党十一届三中全会，确立了改革开放的方针。《中华人民共和国刑法》（新刑法），对安全生产方面的犯罪作了更为明确具体的规定；国务院颁布了《矿山安全条例》、《矿山安全监察条例》和《锅炉压力容器安全监察条例》、《中共中央关于认真做好劳动保护工作的通知》（中央〈78〉76 号文件）和《国务院批准国家劳动总局、卫生部关于加强厂矿企业防尘防毒工作的报告》（国务院〈79〉100 号文件）两个文件的发布，特别是对"渤海二号平台"等事故严肃处理，强化了领导干部的安全意识，确定了"安全第一，预防为主"的方针。

（2）适应建立社会主义市场经济体制阶段（1992～2002 年）　　为发挥企业的市场经济主体作用，1993 年国务院决定实行"企业负责，行业管理，国家监察，群众监督"的安全生产管理体制。相继颁布了《中华人民共和国劳动法》、《中华人民共和国工会法》、《中华人民共和国矿山安全法》、《中华人民共和国消防法》，以及工伤保险、重大、特大伤亡事故报告调查、重大、特大事故隐患管理等多项法规。2001 年初，组建了国家安全生产监督管理局，与国家煤矿安全监察局"一个机构，两块牌子"。2002 年 11 月，出台了《中华人民共和国安全生产法》，安全生产开始纳入比较健全的法制轨道。但这一阶段由于经济体制转轨，工业化进程加快，特别是民营小企业的迅速发展等，使安全生产面临一系列新情况、新问题，安全状况出现较大的反复。

（3）创新发展阶段（2003 年至今）　　党的十六大以来，以胡锦涛总书记为首的党中央以科学的发展观统领经济社会发展全局，坚持"以人为本"，在法制、体制、机制和投入等方面采取系列措施，加强安全生产工作。先后颁布实施了《中华人民共和国道路交通安全法》、《特种设备安全监察条例》、《安全生产违法行为行政处罚办法》、《国务院关于加强安全生产工作的决定》、《安全生产许可证条例》、《易制毒化学品管理条例》、《生产安全事故报告和调查处理条例》等法规及文件；2005 年初，国家安全生产监督管理局升格为总局；2006 年初，成立国家安全生产应急救援指挥中心；"政府统一领导、部门依法监管、企业全面负责、群众广泛参与、社会普遍支持"的安全生产新格局逐步形成，安全生产事业进入新的发展时期。党的十八大以来，以习近平同志为总书记的新一届中央领导集体，胸怀大局、把握大势、着眼大事，因势而谋、应势而动、顺势而为，高扬"以人为本"的旗帜，坚持把安全发展作为贯彻落实科学发展观的重要保障，以非常明确、非常强烈、非常坚定的立场与态度，做出了一系列标本兼治、重在治本的重大决策部署，有力推动了安全生产创新发展。

4. 高质量发展时期（2012 年至今）

党的十八大以来，特别是中国特色社会主义进入新时代后，我国安全生产形势发生了新的变化，习近平总书记站在新的历史方位，就安全生产工作作出了一系列重要指示批示，提出了一系列新思想新观点新思路，反复告诫要牢固树立安全发展理念，正确处理安全和发展的关系，坚持发展决不能以牺牲安全为代价这条红线。2018 年政府机构改革后，尤其是2021 年 9 月 1 日开始实施新修改的《中华人民共和国安全生产法》，坚持人民至上、生命至上，把保护人民生命安全摆在首位，树牢安全发展理念。2022 年 10 月，党的二十大报告指出，"坚持安全第一，预防为主，建立大安全大应急框架，完善公共安全体系，推动公共安全治理模式向事前预防转型。推进安全生产风险专项整治，加强重点行业、重点领域安全监管。"这为进一步做好安全生产工作指明了方向。

二、安全生产现状

我国是发展中国家，目前经济正处在快速发展时期，由于生产力水平低下，安全生产投入严重不足，处在生产安全事故的"易发期"。通过各方面的共同努力，安全生产状况总体稳定、趋于好转的发展态势与依然严峻的现状并存，从近十几年统计分析表明，安全生产形势依然严峻。

我国安全生产主要存在以下突出问题。

一是事故总量大。近 10 年平均每年发生各类事故 70 多万起，死亡 12 万多人，伤残 70 多万人。在各类事故中，道路交通事故平均每年发生 50 多万起，死亡 9 万多人，约占各类事故总起数和死亡人数的 71％、76％；工矿商贸企业事故平均每年发生 1.6 万多起，死亡 1.6 万多人，约占各类事故死亡人数的 13％。

二是特大事故多。2001～2005 年，全国共发生一次死亡 30 人以上特别重大事故 73 起，平均每年发生 15 起；一次死亡 10～29 人特大事故 587 起，平均每年发生 117 起。特别重大事故中，煤矿事故起数最多，平均每年发生 8 起，占 58％；特大事故中，道路交通、煤矿事故平均每年发生 42 起，各占 36％。2006 年，全国发生一次死亡 10 人以上特大事故 91 起，死亡 1517 人；全国发生一次死亡 30 人以上特别重大事故同比减少 8 起、853 人。2007 年，全国发生重特大事故 86 起，死亡 1525 人，其中 30 人以上特大事故 7 起。2008 年全国发生重大事故 86 起，死亡和失踪 1315 人；全国发生特别重大事故 10 起，死亡 662 人。

三是职业危害严重。据有关部门统计，每年新发尘肺病超过 1 万例。目前，全国有 50 多万个厂矿存在不同程度的职业危害，实际接触粉尘、毒物和噪声等职业危害的职工高达 2500 万人以上，农民工成为职业危害的主要受害群体。

四是与发达国家相比差距大。20 世纪 90 年代中期以来，发达国家工业生产中一次死亡 3 人以上的重特大事故已大幅度减少。而我国近年来重特大事故起数和死亡人数，以及职业病发病人数和死亡人数，仍是比较突出的国家之一。特别是煤矿、道路交通领域安全生产状况与发达国家相比差距较大。

五是生产安全事故引发的生态环境问题突出。近年来，生产安全事故导致的环境污染和生态破坏事故日益增多。2001～2005 年发生的突发环境事故中，由生产安全事故引发的占总数 50％以上。

造成安全生产事故多发、造成安全生产形势严峻的原因，有深层次的原因、浅层次的原因，有历史的原因，也有发展中的原因，概括起来有以下几个方面。

（1）一些地方政府和企业不能正确处理安全生产与经济发展的关系　对安全生产缺乏足够认识，存在重经济、轻安全的倾向，忽视安全发展，安全生产未能纳入地方经济社会发展规划和企业总体发展战略。"安全第一、预防为主、综合治理"的方针没有落到实处，在一些企业安全生产还没有成为自觉行动。

（2）安全生产基础总体比较薄弱　经济快速增长的同时，传统的粗放型经济增长方式尚未根本转变。企业安全投入不足，安全生产欠账严重，尤其是一些老工业企业和中小企业，生产工艺技术落后，设备老化陈旧，安全生产管理水平低。重大危险源数量大、分布广，没有建立起完善的监控管理体系。有些对人民群众生命财产安全构成严重威胁的重大事故隐患尚未得到有效治理。

（3）安全生产责任落实不到位　一些企业安全生产主体责任不落实，企业安全制度、安全培训、安全投入等方面与法律法规要求差距较大，安全生产管理混乱，甚至有些企业不顾职工生命安全，违法违规生产。有的地方领导干部特别是县乡两级领导干部安全生产意识不强，在安全生产上投入的精力不够，有的甚至存在失职渎职、徇私舞弊、纵容和庇护非法生产行为。

（4）安全生产监管还存在许多薄弱环节　部分地方和部门安全监管监察措施不到位，执法不严格，安全生产监管监察缺乏权威性和有效性，对安全生产违法行为查处不力。部分行业安全生产管理弱化，一些专业监管部门存在组织不健全、监管手段落后等问题。部分地区安全生产监管机构、执法队伍建设缓慢，尤其是基层安全监管力量薄弱，少数市县尚未设立安全生产监管机构。一些部门联合执法机制不完善，未能形成合力。

（5）安全生产支撑体系不健全　安全生产法律法规有待进一步完善，技术标准制修订工作滞后；信息化水平低，尚未建立全国统一的安全生产信息网络系统；科技支撑力量薄弱，基础设施落后，科研投入不足，成果转化率低；宣传教育培训工作相对滞后，培训方式和手段落后；应急救援体系不健全，救援装备落后，应急管理意识淡薄，应对重特大事故的能力较差。

（6）安全生产风险结构发生变化，新矛盾、新问题相继涌现　工业化、城镇化持续发展，各类生产要素流动加快、安全风险更加集聚，事故的隐蔽性、突发性和耦合性明显增加，传统高危行业领域存量风险尚未得到有效化解，新工艺、新材料、新业态带来的增量风险呈现增多态势。新型冠状病毒感染转入常态化防控阶段，一些企业扩大生产、挽回损失的冲动强烈，容易出现忽视安全、盲目超产的情况，治理管控难度加大。

（7）安全生产治理能力还有短板，距离现实需要尚有差距　安全生产综合监管和行业监管职责需要进一步理顺，体制机制还需完善。安全生产监管监察执法干部和人才队伍建设滞后，发现问题、解决问题的能力不足。重大安全风险辨识及监测预警、重大事故应急处置和抢险救援等方面的短板突出。

三、安全生产目标

2004年初国务院作出的《关于进一步加强安全生产工作的决定》，明确了我国安全生产的中长期奋斗目标。

第一阶段：到2007年，建立起较为完善的安全监管体系，全国安全生产状况稳定好转，矿山、危险化学品、建筑等重点行业和领域事故多发状况得到扭转，工矿企业事故死亡人数、煤矿百万吨死亡率、道路交通万车死亡率等指标均有一定幅度的下降。

第二阶段：到2010年即"十一五"规划完成之际，初步形成规范完善的安全生产法治秩序，全国安全生产状况明显好转，重特大事故得到有效遏制，各类生产安全事故和死亡人数有较大幅度的下降。

第三阶段：到2020年即全面建成小康社会之时，实现全国安全生产状况的根本性好转，亿元国内生产总值事故死亡率、十万人事故死亡率等指标，达到或接近世界中等发达国家水平。

依据十六届五中全会《中共中央关于制定国民经济和社会发展第十一个五年规划的建议》提出的"十一五"期间要使安全生产状况进一步好转的奋斗目标，十届全国人大四次会议通过的规划纲要把安全生产列为专节，规划"十一五"期间亿元国内生产总值生产安全事故死亡率降低35%，工矿商贸企业十万从业人员生产安全事故死亡率降低25%。

十八届五中全会《中共中央关于制定国民经济和社会发展第十三个五年规划的建议》中提出，要牢固树立安全发展观念，坚持人民利益至上，健全公共安全体系，完善和落实安全生产责任和管理制度，切实维护人民生命财产安全。实施国家安全战略，坚决维护国家政治、经济、文化、社会、信息、国防等安全。

第四阶段：党的二十大报告提出的"坚持安全第一，预防为主，推进安全生产风险专项整治，加强重点行业、重点领域安全监管"。根据《中华人民共和国国民经济和社会发展第十四个五年规划和2035年远景目标纲要》目标要求，到2025年，防范化解重大安全风险体制机制不断健全，重大安全风险防控能力大幅提升，安全生产形势趋稳向好，生产安全事故总量持续下降，危险化学品重点领域重特大事故得到有效遏制，经济社会发展安全保障更加有力，人民群众安全感明显增强。到2035年，安全生产治理体系和治理能力现代化基本实现。安全生产保障能力显著增强，全民安全文明素质全面提升，人民群众安全感更加充实、更有保障、更可持续。

第二节　危险化学品安全管理的重要性

危险化学品的特殊性质决定其在生产、经营、储存、运输和使用都存在着不安全因素，容易发生各种事故。现阶段我国经济成分多样化，多种运作机制和不同竞争方式给化学品安全监督管理造成了非常复杂的局面。在一些地区、一些企业，以牺牲安全为代价获取短期的、局部的经济利益的情况相当普遍，各种安全隐患大量存在，安全事故经常发生。

一、危险化学品事故介绍

1. 生产过程中的事故

（1）江苏某电解化工厂聚合釜泄漏导致爆炸　该厂聚氯乙烯车间共聚工段是生产疏松型氯乙烯树脂、氯乙烯和醋酸乙烯共聚树脂的专业化工段。1985年12月14日，该工段从即日起生产氯乙烯、醋酸乙烯共聚树脂。共聚工段于11时左右开始陆续向5台7m³聚合釜投料。中班接班后，11号釜反应结束，17时加料工腾某开始加料，冷搅拌后升温。19时40分左右，看釜工李某和腾某等人在操作室听到聚合釜滋气的啸叫后，立即打开7、8、9三个釜的冷却水旁路阀，打算处理滋气的聚合釜。因氯乙烯单体喷出的浓度大，无法靠近出事现场，几个工人全部返回操作室，腾某即用电话向厂调度室姚某报告情况，并请求处理措施。当班班长、厂调度、车间调度等也立即赶到现场，当班班长下楼跑到无离子工段与李某二人抬着梯子爬到二楼平台上，关死该工段蒸汽分配台的蒸汽总阀。此时，程、张二人取来带氧气的防毒面具，由孙某戴上防毒面具进到聚合岗位打开10号釜放空阀。孙某出来后，程某布置撤离现场工作，正当现场人员撤离时发生爆炸。事故造成5人死亡，1人重伤，6人轻伤，直接经济损失12.06万元。

（2）某化学工业集团总公司有机化工厂爆炸事故　1996年7月17日，某有机化工厂乌洛托品车间因原料不足停产。经集团公司领导同意，厂部研究确定借停产之机进行粗甲醇直接加工甲醛的技术改造。7月30日15时30分左右，在精甲醇计量槽溢流管上安焊阀门。精甲醇计量槽（直径3.5m，高4m，厚8mm）内存甲醇10.5t，约占槽体容积的2/3。当时，距溢流管左侧0.6m处有一进料管，上端与计量槽上部空间相连，连接法兰没有盲板，下端距地面40cm处进料阀门被拆除，该管敞口与大气相通。精甲醇计量槽顶部有一阻燃器，在当时35℃气温条件下，槽内甲醇挥发与空气汇流，形成爆炸混合物。当对溢流管阀门连接法兰与溢流管对接焊口（距进料管敞口上方1.5m）进行焊接时，电火花四溅，掉落在进料管敞口处，引燃了甲醇计量槽内的爆炸物，随着一声巨响，计量槽槽体与槽底分开，槽体腾空飞起，落在正西方80余米处，槽顶一侧陷入地下1.2m。槽内甲醇四溅，形成一片大火，火焰高达15m。2名焊工当场因爆炸、灼烧致死，在场另有11名职工被送往医院，其中6人抢救无效死亡。在现场救火过程中，因泡沫灭火器底部锈蚀严重而发生爆炸，灭火器筒体升空，击中操作者下颌部致1人死亡。

（3）广西维尼纶集团有限责任公司"8·26"爆炸事故　2008年8月26日6时45分，广西维尼纶集团有限责任公司发生恶性爆炸事故，造成20人死亡，60人受伤，周边3km内约1.15万人被紧急疏散，同时还造成附近龙江水体轻微污染。

2. 经营过程中的事故

① 1993年8月5日，深圳市安贸公司清水河化学危险品库发生爆炸，爆炸引起大火，1h后着火区又发生第二次强烈爆炸，造成更大范围的破坏和火灾。事故造成15人死亡，200多人受伤，其中重伤25人，直接经济损失2.5亿元。

② 2001年9月9日，广西玉林市一化工经营部误将2.5kg氰化钠当作食物添加剂氯化钙出售。9月9日下午3时左右，一中年男子到玉林市大北路富丽化工经营部购买食品凝固剂氯化钙，刚到此店打工不久的17岁女售货员，竟把2.5kg的氰化钠误作氯化钙出售给该男子。店主当晚才向警方报案。

③ 2003年5月18日，河北省保定市涞水县走马驿镇一加油点，由于加油机电源线漏电，引起柴油爆燃，造成3人死亡。

3. 储存过程中的事故

① 1989年8月12日，青岛黄岛油库老罐区油罐雷击着火，发生特大火灾事故，燃烧约104h，造成19人死亡，78人受伤。

② 1997年6月27日21时26分，北京东方红化工厂储罐区（石脑油、轻柴油、乙烯储罐）发生特大火灾和爆炸事故，大火燃烧约55h，造成9人死亡，39人受伤，直接经济损失1.2亿元。

③ 2004年9月24日10时06分，西南地区储油量最大的油库——位于成都市金牛区天回镇附近的104油库运油铁路专线在卸油时，配电房突发闪爆，导致操作泵房的房梁被炸裂，10多平方米的玻璃被震碎，地沟中的残油起火向外蔓延，6名工作人员受伤。

4. 运输过程中的事故

① 1991年9月3日，江西贵溪农药厂一台装有2.4t（98%）一甲胺的汽车罐车，路经江西上饶沙溪镇时发生泄漏。造成595人中毒，其中37人死亡，污染23万平方米。

② 2001年11月1日，河南省洛阳市第一运输公司一辆核定载重量为8t的东风汽车，装载11.67t液体氰化钠（含量30%），在运往洛宁县吉家洼金矿途中，行驶到洛宁县兴华乡窑子头村南约2km处，由于道路狭窄，并因前几日连续下雨，路基不实，造成翻车。汽车翻入兴华涧内，罐体倒扣，罐口破裂，约10t氰化钠泄漏流入涧内，造成水体严重污染。

③ 2002年12月11日，广西金秀县一核载5t，实载20t的个体运输货车非法运载剧毒危险化学品砒霜，途中发生翻车，车上100桶砒霜有33桶跌入溪水中，其中30桶不同程度破损，少量泄入溪水中，造成了严重的污染事故。

5. 使用过程中的事故

① 1993年1月29日，郑州食品添加剂厂仓库内7t过氧化苯甲酰爆炸，造成27人死亡，23人受伤。

② 2001年6月3日，南京市大厂区两只用作广告的大氢气球发生爆炸事故，3名中学生被爆炸后的火焰烧伤。

③ 2003年2月2日，哈尔滨市天潭酒店发生特大火灾事故，造成33人死亡。天潭酒店起火前，服务人员向取暖用煤油炉内注入的是溶剂汽油，而不是煤油。服务员明火加油已属违规操作，而溶剂汽油加速了这场火灾的形成。

二、危险化学品安全事故案例

案例一　电子厂正己烷群体职业中毒事故

1996年8月上旬，深圳市龙岗区劳动局接到该区某电子厂52名工人的联名投诉信，反映该厂一些女工出现行走困难、四肢麻木等症状，区劳动局与区防疫站的工作人员随即赶到现场进行调查。

1. 事故经过

该电子厂系来料加工企业，主要以加工装配液晶显示器和电话机为主，全厂共有11个车间，员工500多人。从1996年5月份起，在电子厂液晶显示器灌液车间和清洗车间工作的工人，相继出现手脚发麻、全身无力的症状；随后不久，有的员工有时走路都会脚部发软，不由自主跪倒在地。7月初，一些员工出现同样症状，他们向工厂和车间负责人多次反映，要求安排患者入院治疗，在灌液车间安装抽风排毒设施，但都未得到解决。到7月中旬，灌液车间员工向该厂行政人事部反映，有位女士已生病近1个月，病重得不能行走，7月18日被送到附近医院检查治疗，有3名员工病情严重，表现为手脚酸痛、麻痹无力、行走困难等症状。以后几天陆续有生病员工要求治疗，共40多人，其中有13名症状严重者住院治疗。直到8月5日工人集体投诉到劳动局后，工厂才意识到问题的严重性。

2. 事故分析

这次发病的员工，主要分布在灌液和清洗两个车间，共40人有明显的临床症状，除了2名是男工外，其余都是女工。经对该厂生产环境进行卫生监测和病人的临床方面的检查，发现这两个车间正己烷的浓度超过卫生毒理学指标的4.6倍。经省、市职业病诊断小组的专家、教授的调查和研究，诊断为正己烷引起的职业中毒。到11月止，该厂住院治疗人数达56人，其中女工53人，男工3人，重症者已瘫痪不起，有7人出现肌肉萎缩，走路拖步，轻微者让人搀扶可以行走。

据调查，该电子厂从1995年11月开始用正己烷取代氟里昂作为清洗液晶片和注液槽的溶剂，每周用量达800kg。正己烷是一种有毒的有机溶剂，在我国属于限制使用的化学溶剂，它会对人体神经造成损害，导致四肢麻木、无力、肌肉张力减退等症状。该厂库存的罐装铁桶说明书危险情况一栏标明，该溶剂属极度易燃，吸入气体或沾皮肤都对人体有害能对人体造成永不复原的损害。然而，该电子厂在生产中使用这样一种危险物品，却只在车间一边的墙上安装了几台排气扇，车间是全封闭式，灌液车间面积为$100m^2$，清洗车间约$20m^2$，灌液车间每班要容纳二三十人上班，清洗车间要容纳十几人上班，而且每班工作时间达$10\sim12h$，工厂又未给工人配备必要的防毒面罩和手套，因此，工人在没有得到必备的劳动防护的情况下，长期、反复地吸入并和皮肤接触，从而引起正己烷慢性中毒。

案例二　汽车罐车违章维修火灾爆炸事故

2002年10月19日，河北省廊坊市某县煤气公司的一台20t液化石油气汽车罐车，在装载液化石油气的情况下违章维修，引起火灾爆炸，1人被烧伤，直接经济损失约200万元。

1. 事故经过

10月19日15时许，廊坊市某县煤气公司液化石油气汽车罐车司机不遵守安全管理规定，在罐车内装载有15t液化石油气的情况下，擅自将罐车开往该县一家汽车修理所，准备对汽车进行维修。由于司机对修理所门廊高度判断有误，致使罐车开进门廊的时候，罐车安全阀撞到门廊过梁折断，大量液化石油气迅速从安全阀断口喷射出来，瞬间达到爆炸极限。15min后，由于静电作用导致泄漏的液化石油气发生爆炸燃烧。由于火焰过度烧烤罐顶部位，使局部温度达到1000℃以上，超过材料的相变温度，被火焰烧烤处失去强度，在巨大内压的作用下，气体"嘭"的一声从罐顶突破，冲起20多米高，随即燃起更大的火焰，大火整整燃烧了37h。司机被烧伤。大火还烧着了街道两侧准备修理的汽车1辆，摩托车3辆，烧毁修理所的二层砖混结构建筑一栋，所幸没有引起更大的爆炸和破坏。

2. 事故分析

事故的直接原因是汽车罐车司机安全意识薄弱，不遵守安全管理规定。事故的间接原因是煤气公司安全管理制度不落实，管理松懈，在罐车尚有 15t 液化石油气的情况下，竟然允许司机将罐车开到繁华市区修理，由此可见安全管理的混乱。因此不仅要对肇事司机予以处罚，对公司领导和有关责任人员也要予以处罚。如果这起事故酿成重大人员伤亡和财产损失，还要追究刑事责任。此外，液化石油气汽车罐车的结构也存在需要改进之处，尽管液化石油气汽车罐车安全阀采用内置式，但仍然高于罐体大约 70mm，汽车在通过桥梁、建筑时经常发生此类事故。据该省消防部门统计，2002 年该省共发生液化石油气事故 100 余起，其中汽车罐车事故占 48%，在汽车罐车事故中，由于安全阀折断、泄漏所造成的事故约占 90%。

案例三　安全防护不周三氯乙烯中毒事故

1999 年 12 月 21 日，深圳亚之杰电子制品有限公司员工宁某，因皮肤瘙痒到医药诊治，诊治过程中医院查出宁某患有中毒性肝炎和病毒性肝炎，于是留院治疗，第二天晚上病情突然恶化，经抢救无效死亡。宁某的死亡，与生前工作中大量接触三氯乙烯有关，属于职业伤害。

1. 事故经过

宁某，男，20 岁，1999 年 11 月初进深圳亚之杰电子制品有限公司工作。12 月 21 日，宁某因皮肤瘙痒 10 余天，全身出现皮疹、尿少等症状，到宝安区沙井人民医院住院治疗，因病情加剧，于 22 日晚转深圳市宝安人民医院急诊，急诊室以"中毒性肝炎、病毒性肝炎"将其收留住院。当天 22 时 30 分，宁某突然呼吸心跳停止，经抢救无效死亡。因宁某有"天乃水"接触史，医院建议由卫生防疫站鉴定死因，家属及厂方也要求作尸检。深圳市宝安卫生防疫站按照卫生监督程序，12 月 23 日对亚之杰电子制品有限公司进行调查，并于 2000 年 1 月 22 日委托中山医科大学法医鉴定中心进行死因鉴定。法医学检查结果：

① 排除因暴力和疾病致死的可能；

② 组织学检查见肝脏组织呈不同程序变性坏死，多处皮肤呈剥脱性皮炎改变。

结合宁某生前有三氯乙烯接触史及临床资料，判定宁某确因三氯乙烯中毒致死。

2. 事故分析

深圳亚之杰电子制品有限公司是一家合作经营企业，生产电脑主机板，有装配作业工人70 名，车间南端设有超声波三氯乙烯清洗机 2 台，无局部机械通风设施，工人上岗时未佩戴防毒口罩、防护眼镜等个人防护用品，三氯乙烯清洗作业场所未形成独立清洗场所，无隔墙，与其他工种混为一体。宁某岗位距离三氯乙烯清洗机 15m 左右。三氯乙烯清洗剂月使用量约 2400kg。工人每天工作 8h，每月约需加班 10 天，每天 2～3h。车间空气中三氯乙烯检测结果，共设 11 个测定点，宁某的工作岗位和清洗岗位三氯乙烯超标 5.1 倍。根据现场调查情况，深圳市宝安区卫生局向亚之杰电子制品有限公司发出卫生监督意见书，限期 10天整改。

案例四　清釜工聚氯乙烯中毒死亡事故

1993 年 4 月 4 日，无锡市某化工公司所属聚氯乙烯厂，一名清釜工在清理聚合釜内的塑化物时，因安全防护不够和安全管理不善，导致吸入大量聚氯乙烯中毒死亡。

1. 事故经过

4 月 4 日，清釜工王某某接受任务，准备清理 1 号聚合釜。按照规定，清理聚合釜时应填写作业票证，由班长、监护人、作业人共同签名，并且在清理聚合釜时需要有监护人从事监护工作。但王某某没有认真按规定去办，自己一人代替班长、监护人签名。清釜时，由于1 号釜阀门未关严，4 号釜出料时聚氯乙烯由 1 号釜底出料管道漏入 1 号釜内。王某某急于完成清釜工作，又未做好安全防护工作（戴防毒面具），从而导致伤害事故的发生。

2. 事故教训与防范措施

事故发生后，对事故原因的调查中发现，在造成事故的诸多直接和间接原因中，作业票证的管理不善是主要原因。

(1) 清釜票填写不严肃　王某某进入1号釜进行清釜作业的作业证上作业人、班长、监护人的签名均是一个人的填写笔迹（经鉴定为王某某一人所写），使有效的监护落空。

(2) 未执行一釜一票制　从1号釜清釜票证看，4号釜刚出完料，尚未清釜，但票证上写明4号釜已清理。由此分析，在作业票证的管理上，既没有遵守一釜一票制度，内容也随意填写而且不真实。

(3) 缺乏测试数据　按照进釜安全规定要求，清釜作业人员在入釜前应经过排料、清洗、置换、测试等工作，但这次置换排空只凭经验，缺乏分析手段，因此作业票证上没有测试数据。事后模拟试验显示，1号釜内的聚氯乙烯的含量是标准值的1349倍。

(4) 该关严的阀门未关严　为防止出料误操作和泄漏，釜底两个出料阀门都应关闭关严，清釜作业前所填作业票证上填写的是已关好，实际情况却与事实不符。导致在无人检查的情况下，4号釜出料时聚氯乙烯由1号釜底出料管道漏入1号釜内。

(5) 承包作业缺乏检查　清釜作业实行承包后，操作者工作完毕可以回家休息。所以王某某在未通知任何人的情况下，急于入釜作业，想尽快回家休息，入釜作业各类措施如监护、分析数据、佩戴防毒面具等均未落实。

经调查，该厂票证的代签姓名、缺乏数据、一票多釜等情况并非偶然，带有习惯性违章性质。同时票证的设计也存在缺陷，如填写分析项目，只需打钩即可，不要求填写具体分析数据。事故发生后，该厂认真总结经验教训，重新按照有关规定设计新的工作票证，并针对上述签票中存在的问题，强调签字责任到位，现场对照措施到位，分析检查数据为凭，严格防范类似事故的再次发生。

在化工生产中，存在着高温高压、易燃易爆、有毒有害、腐蚀、触电和高处坠落等不安全因素，这些不安全因素属于客观因素，一时难以改变，因此在进行相关作业时，如动火、设备检修、抽堵盲板、高处作业、进塔入罐等都要实行作业许可，其目的就是为了避免意外伤害。作业票证制度是确保安全生产、防止事故发生的重要手段，并不是有意为难作业者，这个道理在进行安全教育时要向工人讲清楚，让工人自觉自愿地遵守这一制度。

案例五　冒险清除作业导致窒息伤害事故

2000年1月11日中午，某化工厂回收车间在清除槽内残留母液作业中，由于技术交底不清，作业人员冒险作业，造成2人中毒事故，其中一人因抢救无效死亡。

1. 事故经过

1月11日中午，按照回收车间的工作安排，硫酸铵乙班班长带领本班工人刘某某和许某某，到母液槽进行清除作业。该槽直径1.6m，深3.53m，残液深度0.8m，残液成分含硫酸铵，浓度为3%。到了作业地点，班长让刘某某站在槽北侧放桶、提桶，许某某配合，自己沿直梯下到槽内，蹲着直梯用桶直接盛取母液，然后刘某某拽绳子用桶外提。提取三四桶母液后，刘某某发现桶漏，便让许某某去换桶。12时25分，三楼离心机岗位一名工人听见刘某某喊："快叫人，出事了！"这名工人立即跑到一楼厂房外呼叫许某某，又跑到硫酸铵包装间喊人。许某某听到喊叫返回工作现场，看见班长在槽中手扶直梯挣扎，刘某某在槽中用肩膀扛住班长的臀部往上顶，等到多人赶到现场，将二人救出，急忙送往医院抢救。该班长属化学烧伤，住院治疗；刘某某因化学液体窒息，经抢救无效于13时40分死亡。

2. 事故分析

事故发生后，工厂和有关部门组成事故调查组进行调查。经调查确认，事故的直接原因是因蒸汽截门不严，导致槽内母液升温，化学物质挥发，氧气不足。刘某某为了抢救班长，站在母液中，由于氧气不足窒息死亡。事故的间接原因是车间主任在安排乙班人员清理母液槽残液时，未交代上午曾用蒸汽吹残液，交底不细；车间组织工作也有漏洞。同时，作业人员在作业中思想麻痹，冒险作业，没有采取有效的安全措施，安全防护不够。

三、加强危险化学品安全管理的重要意义

1. 加强危险化学品安全管理是企业自身发展的需要

随着我国经济的快速发展，石油化工企业遍布全国大中城市，一些主要化工产品的产量位居世界前列。多数企业使用的原料、辅料及生产的产品、副产品及中间产品等大多属于危险化学品，在生产、储存、使用、运输、废弃物处置过程中容易发生火灾和爆炸。前面的事例已经说明，如果危险化学品管理不善，就有可能发生重大恶性事故，企业可能毁于一旦。因此，加强危险化学品安全管理是企业自身发展的需要。

2. 加强危险化学品安全管理是社会安定的需要

危险化学品在生产、储存、运输、使用过程中由于管理不善而引发的事故很多，这些事故不仅对企业本身带来了严重危害，而且还会造成严重的社会影响，给人民的生命财产带来严重的损失，有的给生态环境带来严重的影响。比如，重庆天原化工总厂"4.16"事故就是一个典型的事例，该事故致使附近15万居民疏散撤离，造成了严重的社会影响。因此，加强危险化学品安全管理是社会安定的需要。

3. 加强危险化学品安全管理是适应国际市场的需要

世界发达国家对危险化学品管理制定了较完善的管理法律法规，对危险化学品实行了全生命的周期管理。国际化学品分类体系协调工作组按照有关章程和议程，在有关国际组织和国家的积极支持下，已形成了新的国际化学品分类和标签体系框架，指导世界各国按照新的国际标准制定本国标准。我国应尽早了解新的化学品分类和标签体系，建立我国化学品安全管理体系，与国际接轨。

另外，我国已经加入世界贸易组织（WTO），也应受到国际法律、法规、规则的约束，我国的市场要面向全世界。因此，一定要掌握化学品国际贸易中的有关知识，了解化学品的发展动态，做好化学品的国际一体化安全管理，以适应国际市场的需要。

第三节　职业安全生产法律法规

安全生产法规是保护劳动者在生产过程中的生命安全和身体健康的有关法令、规程、条例规定等法律文件的总称，又称劳动保护法规。安全法规的主要作用是调整社会主义生产过程及商品流通过程中人与人之间、人与自然之间的关系，维护社会主义劳动法律关系中的权利与义务、生产与安全的辩证关系，以保障劳动者在生产过程中的安全和健康。

1.《中华人民共和国宪法》

《中华人民共和国宪法》第42条规定："中华人民共和国公民有劳动的权利和义务。国家通过各种途径，创造劳动就业条件，加强劳动保护，改善劳动条件，并在发展生产的基础上，提高劳动报酬和福利待遇……"第43条规定："中华人民共和国劳动者有休息的权利，国家发展劳动者休息和修养的设施，规定职工的工作时间和休假制度。"第48条规定："国家保护妇女的权利和利益……"。

2.《中华人民共和国安全生产法》

《中华人民共和国安全生产法》于2014年8月31日中华人民共和国第十二届全国人民

代表大会常务委员会第十次会议通过，自2014年12月1日施行。共有七章一百一十四条，主要对"生产经营单位的安全生产保障"、"从业人员的安全生产权利义务"、"安全生产的监督管理"、"生产安全事故的应急救援与调查处理"及"法律责任"做出了基本的法律规定。

3.《危险化学品安全管理条例》

《危险化学品安全管理条例》于2011年2月16日国务院第144次常务会议修订通过（国务院令第591号），修订后的《危险化学品安全管理条例》2011年12月1日正式实施，共有八章102条。目的是为了加强危险化学品的安全管理，预防和减少危险化学品事故，保障人民群众生命财产安全，保护环境。

危险化学品安全管理，应当坚持"安全第一、预防为主、综合治理"的方针，强化和落实企业的主体责任。生产、储存、使用、经营、运输危险化学品的单位的主要负责人对本单位的危险化学品安全管理工作全面负责。

危险化学品单位应当具备法律、行政法规规定和国家标准、行业标准要求的安全条件，建立、健全安全管理规章制度和岗位安全责任制度，对从业人员进行安全教育、法制教育和岗位技术培训。从业人员应当接受教育和培训，考核合格后上岗作业；对有资格要求的岗位，应当配备依法取得相应资格的人员。

4.《中华人民共和国职业病防治法》

2011年12月3日第十一届全国人民代表大会常务委员会第二十四次会议通过修改的《中华人民共和国职业病防治法》，并以中华人民共和国主席令第52号予以发布，修改后的法规共有7章90条。

职业病防治工作坚持"预防为主、防治结合"的方针，建立用人单位负责、行政机关监管、行业自律、职工参与和社会监督的机制，实行分类管理、综合治理。用人单位应当建立、健全职业病防治责任制，加强对职业病防治的管理，提高职业病防治水平，对本单位产生的职业病危害承担责任。用人单位的主要负责人和职业卫生管理人员应当接受职业卫生培训，遵守职业病防治法律、法规，依法组织本单位的职业病防治工作。

用人单位应当对劳动者进行上岗前的职业卫生培训和在岗期间的定期职业卫生培训，普及职业卫生知识，督促劳动者遵守职业病防治法律、法规、规章和操作规程，指导劳动者正确使用职业病防护设备和个人使用的职业病防护用品。劳动者不履行规定义务的，用人单位应当对其进行教育。

5.《工伤保险条例》

《国务院关于修改〈工伤保险条例〉的决定》已经2010年12月8日国务院第136次常务会议通过（国务院令第586号），自2011年1月1日起施行。本条例共分8章67条。具体内容如下。

（1）条例制定的目的　是为了保障因工作遭受事故伤害或者患职业病的职工获得医疗救治和经济补偿，促进工伤预防和职业康复，分散用人单位的工伤风险。

（2）职工有下列情形之一的，应当认定为工伤

① 在工作时间和工作场所内，因工作原因受到事故伤害的；

② 工作时间前后在工作场所内，从事与工作有关的预备性或者收尾性工作受到事故伤害的；

③ 在工作时间和工作场所内，因履行工作职责受到暴力等意外伤害的；

④ 患职业病的；

⑤ 因工外出期间，由于工作原因受到伤害或者发生事故下落不明的；

⑥ 在上下班途中，受到机动车事故伤害的；

⑦ 法律、行政法规规定应当认定为工伤的其他情形。

（3）职工因工作遭受事故伤害或者患职业病进行治疗，享受工伤医疗待遇。

6.《中华人民共和国劳动法》

1994 年 7 月 5 日，第八届全国人民代表大会常务委员会第八次会议审议通过《中华人民共和国劳动法》（以下简称《劳动法》），并于 1995 年 1 月 1 日起施行。该法作为我国第一部全面调整劳动关系的基本法和劳动法律体系的母法，是制定和执行其它劳动法律法规的依据。

《劳动法》第四章为工作时间和休假的条款规定：国家实行劳动者每日工作时间不超过八小时，平均每周工作时间不超过四十小时的工作制度；用人单位应当保证劳动者每周至少休息一日；用人单位由于生产经营需要，经与工会和劳动者协商后可以延长工作时间，一般每日不超过一小时，因特殊原因需要延长工作时间的，在保障劳动者身体健康的条件下延长工作时间每日不超过三小时，但是每月不超过三十六小时。

《劳动法》第六章劳动安全卫生的条款规定：用人单位必须建立、健全劳动安全卫生制度，严格执行国家劳动安全卫生规程和标准，对劳动者进行劳动卫生安全教育，防止劳动过程中的事故，减少职业危害；用人单位必须为劳动者提供符合国家规定的劳动安全卫生条件和必要劳动防护用品，对从事有职业危害作业的劳动者应当定期进行健康体检；从事特种作业的劳动者必须经过专门培训并取得特种作业资格证；劳动者在劳动过程中必须严格遵守安全操作规程，劳动者对用人单位管理人员违章指挥、强令冒险作业，有权提出批评、检举和控告。

7.《易制毒化学品管理条例》

《易制毒化学品管理条例》于 2005 年 8 月 17 日国务院第 102 次常务会通过，并于 2005 年 11 月 1 日起施行，共有八章四十五条。其目的是为了加强易制毒化学品管理，规范易制毒化学品的生产、经营、购买、运输和进口、出口行为，防止易制毒化学品被用于制造毒品，维护经济和社会秩序。国家对易制毒化学品生产、经营、购买、运输和进出口实行分类管理和许可制度。

易制毒化学品分为三类。第一类是可以用于制毒的主要原料，第二类、第三类是可以用于制毒的化学配剂。第一类包括：1-苯基-2-丙酮，3,4-亚甲基二氧苯基-2-丙酮，胡椒醛，黄樟素，黄樟油，异黄樟素，N-乙酰邻氨基苯酸，邻氨基苯甲酸，麦角酸，麦角胺，麦角新碱，麻黄素、伪麻黄素、消旋麻黄素、去甲麻黄素、甲基麻黄素、麻黄浸膏、麻黄浸膏粉等麻黄素类物质。第二类包括：苯乙酸，醋酸酐，三氯甲烷，乙醚，哌啶。第三类包括：甲苯，丙酮，甲基乙基酮，高锰酸钾，硫酸，盐酸。

8.《安全生产许可证条例》

《安全生产许可证条例》于 2004 年 1 月 7 日国务院第三十四次常务会通过，共二十四条，并自公布之日起施行。它的核心是依法建立安全生产行政许可制度，从基本安全生产条件入手，对矿山企业、建筑施工企业和危险化学品、烟花爆竹、民爆器材生产企业等危险性较大的企业实施安全准入制度，从源头上杜绝不具备基本安全生产条件的企业进入生产领域，并对企业日常的生产活动实施动态监督。

9.《中华人民共和国固体废物污染环境防治法》

《中华人民共和国固体废物污染环境防治法》已由中华人民共和国第十届全国人民代表大会常务委员会第十三次会议于 2004 年 12 月 29 日修订通过，修订后的《中华人民共和国固体废物污染环境防治法》有 6 章 91 条，自 2005 年 4 月 1 日起施行。其立法的目的是为了防治固体废物污染环境，保障人体健康，维护生态安全，促进经济社会可持续发展。

10. 《生产安全事故报告和调查处理条例》

《生产安全事故报告和调查处理条例》已经 2007 年 3 月 28 日国务院第 172 次常务会议通过，自 2007 年 6 月 1 日起施行。条例分为 6 章 46 条，目的是为了规范生产安全事故的报告和调查处理，落实生产安全事故责任追究制度，防止和减少生产安全事故。

11. 《使用有毒物品作业场所劳动保护条例》

2002 年 4 月 30 日，国务院第 57 次常务会议通过《使用有毒物品作业场所劳动保护条例》，并以国务院令第 352 号公布、施行。本条例共有 8 章 71 条，具体规定如下。

① 条例制定的目的是为了保证作业场所安全使用有毒物品，预防、控制和消除职业中毒危害，保护劳动者的生命安全、身体健康及其相关权益。

② 用人单位应当对劳动者进行上岗前的职业卫生培训和在岗期间的定期职业卫生培训，普及有关职业卫生知识，督促劳动者遵守有关法律、法规和操作规程，指导劳动者正确使用职业中毒危害防护设备和个人使用的职业中毒危害防护用品。劳动者经培训考核合格，方可上岗作业。

③ 用人单位应当为从事使用有毒物品作业的劳动者提供符合国家职业卫生标准的防护用品，并确保劳动者正确使用。

④ 用人单位应当组织从事使用有毒物品作业的劳动者进行上岗前职业健康检查。用人单位不得安排未经上岗前职业健康检查的劳动者从事使用有毒物品的作业，不得安排有职业禁忌的劳动者从事其所禁忌的作业。

⑤ 用人单位应当对从事使用有毒物品作业的劳动者进行定期职业健康检查。用人单位发现有职业禁忌或者有与所从事职业相关的健康损害的劳动者，应当将其及时调离原工作岗位，并妥善安置。用人单位对需要复查和医学观察的劳动者，应当按照体检机构的要求安排其复查和医学观察。

⑥ 用人单位对受到或者可能受到急性职业中毒危害的劳动者，应当及时组织进行健康检查和医学观察。

⑦ 从事使用有毒物品作业的劳动者在存在威胁生命安全或者身体健康危险的情况下，有权通知用人单位并从使用有毒物品造成的危险现场撤离。

⑧ 劳动者应当学习和掌握相关职业卫生知识，遵守有关劳动保护的法律、法规和操作规程，正确使用和维护职业中毒危害防护设施及其用品；发现职业中毒事故隐患时，应当及时报告。作业场所出现使用有毒物品产生的危险时，劳动者应当采取必要措施，按照规定正确使用防护设施，将危险加以消除或者减少到最低限度。

12. 《作业场所安全使用化学品公约》（第 170 号国际公约）

1990 年，第七十七届国际劳工大会通过《作业场所安全使用化学品公约》（第 170 号国际公约）。我国于 1994 年 10 月 22 日由第八届全国人民代表大会常务委员会第十次会议审议通过。

《170 号国际公约》分为七个部分共 27 条，第一部分为范围和定义；第二部分为总则；第三部分为分类和有关措施；第四部分为雇主的责任；第五部分为工人的义务；第六部分为工人及其代表的权利；第七部分为出口国的责任。该公约明确了政府主管当局的责任；供货人的责任；雇主的责任；工人的义务；工人的权利；出口国的责任。

习　题

一、单项选择题

1. 我国《安全生产法》是何时实施的？（　　）

A. 2001 年 11 月 1 日　　　　B. 2002 年 10 月 1 日　　　　C. 2014 年 12 月 1 日

2. 我国《工伤保险条例》是何时实施的？（　　）

A. 2011 年 1 月 1 日　　　　B. 2002 年 11 月 1 日　　　　C. 2001 年 5 月 1 日

3. 特种作业人员须经（　　）合格后，方可持证上岗。

A. 安全培训考试　　　　B. 领导考评　　　　C. 文化考试

4. 劳动者有权拒绝（　　）的指令。

A. 安全人员　　　　B. 违章作业　　　　C. 班组长

5. 《安全生产法》规定的安全生产方针是（　　）。

A. 安全第一、预防为主、综合治理　　　　B. 安全为了生产，生产必须安全

C. 安全生产人人有责

6. 根据我国 2004 年实施的《工伤保险条例》，在上下班、因工外出或者工作调动途中遭受意外事故或者患疾病死亡的（　　）申请工伤保险。

A. 不可以　　　　B. 可以　　　　C. 有的不可以

7. 根据《劳动法》周工作时间应不超过多少小时？（　　）

A. 48　　　　B. 44　　　　C. 40

8. 《易制毒化学品管理条例》于 2005 年 8 月 17 日国务院第 102 次常务会通过，并于 2005 年 11 月 1 日起施行，下列物品属于第二类易制毒化学品的物质。（　　）

A. 1-苯基-2-丙酮　　　　B. 苯乙酸　　　　C. 丙酮

二、判断题

1. 我国对化学危险品的经营实行许可证制度。（　　）

2. 生产经营单位为从业人员提供劳动防护用品时，可根据情况采用货币或其他物品替代。（　　）

3. 修订后《危险化学品安全管理条例》，2011 年 12 月 1 日正式实施。（　　）

4. 企业职工无权拒绝违章作业的指令。（　　）

5. 特种作业人员未经专门的安全作业培训，未取得特种作业操作资格证书，上岗作业导致事故的，应追究生产经营单位有关人员的责任。（　　）

6. 《生产安全事故报告和调查处理条例》从 2006 年 6 月 1 日起施行。（　　）

三、简答题

1. 我国的安全生产方针是什么？

2. 我国的职业病防治方针是什么？

3. 易制毒化学品第三类包括哪些物质？

4. 职工在什么条件下受伤可以认定为工伤？

第二章 危险化学品基础知识

第一节 安全标志

一、安全标志意义

安全标志是指用以表达特定安全信息的标志，由图形符号、安全色、几何形状（边框）或文字构成。是用来表达禁止、警告、指令和提示等安全信息。我国的《安全标志及其使用导则》（GB 2894—2008）等标准，对全国使用的安全标志进行统一。操作作业人员上岗前，应熟练掌握识别安全标志，以减少和杜绝意外安全事故。

安全色是传递安全信息含义的颜色，包括红、蓝、黄、绿四种颜色。红色含义是禁止和紧急停止，也表示防火。蓝色含义是必须遵守的规定。黄色含义是警告和注意。绿色含义是提示、安全状态和通行。

为了使安全颜色更加醒目，使用对比色为其反衬色。黑白互为对比色，把红、蓝、绿3种颜色的对比色定为白色，黄色的对比色定为黑色。在运用对比色时，黑色用于安全标志的文字、图形符号和警告标志的几何图形。白色即可用于作安全标志的文字和图形符号。

二、安全标志类型

安全标志分为禁止标志、警告标志、指令标志和提示标志四大类型。

禁止标志的含义是禁止人们不安全行为的图形标志。其基本形式是带斜杆的圆边框，共有40种。

警告标志的含义是提醒人们对周围环境引起注意，以避免可能发生危险的图形标志。其基本型式是正三角形边框，共有39种。

指令标志的含义是强制人们必须做出某种动作或采用防范措施的图形标志。其基本型式是圆形边框，共有16种。

提示标志的含义是向人们提供某种信息（如标明安全设施或场所等）的图形标志。基本型式是正方形边框，共有8种。

第二节 危险化学品概述

一、化学品及危险化学品概念

1. 化学名称

唯一标识一种化学品的名称。这一名称可以是符合国际纯粹与应用化学联合会

（IUPAC）或美国化学文摘社（CAS）的命名制度的名称，也可以是一种技术名称。

2. 化学品

物质或混合物。物质是指自然状态下通过任何制造过程获得的化学元素及其化合物，包括为保持其稳定性而有必要的任何添加剂和加工过程中产生的任何杂质，但不包括任何不会影响物质稳定性或不会改变其成分的可分离的溶剂。

3. 危险化学品

按照《危险化学品安全管理条例》，危险化学品是指具有毒害、腐蚀、爆炸、燃烧、助燃等性质，对人体、设施、环境具有危害的剧毒化学品和其他化学品。如氯气有毒、有刺激性，硝酸有强烈腐蚀性，均属危险化学品。

二、危险化学品危害

危险化学品的危害主要包括燃爆危害、健康危害和环境危害。

1. 危险化学品燃爆危害

燃爆危害是指化学品能引起燃烧、爆炸的危险程度。化工、石油化工企业由于生产中使用的原料、中间产品及产品多为易燃、易爆物，一旦发生火灾、爆炸事故，会造成严重的后果。因此了解危险化学品火灾、爆炸危害，正确进行危害性评价，及时采取防范措施，对搞好安全生产，防止事故发生具有重要意义。

2. 危险化学品健康危害

健康危害是指接触后能对人体产生危害的大小。由于危险化学品的毒性、刺激性、腐蚀性、麻醉性、窒息性等特性，导致人员中毒事故每年都在发生。由于化学物质非法滥用，导致诸多全国性食品和产品安全事件的发生：2005 年，中国发生波及全国的 PVC 保鲜膜致癌事件，2008 年，因非法使用和滥用化工原料三聚氰胺导致了中国奶制品污染重大事件。2000～2002 年化学事故统计显示，由于危险化学品的毒性危害导致的人员伤亡占危险化学品安全事故伤亡的 50% 左右，关注危险化学品健康危害，将是化学品安全管理的重要内容。

3. 危险化学品环境危害

环境危害是指危险化学品对环境影响的危害程度。随着工业发展，各种危险化学品的产量大量增加，新的危险化学品也不断涌现，人们充分利用危险化学品的同时，也产生了大量的废物，其中不乏有毒有害物质。2009 年 8 月，湖南武冈县文坪镇、司马冲镇因工厂污染，导致上千儿童血铅超标。如何认识危险化学品污染危害，最大限度地降低危险化学品的污染，加强环境保护力度，已是人们亟待解决的问题。

三、危险化学品危害控制的一般原则

化学品危害预防和控制的基本原则一般包括两个方面：操作控制和管理控制。

操作控制的目的是通过采取适当的措施，消除或降低工作场所的危害，防止工人在正常作业时受到有害物质的侵害。采取的主要措施是替代、变更工艺、隔离、通风、个体防护和卫生。

管理控制是指通过管理手段按照国家法律和标准建立起来管理程序和措施，是预防危险化学品危害的重要方面。如作业场所进行危害识别、张贴标志、在危险化学品包装上粘贴安全标签、危险化学品运输、经营过程中附危险化学品安全技术说明书、从业人员进行安全培训和资质认定，采取接触监测、医学监督等措施均可达到管理控制的目的。

第三节　危险化学品分类

《危险化学品安全管理条例》规定，危险化学品目录由国务院安全生产监督管理部门会同国务院工业和信息化、公安、环境保护、卫生、质量监督检验检疫、交通运输、铁路、民用航空、农业主管部门，根据化学品危险特性的鉴别和分类标准确定、公布，并适时调整。

危险化学品种类繁多，分类方法也不尽一致。依据化学品的物理危险，健康危害和环境危害，将化学品危险性分为 27 个种类。另外，在每一个种类中，依据各自的分类分级标准，又分为一个或多个级别，部分类别还进一步细分为多个子级别。

根据国家质量技术监督局发布的国家标准《化学品分类和危险性公示通则》（GB 13690—2009），按理化危险特性把化学品分为 16 类：爆炸品；易燃气体；易燃气溶胶；氧化性气体；压力下气体；易燃液体；易燃固体；自反应物质或混合物；自燃液体；自燃固体；自燃物质和混合物；遇水放出易燃气体的物质或混合物；氧化性液体；氧化性固体；有机过氧化物；金属腐蚀剂。

依据化学品的健康危害，将化学品的危险性分为 10 个种类，分别为：急性毒性、皮肤腐蚀/刺激、严重眼睛损伤/眼睛刺激性、呼吸或皮肤过敏、生殖细胞突变性、致癌性、生殖毒性、特异性靶器管系统毒性一次接触、特异性靶器管系统毒性反复接触、吸入危险。

依据化学品的环境危害，化学品的危险性列为一个种类：对水环境的危害。

一、爆炸物

（1）爆炸物质（或混合物）　能通过化学反应在内部产生一定速度、一定温度与压力的气体，且对周围环境具有破坏作用的一种固体或液体物质（或其混合物）。

（2）烟火物质（或混合物）　能发生爆轰，自供氧放热化学反应的物质或混合物，并产生热、光、声、气、烟或几种效果的组合。烟火物质无论其是否产生气体都属于爆炸物。

（3）爆炸品　包括一种或多种爆炸物质或其混合物的物品。

（4）烟火制品　当物品包含一种或多种烟火物质或其混合物时，称其为烟火制品。

爆炸物类别和标签要素的配置见表 2-1。

表 2-1　爆炸物类别和标签要素的配置

不稳定的/1.1 项	1.2 项	1.3 项	1.4 项	1.5 项	1.6 项
危险 爆炸物； 整体爆炸危险	危险 爆炸物； 严重喷射危险	危险 爆炸物； 燃烧、爆轰或 喷射危险	1.4 （无象形图） 警告 燃烧或喷 射危险	1.5 （无象形图） 警告 燃烧中 可爆炸	1.6 （无象形图） 无信号词 无危险性说明

二、易燃气体

易燃气体：在 20℃和标准大气压 101.3kPa 时与空气混合有一定易燃范围的气体。

易燃气体类别和标签要素的配置见表 2-2。

表 2-2　易燃气体类别和标签要素的配置

类别 1	类别 2
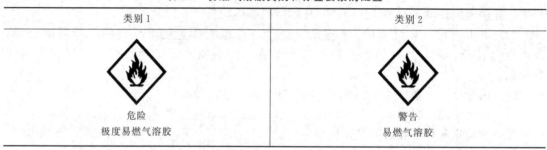　危险　极易燃气体	无标识　　　　　　　　　警告　易燃气体

三、易燃气溶胶

凡分散介质为气体的胶体物系为气溶胶，它们的粒子大小在 $100 \sim 10000nm$ 之间，常用的气溶胶是指喷射罐（包括任何不可重新罐装的容器，该容器由金属、玻璃或塑料制成）内装有强制压缩、液化或溶解的气体，并配有释放装置以使内装物喷射出来，在气体中形成悬浮的固态、液态微粒或形成泡沫、膏剂、粉末或者以液态或气态形式出现。

如果气溶胶中含有易燃液体、易燃气体或易燃固体等任何易燃的成分时，该气溶胶应归类为易燃气溶胶。

易燃气溶胶类别和标签要素的配置见表 2-3。

表 2-3　易燃气溶胶类别和标签要素的配置

类别 1	类别 2
危险　极度易燃气溶胶	警告　易燃气溶胶

四、氧化性气体

氧化性气体：能通过提供氧或可引起比空气更能促进其他物质燃烧的任何气体。

氧化性气体类别和标签要素的配置见表 2-4。

表 2-4　氧化性气体类别和标签要素的配置

类别 1
危险　会导致或加强燃烧；氧化剂

五、压力下气体

压力下气体：$20℃$时压力不小于 $280kPa$ 的容器中的气体或成为冷冻液化的气体。

压力下气体类别和标签要素的配置见表 2-5。

表 2-5　压力下气体类别和标签要素的配置

类别 1	类别 2	类别 3	类别 4
压缩气体	液化气体	冷冻液化气体	溶解气体
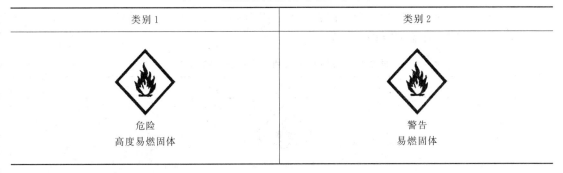			
警告	警告	警告	警告
装有加压气体；如果加热会爆炸	装有加压气体；如果加热会爆炸	装有冷冻气体会导致低温烧伤或损伤	装有加压气体；如果加热会爆炸

六、易燃液体

易燃液体：指闪点不大于 93℃ 的可燃液体。

易燃液体类别和标签要素的配置见表 2-6。

表 2-6　易燃液体类别和标签要素的配置

类别 1	类别 2	类别 3	类别 4
			无标识
危险	危险	危险	危险
极度易燃液体和蒸气	高度易燃液体和蒸气	易燃液体和蒸气	可燃液体

七、易燃固体

易燃固体：指容易燃烧的或通过摩擦引起或促进着火的固体。

易燃固体类别和标签要素的配置见表 2-7。

表 2-7　易燃固体类别和标签要素的配置

类别 1	类别 2
危险	警告
高度易燃固体	易燃固体

八、自反应物质

自反应物质：指热不稳定性液体或固体物质或混合物，即使没有氧（空气），也易发生强烈放热分解反应。不包括分类为爆炸品、有机过氧化物或氧化物的物质和混合物。

自反应物质类别和标签要素的配置见表 2-8。

表 2-8　自反应物质类别和标签要素的配置

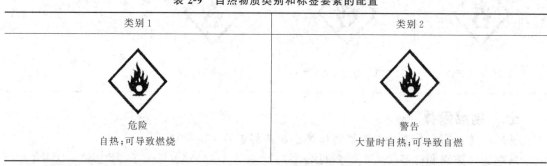

A 型	B 型	C 型和 D 型	E 型和 F 型	G 型
危险 遇热可导致爆炸	危险 遇热可导致 燃烧或爆炸	危险 遇热可导致燃烧	警告 遇热可导致燃烧	本类型无适用 标签要素

九、自热物质

自热物质：通过与空气反应并且无能量供应，易于自热的固体、液体物质或混合物。该物质或混合物与自燃液体或固体不同之处在于：只有在大量（几千克）和较长的时间周期（数小时或数天）时才会着火。

自热物质类别和标签要素的配置见表 2-9。

表 2-9　自热物质类别和标签要素的配置

类别 1	类别 2
危险 自热；可导致燃烧	警告 大量时自热；可导致自燃

十、自燃液体

自燃液体：即使数量较少，但也能在与空气接触后 5min 内着火的液体。

自燃液体类别和标签要素的配置见表 2-10。

表 2-10　自燃液体类别和标签要素的配置

类别 1
危险 暴露在空气中会自发燃烧

十一、自燃固体

自燃固体：该类物品与空气接触后 5min 内，即使量少也易着火的固体。

自燃固体类别和标签要素的配置见表 2-11。

表 2-11 自燃固体类别和标签要素的配置

类别 1
 危险 暴露在空气中会自发燃烧

十二、遇水放出易燃气体的物质

遇水放出易燃气体的物质：该类物品可与水相互反应并且所产生的气体通常显示具有自燃的倾向，或放出具有危险数量的易燃气体的固体或液体物质。

遇水放出易燃气体的物质类别和标签要素的配置见表 2-12。

表 2-12 遇水放出易燃气体的物质类别和标签要素的配置

类别 1	类别 2	类别 3
危险 遇水释放 易燃气体，会自燃	危险 遇水释放 易燃气体	警告 遇水释放 易燃气体

十三、金属腐蚀物

金属腐蚀物：通过化学作用会显著损伤或甚至毁坏金属的物质或混合物。

金属腐蚀物类别和标签要素的配置见表 2-13。

表 2-13 金属腐蚀物类别和标签要素的配置

类别 1
 警告 会腐蚀金属

十四、氧化性液体

氧化性液体：通过产生氧，可引起或促使其他物质燃烧，其本身并不一定可燃的液体。

氧化性液体类别和标签要素的配置见表 2-14。

表 2-14　氧化性液体类别和标签要素的配置

类别 1	类别 2	类别 3
危险 可导致燃烧或爆炸； 强氧化剂	危险 可助燃氧化剂； 氧化剂	警告 可助燃氧化剂； 氧化剂

十五、氧化性固体

氧化性固体：本身不一定可燃，但一般通过产生氧而引起或促使其他物质燃烧的一种固体。

氧化性固体类别和标签要素的配置见表 2-15。

表 2-15　氧化性固体类别和标签要素的配置

类别 1	类别 2	类别 3
危险 会导致燃烧或者爆炸； 强氧化剂	危险 会加强燃烧；氧化剂	警告 会加强燃烧； 氧化剂

十六、有机过氧化物

有机过氧化物：凡含有—O—O—结构含氧物或可视为过氧化氢的一个或两个氢原子已被有机基团取代的衍生物的液体或固体有机物。本术语还包括有机过氧化配制物（混合物）。有机过氧化物是可发生放热自加速分解、热不稳定的物质或混合物。此外，它们还可能具有易爆炸分解、快速燃烧、对撞击或摩擦敏感、与其他物质发生危险的反应等特性。

有机过氧化物类别和标签要素的配置见表 2-16。

表 2-16　有机过氧化物类别和标签要素的配置

A 型	B 型	C 型和 D 型	E 型和 F 型	G 型
危险 遇热可导致爆炸	危险 遇热会导致 燃烧或爆炸	危险 遇热燃烧	警告 遇热燃烧	此危险等级 无适用标签要素

十七、急性毒性

急性毒性：经口或经皮肤摄入物质的单次剂量或在 24h 内给予的多次剂量，或者 4h 的吸入接触后发生的急性有害影响。

急性毒性类别和标签要素的配置见表 2-17(1)、表 2-17(2)、表 2-17(3)。

表 2-17(1) 急性毒性类别和标签要素的配置——口服

类别1	类别2	类别3	类别4	类别5
危险 吞食致死	危险 吞食致死	危险 吞食中毒	警告 食入有害	无标识 警告 食入有害

表 2-17(2) 急性毒性类别和标签要素的配置——皮肤

类别1	类别2	类别3	类别4	类别5
危险 皮肤接触致死	危险 皮肤接触致死	危险 皮肤接触中毒	警告 皮肤接触有害	无标识 警告 皮肤接触有害

表 2-17(3) 急性毒性类别和标签要素的配置——吸入

类别1	类别2	类别3	类别4	类别5
危险 吸入致死	危险 吸入致死	危险 吸入中毒	警告 吸入有害	无标识 警告 吸入有害

十八、皮肤腐蚀/刺激

(1) 皮肤腐蚀 对皮肤能引起不可逆性损害，即将受试物在皮肤上涂敷 4h 后，能出现可见的表皮至真皮的坏死。

(2) 皮肤刺激 将受试物涂皮 4h 后，对皮肤造成可逆性损害。

皮肤腐蚀/刺激类别和标签要素的配置见表 2-18。

十九、严重眼睛损伤/眼睛刺激性

(1) 严重眼睛损伤 将受试物滴入眼内表面，对眼睛产生组织损害或视力下降，且在滴眼 21d 内不能完全恢复。

(2) 眼睛刺激 将受试物滴入眼内表面，对眼睛产生变化，但在滴眼 21d 内可完全恢复。

严重眼睛损伤/眼睛刺激性类别和标签要素的配置见表 2-19。

表 2-18 皮肤腐蚀/刺激类别和标签要素的配置

类别 1A	类别 1B	类别 1C	类别 2	类别 3
危险 导致严重皮肤烧伤和眼部伤害	危险 导致严重皮肤烧伤和眼部伤害	危险 导致严重皮肤烧伤和眼部伤害	警告 导致皮肤刺激	无标识 警告 导致微弱皮肤刺激

表 2-19 严重眼睛损伤/眼睛刺激性类别和标签要素的配置

类别 1	类别 2A	类别 2B
危险 导致严重眼部损伤	警告 导致严重眼部刺激	无标识 警告 导致眼部刺激

二十、呼吸或皮肤过敏

(1) 呼吸致敏物　是指吸入后会引起呼吸道过敏反应的物质。

(2) 皮肤致敏物　是指皮肤接触后会引起过敏反应的物质。

呼吸或皮肤过敏类别和标签要素的配置见表 2-20。

表 2-20 呼吸或皮肤过敏类别和标签要素的配置

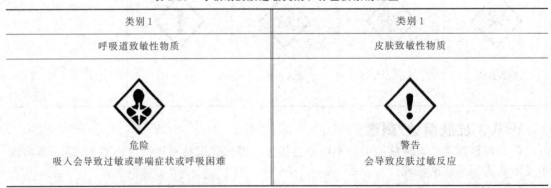

类别 1	类别 1
呼吸道致敏性物质	皮肤致敏性物质
危险 吸入会导致过敏或哮喘症状或呼吸困难	警告 会导致皮肤过敏反应

二十一、生殖细胞突变性

生殖细胞突变性：主要是指可引起人体生殖细胞突变并能遗传给后代的化学品。然而，物质和混合物分类在这一危害类别时还要考虑体外致突变性/遗传毒性试验和哺乳动物体细胞体内试验。"突变"被定义为细胞中遗传物质的数量或结构发生的永久性改变。

生殖细胞突变性类别和标签要素的配置见表 2-21。

表 2-21 生殖细胞突变性类别和标签要素的配置

类别 1A	类别 1B	类别 2
危险	危险	警告
会导致遗传缺陷	会导致遗传缺陷	怀疑会导致遗传缺陷

二十二、致癌性

致癌性：能诱发癌症或增加癌症发病率的化学物质或化学物质的混合物。在操作良好的动物实验研究中，诱发良性或恶性肿瘤的物质通常可认为或可疑为人类致癌物，除非有确切证据表明形成肿瘤的机制与人类无关。

致癌性类别和标签要素的配置见表 2-22。

表 2-22 致癌性类别和标签要素的配置

类别 1A	类别 1B	类别 2
危险	危险	警告
导致癌症	导致癌症	怀疑可能导致癌症

二十三、生殖毒性

生殖毒性：对成年男性或女性的性功能和生育力的有害作用，以及对子代的发育毒性。在此分类系统中，生殖毒性被细分为两个主要部分：对生殖或生育能力的有害效应和对子代发育的有害效应。

(1) 对生殖能力的有害效应 化学品干扰生殖能力的任何效应，这可包括，但不仅限于，女性和男性生殖系统的变化，对性成熟期开始的有害效应、配子的形成和输送、生殖周期的正常性、性功能、生育力、分娩、未成熟生殖系统的早衰和与生殖系统完整性有关的其他功能的改变。

(2) 对子代发育的有害效应 就最广义而言，发育毒性包括妨碍胎儿无论出生前后的正常发育过程中的任何影响，而影响是无论来自在妊娠前其父母接触这类物质的结果，还是子代在出生前发育过程中，或出生后至性成熟时期前接触的结果。

生殖毒性类别和标签要素的配置见表 2-23。

表 2-23 生殖毒性类别和标签要素的配置

类别 1A	类别 1B	类别 2	附加类别
危险	危险	警告	对哺乳期或通过哺乳其效应
损害生殖力或胎儿	损害生殖力或胎儿	怀疑会损害生殖力或胎儿	会对母乳喂养的小孩有害

二十四、特异性靶器官系统毒性一次接触

特异性靶器官系统毒性一次接触：由一次接触产生特异性的、非致死性靶器官系统毒性的物质。包括产生即时的和/或迟发的、可逆性和不可逆性功能损害的各种明显的健康效应。

特异性靶器官系统毒性一次接触类别和标签要素的配置见表2-24。

表 2-24　特异性靶器官系统毒性一次接触类别和标签要素的配置

类别1	类别2	类别3
危险 会损伤器官	警告 可能损伤器官	警告 可能引起呼吸道刺激或眩晕

二十五、特异性靶器官系统毒性反复接触

特异性靶器官系统毒性反复接触：由反复接触而引起特异性的、非致死性靶器官系统毒性的物质。包括能够引起即时的和/或迟发的、可逆性和不可逆性功能损害的各种明显的健康效应。

特异性靶器官系统毒性反复接触类别和标签要素的配置见表2-25。

表 2-25　特异性靶器官系统毒性反复接触类别和标签要素的配置

类别1	类别2
危险 重复暴露或延长暴露会损伤器官	警告 重复暴露或延长暴露可能损伤器官

二十六、吸入危险

该危险性在我国还未转化成为国家标准，在此暂不介绍。

二十七、对水环境的危害

（1）急性水生生物毒性　是指物质对短期接触它的生物体造成伤害的固有性质。

（2）慢性水生生物毒性　物质在与生物生命周期相关的接触期间对水生生物产生有害影响的潜在或实际的性质。

对水环境的急性和慢性危害类别和标签要素的配置分别见表2-26(1) 和表2-26(2)。

表 2-26(1)　对水环境的急性危害类别和标签要素的配置

类别1	类别2	类别3
警告 对水中生物有剧毒	无标识 无标记字符 对水中生物有毒性	无标识 无标记字符 对水中生物有害

表 2-26(2)　对水环境的慢性危害类别和标签要素的配置

类型 1	类型 2	类型 3	类型 4
		无标识	无标识
警告	无标记字符	无标记字符	无标记字符
对水中生物具有剧烈毒性，有害影响长时间持续	对水中生物具有毒性，有害影响长时间持续	对水中生物有害，且影响长时间持续	可能对水中生物具有长时间持续性危险

第四节　危险化学品的安全标签

《危险化学品安全管理条例》第十五条规定危险化学品生产企业应当提供与其生产的危险化学品相符的化学品安全技术说明书，并在危险化学品包装（包括外包装件）上粘贴或者挂拴与包装内危险化学品相符的化学品安全标签。化学品安全技术说明书和化学品安全标签所载明的内容应当符合国家标准的要求。

一、危险化学品安全标签的定义

标签是用于标示化学品所具有的危险性和安全注意事项的一组文字、象形图和编码组合，它可粘贴、挂栓或喷印在化学品的外包装或容器上。图 2-1 是化学品安全标签的样例，图 2-2 是化学品安全标签的简化样例。

二、化学品安全标签的内容

（1）化学品标识　用中文和英文分别标明化学品的通用名称。名称要求醒目清晰，位于标签的正上方。名称应与化学品安全技术说明书中的名称一致。

（2）象形图

（3）信号词　根据化学品的危险程度和类别，用"危险""警告"两个词分别进行危害程度的警示。信号词位于化学品名称的下方，要求醒目、清晰。

（4）危险性说明　简要概述化学品的危险特性。居信号词下方。

（5）防范说明　表述化学品在处置、搬运、储存和使用作业中所必须注意的事项和发生意外时简单有效的救护措施等，要求内容简明扼要、重点突出。

（6）供应商标识　供应商名称、地址、邮编和电话等。

（7）应急咨询电话　填写化学品生产商或生产商委托的 24h 化学事故应急咨询电话。

（8）资料参阅提示语　提示化学品用户应参阅化学品安全技术说明书。

（9）危险信息先后排序　当某种化学品具有两种及以上的危险性时，安全标签的象形图、信号词、危险性说明的先后顺序有相应规定。

三、标签使用注意事项

① 安全标签的粘贴、挂栓或喷印应牢固，保证在运输、储存期间不脱落、不损坏。

② 安全标签应由生产企业在货物出厂前粘贴、挂栓或喷印。若要改换包装，则由改换包装单位重新粘贴、挂栓、喷印标签。

③ 盛装危险化学品的容器或包装，在经过处理并确认其危险性完全消除之后，方可撕

下标签，否则不能撕下相应的标签。

化学品名称　　A组分: 40%; B组分: 60%;

危　险　

极易燃液体和蒸气，食入致死，对水生生物毒性非常大

【预防措施】
- 远离热源、火花、明火、热表面。使用不产生火花的工具作业。
- 保持容器密闭。
- 采取防止静电措施，容器和接收设备接地、连接。
- 使用防爆电器、通风、照明及其他设备。
- 戴防护手套、防护眼镜、防护面罩。
- 操作后彻底清洗身体接触部位。
- 作业场所不得进食、饮水或吸烟。
- 禁止排入环境。

【事故响应】
- 如皮肤(或头发)接触：立即脱掉所有被污染的衣服，用水冲洗皮肤，淋浴。
- 食入，催吐，立即就医。
- 收集泄露物。
- 火灾时，使用干粉、泡沫、二氧化碳灭火。

【安全储存】
- 在阴凉、通风良好处储存。
- 上锁保管。

【废弃处置】
- 本品或其容器采用焚烧法处置。

请参阅化学品安全技术说明书

供应商：×××××××××××××××××××　　　电话：××××××
地　址：××××××××××××××××××　　　邮编：××××××

化学事故应急咨询电话：××××××

图 2-1　化学品安全标签的样例

化学品名称

危险

极易燃液体和蒸气，食入致死，对水生生物毒性非常大

请参阅化学品安全技术说明书

供应商：×××××××××××××××××××　　　电话：××××××

化学事故应急咨询电话：×　×　×　×　×　×

图 2-2　化学品安全标签的简化样例

第五节　危险化学品的安全技术说明书

一、危险化学品安全技术说明书的定义

危险化学品安全技术说明书是一份关于危险化学品燃爆、毒性和环境危害以及安全使用、泄漏应急处理、主要理化参数、法律法规等方面信息的综合性文件。

化学品安全技术说明书国际上称作化学品安全信息卡，简称 MSDS 或 CSDS。

二、危险化学品安全技术说明书的主要作用

① 它是化学品安全生产、安全流通、安全使用的指导性文件；

② 它是应急作业人员进行应急作业时的技术指南；

③ 可为制订危险化学品安全操作规程提供技术信息；

④ 它是企业进行安全教育的重要内容。

三、危险化学品安全技术说明书的内容

危险化学品安全技术说明书包括以下十六部分的内容。

（1）化学品及企业标识　主要标明化学品名称、生产企业名称、地址、邮编、电话、应急电话、传真等信息。

（2）危险性概述　简述本化学品最重要的危害和效应，主要包括：危险类别、侵入途径、健康危害、环境危害、燃爆危险等信息。

（3）成分/组成信息　标明该化学品是物质还是混合物。如果是物质，则提供化学名或通用名、美国化学文摘登记号（CAS 号）及其他标识符。

（4）急救措施　主要是指作业人员受到意外伤害时，所需采取的现场自救或互救的简要

的处理方法，包括：眼睛接触、皮肤接触、吸入、食入的急救措施。

（5）消防措施　主要表示化学品的物理和化学特殊危险性，合适灭火介质，不合适的灭火介质以及消防人员个体防护等方面的信息，包括：危险特性、灭火介质和方法，灭火注意事项等。

（6）泄漏应急处理　指化学品泄漏后现场可采用的简单有效的应急措施和消除方法、注意事项和消除方法，包括：应急行动、应急人员防护、环保措施、消除方法等内容。

（7）操作处理与储存　主要是指化学品操作处置和安全储存方面的信息资料，包括：操作处置作业中的安全注意事项、安全储存条件和注意事项。

（8）接触控制和个体防护　主要指为保护作业人员免受化学品危害而采用的防护方法和手段，包括：最高允许浓度、工程控制、呼吸系统防护、眼睛防护、身体防护、手防护、其他防护要求。

（9）理化特性　主要描述化学品的外观及主要理化性质等方面的信息，包括：外观与性状、pH 值、沸点、熔点、爆炸极限等主要用途和其他一些特殊理化性质。

（10）稳定性和反应性　主要叙述化学品的稳定性和反应活性方面的信息，包括：稳定性、禁配物、应避免接触的条件、聚合危害、分解产物。

（11）毒理学信息　提供化学品毒理学信息，包括：不同接触方式的急性毒性（LD_{50}、LC_{50}）、刺激性、致癌性等。

（12）生态学信息　主要叙述化学品的环境生态效应、行为和转归，包括：生物效应、生物降解性、环境迁移等。

（13）废弃处置　是指对被化学品污染的包装和无使用价值的化学品的安全处理方法，包括废弃处置方法和注意事项。

（14）运输信息　主要是指国内、国际化学品包装、运输的要求及规定的分类和编号，包括：危险货物编号、包装类别、包装标志、包装方法、UN 编号及运输注意事项等。

（15）法规信息　主要指化学品管理方面的法律条款和标准。

（16）其他信息　主要提供其他对安全有重要意义的信息，包括：参考文献、填表时间、数据审核单位等。

四、使用要求

① 安全技术说明书由化学品的生产供应企业编印，在交付商品时提供给用户，作为用户的一种服务，随商品在市场上流通。

② 危险化学品的用户在接收使用化学品时，要认真阅读安全技术说明书，了解和掌握其危险性。

③ 根据危险化学品的危险性，结合使用情形，制订安全操作规程，培训作业人员。

④ 按照安全技术说明书，制定安全防护措施。

⑤ 按照安全技术说明书制定急救措施。

⑥ 安全技术说明书的内容，每五年要更新一次。

五、氯的安全技术说明书样张

氯的安全技术说明书见附录二。

第六节　事　故　案　例

案例　多人氯气中毒事件

1. 事故过程

1979 年 9 月 7 日下午 1 时 55 分，某电化厂液氯工段正在冲装液氯作业时，一只半吨重的充满液氯的钢瓶突然发生粉碎性爆炸。随着震天巨响，全厂气雾弥漫。大量的液氯气化，迅速形成巨大的黄绿色气柱冲天而起，形似蘑菇状，高达 40 余米。爆炸现场留有直径 6m，深 1.82m 的深坑。该工段 414m² 的厂房全部倒塌，在现场有 67 个液氯钢瓶，爆炸了 5 只，击穿了 5 只，13 只击伤变形，5t 液氯储罐被击穿泄漏，厂房内的全部管道被击穿、变形。其间夹杂着瓦砾、钢瓶碎片在空中横飞，数里外有震感。在爆炸中心有一只重达 1735kg 的液氯钢瓶被气浪垂直掀起，飞越 12m 高的高压电线后，坠落在 30m 外的盐库内，另一只重达 1754kg 的液氯钢瓶被气浪冲到 20m 外的荷花池里，一块重达 1kg 的钢瓶碎片飞出 830m 外的居民院内，将一名 81 岁在院内扫地的老妪砸死。

　　液氯从这些容器内冲出，泄漏的氯气共达 10.2t，当时是东南风，风速 3.7m/s，大量的氯气迅速呈 60°扇行向西北方向扩散，中轴线距离为 4600m，波及范围达 7.35km²，共有 32 个居民点和 6 个生产队受到不同程度的氯气危害，造成大量人员急性中毒，受氯气危害的人数达 1208 人，其中诊断为氯气刺激反应者有 429 人，均在门诊治疗，另有不同程度急性中毒患者 779 人，均收入住院治疗，其中轻度中毒者 459 人，占 58.9%；中度中毒者 215 人，占 27.6%；重度中毒者 105 人，占 13.5%。其中男性 389 人，占 49.9%；女性 390 人，占 50.1%。

　　本次事故共死亡 59 人，其中现场死亡 18 人，另有 41 人为严重急性氯气中毒死亡，其中 7 人为严重中毒性肺水肿，口鼻涌出粉红色泡沫痰，入院后几分钟内死亡。爆炸后 1h 左右有 12 人死于肺水肿。其余也陆续死亡，最后死亡 1 人是在爆炸后 13h。死亡者均为 16 岁以上的成人，其中男性 30 人，女性 11 人。死亡的 41 人均为距爆炸中心 50m 内的重污染区内的居民，而本厂职工都能逆风爬上厂外东南方向的一个高土坡上，故无一人因急性氯气中毒而死亡。

　　2. 事故分析

　　① 本例是发生在一次事故中，中毒人数之多，死亡人数之多，危害之大，经济损失之大，在全国都是罕见的，是新中国成立以来化工系统最大的一起事故。从中央到地方，各级政府都很重视事故的抢救处理，化工部派出一名副部长带队的 6 人工作组，从省内外组织了 90 人组成的 12 支医疗队参加抢救工作，从上海调运了 2t 重的药品器材供抢救使用。可以说在应急救援方面做了大量工作，也有效地控制了中毒病人的死亡，使中毒病人得到了治疗和康复。

　　但是本市没有职业病防治机构，没有职业病专职医生，各医院都缺乏氯中毒的抢救知识。事故发生后，在短时间内上千名中毒病人被送入各个医院，医务人员没有思想准备，医院床位不够，抢救药品、器械不足等等，造成工作秩序混乱，医疗效果较差。在短短几小时内造成几十名中毒病人死亡。从 41 例中毒死亡病人的死亡时间分析，有半数以上病人死于事故发生后的 1～2h 以内，最后一例死亡病人距事故发生也只有 13h。由此可见重症病人的抢救立足于本地，立足于现场是多么重要。化工系统多年来反复强调凡能发生多人急性中毒的化工企业都要制订急性中毒应急预案，就是这个道理。并强调指出预案不仅要写在纸上，而且每年都要演习，常备不懈。每个医务人员要熟悉抢救技术和操作技能，一旦发生急性中毒事故能做到现场、就近进行抢救，减少伤亡。

　　② 本例事故可以看出该电化厂长期以来贯彻安全生产的方针不力，没有在抓生产的同时做好安全工作。没有建立正常的安全生产管理制度，致使倒灌有 100 多公斤液体石蜡的氯钢瓶没有被查出，混于其他氯钢瓶中一起充装液氯，因而发生了化学性大爆炸。由此可见，凡是生产、使用化学毒物企业认真贯彻"安全第一，预防为主"的方针，建立完善的安全管理制度，并严格付诸实施，及时清除事故隐患，是从根本上避免发生类似事故，防止发生多人急性中毒所必需的。

此外，这次事故造成的中毒人数如此众多，与该电化厂厂址建于人口稠密居民区之中直接有关。液氯钢瓶爆炸后，大量氯气随风扩散到居民区，造成众多人员中毒。因此，氯碱厂、化肥厂、焦化厂等厂址都必须与居民区有一定距离的安全隔离带。

习　　题

一、单项选择题

1. 用人单位对危化品应建立标签和（　　）制度。

A. 安全技术说明书　　　　　　B. 请示报告　　　　　　　　C. 生产经营

2. 工业生产中，酒精的危害表现为（　　）

A. 易燃性　　　　　　　　　　B. 助燃性　　　　　　　　　C. 刺激性

3. 浓硫酸属于（　　）危险品。

A. 助燃性　　　　　　　　　　B. 刺激性　　　　　　　　　C. 腐蚀性

4. 国家标准《化学品分类和危险性公示通则》，按理化危险特性把化学品分为（　　）类。

A. 6　　　　　　　　B. 7　　　　　　　　C. 16　　　　　　　　D. 27

5. 危险化学品安全技术说明书包括（　　）部分的内容。

A. 8　　　　　　　　B. 16　　　　　　　　C. 10　　　　　　　　D. 13

二、判断题

1. 安全标签上的应急咨询电话可以是企业本身的应急咨询电话，也可以委托其他专业机构代理，但对外资企业，其标签上必须提供中国境内的应急电话。　　　　　　　　　　　　　　　（　　）

2. 有毒品的半数致死量越小，说明它的急性毒性越小。　　　　　　　　　　　　（　　）

3. 个人可以通过邮寄向危险化学品经营单位购买危险化学品。　　　　　　　　　（　　）

4. 化学品安全技术说明书国际上称作化学品安全信息卡，简称 MSDS 或 CSDS。　（　　）

5. 危险化学品是指具有毒害、腐蚀、爆炸、燃烧、助燃等性质，对人体、设施、环境具有危害的剧毒化学品和其他化学品。　　　　　　　　　　　　　　　　　　　　　　　　　（　　）

三、简答题

1. 危险化学品安全说明书的主要作用是什么？

2. 危险化学品安全技术说明书包括哪些内容？

3. 危险化学品的安全标签包括哪些内容？

第三章 防火防爆技术

第一节 燃 烧

一、燃烧及燃烧条件

1. 燃烧的含义

燃烧是可燃物与助燃物（氧或氧化剂）发生的一种发光发热的化学反应，是在单位时间内产生的热量大于消耗热量的反应。燃烧过程具有两个特征：一是有新的物质产生，即燃烧是化学反应；二是燃烧过程中伴随有发光发热现象。

2. 燃烧的条件

燃烧必须同时具备下列三个条件。

① 有可燃性的物质，如木材、乙醇、甲烷、乙烯等。

② 有助燃性物质，常见的为空气和氧气。

③ 有能导致燃烧的能源，即点火源，如撞击、摩擦、明火、电火花、高温物体、光和射线等。

可燃物、助燃物和点火源构成燃烧的三要素，缺少其中任何一个燃烧便不能发生。上述三个条件同时存在也不一定会发生燃烧，只有当三个条件同时存在，且都具有一定的"量"，并彼此作用时，才会发生燃烧。对于已经进行着的燃烧，若消除其中任何一个条件，燃烧便会终止，这就是灭火的基本原理。

二、燃烧的种类

1. 闪燃

各种液体的表面都有一定量的蒸气存在，蒸气的浓度取决于该液体的温度。闪燃是在液体表面能产生足够的可燃蒸气，遇火能产生一闪即灭的燃烧现象。引起闪燃时的最低温度叫做闪点。闪点这个概念主要适用于可燃性液体，某些固体如樟脑和萘等，也能在室温下挥发或缓慢蒸发，因此也有闪点。在闪点的温度下，液体蒸发产生的蒸气还不多，所以闪烁一下就灭了。但闪燃往往是着火的先兆，当可燃液体温度高于其闪点时则随时都有被火点燃的危险。

2. 自燃

自燃是可燃物质自发的着火燃烧，通常是由缓慢的氧化作用而引起，即物质在无外部火源的条件下，在常温中自行发热，由于散热受到阻碍，使热量积蓄逐渐达到自燃点而引起的燃烧。自燃又可以分为受热自燃和自热自燃。可燃物质在外部热源作用下，使温度升高，当达到其自燃点时，即着火燃烧，这种现象称为受热自燃。在工业生产中，可燃物由于接触高温表面、加热或烘烤过度、冲击摩擦等，均可导致的自燃就属于受热自燃。而自热燃烧是指某些物质在没有外来热源影响下，由于物质内部所发生的化学、物理或生化过程而产生热量，这些热量在适当条件下会逐渐积聚，导致温度上升，达到自燃点而燃烧。造成自热燃烧的原因有氧化热、分解热、聚合热、发酵热等。自热燃烧的物质常见的有：自燃点低的物质，如磷、磷化氢；遇空气、氧气发热自燃的物质，如油脂类、锌粉、铝粉、金属硫化物、活性炭；自然分解发热的物质，如硝化棉；易产生聚合热或发酵热的物质，如植物类产品、湿木屑等。

自热自燃和受热自燃都是在不接触明火的情况下"自动"发生的燃烧。它们的区别在于热的来源不同。引起自热自燃的热来源于物质本身的热效应，而引起受热自燃的热来自于外部的热源，因此它们的起火特点也不同。一般说来自热自燃大都从内向外延烧，而受热自燃往往从外向内延烧。

在规定的试验条件下，可燃物质产生自燃的最低温度叫自燃点。国家标准《可燃液体和气体引燃温度试验方法》（GB 5332—2007）规定了可燃液体和气体引燃温度（自燃点）的试验方法。

3. 点燃

点燃也称强制着火，即可燃物质与明火直接接触引起燃烧，在火源移去后仍能维持燃烧的现象。物质被点燃后，先是局部被强烈加热，首先达到引燃温度产生火焰，该局部燃烧产生的热量，足以把邻近部分加热到引燃温度，燃烧就得以蔓延开去。

点燃与自燃的差别在于：自燃时可燃物整体温度较高，反应与燃烧是在整个可燃物或相当大的范围内同时发生的。而在点燃时，可燃物整体温度较低，只在火源局部加热处燃烧，然后向可燃物其他部分传播。

可燃物质在空气充足条件下，达到一定温度时与火源接触即行着火（出现火焰或灼热发光），并在移去火源之后能继续燃烧的最低温度称为该物质的燃点或着火点。易燃液体的燃点高于其闪点 $1\sim5℃$。

三、引燃源

能够引起可燃物燃烧的热能源叫引燃源。主要的引燃源有以下几种。

1. 明火

有生产性明火，如乙炔火焰等，有非生产性明火，如烟头火、油灯火等。明火是最常见而且是比较强的着火源，它可以点燃任何可燃性物质。

2. 电火花

包括电器设备运行中产生的火花，短路火花以及静电放电火花和雷击火花。随着电器设备的广泛使用和操作过程的连续化，这种火源引起的火灾所占的比例越来越大。如加压气体在高压泄漏时会产生静电火花，人体静电放电产生静电火花，液体燃料流动时的静电着火，加注燃料时的摩擦、由于燃料和输油管道、容器以及其他注油工具的互相摩擦，能产生大量的静电荷，注油的速度越快，产生的静电越多。在采用明流加油时，由于油流和空气或油气混合气的互相摩擦以及飞溅的液滴和油气之间的摩擦，都能产生静电荷。

3. 火星

火星是在铁与铁、铁与石、石与石之间的强烈摩擦、撞击时产生的，是机械能转化为热能的一种现象。这种火星的温度一般有 1200℃ 左右，可以引起很多物质的燃烧。

4. 灼热体

灼热体是指受高温作用，由于蓄热而具有较高温度的物体。灼热体与可燃物质接触引起的着火有快有慢，这主要是决定于灼热体所带的热量和物质的易燃性、状态，其点燃过程是从一点开始扩及全面的。

5. 聚集的日光

指太阳光、凸玻璃聚光热等。这种热能只要具有足够的温度就能点燃可燃物质。

6. 化学反应热和生物热

指由于化学变化或生物作用产生的热能。这种热能如不及时散发掉就会引起着火甚至燃烧爆炸。

四、燃烧产物

1. 燃烧产物的含义

燃烧产物是指由燃烧或热解作用而产生的全部物质，也就是说可燃物质燃烧时，生成的气体、固体和蒸气等物质均为燃烧产物。

燃烧产物按其燃烧的完全程度分为完全燃烧产物和不完全燃烧产物。物质燃烧后产生不能继续燃烧的新物质（如 CO_2、SO_2、水蒸气等），这种燃烧叫做完全燃烧，其产物为完全燃烧产物；物质燃烧后产生还能继续燃烧的新物质（如 CO、未燃尽的炭、甲醇、丙酮等），则叫做不完全燃烧，其产物为不完全燃烧产物。燃烧得完全还是不完全与氧化剂的供给程度以及其他燃烧条件有直接关系。燃烧产物的成分是由可燃物的组成及燃烧条件所决定的。无机可燃物大多数为单质，其燃烧产物的组成较为简单，主要是它的氧化物，如 CaO、H_2O、SO_2 等。有机可燃物的主要组成为碳（C）、氢（H）、氧（O）、硫（S）、磷（P）和氮（N），完全燃烧时主要生成二氧化碳（CO_2）、水（H_2O）、二氧化硫（SO_2）和五氧化二磷（P_2O_5）。如果在空气不足或温度较低，则会发生不完全燃烧，不完全燃烧就不仅会产生上述完全燃烧产物，同时还会生成一氧化碳（CO）、酮类、醛类、醇类、酚类、醚类等。

2. 燃烧产物的危害

二氧化碳（CO_2）是窒息性气体；一氧化碳（CO）是有强烈毒性的可燃气体；二氧化硫（SO_2）有毒，是大气污染中危害较大的一种气体，它严重伤害植物，刺激人的呼吸道，腐蚀金属等；一氧化氮（NO）、二氧化氮（NO_2）等都是有毒气体，对人存在不同程度的危害，甚至会危及生命。烟灰是不完全燃烧产物，由悬浮在空气中未燃尽的细碳粒及分解产物构成。烟雾是由悬浮在空气中的微小液滴形成，都会污染环境，对人体有害。

第二节　爆　　炸

一、爆炸的含义

爆炸是物质的一种急剧的物理、化学变化。在变化过程中伴有物质所含能量的快速释放，变为对物质本身、变化产物或周围介质的压缩能或运动能。爆炸时物系压力急剧升高。

一般说来，爆炸具有以下特征：

① 爆炸过程进行得很快；

② 爆炸点附近压力急剧升高，这是爆炸最主要的特征；

③ 发出或大或小的声音；

④ 周围介质发生震动或邻近物质遭到破坏。

二、爆炸的分类

按爆炸的能量来源可分为物理爆炸、化学爆炸和核爆炸。

1. 物理爆炸

物理爆炸是由物理变化引起的爆炸，在爆炸现象发生的过程中，造成爆炸发生的介质的化学性质及化学成分不发生变化，发生变化的仅仅是该介质的状态参数（如温度、压力、体积）。如蒸汽锅炉爆炸或液化气压缩气超压引起的钢瓶爆炸。

2. 化学爆炸

化学爆炸是由于物质发生极迅速的化学反应，产生高温、高压而引起的爆炸。如可燃气体、蒸气的爆炸，以及炸药的爆炸。化学爆炸前后物质的性质和成分均发生了根本的变化，这种爆炸能直接造成火灾，具有很大的火灾危险性。化学爆炸按爆炸时所发生的化学变化的形式又可分为三类。

（1）简单分解爆炸　简单分解爆炸的爆炸物在爆炸时并不一定发生燃烧反应，爆炸所需的热力是由于爆炸物质本身分解时产生的。如乙炔银、乙炔铜、叠氮铅等。这类物质受震动即可引起爆炸，是较危险的。

（2）复杂分解爆炸　这类物质爆炸时伴有燃烧现象，燃烧所需的氧是由本身分解产生的。如TNT炸药、硝化棉及烟花爆竹的爆炸就属于这一类爆炸。其爆炸危险性较简单分解爆炸物稍低。

（3）爆炸性混合物爆炸　所有可燃气体、蒸汽和可燃粉尘与空气（或氧气）组成的混合物均属于此类，其危险性相对较低，但很普遍，石油化工企业中发生的爆炸多属于此类。

3. 核爆炸

由原子核分裂或热核的反应引起的爆炸叫核爆炸。核爆炸时可形成数百万摄氏度到数千万摄氏度的高温，在爆炸中心可形成数百万大气压的高压，同时发出很强的光和热辐射。因此核爆炸比化学爆炸具有更大的破坏力。如原子弹、氢弹的爆炸就属于此类爆炸。

三、爆炸极限

1. 爆炸极限的意义

可燃物进入空气中，与空气混合达到一定浓度时，在点火源的作用下会发生爆炸。这种可燃物质在空气中形成爆炸混合物的最低浓度叫爆炸下限，最高浓度叫爆炸上限。浓度在爆炸上限和爆炸下限之间，都能发生爆炸。这个浓度范围叫该物质的爆炸极限。如一氧化碳的爆炸极限是12.5%～74.5%。一氧化碳在空气中的浓度小于12.5%时，用火去点，这种混合物不燃烧也不爆炸；当一氧化碳在空气中的浓度达到12.5%时，混合物遇点火源能轻度爆炸；当空气中的一氧化碳浓度稍高于29.5%时，接触火源会发生威力很大的爆炸；当一氧化碳浓度达到74.5%，爆炸现象与浓度为12.5%时差不多；浓度超过74.5%时，遇火源则不燃烧、不爆炸。表3-1是一些常见物质在空气中的爆炸极限。

表3-1　一些常见物质在空气中的爆炸极限

物　质	爆炸下限/%	爆炸上限/%	物　质	爆炸下限/%	爆炸上限/%
一氧化碳	12.5	74.5	乙烯	2.7	36.0
氢气	4.1	75.0	乙炔	2.1	80.0
甲烷	4.9	15.0	苯	1.2	8.0
天然气	4.0	16.0	二硫化碳	1.0	60.0
煤粉	35.0	45.0	硫化氢	4.0	46.0
氨、氨气	15.7	27.4	甲醇	5.5	44.0

2. 爆炸极限的影响因素

各种不同的可燃气体和可燃液体蒸气，由于它们的理化性质的不同，因而具有不同的爆炸极限。一种可燃气体或可燃液体蒸气的爆炸极限，也不是固定不变的，它们受温度、压力、氧含量、惰性介质、容器的直径等因素的影响。

（1）温度的影响　混合气体的原始温度越高，则爆炸下限降低，上限增高，爆炸极限范围扩大。因为系统温度升高，分子内能增加，使原来不燃的混合物成为可燃、可爆系统。所以，系统温度升高，爆炸危险性增加。

（2）氧含量的影响　混合物中含氧量增加，一般对爆炸下限影响不大，因为在下限浓度时氧气对可燃气是过量的。由于在上限浓度时含氧量相对不足，所以增加氧含量会使上限显著增高。

（3）惰性介质的影响　如果在爆炸混合物中加入不燃烧的惰性气体（如氮、二氧化碳、水蒸气、氩、氦等），随着惰性气体所占体积分数的增加，爆炸极限范围则缩小，惰性气体的含量提高到一定浓度时，可使混合物不能爆炸。一般情况下，惰性气体对混合物爆炸上限的影响较之对下限的影响更为显著。因为惰性气体浓度加大，表示氧的含量相对减小，而在上限中氧的含量本来已经很小，故惰性气体含量稍为增加一点即产生很大影响，而使爆炸上限大幅下降。

（4）原始压力的影响　混合物的原始压力对爆炸极限有很明显的影响，其爆炸极限的变化也比较复杂。一般说来，压力增大，爆炸极限范围也扩大，尤其是爆炸上限显著提高。这是因为系统压力增高，使分子间距更为接近，碰撞概率增高，使燃烧反应更为容易进行。压力降低，则爆炸极限范围缩小。当压力降到某值时，则爆炸上限与爆炸下限重合，此时对应的压力称为爆炸的临界压力。

（5）容器　充装容器的材质、尺寸等对物质爆炸极限均有影响。实验证明，容器管子直径越小，爆炸极限范围越小。当管径小到一定程度时，火焰因不能通过而被熄灭。关于材料的影响，例如氢和氟在玻璃器皿中混合，甚至放在液态空气温度下于黑暗中也会发生爆炸，而在银制器皿中要到常温下才能发生反应。

（6）能源　能源的性质对爆炸极限有很大的影响。如果能源的强度高，热表面的面积就大，火源与混合物的接触时间长，就会使爆炸极限扩大，其爆炸危险性也就增加。如火花的能量、热表面的面积、火源与混合物的接触时间等，对爆炸极限均有影响。

第三节　火灾爆炸的形成及总体预防

一、火灾发生的条件

1. 燃烧的条件

从前面的知识可知，燃烧是有条件的，它必须是可燃物质、助燃物质和点火源这三个基本条件同时存在并且相互作用才能发生。

（1）可燃物质　物质被分成可燃物质、难燃物质和不可燃物质三类。一般说来，可燃物质是指在火源作用下能被点燃，并且移去火源后能继续燃烧，直到燃尽的物质，如汽油、木材、纸张等。难燃物质是指在火源作用下能被点燃并阴燃，当火源移去后不能继续燃烧的物质，如聚氯乙烯、酚醛塑料等。不可燃物质是指在正常情况下不会被点燃的物质，如钢筋、水泥、砖、石等。可燃物质是防爆与防火的主要研究对象。可燃物的种类繁多，按其组成可分为无机可燃物和有机可燃物两大类。其中，绝大部分可燃物是有机物，少部分是无机物。按常温状态来分又可分为气态、液态和固态三类，一般是气体较易燃烧，其次是液体，再次是固体。不同状态的同一种物质燃烧性能是不同的，同一状态但组成不同的物质其燃烧能力也是不同的。

（2）助燃物质　人们常常又把助燃物质称为氧化剂。氧化剂的种类很多，氧气是一种最常见的氧化剂，它存在于空气中，所以一般可燃物质在空气中均能燃烧。此外，生产中的许多元素和物质如氯、氟、溴、碘以及硝酸盐、氯酸盐、高锰酸盐、双氧水等，都是氧化剂，它们的分子中含氧较多，当受到光、热或摩擦、撞击等作用时，都能发生分解放出氧气，使可燃物质氧化燃烧。

（3）点火源　点火源是指具有一定能量，能够引起可燃物质燃烧的能源，有时也叫着火源或火源。点火源这一燃烧条件的实质是提供一个初始能量，在此能量的激发下，使可燃物质与氧气发生剧烈的氧化反应，引起燃烧。

可燃物、助燃物和点火源是构成燃烧的三个要素，缺一不可。但仅仅有这三个条件还不够，还要有"量"的方面的条件，如可燃物的数量不够，助燃物不足，或点火源的能量不够大，燃烧也不能发生。因此，燃烧条件应做进一步明确的叙述。

① 一定的可燃物含量。在一定条件下，可燃物只有达到一定的含量，燃烧才会发生。例如，在同样温度（20℃）下，用明火瞬间接触汽油和煤油时，汽油会立刻燃烧而煤油则不会燃烧。这是因为汽油的蒸气量已经达到了燃烧所需的浓度量，而煤油蒸气量没有达到燃烧所需的浓度量。由于煤油的蒸发量不够，虽有足够的空气（氧气）和点火源的作用，也不会发生燃烧。

② 一定的含氧量。要使可燃物质燃烧，或使可燃物质不间断地燃烧，必须供给足够数量的空气（氧气），否则燃烧不能持续进行。实验证明，氧气在空气中的浓度降低到14％～18％时，一般的可燃物质就不能燃烧。

③ 点火源要达到一定的能量。要使可燃物发生燃烧，点火源必须具有能引起可燃物燃烧的最小着火能量。对不同的可燃物来说，这个最小着火能量也不同。如一根火柴可点燃一张纸而不能点燃一块木头；又如电、气焊火花可以将达到一定浓度的可燃气与空气的混合气体引燃爆炸，但却不能将木块、煤块引燃。

总之，要使可燃物发生燃烧，不仅要同时具有三个基本条件，而且每一个条件都须具有一定的"量"，并彼此相互作用。缺少其中任何一个，燃烧便不会发生。火灾发生的条件实质上就是燃烧的条件。一切防火与灭火的基本原理就是防止燃烧的三要素同时存在、相互结合、相互作用。

2. 火灾发展的阶段

通过对大量的火灾事故的研究分析得出，一般火灾事故的发展过程可分为四个阶段，即初期阶段、发展阶段、猛烈阶段和衰灭阶段。

（1）初期阶段　是指物质在起火后的十几秒里，可燃物质在着火源的作用下析出或分解出可燃气体，发生冒烟、阴燃等火灾苗子，燃烧面积不大，用较少的人力和应急的灭火器材就能将火控制住或扑灭。

（2）发展阶段　在这个阶段，火苗蹿起，燃烧面积扩大，燃烧速度加快，需要投入较多的力量和灭火器才能将火扑灭。

（3）猛烈阶段　在这个阶段，火焰包围所有可燃物质，使燃烧面积达到最大限度。此时，温度急剧上升，气流加剧，并放出强大的辐射热，是火灾最难扑救的阶段

（4）衰灭阶段　在这个阶段，可燃物质逐渐烧完或灭火措施奏效，火势逐渐衰落，终止熄灭。

从火势发展的过程来看，初期阶段易于控制和消灭，所以要千方百计抓住这个有利时机，扑灭初期火灾。如果错过了初期阶段再去扑救，就会付出很大的代价，造成严重的损失和危害。

二、火灾与爆炸事故

1. 火灾及其分类

凡是在时间或空间上失去控制的燃烧所造成的灾害，都叫火灾。

（1）国家标准对火灾的分类　在国家技术标准《火灾分类》（GB 4968—2008）中，根据物质燃烧特性将火灾分为4类。

① A 类火灾。指固体物质火灾。这类物质通常具有有机物质性质，一般在燃烧时能产生灼热的余烬。如木材、棉、毛、麻、纸张火灾等。

② B 类火灾。指液体火灾和可熔化的固体物质的火灾。如汽油、煤油、柴油、乙醇、沥青、石蜡火灾等。

③ C 类火灾。指气体火灾。如煤气、天然气、甲烷、乙烷、氢气火灾等。

④ D 类火灾。指金属火灾。如钾、钠、镁、铝镁合金火灾等。

⑤ E 类火灾。带电火灾。物体带电燃烧的火灾。

⑥ F 类火灾。烹饪器具的烹饪物（如动植物油脂）火灾。

⑦ K 类火灾。食用油类火灾。通常食用油的平均燃烧速率大于烃类油，与其他类型的液体火相比，食用油火很难扑灭，由于有很多不同于烃类油火灾的行为，它被单独划分为一类火灾。

（2）按照一次火灾事故损失划分火灾等级 按照一次火灾事故损失的严重程度，将火灾等级划分为三类。

① 具有下列情形之一的，为特大火灾：死亡 10 人以上（含本数，下同），重伤 20 人以上，死亡、重伤 20 人以上，受灾户 50 户以上，直接财产损失 100 万元以上。

② 具有下列情形之一的火灾，为重大火灾：死亡 3 人以上，重伤 10 人以上，死亡、重伤 10 人以上，受灾户 30 户以上，直接财产损失 30 万元以上。

③ 不具有前列两项情形的火灾，为一般火灾。

2. 爆炸事故及其特点

（1）常见爆炸事故类型

① 混合气体爆炸。

② 气体分解爆炸。

③ 粉尘爆炸。

④ 危险性混合物的爆炸。

⑤ 蒸气爆炸。

⑥ 雾滴爆炸。

⑦ 爆炸性化合物的爆炸。

（2）爆炸事故的特点

① 严重性。爆炸事故的破坏性大，往往是摧毁性的，造成惨重损失。

② 突发性。爆炸往往在瞬间发生，难以预料。

③ 复杂性。爆炸事故发生的原因、灾害范围及后果各异，相差悬殊。

爆炸事故的破坏作用有：冲击波破坏，灼烧破坏，由于爆炸而飞散的固体碎片砸坏人员或砸坏物体，由于爆炸还可能形成地震波的破坏等。其中冲击波的破坏最为主要，作用也最大。

3. 火灾与爆炸事故的关系

一般情况下，火灾起火后火势逐渐蔓延扩大，随着时间的增加，损失急剧增加。对于火灾来说，初期的救火尚有意义。而爆炸则是突发性的，在大多数情况下，爆炸过程在瞬间完成，人员伤亡及物质损失也在瞬间造成。火灾可能引发爆炸，因为火灾中的明火及高温能引起易燃物爆炸。如油库或炸药库失火可能引起密封油桶、炸药的爆炸；一些在常温下不会爆炸的物质，如醋酸，在火场的高温下有变成爆炸物的可能。爆炸也可以引发火灾，爆炸抛出的易燃物可能引起大面积火灾。如密封的燃料油罐爆炸后由于油品的外泄引起火灾。因此，发生火灾时，要防止火灾转化为爆炸；发生爆炸时，又要考虑到引发火灾的可能，及时采取防范抢救措施。

三、预防火灾与爆炸事故的基本措施

预防事故发生，限制灾害范围，消灭火灾，撤至安全地方是防火防爆的基本原则。根据

火灾、爆炸的原因，一般可以从几下两方面加以预防。

1. 火源的控制与消除

引起火灾的着火源一般有明火、摩擦与冲击、热射线、高温表面、电气火花、静电火花等，严格控制这类火源的使用范围，对于防火防爆是十分必要的。

（1）明火　主要是指生产过程中的加热用火、维修焊割用火及其他火源，明火是引起火灾与爆炸最常见的原因，一般从以下几方面加以控制。

① 加热用火的控制。加热易燃物料时，要尽量避免采用明火而采用蒸汽或其他载热体加热。明火加热设备的布置，应远离可能泄漏易燃液体或蒸气的工艺设备和储罐区，并应布置在其上风向或侧风向。如果存在一个以上的明火设备，应将其集中布置在装置的边缘，并有一定的安全距离。

② 维修焊割用火的控制。焊接切割时，飞散的火花及金属熔融温度高达 2000℃ 左右，高空作业时飞散距离可达 20m 远。此类用火除停工、检修外，还往往被用来处理生产过程中临时堵漏，所以这类作业多为临时性的，容易成为起火原因。因此，使用时必须注意在输送、盛装易燃物料的设备、管道上，或在可燃可爆区域应将系统和环境进行彻底的清洗或清理；动火现场应配备必要的消防器材，并将可燃物品清理干净；气焊作业时，应将乙炔发生器放置安全地点，以防止爆炸伤人或将易燃物引燃；电焊线破残应及时更换或修理，不得利用与易燃易爆生产设备有关的金属构件作为电焊地线，以防止在电路接触不良的地方产生高温或电火花。

③ 其他明火。包括用明火熬炼沥青、石蜡等固体可燃物时，应选择在安全地点进行；要禁止在有火灾爆炸危险的场所吸烟；为防止汽车、拖拉机等机动车排气管喷火，可在排气管上安装火星熄灭器、对电瓶车应严禁进入可燃可爆区。

（2）摩擦与冲击　机器中轴承等转动的摩擦、铁器的相互撞击或铁制工具打击混凝土地面等都可能发生火花，因此，对轴承要保持良好的润滑；危险场所要用铜制工具替代铁器；在搬运盛有可燃气体或易燃液体的金属容器时，不要抛掷，要防止互相撞击，以免产生火花；在易燃易爆车间，地面要采用不发火的材质铺成，不准穿带钉子的鞋进入车间。

（3）热射线　紫外线有促进化学反应的作用。红外线虽然眼睛看不到，但长时间局部加热也会使可燃物起火。直射阳光通过凸透镜、圆形烧瓶会发生聚焦作用，其焦点可成为火源。所以遇阳光曝晒有火灾爆炸危险的物品，应采取避光措施，为避免热辐射，可采用喷水降温，或将门窗玻璃涂上白漆或者采用磨砂玻璃。

（4）高温表面　要防止易燃物质与高温的设备、管道表面接触。高温物体表面要有隔热保温措施，可燃物料的排放口应远离高温表面，禁止在高温表面烘烤衣物，还要注意经常清洗高温表面的油污，以防止它们分解自燃。

（5）电气火花　电气火花分高压电的火花放电、短时间的弧光放电和接点上的微弱火花。电火花引起的火灾爆炸事故发生率很高，所以对电气设备及其配件要认真选择防爆类型和仔细安装，特别注意对电动机、电缆、电缆沟、电气照明、电气线路的使用、维护和检修。

（6）静电火花　在一定条件下，两种不同物质相互接触、摩擦就可能产生静电，比如生产中的挤压、切割、搅拌、流动以及生活中的起立、脱衣服等都会产生静电。静电能量以火花形式放出，则可能引起火灾爆炸事故。消除静电的方法有两种：一是抑制静电的产生，二是迅速把产生的静电泄放。

2. 爆炸控制

爆炸造成的后果大多非常严重，科学防爆是非常重要的一项工作。防止爆炸的主要措施如下。

（1）惰性介质保护　化工生产中，采取的惰性气体主要有氮气、二氧化碳、水蒸气、烟道气等。一般有如下情况需考虑采用惰性介质保护：易燃固体物质的粉碎、筛选处理及其粉末输送时，采用惰性气体进行覆盖保护；处理可燃易爆的物料系统，在进料前，用惰性气体进行置换，以排除系统中原有的气体，防止形成爆炸性混合物；将惰性气体通过管线与有火灾爆炸危险的设备、储槽等连接起来，在万一发生危险时使用；易燃液体利用惰性气体充压输送；在有爆炸性危险的生产场所，对有可能引起火灾危险的电气、仪表等采用充氮气保护；易燃易爆系统检修动火前，使用惰性气体进行吹扫置换；发现易燃易爆气体泄漏时，采用惰性气体（或水蒸气）冲淡时，用惰性气体进行灭火。

（2）系统密闭，防止可燃物料泄漏和空气进入　为了保证系统的密闭性，对危险设备及系统应尽量采用焊接接头，少用法兰连接；为防止有毒或爆炸性危险气体向容器外逸散，可以采用负压操作系统，对于在负压下生产的设备，应防止空气吸入；根据工艺温度、压力和介质的要求，选用不同的密封垫圈；特别注意检测试漏，设备系统投产前和大修后开车前应结合水压试验，用压缩氮气或压缩空气做气密性检验，如有泄漏应采用相应的防泄漏措施；还要注意平时的维修保养，发现配件、填料破损要及时维修或更换，发现法兰螺丝松弛要设法紧固。

（3）通风置换，使可燃物质达不到爆炸极限　通过通风置换可以有效地防止易燃易爆气体积聚而达到爆炸极限。通风换气次数要有保障，自然通风不足的要加设机械通风。排除含有燃烧爆炸危险物质的粉尘的排风系统，应采用不产生火花的除尘器。含有爆炸性粉尘的空气在进入风机前，应进行净化处理。

（4）安装爆炸遏制系统　爆炸遏制系统由能检测出初始爆炸的传感器和压力式的灭火剂罐组成，灭火剂罐通过传感装置动作。在尽可能短的时间里，把灭火剂均匀地喷射到需要保护的容器里，于是，爆炸燃烧被扑灭，从而控制住爆炸的发生。在爆炸遏制系统里，爆炸燃烧能自行进行检测，并在停电后的一定时间里仍能继续进行工作。

第四节　防火防爆安全措施

一、灭火措施

1. 常用灭火剂及其适用性

灭火剂是能够有效地破坏燃烧条件，中止燃烧的物质。选择灭火剂的基本要求是灭火效率高，使用方便，资源丰富，成本低廉，对人和环境基本无害。常用灭火剂有以下几种。

（1）水（及水蒸气）　水是最常用的灭火剂，主要作用是冷却降温，也有隔离窒息的作用。它可以单独用于灭火，也可以与其他不同的化学添加剂组成混合物使用。除了带电物质的火灾、遇水燃烧物质和非水溶性燃烧液体的火灾外，一般都可以用水（及水蒸气）进行灭火。

（2）泡沫灭火剂　泡沫灭火剂分为化学泡沫灭火剂和空气泡沫灭火剂两大类。化学泡沫灭火剂主要由化学药剂混合发生化学反应产生，一般是二氧化碳，它可以覆盖易燃液面，起隔离与窒息的作用。空气泡沫灭火剂是由一定比例的泡沫液、水和空气在泡沫发生器内进行机械混合搅拌而生产的气泡，泡内一般是空气。泡沫灭火剂主要用于扑救各种不溶于水的可燃、易燃液体的火灾，也可用来扑救木材、纤维、橡胶等固体的火灾。

（3）干粉灭火剂　常用的干粉灭火剂是由碳酸氢钠、细砂、硅藻土或石粉等组成的细颗粒固体混合物。它依靠压缩氮气的压力被喷射到燃烧物表面上，起到覆盖、隔离和窒息的作用。干粉灭火剂的灭火效率比较高，用途非常广泛，可用于可燃气体、易燃液体、电气设备、油类、遇水燃烧物质等物品的火灾。

（4）二氧化碳灭火剂　二氧化碳灭火剂是将二氧化碳以液态的形式加压充装于灭火器中，灭火时二氧化碳气从钢瓶喷出时即成固体（干冰），不燃也不助燃。二氧化碳灭火剂可用于扑救电气设备和部分忌水性物质的火灾，也可用于扑救精密仪器、机械设备、图书、档案等的火灾。

（5）7150 灭火剂　7150 灭火剂是一种无色透明液体，主要成分是三甲氧基硼氧六环，是扑救镁、铝合金等轻金属火灾的有效灭火剂。

（6）其他灭火剂　除了以上几种灭火剂外，惰性气体、卤代烷也可作灭火剂。另外，用沙、土覆盖物来灭火也很广泛。

2. 灭火剂的选用

发生火灾时，要根据火灾的类别和具体情况选择适当的灭火剂，以达到最好的效果。选用时可参见表 3-2。

表 3-2　各类灭火剂的适宜范围

灭火剂种类		火灾种类				
		木材等一般火灾	可燃液体火灾		带电设备火灾	金属火灾
			非水溶性	水溶性		
水	直流	○	×	×	×	×
	喷雾	○	△	○	○	△
水溶液	直流（加强化剂）	○	×	×	×	×
	喷雾（加强化剂）	○	○	○	×	×
	水加表面活性剂	○	△	△	×	×
	水加增黏剂	○	×	×	×	×
	水胶	○	×	×	×	×
	酸碱灭火剂	○	×	×	×	×
泡沫	化学泡沫	○	○	△	×	×
	蛋白泡沫	○	○	×	×	×
	氟蛋白泡沫	○	○	×	×	×
	水成膜泡沫（轻水）	○	○	×	×	×
	合成泡沫	○	○	×	×	×
	抗溶泡沫	○	△	○	×	×
	高、中倍数泡沫	○	○	×	×	×
特殊液体（7150 灭火剂）		×	×	×	×	○
不燃气体	二氧化碳	△	○	○	○	×
	氮气	△	○	○	○	×
干粉	钠盐、钾盐干粉	△	○	○	○	×
	磷酸盐干粉	○	○	○	○	×
	金属火灾用干粉	×	×	×	×	○
烟雾灭火剂		×	○	×	×	×

注：○表示适用；△表示一般不用；×表示不适用。

3. 常用灭火器简介

（1）灭火机理　根据燃烧三要素，可采取除掉可燃物、隔绝氧气（助燃物）、将可燃物冷却到燃点以下等灭火措施。

（2）常用灭火器

① 泡沫灭火器。

• MP 型手提式泡沫灭火器，技术性能见表 3-3。

表 3-3　MP 型手提式泡沫灭火器技术性能

型号		药液总量/L	喷射时间/s	射程/m		筒身耐压试验压力/MPa	重量/kg		外形尺寸（长×宽×高）/mm³	发泡倍数	泡沫持久性
新	旧			集中点	最远		装药	不装药			
MP8	MP11	8.3	60	8	10	2.5	12.6	4.1	174×163×545	8	30min 泡沫消失量≤50%
MP10	MP11A	9.55	60	8	10	2.5	14.55	4.1	173×199×588	8	30min 泡沫消失量≤50%

• MPZ 型手提舟车式泡沫灭火器，技术性能见表 3-4。

表 3-4　MPZ 型手提舟车式泡沫灭火器技术性能

型号		药液总量/L	喷射时间/s	射程/m		筒身耐压试验压力/MPa	重量/kg		外形尺寸（长×宽×高）/mm³	发泡倍数	泡沫持久性
新	旧			集中点	最远		装药液	不装药液			
MPZ8	MP21	8.3	60	8	10	2.5	12.6		174×163×575	8	30min 泡沫消失量≤50%
MPZ10	MP21A	9.55	60	8	10	2.5	15.39	4.85	173×199×630	8	30min 泡沫消失量≤50%

• MPT 型推车式泡沫灭火器，技术性能如表 3-5。

表 3-5　MPT 型推车式泡沫灭火器技术性能

型号	容量/L	喷射时间/s	射程/m		内药液/kg		外药液/kg		重量/kg	
			集中点	最远	药粉	清水	药粉	清水	未装药	装药液
MPT65	65	170	≥15	≥17	6.3	7	4.55	42	73	133
MPT100	100	175	≥16	≥18	9	10	6.5	60	85	170.5

② 酸碱灭火器。MS 型手提式酸碱灭火器，技术性能见表 3-6。

表 3-6　MS 型手提式酸碱灭火器技术性能

型号		药液装量/L	喷射时间/s	射程/m		筒身耐压试验压力/MPa	重量/kg		药剂重量/kg		外形尺寸（长×宽×高）/mm³
新	旧			集中点	最远		装药	未装药	1 号药剂	2 号药剂	
MS8	MS11	8.3	40	8～10	12	2.5	12	3.4	0.62	0.19	164.8×187.6×550
MS10	MS11A	9.5	50	10	12	2.5	14	4	0.72	0.21	173×199×588

③ 干粉灭火器。

• MF 型手提式干粉灭火器，技术性能见表 3-7。

表 3-7　MF 型手提式干粉灭火器技术性能

型号	装粉量/kg	喷射时间（常温）/s	喷射距离/m	灭火参考面积/m²	适应温度/℃	二氧化碳充量/g	绝缘性/×10⁴V	外形尺寸（长×宽×高）/mm³
MF1	1	≤8	≥2	0.8	−10～45	25	1	92×302
MF2	2	≤11	3～4	1.2	−10～45	50	1	112×345
MF3	4	≥14	4～5	1.8	−10～45	100	1	230×140×450
MF4	8	≤20	≥5	2.5	−10～45	200	1	284×171×563

• MFT 型推车式干粉灭火器，技术性能如表 3-8。

表 3-8　MFT 型推车式干粉灭火器技术性能

型号	容量/L	灭火射程/m	工作压力/MPa	喷射时间/s	外形尺寸(长×宽×高)/mm³
MFT35	35	10～13	0.8～1.2	17～20	528×520×1040
MFT50	50	8～10	1.5～2.0	30～35	600×520×1100
MFT70	70	10～13	1.4	＞30	621.5×575×1292

• 背负式或喷粉灭火器，技术性能 3-9。

表 3-9　背负式喷粉灭火器技术性能

型号	总重量/kg	装粉量/kg	工作压力/MPa 20℃	有效射程/m	喷射时间/s	灭火面积/m²	外形尺寸（长×宽×高)/mm³
MFP9	23	3×3	0.8～1.0	10～12	3×3	5～7	388×180×395

④ 二氧化碳灭火器。

• MT 型手轮式二氧化碳灭火器，技术性能见表 3-10。

表 3-10　MT 型手轮式二氧化碳灭火器技术性能

型号		二氧化碳充装量/kg	充装系数/(kg/L)	喷射时间/s	射程/m	二氧化碳纯度/%	外形尺寸（长×宽×高)/mm³
新	旧						
MT2	MT12	1.85～2.1	0.72	≤20	1.2～1.4	≥96	102×180×565
MT3	MT13	2.85～3.1	0.72	≤30	1.8～2.0	≥96	114×180×650

• MTZ 型二氧化碳灭火器，技术性能见表 3-11。

表 3-11　MTZ 型二氧化碳灭火器技术性能

型号		二氧化碳充装量/kg	充装系数/(kg/L)	喷射时间/s	射程/m	二氧化碳纯度/%	外形尺寸（长×宽×高)/mm³
新	旧						
MTZ5	MTZ4	4.8～5.1	0.72	≤45	2～2.20	≥96	125×275×625
MTZ7	MTZ5	6.8～7	0.72	≤55	2.2～2.5	≥96	152×275×795

（3）灭火器的型号　我国灭火器的型号由类、组、特征代号和主参数四部分组成，各类灭火器型号的编制参见表 3-12。

表 3-12　各类灭火器的型号编制

类	组	特 征	代号	代号含义	主参数	
					名称	单位
灭火器 M	水 S	清水 强化液	MSQ MQH	手提式清水灭火器 手提式强化液灭火器	灭火剂量	L
	泡沫 P	空气泡沫 （机械泡沫）	MJP	手提式机械泡沫灭火器		L
	二氧化碳 T	手提式 推车式	MT MTT	手提式二氧化碳灭火器 推车式二氧化碳灭火器		kg
	干粉 F	手提式 推车式 背负式	MF MFT MFB	手提式干粉灭火器 推车式干粉灭火器 背负式干粉灭火器		kg

4. 灭火器的使用和保养（见表 3-13）

表 3-13　灭火器的使用和保养

灭火器类型	泡沫灭火器	CO_2 灭火器	CCL_4 灭火器	干粉灭火器
规格	10L 65～130L	2kg 以下 2～3kg 5～7kg	2kg 以下 2～3kg 5～8kg	8kg 50kg
使用方法	倒置稍加摇动或打开开关，药剂即喷出	一手持喇叭筒对着火源，一手打开开关即可喷出	只要打开开关，液体就可喷出	提起圈环，干粉即可喷出
保养和检查	(1)放在使用方便的地方 (2)注意使用期限 (3)防止喷嘴堵塞 (4)冬季防冻，夏季防晒 (5)一年一检查，泡沫低于 4 倍应换药	每月测量一次，当小于原量 1/10 时，应充气	检查压力，小于定压时应充气	放在干燥通风处，防潮防晒。一年检查一次气压，若重量减少 1/10 时，应充气

二、防火防爆安全装置

1. 阻火装置

阻火装置的作用是防止火焰窜入设备、容器与管道内，或阻止火焰在设备和管道内扩展。常见的阻火设备包括安全液（水）封、水封井、阻火器和单向阀。

（1）安全液封　一般装设在气体管线与生产设备之间，以水作为阻火介质。其作用原理是：由于液封中装有不燃液体，无论在液封的两侧中任一侧着火，火焰至液封即被熄灭，从而阻止火势的蔓延。

（2）水封井　水封井是安全液封的一种，一般设置在含有可燃气体或油污的排污管道上，以防止燃烧爆炸沿排污管道曼延。其高度一般在 250mm 以上。

（3）阻火器　燃烧开始后，火焰在管中的蔓延速度随着管径的减少而减小。当管径小到某个极限值时，管壁的热损失大于反应热，火焰就不能传播，从而使火焰熄灭，这就是阻火器的原理。在管路上连接一个内装金属网或砾石的圆筒，则可以阻止火焰从圆筒的一端蔓延到另一端。

（4）单向阀　又叫止逆阀、止回阀，是仅允许流体向一定方向流动，遇有回流时自动关闭的一种器件，可防止高压燃烧气流逆向窜入未燃低压部分引起管道、容器、设备爆裂。如液化石油气的气瓶上的调压阀就是一种单向阀。

2. 火灾自动报警装置

它的作用是将感烟、感温、感光等火灾探测器接收到的火灾信号，用灯光显示出火灾发生的部位并发出报警声，唤起人们尽早采取灭火措施。火灾自动报警装置主要由检测器、探测器和探头组成，按其结构的不同，大致可分为感温报警器、感光报警器、感烟报警器和可燃气体报警器。如某个房间出现火情，既能在该层的区域报警器上显示出来，又可在总值班室的中心报警器上显示出来，以便及早采取措施，避免火势蔓延。

（1）感温报警器　是一种利用起火时产生的热量，使报警器中的感温元件发生物理变化，作用于警报装置而发出警报的报警器。此种报警器种类繁多，可按其敏感元件的不同分为定温式、差温式和差定组合式三类。

（2）感光电报警器　是利用火焰辐射出来的红外、紫外及可见光探测元件接收了火焰的闪动辐射后随之产生相出电信号来报警的报警装置。该报警器能检测瞬息间燃烧的火焰。它适用于输油管道、燃料仓库、石油化工装置等。

（3）感烟报警器　是利用着火前或着火时产生的烟尘颗粒进行报警的报警装置。主要用来探测可见或不可见的燃烧产物，尤其有阴燃阶段，产生大量的烟和少量的热，很少或没有火焰辐射的初期火灾。

（4）可燃气体报警器　它主要用来检测可燃气体的浓度。当气体浓度超过报警点时，便能发出报警。主要用于易燃易爆场所的可燃性气体检测。如日常生活中的煤气、石油气，工业生产中产生的氢、一氧化碳、甲烷、硫化氢等，如果泄漏可燃气体的浓度超过爆炸下限的$1/6 \sim 1/4$，就会发出报警信号，必须立即采取应急措施。

3. 防爆泄压装置

防爆泄压装置包括安全阀、防爆片、防爆门和放空管等。安全阀主要用于防止物理性爆炸；防爆片和防爆门主要用于防止化学性爆炸；放空管是用来紧急排泄有超温、超压、爆聚和分解爆炸危险的物料。

（1）安全阀　安全阀是为了防止非正常压力升高超过限度而引起爆炸的一种安全装置。设置安全阀时要注意：安全阀应垂直安装，并应装设在容器或管道气相界面上；安全阀用于泄放易燃可燃液体时，宜将排泄管接入储槽或容器；安全阀一般可就地排放，但要考虑放空口的高度及方向的安全性；安全阀要定期进行检查。

（2）防爆片　防爆片的作用是排出设备内气体、蒸气或粉尘等发生化学性爆炸时产生的压力，以防设备、容器炸裂。防爆片的爆破压力不得超过容器的设计压力，对于易燃或有毒介质的容器，应在防爆片的排放口装设放空导管，并引至安全地点。防爆片一般装设在爆炸中心的附近效果比较好，并且一般$6 \sim 12$个月更换一次。

（3）防爆门　防爆门一般设置在使用油、气或煤粉作燃料的加热炉燃烧室外壁上，在燃烧室发生爆燃或爆炸时用于泄压，以防止加热炉的其他部分遭到破坏。

三、火灾爆炸事故的处置要点

1. 火灾事故处置要点

① 发生火灾事故后，首先要正确判断着火部位和着火介质，立足于现场的便携式、移动式消防器材，立足于在火灾初起时及时扑救。

② 如果是电器着火，则要迅速切断电源，保证灭火的顺利进行。

③ 如果是单台设备着火，在甩掉和扑灭着火设备的同时，改用和保护备用设备，继续维持生产。

④ 如果是高温介质漏出后自燃着火，则应首先切断设备进料，尽量安全地转移设备内

储存的物料，然后采取进一步的生产处理措施。

⑤ 如果是易燃介质泄漏后受热着火，则应在切断设备进料的同时，降低高温物体表面的温度，然后再采取进一步的生产处理措施。

⑥ 如果是大面积着火，要迅速切断着火单元的进料、切断与周围单元生产管线的联系。停机、停泵、迅速将物料倒至罐区或安全的储罐，做好蒸汽掩护。

⑦ 发生火灾后，要在积极扑灭初起之火的同时迅速拨打火警电话向消防队报告，以得到专业消防队伍的支援，防止火势进一步扩大和蔓延。

2. 泄漏事故处置要点

① 临时设置现场警戒范围。发生泄漏、跑冒事故后，要迅速疏散泄漏污染区人员至安全区，临时设置现场警戒范围，禁止无关人员进入污染区。

② 熄灭危险区内一切火源。可燃液体物料泄漏的范围内，首先要绝对禁止使用各种明火。特别是在夜间或视线不清的情况下，不要使用火柴、打火机等进行照明；同时也要注意不要使用刀闸等普通型电器开关。

③ 防止静电的产生。可燃液体在泄漏的过程中，流速过快就容易产生静电。为防止静电的产生，可采用堵洞、塞缝和减少内部压力的方法，通过减缓流速或止住泄漏来达到防静电的目的。

④ 避免形成爆炸性混合气体。当可燃物料泄漏在库房、厂房等有限空间时，要立即打开门窗进行通风，以避免形成爆炸性混合气体。

⑤ 如果是油罐液位超高造成跑冒，应急人员要按照规定穿防静电的防护服，佩戴自给式呼吸器立即关闭进料阀门，将物料输送到相同介质的待收罐。

3. 爆炸事故处置要点

① 发生重大爆炸事故后，岗位人员要沉着、镇静，不要惊慌失措，在班长的带领下，迅速安排人员报警，同时积极组织人员查找事故原因。

② 在处理事故过程中，岗位人员要穿戴防护服，必要时佩戴防毒面具和采取其他防护措施。

③ 如果是单个设备发生爆炸，首先要切断进料，关闭与之相邻的所有阀门，停机、停泵、停炉、除净塔器及管线的存料，做好蒸汽掩护。

④ 当爆炸引起大火时，在岗人员应要利用岗位配备的消防器材进行扑救，并及时报警，请求灭火和救援，以免事态进一步恶化。

⑤ 爆炸发生后，要组织人员对临近的设备和管线进行仔细检查，避免再次发生灾害。

第五节 事 故 案 例

案例一 某石化公司合成橡胶厂丙烯回收罐发生闪爆

1. 事故经过

2002 年 11 月 4 日，某石化公司合成橡胶厂聚丙烯车间安排清理高压丙烯回收罐（R-104a）和原料罐（R-101a、R-101b、R-101c）内的聚丙烯粉料。车间通过合成橡胶厂销售部管理的聚丙烯转运队找来 4 名民工进行清理。11 月 5 日下午，对罐内气体采样分析，可燃气体含量为 1.33%，远远超过不大于 0.2% 的指标要求。车间南工段技术员违章指挥，安排民工清理 R-101c。11 月 6 日上午，未进行采样分析，清理了 R-101a。6 日下午 14 时 30 分，对高压回收罐 R-104a 采样分析，丙烯和氧含量均不合格。15 时 20 分再次采样分析，丙烯含量为 1.84%，不合格。16 时 39 分，车间南工段二班副班长胡某某电话向工段技术员询问分析结果，工段技术员在电话中表示合格了，指示某某某安排民工进罐作业，并安排人在外监护。某某某随即安排民工廖某某、袁某某和李某某开始进入罐内作业，胡某某和另一名民工杨某在外监护。16时45分即发生了爆炸，火柱从人孔处喷出约3m高。罐内作业的3人及罐外2名监护人员被不同程度烧伤。罐内作业3人被送往医院抢救，其中廖某某于当日18时死亡，袁某某于25日死亡，李某某重伤。罐外监护人杨某、胡某某轻伤。

2. 事故分析

事故的直接原因是高压丙烯回收罐置换不彻底，罐内的残存气体及聚丙烯粉料被搅动过程中挥发出的丙烯气体与空气混合，形成了爆炸性混合气体；工段作业人员严重违章操作，在气体分析不合格的情况下，安排人员进罐作业，在未见到合格的气体分析单，没有开具进设备作业票的情况下传递违章作业指令。作业过程中使用的铁锹与罐壁摩擦产生火花，引起闪爆，导致了事故的发生。

事故反映出聚丙烯车间管理松弛，管理人员和职工安全意识淡薄，对习惯性违章作业熟视无睹，麻木不仁。事故发生前的11月5日及6日上午，分别在气体分析不合格或未进行气体分析的情况下，不开具进设备作业票，违章安排民工进罐作业，属于严重违章。

事故同时反映出安全管理存在严重漏洞，安全生产责任制落实层层衰减。有关职能部门对危险作业重视不够，车间没有按规定编制作业方案和安全技术措施，有关职能部门也未提出任何要求；在作业过程中，安全监督管理人员没有到现场检查，及时发现和制止无证进罐的严重违章行为；没有执行外来人员安全教育制度，4名作业民工中只有1人有入厂安全教育记录，作业人员不具备最基本的安全防范意识，也是此次事故发生的主要原因。

案例二　印度博帕尔农药厂毒气泄漏事故

1. 事故经过

1984年12月3日零点刚过，印度中央邦首府博帕尔市农药厂3号储存有45t甲基异氰酸酯储罐温度迅速升高，保养工试图搬动手动减压阀（自动阀已坏）未成功，急忙报告工长，4名工人头戴防毒面具进行处理，但毫无结果。温度在上升，这意味着罐内介质开始汽化，在工厂上班的120名工人惊恐万分，抛下工作，各奔家中，只有1名叫萨基儿·阿赫迈德的工人仍在3号罐前孤军奋战。

一名工人拉响了警报，但太晚了。零点刚过，惊天动地一声巨响，3号罐阀门断裂，一股乳白色的烟雾直冲天空。

1h后，博帕尔市政当局从巴哈喇特重型电器有限公司派来技术人员，他们成功地封闭了3号储罐，但罐内甲基异氰酸酯已泄漏25t，酿成了人类历史上最惨重的工业事故。事故致使3859人死亡，5万人双目失明，10万人终身残疾，20万人中毒。人们把这称之为人类历史上的灾难。

2. 事故分析

① 该事故主要是由于120～240gal（1gal=3.785dm³）水进入甲基异氰酸酯（简称MIC）储罐中，引起放热反应，致使压力升高，防爆膜破裂而造成的。至于水如何进入罐内问题未彻底查清，可能是工人误操作。

② 此外还查明，由于储罐内有大量氯仿（氯仿是MIC制造初期作反应抑制剂加入的），氯仿分解产生氯离子，使储罐（材质为304不锈钢）发生腐蚀而产生游离铁离子。在铁离子的催化作用下，加速了放热反应进行，致使罐内温度、压力急剧升高。

③ 漏出的MIC喷向氢氧化钠洗涤塔，但该洗涤塔处理能力太小，不可能将MIC全部中和。

④ 洗涤塔后的最后一道安全防线是燃烧塔，但结果燃烧塔未能发挥作用。

⑤ 重要的一点是，该 MIC 储罐设有一套冷却系统，以使储罐内 MIC 温度保持在 0.5℃左右。但调查表明，该冷却系统自 1984 年 6 月起就已经停止运转。没有有效的冷却系统，就不可能控制急剧产生的大量 MIC 气体。

进一步的深入调查表明，这次灾难性事故是由于违章操作（至少有 10 处违反操作规程）、设计缺陷、缺乏维修和忽视培训造成的。而这一切又反映出该工厂安全管理的薄弱。

习　题

一、单项选择题

1. 引发火灾的点火源，其实是下列哪一项？（　　）
A. 助燃　　　　　B. 提供初始能量　　　C. 加剧反应　　　D. 延长燃烧时间

2. 在规定试验条件下，可燃物质发自燃的最低温度叫（　　）。
A. 闪点　　　　　B. 自燃点　　　　　C. 点燃温度　　　D. 燃点

3. 汽油、苯、乙醇属于（　　）。
A. 压缩气体　　　B. 液化气体　　　　C. 氧化剂　　　　D. 易燃液体

4. 汽油的爆炸极限是（　　）。
A. 7.6%～1.4%　　B. 5.3%～1%　　　C. 7.1%～3.4%　　D. 7.5%～2.4%

5. 灭火器应几年检查一次？（　　）
A. 半年　　　　　B. 一年　　　　　C. 一年半　　　　D. 两年

6. 火灾使人致命的最主要的原因是（　　）。
A. 被人践踏　　　B. 窒息　　　　　C. 烧伤

7. 氧气瓶直接受热发生爆炸属于（　　）。
A. 爆轰　　　　　B. 物理性爆炸　　　C. 化学性爆炸　　D. 殉爆

8. 明火属于（　　）。
A. 机械火源　　　B. 化学火源　　　　C. 热火源　　　　D. 电火源

9. 雷电属于（　　）。
A. 机械火源　　　B. 化学火源　　　　C. 热火源　　　　D. 电火源

10. 生产的火灾危险性分类中，（　　）最危险。
A. 甲类　　　　　B. 乙类　　　　　C. 丙类　　　　　D. 丁类

11. 在电焊作业的工作场所不能设置的防火器材是（　　）。
A. 干粉灭火器　　B. 干砂　　　　　C. 水

12. （　　）是火灾探测系统的"感觉器官"。
A. 火灾报警控制器　B. 火灾探测器　　C. 火灾报警按钮

13. 对火灾初期有阴燃阶段，产生大量的烟和少量的热，没有火焰辐射，常用（　　）。
A. 感光火灾探测器　B. 感温火灾探测器　C. 感烟火灾探测器

14. 下列设备中，哪一个不是阻火设备（　　）。
A. 水封井　　　　B. 安全阀　　　　C. 单向阀　　　　D. 阻火器

15. 下列设备中，哪一种是防爆泄压设备？（　　）
A. 阻火器　　　　B. 放空管　　　　C. 单向阀　　　　D. 安全液封

16. 防爆球应安装在炉膛的（　　）。
A. 上部　　　　　B. 中部　　　　　C. 下部　　　　　D. 底部

17. 推车式干粉灭火器的代号是（　　）。
A. MPT　　　　　B. MFB　　　　　C. MFT　　　　　D. MTT

18. 在狭小地方使用二氧化碳灭火器容易造成（　　）事故。
A. 中毒　　　　　B. 缺氧　　　　　C. 爆炸

19. 在作业场所液化气浓度较高时，应该佩戴（　　）。
A. 面罩　　　　　B. 口罩　　　　　C. 眼罩　　　　　D. 防毒面具

20. 二氧化碳灭火剂不适宜扑灭下列哪类火灾？（　　）

A. A类　　　　　　　　B. B类　　　　　　　　C. C类　　　　　　　D. D类

二、判断题

1. 可燃物质的燃烧温度是指火焰温度。　　　　　　　　　　　　　　　　　　（　　）
2. 粉尘爆炸比可燃混合气体爆炸危害小。　　　　　　　　　　　　　　　　　（　　）
3. 火场检查的作用是消除余火和阴燃，防止复燃。　　　　　　　　　　　　　（　　）
4. 使用手提式化学泡沫灭火器时，应手提提环到达火场，将灭火器倾倒，使两种药物混合。（　　）
5. 闪点是表征固体化学品燃烧爆炸危险性的重要参数，闪点越低，危险性越大。（　　）
6. 爆炸下限越低，爆炸极限范围越宽，危险性越大。　　　　　　　　　　　　（　　）
7. 有些遇湿易燃物品不需要明火即能燃烧或爆炸。　　　　　　　　　　　　　（　　）
8. 常见的阻火设备有安全液（水）封、水封井、阻火器和单向阀。　　　　　　（　　）
9. 化工生产中，采取的惰性气体主要有氮气、二氧化碳、水蒸气、烟道气等。（　　）
10. 安全阀主要用于防止化学性爆炸。　　　　　　　　　　　　　　　　　　　（　　）

三、简答题

1. 什么是燃烧？燃烧的基本条件有哪些？
2. 什么是爆炸？爆炸有哪些特征？
3. 按物质燃烧特性，火灾分为哪几类？
4. 哪些火灾不能用水扑救？
5. 什么是火灾自动报警装置？有哪些类型？
6. 常见防火防爆安全装置有哪些？
7. 常用灭火器有哪些类型？举例说明。
8. 控制与消除火源主要应该从哪些方面入手？
9. 火灾与爆炸有什么关系？
10. 火灾可以分为哪几类？
11. 火灾发生的条件是什么？
12. 生产中的明火有哪些？如何控制？
13. 什么是爆炸极限？其影响因素有哪些？
14. 预防火灾与爆炸事故的基本措施有哪些？
15. 火灾爆炸事故的处置要点有哪些？

第四章 电气安全技术

第一节　电气事故概述

电气事故是由于电能非正常地作用于人体或系统所造成的。因其不易把握，是各类安全防范中的重点之一。电气事故包括触电、雷电、静电、电气系统故障、电磁场危害等，电气事故往往引发火灾与爆炸、电气线路和设备故障、直接人身伤害等。

一、电气事故类型及危害

（1）触电事故　触电又称电击，是电流通过人体而引起的病理、生理效应。当电流转换成其他形式的能量（如热能）作用于人体时，人体将受到不同形式、不同程度的伤害。

（2）静电危害事故　当两个物体相互紧密接触或分离时，造成两物体各自正、负电荷过剩，形成静电带电。在生产过程中，某些材料的相对运动、接触与分离很容易产生静电。产生的静电能量一般不大，不会对人体造成直接伤害，但其放电过程中电压可能高达数十千伏以上，容易产生火花，引发火灾或爆炸。

（3）雷电灾害事故　雷电是大气中的放电现象，具有电流大、电压高的特点，有较大的破坏力，可引起火灾、爆炸及直接造成人体伤害。

（4）电气系统故障事故　电能在输送、分配、转换过程中，失去有效控制而产生的事故，如断线、短路、异常接地、漏电、设备或元器件损坏、干扰、误操作等。电气系统故障可引发火灾、爆炸、异常带电、停电、人员伤亡及设施设备损失。

二、电气事故特点

① 由于人体很难直接感知电的存在，所以电气事故危险识别难，不易被人们察觉。电气事故的发生往往隐蔽性强，突然暴发，令人防不胜防。

② 电气事故涉及的领域广泛，遍布每一个行业、每一个领域，电气事故的预防工作带有普遍性。

第二节　触电及防护

现代生产企业，特别是石油化工、危险化学品生产等连续性生产的企业，对电力供应、电气设备的正常运行的要求越来越高，一旦发生电击类电气事故不仅影响生产的正常运行，而且可能导致重大的人身伤亡事故。

一般触电事故多发生在 6～8 月，其间触电死亡人数约占全年的 60%。这是由于夏季湿热，电气设备易受潮漏电，加之炎热易出汗，人体电阻下降所造成的。另外，触电事故多发生在低压设备。低压线路和设备应用广，接触人多，接触机会多，触电概率也高。在低压触电中又以外壳意外带电或线路突然来电的触电事故居多。这是由于设备缺陷、保护装置不健全及违章操作所致。此外，触电还多发生在非电专业人员身上，因此有必要对刚进入企业的各工种工人进行用电安全教育。触电事故还易发生在恶劣生产条件的环境，如高温、潮湿、腐蚀性气体及有导电粉尘等环境。

一、触电事故

1. 触电伤害

触电伤害是指电流对人体的伤害，分为电击和电伤两种。

电击是指电流通过人体，破坏人的心脏、肺及神经系统的正常功能。电流对人体造成死亡的原因主要是电击。如在 100V 以下的低压系统中，电流会引起人的心室颤动，遭受电击后，使心脏由原来的正常跳动变为每分钟数百次以上的细微颤动，致使心脏不能再压送血液，导致血液终止循环和大脑缺氧，发生窒息死亡。

电伤是指电流的热效应、化学效应或机械效应对人体的伤害，主要有电灼伤、熔化金属溅出烫伤、爆裂碎片划伤等。电伤主要发生在局部。

（1）电灼伤　人体与带电体直接接触，电流通过人体时产生热效应，造成皮肤灼伤。而电气设备电压较高时会产生强烈的电弧或电火花，灼伤人体，甚至击穿部分组织或器官，并使深部组织烧死或烧焦。此时，触电者会因人体表面大面积灼伤或因呼吸麻痹而死。

（2）电标志　电流通过人体时，在皮肤上留下青色或浅黄色斑痕。

（3）机械损伤　电流通过人体时，产生机械-电动力效应，致使肌肉抽搐收缩，造成肌肉、皮肤、血管及神经组织断裂。

2. 触电形式

触电事故可分成两类：一是电气设备正常运行时，如在生产或检修中，人体触及运行中通电的导体，包括中性体所造成的直接触电；二是在故障条件下人体触及带电的外露可导电部分和外界可导电部分所致，这种触电也叫间接触电。

触电的方式有三种：低压触电、高压放电和跨步电压。

（1）低压触电　单相低压触电是指人体某部位接触地面，而另一部位触及一相带电体的触电事故。在低压供电系统中相电压为 220V 是确定的，因此触电电流取决于人体电阻。大部分触电事故是单相触电事故。

两相低压触电是指人体两部分同时触及两相带电体的触电事故，两相触电多发生在检修过程中。由于两相触电加在人体上的电压是线电压，为相电压的 1.73 倍，即 380V，因此触电危害远大于单相触电。

（2）高压放电　当人体靠近 1000V 以上高压带电体时，会发生高压放电而导致触电，而且电压越高放电距离越远。

（3）跨步电压　当带电体发生接地故障时，在接地点附近会形成电位分布，如果人位于接地点附近，两脚所处的电位不同，这种电位差即为跨步电压。跨步电压的大小取决于接地电压的高低和人距接地点的距离。高压线落地会产生一个以落地点为中心的半径为 8～10m 的危险区域。

3. 触电原因

影响触电危险程度的主要因素为：通过人体电流的大小、电流途径、触电电压高低、人体阻抗、电流通过人体持续的时间、电流的频率等。从手到脚的电流途径最危险，因为电流将会通过人体的重要器官；其次是一只手到另一只手；最后是一只脚到另一只脚。

产生触电的原因：缺乏电器安全意识和知识；违反操作规程；维护不良；电气设备存在安全隐患。

4. 触电救护

(1) 触电急救的重要性　人体触电后通常出现神经麻痹、呼吸中断、心脏停止跳动等症状。当发现触电者呈现为昏迷不醒的假死状态时，切不可放弃急救。据统计资料表明，触电后 1min 开始抢救，有 90％效果；触电后 6min 开始抢救有 10％的效果；触电后 12min 开始抢救，救活的可能很小，可见及时抢救相当重要。

(2) 脱离电源的方法　迅速使触电者脱离电源是触电急救的首要步骤，方法如下：立即断开触电电源的开关或拔下其插头；如未发现开关，应借助附近干燥的木棍、绳索等绝缘物将触电者与电源分开。高压触电则必须通知变电所切断电源后，方可靠近触电者抢救。

(3) 抢救措施　触电者脱离电源应立即在现场抢救，措施要适当。触电者伤害较轻，未失去知觉，仅在触电时一度昏迷过，则应使其就地安静休息 1～2h，但要继续观察。

触电者伤害较重，有心脏跳动而无呼吸则应立即做人工呼吸；有呼吸而无心脏跳动则应采取人工体外心脏按压术救治。

触电者伤害很重，呼吸、心脏跳动均已停止、瞳孔放大，此时必须同时采取口对口人工呼吸和胸外心脏按压术，进行人工复苏术抢救。尽可能耐心坚持 6h 以上，直到救活或确诊死亡为止。应注意在转送医院途中也不可中断抢救措施。

二、触电防护技术

触电事故具有突发性和隐蔽性，但也具有一定的规律性。在实践的基础上，不断研究其规律性，采取相应的防护措施，可以有效地预防触电事故的发生。合理选用电气装置是减少触电危险和火灾爆炸危害的重要措施，在干燥少尘的环境中，可采用开户式或封闭式电气设备；在潮湿和多尘的环境中，应采用封闭式电气设备；在腐蚀性气体的环境中，必须采用封闭式电气设备；在易燃易爆的环境中，必须采用防爆式电气设备。

1. 屏蔽和障碍防护

某些开启式开关电器的活动部分不便绝缘，或高压设备的绝缘不能保证人在接近时的安全，应设立屏蔽或障碍防护措施。

将带电部分用遮栏或外壳与外界完全隔开，以避免人们从经常接近的方向或任何方向直接触及带电部分。

设置阻挡物用于防止无意的直接接触，如在生产现场采用板状、网状、筛状阻挡物。由于阻挡物的防护功能有限，因此在采用时应附设警告信号灯、警告信号标志等。必要时可设置声、光报警信号及联锁保护装置。

2. 绝缘防护

用绝缘材料将带电部分全部包裹起来，防止在正常工作条件下与带电部分的任何接触，所采取的绝缘保护应根据所处环境和应用条件，对绝缘材料规定绝缘性能参数，其中绝缘电阻、泄漏电流、介电强度是最主要的参数。常见的绝缘材料有瓷、云母、橡胶、塑料、棉布、纸、矿物油等。电气设备的绝缘性能由绝缘材料和工作环境决定，其指标为绝缘电阻，绝缘电阻越大，则电气设备泄漏的电流越小，绝缘性能越好。

除设备的绝缘防护外，工作人员应根据需要配备相应的绝缘防护用品，如绝缘手套、绝缘鞋、绝缘垫等。

3. 漏电保护

漏电保护器是一种在设备及线路漏电时，保证人身和设备安全的装置，其作用在于防止由于漏电引起的人身伤害，同时可防止由于漏电引起的设备火灾。通常用在故障情况下的触电保护，但可作为直接触电防护的补充措施，以便在其他直接防护措施失败或操作者疏忽时实行直接触电防护。

原劳动部《漏电保护器安全监察规定》和国家标准《剩余电流动作保护装置安装和运行》（GB 13955—2005）要求，在电源中性直接接地的保护系统中，在规定的场所、设备范围内必须安装漏电保护器和实现漏电保护器的分级保护。对一旦发生漏电切断电源时，会造成事故和重大经济损失的装置和场所，应安装报警式漏电保护器。

4. 安全间距

为了防止人体、车辆触及或接近带电体造成事故，防止过电压放电和各种短路事故，国家规定了各种安全间距。大致可分为四种：各种线路的安全距离、变配电设备的安全距离、各种用电设备的安全距离、检修维修时的安全距离。为了防止各种电气事故的发生，带电体与地面之间、带电体与带电体之间、带电体与人体之间、带电体与其他设施设备之间，均应保持安全距离。

架空线路的架设高度应符合表 4-1 的规定，架空线与建筑物的距离应符合表 4-2 的规定，架空线与树木的距离应符合表 4-3 的规定。

表 4-1　导线与地面或水面的最小距离　　　　单位：m

线路经过地区	线路电压/kV		
	≤1	10	35
居民区	6	6.5	7
非居民区	5	5.5	6
交通困难地区	4	4.5	5
不能通航或浮运的河、湖(冬季水面)	5	5	5.5
不能通航或浮运的河、湖(50 年一遇洪水水面)	3	3	3

表 4-2　导线与建筑物的最小距离

线路电压/kV	≤1	10	35
垂直距离/m	2.5	3.0	4.0
水平距离/m	1.0	1.5	3.0

表 4-3　导线与树木的最小距离

线路电压/kV	≤1	10	35
垂直距离/m	1.0	1.5	3.0
水平距离/m	1.0	2.0	—

厂区内起重作业时起重臂可能会触及架空线，导致起重作业区内形成跨步电压，严重威胁作业人员安全。因此在架空线附近进行起重作业，应严格管理，起重机具及重物与线路导线的最小距离应符合表 4-4 的规定。

表 4-4　导线与起重机具的最小距离

线路电压/kV	≤1	10	35
距离/m	1.5	2.0	4.0

5. 安全电压

安全电压是按人体允许承受的电流和人体电阻值的乘积确定的。一般情况下视摆脱电流10mA（交流）为人体允许电流，但在电击可能造成严重二次事故的场合，如水中或高空，允许电流应按不引起人体强烈痉挛的 5mA 来考虑。人体电阻一般在 $1000\sim2000\Omega$ 之间，但在潮湿、多汗、多粉尘的情况下，人体电阻只有数百欧姆。因此，当电气设备需要采用安全电压来防止触电事故时，应根据使用环境、人员和使用方式等因素选用不同等级的安全电压。安全电压的等级为 42V、36V、24V、12V 和 6V。

国内过去多采用 36V、12V 两种等级的安全电压。手提灯、危险环境的携带式电动工具和局部照明灯，高度不足 2.5m 的一般照明灯，如无特殊安全结构或安全措施，宜采用 36V安全电压。凡工作地狭窄、行动不便以及周围有大面积接地导体的环境（如金属容器、管道内）的手提照明灯，应采用 12V。

安全电压应由隔离变压器供电，使输入与输出电路隔离；安全电压电路必须与其他电气系统和任何无关的可导电部分实现电气上的隔离。

6. 保护接地与接零

保护接地是把用电设备在故障情况下可能出现的危险的金属部分（如外壳等）用导线与接地体连接起来使用电设备与大地紧密连通。在电源为三相三线制的中性点不直接接地或单相制的电力系统中，应设保护接地线。

保护接零是把电气设备在正常情况下不带电的金属部分（外壳），用导线与低压电网的零线（中性线）连接起来。在电压为三相四线制的变压器中性点直接接地的电力系统中，应采用保护接零。

第三节　危险场所电气安全

一、火灾爆炸危险场所电气安全

1. 火灾爆炸危险场所

电气系统正常工作或发生故障可能产生电火花、电弧和发热，在一定的外部环境和危险物料条件下，容易发生火灾爆炸危险事故。火灾爆炸危险分为三类，即气体爆炸、粉尘爆炸及火灾危险。要预防火灾爆炸事故的发生，首先要识别火灾爆炸危险场所。对于火灾爆炸危险场所的分析判断，首先应识别危险物料，然后考虑释放源及其布置，再分析释放源的性质以及通风条件，综合分析危险场所的危险等级，采取相应的安全技术措施，选择适合的防爆电气设备。

（1）危险物料　首先应识别危险物料的种类，其次考虑危险物料的理化性质。如物料的闪点、密度、引燃温度、爆炸极限等，以及该物料工作温度、工作压力、数量及与其他物料的组合等因素。

（2）释放源　考虑该物质释放源的分布和工作状态，关注泄漏或排放危险物品的速度、量及浓度，尤其应注意物料的扩散情况和形成爆炸性混合物的范围。

（3）通风　室内一般视为阻碍通风场所，如安装了有效的通风设备，则不视为阻碍通风场所。但是，地处室外的危险源周围如有障碍，则应视为阻碍通风场所。

2. 防爆电气设备

合理选用电气装置是减少触电危险和火灾爆炸危害的重要措施。选择电气设备时主要根据危险场所的具体情况，在干燥少尘的环境中，可采用开启式或封闭式电气设备；在潮湿和多尘的环境中，应采用封闭式电气设备；在腐蚀性气体的环境中，应采用封闭式电气设备；

在易燃易爆危险场所中，必须采用防爆式电气设备。

（1）防爆电气设备分类　防爆电气设备是能在爆炸危险场所中安全使用而不会引起燃爆事故的特种电气设备。常用的电气（包括电机、照明灯具、开关、断路器、仪器仪表、通讯设备、控制设备等）均可制成防爆型的产品。我国将防爆设备分为三类：Ⅰ类防爆电气设备适用于煤矿井下；Ⅱ类防爆电气设备适用于爆炸性气体环境；Ⅲ类防爆电气设备适用于爆炸性粉尘环境。而石油化工企业所用的防爆电气设备多为Ⅱ类防爆电气设备。

（2）防爆电气的安全技术要求

① 在爆炸危险场所运行时，具备不引燃爆炸物质的性能。

② 必须经国家认可的检验单位检验合格，并取得防爆合格证。

③ 铭牌、标志齐全。应设置标明防爆检验合格证号和防爆标志铭牌，在明显部位应有永久性防爆标志"EX"。

④ 在爆炸危险环境里，选用防爆电气的允许最高表面温度不得超过作业场所爆炸危险物质的引燃温度。

二、电气防火防爆技术

1. 电气火灾爆炸原因

（1）电气设备过热

① 短路。不同相的相线之间、相线与零线之间造成金属性接触即为短路。发生短路时，线路中电流增加为正常值的几倍乃至几十倍，温度急剧升高，引起绝缘材料燃烧而发生火灾。

② 过载。电气线路或设备上所通过的电流值超过其允许的额定值即为过载。过载可以引起绝缘材料不断升温直至燃烧，烧毁电气设备或酿成火灾。

③ 接触不良。电气设备或线路上常有连接部件或接触部件。连接部件多用焊接或螺栓连接，当用螺栓连接时，若螺栓生锈松动，则连接部分接触电阻增加而导致接头过热。接触部件多为触头、触点，多靠磁力或弹簧压力接触，接触不好同样发热。

④ 铁芯发热。电气设备的铁芯，由于磁滞和涡流损耗而发热。正常时，其发热量不足以引起高温。当设计不合理、铁芯绝缘损坏时则铁损增加，同样会产生高温。

⑤ 散热不良。电气设备温升不只是和发热量有关，也和散热条件好坏有关。如果电气设备散热措施受到破坏，同样会造成设备过热。如电机缺少风叶、油浸设备缺油等。

（2）电火花和电弧

① 电火花电弧是电极间的击穿放电。电弧是大量的电火花汇集而成的。一般电火花温度都很高，特别是电弧，温度可达 6000℃。因此电火花和电弧不但能引起绝缘材料燃烧，而且可以引起金属熔化、飞溅，构成火灾、爆炸的危险火源。

② 电火花可分为工作火花和事故火花。工作火花是指电气设备正常工作时或正常操作过程中产生的火花。如直流电机电刷与整流片接触处、开关或接触器触头开台时的火花等。

事故火花是线路或设备发生故障时出现火花。如发生短路或接地时产生的火花、绝缘损坏或保险丝熔断时出现的闪络放电等。

2. 电气火灾爆炸的预防

（1）合理选用电气设备　在易燃易爆场所必须选用防爆电器。防爆电器在运行过程中具备不引爆周围爆炸性混合物的性能。防爆电器有各种类型和等级，应根据场所的危险性和不同的易燃易爆介质正确选用合适的防爆电器。

（2）保持防火间距　电气火灾是由电火花或电器过热引燃周围易燃物形成的，电器安装的位置应适当避开易燃物。在电焊作业的周围以及天车滑触线的下方不应堆放易燃物。使用电热器具、灯具要防止烤燃周围易燃物。

（3）保持电器、线路正常运行　保持电器、线路正常运行主要指保持电器和线路的电压、电流、温升不超过允许值，保持足够的绝缘强度，保持连接或接触良好。这样可以避免事故火花和危险温度的出现，消除引起电气火灾的根源。

（4）电气灭火器材的选用　电气火灾有两个特点：一是着火电气设备可能带电；二是有些电气设备充有大量的油，可能发生喷油或爆炸，造成火焰蔓延。

带电灭火不可使用普通直流水枪和泡沫灭火器，以防扑救人员触电。应使用二氧化碳、七氟丙烷及干粉灭火器等。带电灭火一般只能在 10kV 及以下的电器设备上进行。

电机着火时，可用喷雾水灭火，使其均匀冷却，以防轴承和轴变形，也可用二氧化碳、七氟丙烷等灭火，但不宜用干粉、砂子、泥土灭火，以免损坏电机。

变压器等电器发生喷油燃烧时，除切断电源外，有事故储油坑的应设法将油导入储油坑，坑内和地上的燃油可用泡沫扑灭，要防止燃油流入电缆沟并蔓延，电缆沟内的燃油亦只能用泡沫覆盖扑灭。

第四节　静电危害及控制

在工业生产中，产生静电现象较为普遍，人们一方面利用静电进行某些生产活动，如利用静电进行除尘、喷漆、植绒、选矿和复印等，另一方面是防止静电给生产和人身带来危害。近期美国公布了涉及 10 多个行业因静电造成的损失，调查结果显示，平均每年的直接经济损失高达 200 多亿美元。我国仅石化行业近几年就发生了几十起较大的静电事故，影响了生产的正常进行，甚至诱发火灾、爆炸等恶性事故，造成人员伤亡、财产损失。因此，如何进行静电防护及控制是各行业最为关注的安全问题之一。

一、静电的产生

1. 静电原理

静电简单地说是对观测者而言处于相对静止的电荷。当两个物体相互紧密接触时，在接触面产生电子转移，而分离时造成两物体各自正、负电荷过剩，由此形成了两物体带静电。两种不同的物质相互之间接触和分离后带的电荷的极性与各种物质的逸出功有关。所谓逸出功是使电子脱离原来的物质表面所需要做的功。两物体相接触，甲的逸出功比乙的逸出功大，则甲对电子的吸引力强于乙，电子就会从乙转移到甲，于是逸出功较小一方失去电子带正电，而逸出功大的一方就获得电子带负电。如果带电体电阻率高，导电性能差，则该项物体中的电子移动困难，静电荷易于积聚。

产生静电的因素有许多种，而且往往是多种因素综合作用。除两物体直接接触、分离起电外，带电微粒附着到绝缘固体上，使之带静电；感应起电；固定的金属与流动的液体之间会出现电解起电；固体材料在机械力作用下产生压电效应；流体、粉末喷出时，与喷口剧烈摩擦而产生喷出带电等。

当物体被外力破坏、感应、极化、吸附等都可带静电，接触分离的两物质的种类及组合不同，会影响静电产生的大小和极性。通过大量实测试验，按照不同物质相互摩擦时带电极性的顺序，人们排出了静电带电序列表。下面列举两个典型的静电序列表，供参考。

①（＋）玻璃—头发—尼龙—人造纤维—绸—醋酸人造丝—人造毛混纺—纸纤维和滤纸—黑橡胶—维尼纶—莎纶—聚酯纤维—电石—聚乙烯—可耐尼龙—赛璐珞—玻璃纸—氯乙烯—聚四氟乙烯（－）

②（＋）纯毛—涤纶绸—窗帘绸—人造棉—富春纺—麻衬—毛腈华达呢—毛绦凉爽呢

布—真丝—美丽绸—平绒—纺毛花呢—凡立丁—的确良—涤卡—麻纱—涤丝绸—花瑶罗—涤腈花呢—乔纱—人造苯（一）

在序列表中任何两物体紧密接触后迅速分开，靠前面的物体带正电靠后面的物体带负电。在序列表中两物体所处位置相隔越远，静电起电量越多。

2. 物体电阻率

物体上产生了静电，能否积聚起来主要取决于电阻率。静电导体难于积聚静电，而静电非导体在其上能积聚足够的静电而引起各种静电现象。

一般汽油、苯、乙醚等物质的电阻率在 $10^{10} \sim 10^{13} \Omega \cdot m$ 之间，它们容易积聚静电。金属的电阻率很小，电子运动快，所以两种金属分离后，显不出静电。

水是静电良导体，但当少量的水混杂在绝缘的液体中，因水滴液晶相对流动时要产生静电，反而使液晶静电量增多。金属是良导体，但当它被悬空后就和绝缘体一样，也会带上静电。

3. 静电种类

（1）固体静电　固体物质大面积的摩擦，如纸张与辊轴、橡胶或塑料碾制、传动皮带与皮带轮或传送皮带与导轮摩擦等；固体物质在压力下接触而后分离，如塑料压制、上光等；固体物质在挤出过滤时与管道、过滤器等发生的摩擦，如塑料、橡胶的挤出等；固体物质的粉碎、研磨和搅拌过程中其他一些类似的工艺过程均可能产生静电。

（2）粉体静电　粉体是固体的一种特殊形态，与整块固体相比，粉体具有分散性和悬浮状态的特点。由于它的分散性表面积增加使得更容易产生静电。粉体的悬浮性又使得铝粉、镁粉等金属粉体通过空气与地绝缘，也能产生和积聚静电，因此粉体比一般固体有着更大的静电危险性。粉体静电与粉体材料性质、输送管道、搅拌器或料槽材料性质、粉体的颗粒大小和表面几何特征、工艺输送速度、运动时间长短、载荷量等有关。

（3）液体静电　液体在输送、喷射、混合、搅拌、过滤、灌注、剧烈晃动过程中，会产生带电现象。如在石油炼化企业中，从原油的储运、半成品、成品油的加工过程中，都需反复的加温、加压、喷射、输送、灌注运输等过程，都会产生大量的静电，有时达到数千至数万伏，一旦放电可造成非常严重的后果。液体的带电与液体的电阻率（电导率）、液体所含杂质、管道材料和管道内壁情况、注液管、容器的几何形状、过滤器的规格与安装位置、流速和管径等有关。

（4）气体（蒸气）静电　纯净的气体在通常条件下不会引起静电，但由于气体中往往含有悬浮液体微粒或灰尘等固体颗粒，当高压喷出时相互间摩擦、分离、能产生较强的静电，如二氧化碳气由钢瓶喷出时静电可达 8kV。

气体静电与气体的性质、喷出速度、管径及材质、固体或液体微粒的性质及几何形态、压力、密度、温度等有关。

（5）人体静电　通常情况下，人体电阻在数百欧姆至数千欧姆之间，可以说人体是一个静电导体。当人们穿着一般的鞋袜、衣服时，在干燥环境中人体就成了绝缘导体。当人进行各种活动时，由于衣服之间、皮肤与衣服、鞋与地面、衣服与接触的各种介质间发生摩擦，可产生几千伏甚至上万伏的静电。如在相对湿度39%的情况下，人体从铺有 PVC 薄膜的软椅上突然起立时人体电位可达 18kV。

人体在静电场中也会感应起电，如果人体与地绝缘，就成为独立的带电体。如果空间存在带电颗粒，人们在此环境中可产生吸附带电。人体静电的极性和数值受人们所处的环境的温湿度、所穿的内外衣的材质、鞋、袜、地面、运动速度、人体对地电容等因素影响。

二、静电的危害

静电放电是带电体周围的场强超过周围介质的绝缘击穿场强时，因介质电离而使带电体上的电荷部分或全部消失的现象。其静电能量变为热量、声音、光、电磁波等而消耗，这种放电能量较大时，就会成为火灾、爆炸的点火源。

（1）爆炸和火灾　在有可燃液体的作业场所（如油料装运等），可能由静电火花引起火灾；在有气体、蒸气爆炸性混合物或有粉尘纤维爆炸性混合物的场所，如氧、乙炔、煤粉、铝粉、面粉等，可能由静电引发爆炸。

（2）电击　当人体带电体时，或带静电的人体接近接地体时，都可能产生静电电击。虽然静电的电击能量较小，不足以直接伤害人体，但可能导致坠落、摔倒等，造成第二次事故。

（3）影响生产　静电的存在，可能干扰正常的生产过程，损坏设备，降低产品质量。如静电使粉尘吸附在设备上，影响粉尘的过滤和输送，降低设备的寿命；静电放电能引起计算机、自动控制设备的故障或误动，造成各种损失。

三、静电控制技术

1. 防静电的主要场所

静电的主要危险是引起火灾和爆炸，因此，静电可能引起安全事故的场所必须采取防静电措施。

① 生产、使用、储存、输送、装卸易燃易爆物品的生产装置。

② 产生可燃性粉尘的生产装置、干式集尘装置以及装卸料场所。

③ 易燃气体、易燃液体槽车和船的装卸场所。

④ 有静电电击危险的场所。

2. 静电控制措施

（1）工艺控制法　工艺控制法就是从工艺流程、设备结构、材料选择和操作管理等方面采取措施限制静电的产生或控制静电的积累，使之不能到达危险的程度。具体方法有：限制输送速度；对静电的产生区和逸散区采取不同的防静电措施，正确选择设备和管理的材料；合理安排物料的投入顺序；消除产生静电的附加源，如液流的喷溅、冲击、粉尘在料斗内的冲击等。

增加空气湿度的主要作用是降低绝缘体的表面电阻率，从而便于绝缘体通过自身泄放静电。因此，如工艺条件许可，可增加室内空气的相对湿度至50%以上。

（2）泄漏导走法　泄漏导走法即是将静电接地，使之与大地连接，消除导体上的静电。这是消除静电最基本的方法。可以利用工艺手段对空气增湿、添加抗静电剂，使带电体的电阻率下降或规定静置时间和缓冲时间等，使所带的静电荷得以通过接地系统导入大地。

常用的静电接地连接方式有静电跨接、直接接地、间接接地等三种。静电跨接是将两个以上、没有电气连接的金属导体进行电气上的连接，使相互之间大致处于相同的静电电位。直接接地是将金属体与大地进行电气上的连接，使金属体的静电电位接近于大地，简称接地。间接接地是将非金属全部或局部表面与接地的金属相连，从而获得接地的条件。一般情况下，金属导体应采用静电跨接和直接接地。在必要的情况下，为防止导走静电时电流过大，需在放电回路中串接限流电阻。

所有金属装置、设备、管道、储罐等都必须接地。不允许有与地相绝缘的金属设备或金属零部件。各专设的静电接地端子电阻不应大于100Ω。

不宜采用非金属管输送易燃液体。如必须采用，应采用可导电的管子或内设金属丝、网的管子，并将金属丝、网的一端可靠接地或采用静电屏蔽。

加油站管道与管道之间，如用金属法兰连接，可不另接跨接线，但必须有五个以上螺栓可靠连接。

平时不能接地的汽车槽车和槽船在装卸易燃液体时，必须在预设地点按操作规程的要求接地，所用接地材料必须在撞击时不会发生火花。装卸完毕后，必须按规定待物料静置一定时间后，才能拆除接地线。

（3）静电中和法　静电中和法是利用静电消除器产生的消除静电所必需的离子来对异性电荷进行中和。非导体，如橡胶、胶片、塑料薄膜、纸张等在生产过程中产生的静电，应采用静电消除器消除。

不宜采用非金属管输送易燃液体。如必须采用，应采用可导电的管子或内设金属丝、网的管子，并将金属丝、网的一端可靠接地或采用静电屏蔽。

3．人体防静电措施

人体带电除了能使人遭到电击和影响安全生产外，还能在精密仪器或电子器件生产中造成质量事故。

（1）人体接地　在人体必须接地的场所，工作人员应随时用手接触接地棒，以清除人体所带的静电。在重点防火防爆岗位场所的入口处、外侧，应有裸露的金属接地物，如采用接地的金属门、扶手、支架等。属 0 区或 1 区的爆炸危险场所，且可燃物的最小点燃能量在 0.25mJ 以下时，工作人员应穿防静电鞋、工作服。禁止在爆炸危险场所穿脱衣服、鞋帽。

（2）工作地面导电化　特殊场所的地面，应是导电性或具备导电条件。这个要求可通过洒水或铺设导电地板来实现。

（3）安全操作　工作中应尽量不进行可使人体带电的活动，如接近或接触带电体；操作应有条不紊，避免急骤性动作；在有静电危险的场所，不得携带与工作无关的金属物品，如钥匙、硬币、手表等；合理使用规定的劳动保护用品和工具，不准使用化纤材料制作的拖布或抹布擦洗物体或地面。

第五节　雷电危害及防护

雷电是一种大气中的放电现象，也就是正负电荷的中和过程。雷云在形成过程中，某些云积累起正电荷，另一些云积累起负电荷。随着电荷的积累，电压逐步升高，当带不同电荷的雷云互相接近到一定距离时，将发生激烈放电，出现耀眼的闪光。由于闪光时温度高达20000℃，空气受热膨胀，发出震耳轰鸣。这就是闪电和雷鸣；有时雷云很低，在地面凸出物上将感应出异性电荷，到一定程度时也将出现雷云对地面凸出物的放电，这就是常说的雷击。

一、雷电的危害

1．雷电的分类

从危害角度考虑，雷电可分为直击雷、感应雷（包括静电感应和电磁感应）和雷电侵入波三种。

（1）直击雷　直击雷是闪电直接击在建筑物其他物体、大地或防雷装置上，产生电效应、热效应和机械力。

（2）感应雷　感应雷有静电感应和电磁感应两种起因，静电感应是由于雷云接近地面，在地面感应物上感应出大量异性电荷，当雷云与其他物体放电后，凸出物顶部电荷失去束缚，产生对地面很高的静电电位，以雷电波形式沿凸出物极快泄放，此时极易产生火花放电。电磁感应是雷击时幅度和陡度都很大的雷电流，在周围空间产生迅速变化的磁场，导致附近的金属导体上感应出高电压，一旦与其他金属设备接触或接近时，则可能产生火花放电。

（3）雷电侵入波　雷电侵入波是雷击在架空线路或金属管道上产生的冲击电压，沿着线路或管道迅速传播侵入建筑物内，危及人身安全或损坏设备。

2. 雷电破坏

雷电破坏可归纳为电性质破坏、热性质破坏、机械性质破坏三种。

（1）电破坏　雷电放电产生极高的冲击电压，数十万乃至百万伏高电压可能会毁坏发电机、变压器及线路绝缘子等电气设备的绝缘，引起短路，甚至导致大规模停电。绝缘损坏会引起短路，导致火灾或爆炸事故。

（2）热破坏　强大的雷电流通过导体时，在极短的时间内发出大量热量，产生的高温会造成易燃物燃烧或金属熔化飞溅，从而引起火灾、爆炸。

（3）机械破坏　当强大的雷电流通过被击物时，被击物缝隙中的空气急剧膨胀，缝隙中的水分迅速蒸发，致使被击物破坏或爆裂。

3. 雷电危害

（1）雷电感应　雷电的强大电流所产生的强大交变电磁场，会使导体感应出较大的电动势，还会在构成闭合回路的金属物中感应出电流。如回路中有地方接触电阻较大，就会局部发热或发生火花放电，可引燃易燃、易爆物品。

（2）雷电侵入波　雷电在架空线路、金属管道上会产生冲击电压，使雷电波沿线路或管道迅速传播。若侵入建筑物内，可将配电装置和电气线路的绝缘层击穿，产生短路或使建筑物内易燃、易爆物品燃烧和爆炸。

（3）反击作用　当防雷装置受雷击时，在接闪器引下线和接地体上部具有很高的电压，如果防雷装置与建筑物的电气设备、电气线路或其他金属管道的距离很近，它们之间就会产生放电，这种现象称为反击。反击可能引起电气设备绝缘破坏，金属管道烧穿。

（4）雷电对人体的危害　雷击电流迅速通过人体，可立即使呼吸中枢麻痹，心室纤颤，心跳骤停，以致使脑组织及一些主要脏器受到严重损害，出现休克或突然死亡。雷击时产生的火花、电弧，还可以使人遭到不同程度的烧伤。

二、防雷技术

1. 防雷装置

防雷装置包括接闪器、引下线、接地装置、电涌保护器及其他连接导体。

（1）接闪器　用于直接接受雷击的金属体，如避雷针、避雷线、避雷带、避雷网，安装在被保护设施的上方，它更接近于雷云，雷云首先对接闪器放电，使强大的雷电流沿接闪器、引下线和接地装置导入大地，从而使被保护设施免遭雷击。

（2）引下线　应满足机械强度、耐腐蚀和热稳定的要求，通常采用圆钢或扁钢制成，并采取镀锌或刷漆等防腐措施，绝对不可采用铝线作引下线。

引下线应取最短途径，尽量避免弯曲，并每隔1.5～2m设1个固定点加以固定。可以利用建筑物的金属结构作为引下线，但金属结构的连接点必须焊接可靠。

引下线在地面以上2m至地面以下0.2m的一段应该用角钢、钢管、竹管或塑料管等加以保护，角钢、钢管应与引下线连接，以减小通过雷电流时的电抗。

（3）接地装置　接地装置具有向大地泄放雷电流的作用。接地装置与接闪器一样应有防腐要求，接地体一般采用镀锌钢管或角钢制作，其长度宜为2.5m，垂直打入地下，其顶端低于地面0.6m。接地体之间用圆钢或扁钢焊接，并采用沥青漆防腐。

（4）电涌保护器　电涌保护器也叫过电压保护器。它是一种限制瞬态过电压和分走电涌电流的器件。

2. 防雷基本措施

（1）防直击雷　防直击雷的主要措施是装设避雷针、避雷线、避雷网和避雷带。

① 避雷针。避雷针分独立和附设两种。独立避雷针是离开建筑物单独安装的，其接地装置一般也是独立的，接地电阻一般不超过10Ω。严格禁止通讯线、广播线和低压线架设在避雷针构架上。独立避雷针构架上若装有照明灯，其电源线应采用金属护套电缆或穿铁管，并将其埋在地中长度10m以上，深度0.5～0.8m，然后才能引进室内。

附设安装在建筑物上的避雷针，其接地装置可以与其他接地装置共用，可以沿建筑物四周敷设。附设避雷针与建筑物顶部的其他接闪器应互相连接起来。

露天装设的金属封闭容器，其壁厚大于4mm时，一般可以不装避雷针，而利用金属容器本身作接闪器，但至少作两个接地点，其间距不应大于30m。

避雷针的高度和支数，应按不同保护对象和保护范围选择。太高的避雷针往往起不到预期的效果，反而增加了雷击的概率。

② 避雷线。避雷线主要用来保护架空线路免受直接雷破坏。它架设在架空线的上方，并与接地装置连接，所以也称架空地线。

③ 避雷带和避雷网。它能保护面积较大的建筑物避免直击雷。在避雷带和避雷网下方的被保护物，一般均能得到很好保护，不必计算其保护范围。避雷带一般可取两带间距为6～10m。避雷网的网格边长一般可取6～12m。易受雷击屋脊、屋角、屋檐等处应设避雷带加以保护。

（2）防电磁感应及雷电波入侵　雷电感应能产生很高的冲击电压，在电力系统中应与其他过电压同样考虑，在化工厂主要考虑放电火花引起的火灾和爆炸。

为防止雷电感应产生的高电压放电，应将建筑物内的金属设备、金属管道、钢筋构架、电缆钢铠外皮以及金属屋顶等均作等电位良好接地，钢筋混凝土层面应将钢筋焊接成避雷网，并每隔18～24m采用引下线与接地装置连接。

金属管道和架空电线遭到雷击产生的高电压若不能就近导入地下，则必沿着管道或线路，传入相连接的设施，危害人身和设备。因此防雷电侵入波危害的主要措施是在雷电波未侵入前先将其导入地下。具体措施如下。

① 架空管道进厂房处及邻近100m内，采取2～4处接地措施。

② 在架空电力线路的进户端安装避雷器，避雷器的上端接线路，下端接地。平时避雷器的绝缘间隙保持绝缘状态，不影响电力线路的正常运行。当雷电波传来时，避雷器的间隙被高电压击穿而接地，雷电波就不能侵入设施。雷击后，避雷器的间隙恢复绝缘状态，电力系统仍然正常工作。

③ 建筑物的进出线应分类集中布线，穿金属管保护并与其他金属体做等电位联结。

④ 对建筑物内电子设备分区保护、层层设防，通过接闪、分流、接地、防闪络、屏蔽等电位及合理布线等措施，将雷电侵入途径分割若干能量区域并使冲击能量逐次减小到保护目的。

第六节　事故案例

一、电气安全

[案例一]　某石化公司的66kV水源变电所室外有两段66kV母线。某日，其中一段母线停电检修清扫，二段母线设备继续带电运行。变电所所长在安排完停电及检修人员后，开始检修清扫工作，所长担任监护人。开工约3h后，该所长自己搬梯子到带电的二段母线66kV刀闸处，往上爬梯子，在接近带电体一段距离时遭电击，被打落在地上，脑部严重摔伤，身体有放电痕迹，到医院抢救无效死亡。

[案例二]　1986年12月19日，岳阳某石化厂氯丙烷车间，操作工按常规对30m³的1

号中间罐进行脱水作业。水排净后，阀门怎么也关不严，随即丙烯开始外溢。操作工立即报告班长、车间主任及厂调度室。上述人员先后赶到现场，研究决定串装一个阀门。正在分头准备时，丙烯已扩散至压缩机框架里，且慢慢升高，于是决定采取紧急停车处理。在最后停车时，丙烯气已淹没 6 号机 1.2m。按下开关的同时，火光一闪，一声闷响，发生了第一次空间爆炸。紧接着 3 号罐在大火的烘烤下也发生爆炸。1h 后大火扑灭。

原因分析：发生易燃易爆物质泄漏，如扩散到非防爆场所，严禁启闭任何电气设备或设施。

二、静电安全

[案例一]　1993 年 3 月 13 日，江苏省某县化肥厂碳化车间清洗塔上一根测温套管与法兰连接处严重漏气（氢气）。车间上报领导后，厂领导为保证生产，要求在不停机、不减压的条件下采取临时堵漏措施，堵住泄漏处。操作工按领导要求冒险作业，用铁卡和橡胶板进行堵漏，但未成功。随后，厂领导再次要求堵漏，操作工再次冒险作业，用平板车内的胎皮包裹泄漏处。操作中，由于塔内压力较高，高速喷出的氢气与橡胶皮摩擦产生静电火花，突然起火。一名操作工当场烧死，另一名烧成重伤，后抢救无效死亡。

原因分析：事故的直接原因是高速喷出的氢气与橡胶皮摩擦产生静电火花而引起火灾。间接原因是厂领导违章指挥，抓生产而不顾安全；操作工没有采取有效的安全措施冒险作业。

[案例二]　2003 年 7 月 22 日，广西某物资总公司桂林分公司一辆汽车槽车到铁路专线装卸 40 多吨甲苯。由于火车与汽车槽车有 4m 高的位差，装卸直接采用自流方式，用 4 条塑料管（两头套橡胶管）插入火车和汽车罐体，使甲苯从火车流入汽车罐体。在装第二车时，汽车司机和安全员到 20 多米远的站台上休息，一名装卸工因天热也离开汽车去喝水。此时，槽车靠近尾部的装卸孔突然发生爆炸起火，塑料管被爆炸冲击波抛出罐体外，甲苯喷洒一地，槽车附近一片火海。幸亏消防车 10min 内赶到，及时扑灭大火，火车槽车基本未受损，而汽车全部烧毁。

原因分析：事故的直接原因是装卸作业未按规定装设静电接地装置，使装卸产生的静电无法及时导出，造成静电积聚过高产生静电火花，引发事故。其次，高温作业未采取必要的安全措施，而当时气温超过 35℃，甲苯已挥发到相当浓度，极易引起爆炸。

三、雷电安全

[案例]　某厂装置有 3 台甲醇罐，罐上安装了呼吸阀，旁边有一个检尺口，呼吸阀每年进行例行检查。7 月末的一天上午，操作工正从槽车往罐里卸甲醇。突然，狂风大作，雷声隆隆，暴雨顷刻即至。操作工立即关闭阀门，停止卸车。但雷击仍在管线和罐区肆虐。突然，一个火球在中间的甲醇罐顶上闪过，罐顶立即着火，引发一场火灾。

原因分析：防直击雷装置，对排放有爆炸危险蒸气或粉尘的放散管、呼吸阀、排风管等，罐顶或其附近避雷针针尖宜高出罐顶 3m 以上，保护范围应高出罐顶 2m 以上。另外，呼吸阀也应与罐体进行跨接，使其良好接地。

习　题

一、单项选择题

1. 触电事故是由（　　）造成的。

A. 电压　　　　　　　B. 电流的能量　　　　　　　C. 电子

2. 如果触电者已经呼吸中断，心脏停止跳动，在现场可采取的急救措施是（　　）。

A. 喝水　　　　　　　B. 施行人工呼吸和胸外以及挤压　　　　　　　C. 揉肚

3. 引起电气火灾和爆炸的最常见的原因是（　　）。

A. 电流　　　　　　　　B. 电压　　　　　　　　C. 电流的热量和电火花或电弧

4. 静电危害的形式主要有三种，即静电放电、静电电击和静电吸附。其中（　　）是千万静电事故的最常见的原因。

A. 静电吸附　　　　　　　　　　　　　　　B. 静电电击

C. 静电吸附及静电电击　　　　　　　　　　D. 静电放电

5. 国际规定，电压（　　）以下不必考虑防止电击的危险。

A. 36V　　　　　　　B. 65V　　　　　　　C. 25V

6. 触电事故为什么多发于二、三季度（6～9月份）？（　　）

A. 工作量较大　　　　　B. 工作人员心情浮躁、不小心

C. 天气炎热、人体多汗以及多雨、潮湿、电气设备绝缘性能降低等

7. 发生触电事故的危险电压一般是从（　　）开始。

A. 24V　　　　　　　B. 36V　　　　　　　C. 65V

8. 雷电放电具有（　　）的特点。

A. 电流大、电压高　　　B. 电流小、电压高　　　C. 电流大、电压低

9. 静电电压可发生现场放电，产生静电火花，引起火灾，请问静电电压最高可达多少伏？（　　）

A. 50V　　　　　　　B. 220V　　　　　　　C. 数万伏

10. 为消除静电危害，可采取的有效措施是（　　）。

A. 保护接零　　　　　　B. 绝缘　　　　　　　C. 接地放电

11. 防止触电事故通常采取绝缘、防护、（　　）等技术措施。

A. 密闭　　　　　　　　B. 连接　　　　　　　C. 隔离

12. 装设避雷针、避雷线、避雷网、避雷带都是防护（　　）的主要措施。

A. 雷电侵入波　　　B. 直击雷　　　　C. 反击　　　　D. 二次放电

13. 屏护的作用是（　　）。

A. 采用屏护装置控制不安全因素　　　　　B. 保护电气　　　C. 防止触电

14. 漏电保护器的使用是防止（　　）。

A. 触电事故　　　　　B. 电压波动　　　　　C. 电荷超负荷

二、判断题

1. 潮气、粉尘、高温、腐蚀性气体和蒸气都会降低电气设备的绝缘，增加触电的危险。　　（　　）

2. 绝缘材料受潮后会使其绝缘性能降低。　　（　　）

3. 如果触电者伤势较重，必须等医生来急救，现场不能进行急救。　　（　　）

4. 平均摆脱电流男性为76mA，女性为51mA，说明男性对触电伤害的承受力较女性大。　　（　　）

5. 由于低压电气设备电压较低，因此较少发生触电事故。　　（　　）

6. 电器过载引起电气设备过热会导致火灾事故。　　（　　）

7. 绝缘老化变质、或受到高温、潮湿或腐蚀的作用而失去绝缘能力，即可能引起短路事故。　　（　　）

8. 电流通过人体心脏的能量越大，对人体的危险性越大。　　（　　）

三、简答题

1. 静电有哪些危害？

2. 防止静电危害的措施有哪些？

3. 触电伤害的主要形式有哪些？

4. 雷电具有很大的破坏力，就其危害来说主要有哪些方面？

5. 怎样判别火灾爆炸危险场所？

第五章 化工单元操作的基本安全技术

化工单元操作指各种化学品生产过程中具有共同物理变化特点的通用物理操作，例如，物料输送、传热、蒸馏、粉碎、冷冻等。任何化学产品的生产都离不开化工单元操作，它在化工生产中的应用十分普遍。本章重点讨论常见化工单元操作的基本安全技术。

第一节 物料输送

在化工生产过程中，经常需要将各种原材料、中间体、产品以及副产品和废弃物，由前一个工序输往后一个工序，或由一个车间输往另一个车间，或者输往储运地点。这些输送过程在现代化工企业中，是借助于各种输送机械设备实现的。由于所输送物料的形态不同，危险特性不同，采用的输送设备各异，因而保证其安全运行的操作要点及注意事项也就不同。

一、固体块状物料和粉状物料输送

块状物料与粉状物料的输送，在实际生产中多采用皮带输送机、螺旋输送器、刮板输送机、链斗输送机、斗式提升机以及气力输送（风送）等形式。

1. 输送设备的安全注意事项

皮带、刮板、链斗、螺旋、斗式提升机这类输送设备连续往返运转，可连续加料，连续卸载。存在的危险性主要有设备本身发生故障以及由此造成的人身伤害。

（1）防止人身伤害事故

① 在输送设备的日常维护中，润滑、加油和清扫工作是操作者致伤的主要机会。在设备没有安装自动注油和清扫装置的情况下，一律停车进行维护操作。

② 特别关注设备对操作者严重危险的部位。例如，皮带同皮带轮接触的部位，齿轮与齿轮、齿条、链带相啮合的部位。严禁随意拆卸这些部位的防护装置，避免重大人身伤亡事故。

③ 注意链斗输送机下料器的摇把反转伤人。

④ 不得随意拆卸设备突起部位的防护罩，避免设备高速运转时突起部分将人刮倒。

（2）防止设备事故

① 防止皮带运行过程中，因高温物料烧坏皮带，或因斜偏刮挡撕裂皮带的事故发生。

② 严密注意齿轮负荷的均匀，物料的粒度以及混入其中的杂物。防止因为齿轮卡料，拉断链条、链板，甚至拉毁整个输送设备的机架。

③ 防止链斗输送机下料器下料过多，料面过高，造成链带拉断。

2. 气力输送系统的安全注意事项

气力输送即风力输送，它主要凭借真空泵或风机产生的气流动力以实现物料输送，常用于粉状物料的输送。气力输送系统除设备本身因故障损坏外，最大的安全问题是系统的堵塞和由静电引起的粉尘爆炸。

（1）避免管道堵塞引起爆炸

① 具有黏性或湿度过高的物料较易在供料处及转弯处黏附管壁，最终造成堵塞。悬浮速度高的物料，比悬浮速度低的物料较易沉淀堵塞。

② 管道连接不同心、连接偏错或焊渣突起等易造成堵塞。

③ 大管径长距离输送管比小管径短距离输送管，更易发生堵塞。

④ 输料管的管径突然扩大，物料在输送状态中突然停车易造成堵塞。

⑤ 最易堵塞的是弯管和供料附近的加速段，水平向垂直过渡的弯管部位。

（2）防止静电引起燃烧　粉料在气力输送系统中，因管壁摩擦而使系统产生静电，这是导致粉尘爆炸的重要原因之一，因此，必须采取下列措施加以消除。

① 粉料输送应选用导电性材料制造管道，并应良好的接地。如采用绝缘材料管道，且能防静电时，管外采取接地措施。

② 应对粉料的粒度，形状与管道直径大小，物料与管道材料进行匹配，优选产生静电小的配置。

③ 输送管道直径要尽量大些。力求使管路的弯曲和管道的变径缓慢。管内应平滑，不要装设网格之类部件。

④ 输送速度不应超过规定风速，输送量不应有急剧的变化。

⑤ 粉料不要堆积管内，要定期使用空气或惰性气体进行管壁清扫。

二、液态物料输送

在化工生产中，经常遇到液态物料在管道内的输送。高处物料可借其位能自动输往低处。将液态物料由低处输往高处，由一处水平输往另一处，由低压处输往高压处，以及为保证克服阻力所需要的能量时，都要依靠泵这种设备去完成。充分认识被输送的液态物料的易燃性，正确选用和操作泵，对化工安全生产十分重要。

化工生产中被输送的液态物料种类繁多，性质各异，温度、压力又有高低之分，因此，所用泵的种类较多。通常可分为：离心泵、往复泵、旋转泵（齿轮泵、螺杆泵）、流体作用泵等四类。其中，离心泵在化工生产中应用最为普遍。

1. 离心泵的安全要点

（1）避免物料泄漏引发事故

① 保证泵的安装基础坚固，避免因运转时产生机械振动造成法兰连接处松动和管路焊接处破裂，使物料泄漏。

② 操作前及时压紧填料函（松紧适度），以防物料泄漏。

（2）避免空气吸入导致爆炸

① 开动离心泵前，必须向泵壳内充满被输送的液体，保证泵壳和吸入管内无空气积存，同时避免"气缚"现象。

② 吸入口的位置应适当，避免吸入口产生负压，空气进入系统导致爆炸，或抽瘪设备。一般情况下泵入口设在容器底部或液体深处。

（3）防止静电引起燃烧

① 在输送可燃液体时，管内流速不应大于安全流速。

② 管道应有可靠的接地措施。

（4）避免轴承过热引起燃烧

① 填料函的松紧应适度，不能过紧，以免轴承过热。

② 保证运行系统有良好的润滑。

③ 避免泵超负荷运行。

（5）防止绞伤　由于电机的高速运转，泵和电机的联轴节处容易发生对人员的绞伤，因此，联轴节处应安装防护罩。

2. 往复泵、旋转泵的安全要点

往复泵和旋转泵（齿轮泵、螺杆泵）用于流量不大，扬程较高或对扬程要求变化较大的场合，齿轮泵一般用于输送油类等黏性大的液体。

往复泵和旋转泵，均属于正位移泵，开车时必须将出口阀门打开，严禁采用关闭出口管路阀门的方法进行流量调节，否则，将使泵内压力急剧升高，引发爆炸事故。一般采用安装回流支路进行流量调节。

3. 流体作用泵的安全要点

流体作用泵是依靠压缩气体的压力，或运动着的流体本身进行流体的输送。如常见的酸蛋、空气升液器、喷射泵。这类泵无活动部件且结构简单，在化工生产中有着特殊的用途，常用于输送腐蚀性流体。

酸蛋、空气升液器等是以空气为动力的设备，必须有足够的耐压强度，必须有良好的接地装置。输送易燃液体时，不能采用压缩空气压送，要用氮、二氧化碳等惰性气体代替空气，以防止空气与易燃液体的蒸气形成爆炸性混合物，遇点火源造成爆炸事故。

三、气体物料输送

1. 气体输送设备的分类

气体输送设备在化工生产中主要用于输送气体、产生高压气体或使设备产生真空，由于各种过程对气体压力变化的要求很不一致，因此，气体输送设备可按其终压（出口压力）或压缩比的大小分为四类：

通风机：终压不大于 14.7kPa（表压），压缩比为 1～1.15；

鼓风机：终压为 14.7～300kPa（表压），压缩比不大于 4；

压缩机：终压为 300kPa（表压）以上，压缩比大于 4；

真空泵：造成真空的气体输送设备，终压为大气压，压缩比根据所造成的真空度而定，一般较大。

2. 气体物料输送的安全要点

气体与液体不同之处是具有可压缩性，因此在其输送过程中当气体压力发生变化，其体积和温度也随之变化。对气体物料的输送必须特别重视在操作条件下气体的燃烧爆炸危险。

（1）通风机和鼓风机

① 保持通风机和鼓风机转动部件的防护罩完好，避免人身伤害事故。

② 必要时安装消声装置，避免通风机和鼓风机对人体的噪声伤害。

（2）压缩机

① 保证散热良好。压缩机在运行中不能中断润滑油和冷却水，否则，将导致高温，引发事故。

② 严防泄漏。气体在高压条件下，极易发生泄漏，应经常检查阀门、设备和管道的法兰、焊接处和密封等部位，发现问题应及时修理更换。

③ 严禁空气与易燃性气体在压缩机内形成爆炸性混合物。必须彻底置换压缩机系统中空气后，方能启动压缩机。在压送易燃气体时，进气吸入口应该保持一定余压，以免造成负

压吸入空气。

④ 防止静电。管内易燃气体流速不能过高，管道应良好接地，以防止产生静电引起事故。

⑤ 预防禁忌物的接触。严禁油类与氧压机的接触，一般采用含甘油10%左右的蒸馏水作润滑剂。严禁乙炔与压缩机铜制部件的接触。

⑥ 避免操作失误。经常检查压缩机调节系统的仪表，避免因仪表失灵发生错误判断，操作失误引起压力过高，发生燃烧爆炸事故。避免因操作失误使冷却水进入汽缸，发生水锤，引发事故。

(3) 真空泵

① 严格密封。输送易燃气体时，确保设备密封，防止负压吸入空气引发爆炸事故。

② 输送易燃气体时，尽可能采用液环式真空泵。

第二节　加　　热

加热指将热能传给较冷物体而使其变热的过程。加热是促进化学反应和完成蒸馏、蒸发、干燥、熔融等单元操作的必要手段。加热的方法一般有直接火加热，水蒸气或热水加热，载体加热以及电加热等。

一、直接火加热

直接火加热是采用直接火焰或烟道气进行加热的方法，其加热温度可达到1030℃。主要以天然气、煤气、燃料油、煤等作燃料，采用的设备有反应器、管式加热炉等。

1. 直接火加热的主要危险性

利用直接火加热处理易燃、易爆物质时，危险性非常大，温度不易控制，可能造成局部过热烧坏设备。由于加热不均匀易引起易燃液体蒸气的燃烧爆炸，所以在处理易燃易爆物质时，一般不采用此方法。但由于生产工艺的需要亦可能采用，操作时必须注意安全。

2. 直接火加热的安全要点

① 将加热炉门同加热设备间用砖墙完全隔离，不使厂房内存在明火。炉膛构造应采用烟道气辐射方式加热，避免火焰直接接触设备，以防止因高温烧穿加热锅和管子。

② 加热锅内残渣应经常清除，以免局部过热引起锅底破裂。

③ 加热锅的烟囱、烟道等灼热部位，要定期检查、维修。

④ 容量大的加热锅发生漏料时，可将锅内物料及时转移。

⑤ 使用煤粉为燃料的炉子，应防止煤粉爆炸，在制粉系统上安装爆破片。煤粉漏斗应保持一定储量，不许倒空，避免因空气进入形成爆炸性混合物。

⑥使用液体或气体燃烧的炉子，点火前应吹扫炉膛，排除可能积存的爆炸性混合气体，以免点火时发生爆炸。

二、水蒸气、热水加热

对于易燃、易爆物质，采用水蒸气或热水加热，温度容易控制，比较安全，其加热温度可达到100~140℃。在处理与水会发生反应的物料时，不宜用水蒸气或热水加热。

1. 水蒸气、热水加热的主要危险性

利用水蒸气、热水加热易燃、易爆物质相对比较安全，存在的主要危险在于设备或管道超压爆炸，升温过快引发事故。

2. 水蒸气、热水加热的安全要点

① 应定期检查蒸汽夹套和管道的耐压强度，装设压力计和安全阀，以免容器或管道

炸裂。

② 加热操作时，要严密注意设备的压力变化，通过排气等措施，及时调节压力，以免在升温过程中发生超压爆炸事故。

③ 加热操作时，应保持适宜的升温速度，不能过快，否则可能失去控制，使加热温度超过工艺要求的温度上限，发生冲料、过热燃烧等事故。

④ 高压水蒸气加热的设备和管道应很好保温、避免烤着易燃物品以及产生烫伤事故。

三、载体加热

当采用水蒸气、热水加热难以满足工艺要求时，可采用矿物油、有机物、无机物作为载体进行加热，其加热温度一般可达到 230～540℃，最高可达 1000℃。所采用载热体的种类很多，常用的有机油、锭子油；二苯混合物（73.5%二苯醚和 26.5%联苯）；熔盐（7%硝酸钠、40%亚硝酸钠和 53%硝酸钾）、金属熔融物等。

1. 载体加热的主要危险性

无论采用哪一类载体进行加热时，都具有一定的危险性。载体加热的主要危险性在于载热体物质本身的危险特性，在操作中必须予以充分重视。

2. 载体加热的安全要点

① 油类作载体加热时，若用直接火通过充油夹套进行加热，且在设备内处理有燃烧、爆炸危险的物质，则需将加热炉门与反应设备用砖墙隔绝，或将加热炉设于车间外面，将热油输送到需要加热的设备内循环使用。油循环系统应严格密闭，不准热油泄漏，要定期检查和清除油锅、油管上的沉积物。

② 使用二苯混合物作载体加热时，特别注意不得混入低沸点杂质（如水等），也不准混入易燃易爆杂质，否则在升温过程中极易产生爆炸危险。因此必须杜绝加热设备内胆或加热夹套内水的渗漏，在加热系统进行水压试验、检修清洗时严禁混入水。还要妥善存放二苯混合物，严禁混入杂质。

③ 使用无机物作为载体加热时，操作时特别注意在熔融的硝酸盐浴中，如加热温度过高，或硝酸盐漏入加热炉燃烧室中，或有机物落入硝酸盐浴内，均能发生燃烧或爆炸。水、酸类物质流入高温盐浴或金属浴中，会产生爆炸危险。采用金属浴加热，操作时还应防止金属蒸气对人体的危害。

四、电加热

电加热即采用电炉或电感进行加热。是比较安全的一种加热方式，一旦发生事故，尚可迅速切断电源。

1. 电加热的主要危险性

电加热的主要危险是电炉丝绝缘受到破坏，受潮后线路的短路以及接点不良而产生电火花电弧，电线发热等引燃物料；物料过热分解产生爆炸。

2. 电加热的安全要点

① 用电炉加热易燃物质时，应采用封闭式电炉。电炉丝与被加热的器壁应有良好的绝缘，以防短路击穿器壁，使设备内易燃的物质漏出，产生着火、爆炸。

② 用电感加热时应保证设备的安全可靠程度。如果电感线圈绝缘破坏、受潮发生漏电、短路、产生电火花、电弧，或接触不良发热，均能引起易燃、易爆物质着火、爆炸。

③ 注意被加热物料的危险特性，严禁物料过热分解发生爆炸。热敏性物料不应选择电加热。

④ 加强通风以防止形成爆炸性混合物。加强检查维护，及时发现问题，及时处理。

第三节　冷却、冷凝与冷冻

一、冷却、冷凝

1. 冷却、冷凝操作概述

冷却指使热物体的温度降低而不发生相变化的过程；冷凝则指使热物体的温度降低而发生相变化的过程，通常指物质从气态变成液态的过程。

在化工生产中，实现冷却、冷凝的设备通常是间壁式换热器，常用的冷却、冷凝介质是冷水、盐水等。一般情况，冷水所达到的冷却效果不低于0℃；浓度约为20％盐水的冷却效果为−15～0℃。

冷却、冷凝操作在化工生产中易被人们所忽视。实际上它很重要，而且严重地影响安全生产。

2. 冷却、冷凝的安全要点

① 根据被冷却物料的温度、压力、理化性质以及所要求冷却的工艺条件，正确选用冷却剂和冷却设备。

② 严格检查冷却设备的密闭性，不允许物料窜入冷却剂中，也不允许冷却剂窜入被冷却的物料中（特别是酸性气体）。

③ 冷却操作时，冷却介质不能中断，否则会造成积热量积聚，系统温度压力骤增，引起爆炸。

④ 开车前首先清除冷凝器中的积液，然后通入冷却介质，最后通入高温物料。停车时，应首先停止通入被冷却的高温物料，再关闭冷却系统。

⑤ 有些凝固点较高的物料，被冷却后变得黏稠甚至凝固，在冷却时要注意控制温度，防止物料卡住搅拌器或堵塞设备及管道，造成事故。

⑥ 不凝缩可燃气体排空时，应充惰性气体保护。

⑦ 检修冷却、冷凝器必须彻底清洗、置换。

二、冷冻

1. 冷冻操作概述

在化工生产过程中，气体或蒸气的液化，某些组分的低温分离，某些产品的低温储藏与输送等，常需要使用冷冻操作。

冷冻指将物料的温度降到比周围环境温度更低的操作。冷冻操作的实质是借助于某种冷冻剂（如氟里昂、氨、乙烯、丙烯等）蒸发或膨胀时直接或间接地从需要冷冻的物料中取走热量来实现的。适当选择冷冻剂和操作过程，可以获得由摄氏零度至接近于绝对零度的任何程度的冷冻。凡冷冻温度范围在−100℃以内的称一般冷冻（冷冻），而冷冻温度范围在−100℃以下的则称为深度冷冻（深冷）。

在化工生产中，通常采用冷冻盐水（氯化钠、氯化钙、氯化镁等盐类的水溶液）间接制冷。冷冻盐水在被冷冻物料与冷冻剂之间循环，从被冷冻物料中吸取热量，然后将热量传给制冷剂。间接制冷所用的主要设备有压缩机、冷凝器、节流阀和蒸发器等。

2. 冷冻的主要危险性

冷冻过程的主要危险来自于冷冻剂的危险性、被冷冻物料潜在的危险性以及制冷设备在恶劣操作条件下的危险性。

3. 冷冻的安全要点

(1) 注意冷冻剂的危险　冷冻剂的种类较多，但是目前尚无一种理想的冷冻剂能够满足所有的安全技术条件。选择冷冻剂应从技术、经济、安全等角度去综合考虑，常见的冷冻剂有：氨、氟里昂（氟氯烷）、乙烯、丙烯。目前化工生产中使用最广泛的冷冻剂是氨。

① 氨的危险特性。氨具有强烈的刺激性臭味，在空气中超过 30mg/m³ 时，长期作业即会对人体产生危害。氨属于易燃、易爆物质，其爆炸极限为 15.7%～27.4%，当空气中氨浓度达到其爆炸下限时，遇到点火源即产生爆炸危险。氨的温度达 130℃ 时，开始明显分解，至 890℃ 时全部分解。含水的氨，对铜及铜的合金具有强烈的腐蚀作用。因此，氨压缩机不能使用铜及其合金的零件。

② 氟里昂的危险特性。最常用的氟里昂冷冻剂是氟里昂-11（CCl_3F）和氟里昂-12（CCl_2F_2），它们是一种对心脏毒作用强烈而又迅速的物质，受高热分解，放出有毒的氟化物和氯化物气体。若遇高热，容器内压增大，有开裂和爆炸的危险。氟里昂应储存于阴凉、通风仓间内。仓内温度不宜超过 30℃。远离火种、热源。防止阳光直射。应与易燃物、可燃物分开存放，搬运时轻装轻卸，防止钢瓶及附件破损。氟里昂对大气臭氧层的破坏极大，目前世界各国已限制生产和使用。

③ 乙烯、丙烯的危险特性。乙烯和丙烯均为易燃液体，闪点都很低，其爆炸极限分别为 2.75%～34%，2%～11.1%，与空气混合后遇点火源极易发生爆炸。乙烯和丙烯积聚静电的能力很强，在使用过程中注意导出静电，同时它们对人的神经有麻醉作用，丙烯的毒性是乙烯的 2 倍。

（2）氨冷冻压缩机的安全要点

① 电气设备采用防爆型。

② 在压缩机出口方向，应在汽缸与排气阀之间设置一个能使氨通到吸入管的安全装置，以防压力超高。为避免管路爆裂，在旁通管路上不应有任何阻气设施。

③ 易于污染空气的油分离器应设于室外。压缩机要采用低温不冻结且不与氨发生化学反应的润滑油。

④ 制冷系统压缩机、冷凝器、蒸发器以及管路，应有足够的耐压程度且气密性良好，防止设备、管路裂纹、泄漏。同时要加强安全阀、压力表等安全装置的检查、维护。

⑤ 制冷系统因发生事故或停电而紧急停车，应注意其对被冷冻物料的排空处理。

⑥ 装冷料的设备及容器，应注意其低温材质的选择，防止低温脆裂。

⑦ 避免含水物料在低温下冻结堵塞管线，造成增压所致的爆炸事故。

第四节　粉碎与筛分

一、粉碎

1. 粉碎操作概述

通常将大块物料变成小块物料的操作称为破碎，将小块物料变成粉末的操作称为研磨。粉碎在化工生产中主要有三个方面的应用：为满足工艺要求，将固体物料粉碎或研磨成粉末，以增加其接触面积来缩短化学反应时间，提高生产效率；使某些物料混合更均匀，使其分散度更好；将成品粉碎成一定粒度，满足用户的需要。

粉碎的方法有：挤压、撞击、研磨、劈裂等。根据被粉碎物料的物理性质和形状大小，以及所需的粉碎度来选择进行粉碎的方法。一般对于特别坚硬的物料，挤压和撞击有效，对韧性物料用研磨较好，而对脆性物料则用劈裂为宜。实际生产中，通常联合使用以上四种方法，如挤压与研磨、挤压与撞击等等。常用的粉碎设备有：颚式、圆锥式破碎机；滚碎机、锤式粉碎机；球磨机、环滚研磨机及气流粉碎机等。

2．粉碎的安全要点

粉碎操作最大的危险性是可燃粉尘与空气形成爆炸性混合物，遇点火源发生粉尘爆炸事故，需注意如下安全事项。

① 保持操作室通风良好，以减少粉尘含量。

② 在粉碎、研磨时料斗不得卸空，盖子要盖严。

③ 应消除粉末输送管道的粉末沉积。

④ 要注意设备的润滑，防止摩擦发热。对研磨易燃易爆物料的设备要通入惰性气体进行保护。

⑤ 可燃物研磨后，应先行冷却，然后装桶，以防发热引起燃烧。

⑥ 发现粉碎系统中粉末阴燃或燃烧时，需立即停止送料。并采取措施断绝空气来源，必要时通入二氧化碳或氮气等惰性气体保护。但不宜使用加压水流或泡沫进行扑救，以免可燃粉尘飞扬，引起事故扩大。

⑦ 粉碎操作应注意定期清洗机器，避免由于粉碎设备高速运转、挤压、产生高温使机内存留的原料熔化后结块堵塞进出料口，形成密闭体发生爆炸事故。

二、筛分

1．筛分操作概述

筛分即用具有不同尺寸筛孔的筛子将固体物料依照所规定的颗粒大小分开的操作。通过筛分将固体颗按照粒度（块度）大小分级，选取符合工艺要求的粒度。筛分所用的设备是筛子，筛子分为固定筛和运动筛两类。

2．筛分的安全要点

筛分最大的危险性是可燃粉尘与空气形成爆炸性混合物，遇点火源发生粉尘爆炸事故，操作者无论进行人工筛分还是机械筛分，都必须注意以下安全问题。

① 在筛分操作过程中，粉尘如具有可燃性，需注意因碰撞和静电而引起燃烧、爆炸。

② 如粉尘具有毒性、吸水性或腐蚀性，需注意呼吸器官及皮肤的保护，以防引起中毒或皮肤伤害。

③ 要加强检查，注意筛网的磨损和避免筛孔堵塞、卡料，以防筛网损坏和混料。

④ 筛分设备的运转部分应加防护罩，以防绞伤人体。

⑤ 振动筛会产生大量噪声，应采取隔离等消声措施。

第五节　熔融与混合

一、熔融

1．熔融操作概述

熔融是将固体物料通过加热使其熔化为液态的操作。如将氢氧化钠、氢氧化钾、萘、磺酸钠等熔融之后进行化学反应；将沥青、石蜡和松香等熔融之后便于使用和加工。熔融温度一般为 $150\sim350℃$，可采用烟道气、油浴或金属浴加热。

2．熔融的安全要点

从安全技术角度出发，熔融的主要危险决定于被熔融物料的危险性、熔融时的黏稠程度、中间副产物的生成、熔融设备、加热方式等方面。因此，操作时应从以下方面考虑其安全问题。

（1）避免物料熔融时对人体的伤害　被熔融固体物料固有的危险性对操作者的安全有很大的影响。例如，碱熔过程中的碱，它可使蛋白质变成胶状碱蛋的化合物，又可使脂肪变为胶状皂化物质。所以，碱比酸具有更强的渗透能力，且深入组织较快，因此，碱灼伤比酸灼伤更为严重。在固碱的熔融过程中，碱液飞浅至眼部，其危险性非常大，不仅使眼角膜和结膜立即坏死糜烂，同时向深部渗入损坏眼球内部，致使视力严重减退、失眠或眼球萎缩。

（2）注意熔融物中杂质的危害 熔融物的杂质量对安全操作是十分重要的。在碱熔过程中，碱和磺酸盐的纯度是影响该过程安全的最重要因素之一。碱和磺酸盐中若含有无机盐杂质，应尽量除去，否则，杂质不熔融，呈块状残留于熔融内。块状杂质的存在，妨碍熔融物的混合，并能使其局部过热、烧焦，致使熔融物喷出烧伤操作人员，因此，必须经常消除锅垢。如沥青、石蜡等可燃物中含水，熔融时极易形成喷油而引发火灾。

（3）降低物质的黏稠程度 熔融设备中物质的黏稠程度与熔融的安全操作有密切的关系。熔融时黏度大的物料极易黏结在锅底，当温度升高时易结焦，产生局部过热引发着火爆炸。为使熔融物具有较大的流动性，可用水将碱适当稀释。当氢氧化钠或氢氧化钾有水存在时，其熔点就显著降低，从而使熔融过程可以在危险性较小的低温下进行。如用煤油稀释沥青时，必须注意在煤油的自燃点以下进行操作，以免发生火灾。

（4）防止溢料事故 进行熔融操作时，加料量应适宜，盛装量一般不超过设备容量的2/3，并在熔融设备的台子上设置防溢装置，防止物料溢出与明火接触发生火灾。

（5）选择适宜加热方式和加热温度 熔融过程一般在 150～350℃ 下进行，通常采用烟道气加热，也可采用油浴或金属浴加热。加热温度必须控制在被熔融物料的自燃点以下，同时应避免所用燃料的泄漏引起爆炸或中毒事故。

（6）熔融设备 熔融设备分为常压设备和加压设备两种。常压设备一般采用铸铁锅，加压设备一般采用钢制设备。对于加压熔融设备，应安装压力表、安全阀等必要的安全设施及附件。

（7）熔融过程的搅拌 熔融过程中必须不间断地搅拌，使其加热均匀，以免局部过热、烧焦，导致熔融物喷出，造成烧伤。对于液体熔融物可用桨式搅拌，对于非常黏稠的糊状熔融物，则采用锚式搅拌。

二、混合

1. 混合操作概述

混合是指用机械或其他方法使两种或多种物料相互分散而达到均匀状态的操作。包括液体与液体的混合、固体与液体的混合、固体与固体的混合。在化工生产中，混合的目的是用以加速传热、传质和化学反应（如硝化、磺化等）。也用以促进物理变化，制取许多混合体，如溶液、乳浊液、悬浊液、混合物等。

用于液态的混合装置有机械搅拌、气流搅拌。机械搅拌装置包括桨式搅拌器、螺旋桨式搅拌器、涡轮式搅拌器、特种搅拌器。气流搅拌装置是用压缩空气、蒸汽以及氮气通入液体介质中进行鼓泡，以达到混合目的的一种装置。用于固态糊状的混合装置有捏和机、螺旋混合器和干粉混合器。

2. 混合的安全要点

混合操作是一个比较危险的过程。易燃液态物料在混合过程中发生动蒸发，产生大量可燃蒸气，若泄漏，将与空气形成爆炸性混合物；易燃粉状物料在混合过程中极易造成粉尘漂浮而导致粉尘爆炸。对强放热的混合过程，若操作不当也具有极大的火灾爆炸危险。需注意以下安全事项。

① 混合易燃、易爆或有毒物料时，混合设备应很好密闭，并通入惰性气体进行保护。

② 混合可燃物料时，设备应很好接地，以导除静电，并在设备上安装爆破片。

③ 混合设备不允许落入金属物件。

④ 利用机械搅拌进行混合的操作过程，其桨叶必须具备足够的强度。

⑤ 不可随意提高搅拌器的转速，尤其搅拌非常黏稠的物质。否则，极易造成电机超负荷、桨叶断裂及物料飞溅等。

⑥ 混合过程中物料放热时，搅拌不可中途停止。否则，会导致物料局部过热，可能产生爆炸。因此，在安装机械搅拌的同时，还要辅助以气流搅拌，或增设冷却装置。危险物料的气流搅拌混合，尾气应该回收处理。

⑦ 进入大型机械搅拌设备检修时，其设备应切断电源并将开关加锁，以防设备突然启动造成重大人身伤亡。

第六节　过　　滤

一、过滤操作概述

过滤是借助重力、真空、加压及离心力的作用，使含固体微粒的液体混合物或气体混合物，通过具有许多细孔的过滤介质，将固体悬浮微粒截留，使之从混合物中分离的单元操作。

过滤操作依其推动力可分为重力过滤、加压过滤、真空过滤、离心过滤，按操作方式分为间歇过滤和连续过滤。一个完整的悬浮溶液的过滤过程应包括过滤、滤饼洗涤、去湿和卸料等几个阶段。常用的液-固过滤设备有：板框压滤机、转筒真空过滤机、圆形滤叶加压叶滤机、三足式离心机、刮刀卸料离心机、旋液分离器等。常用的气-固过滤设备有：降尘室、袋滤器、旋风分离器等。

二、过滤的安全要点

过滤的主要危险来自于所处理物料的危险特性，悬浮液中有机溶剂的易燃易爆特性或挥发性、气体的毒害性或爆炸性、有机过氧化物滤饼的不稳定性。因此，操作时必须注意以下几点。

① 在有爆炸危险的生产中，最好采用转鼓等真空过滤机。

② 处理有害或有爆炸性气体时，采用密闭式的加压过滤机操作，并以压缩空气或惰性气体保持压力。在取滤渣时，应先释放压力，否则会发生事故。

③ 离心过滤机超负荷运转，工作时间过长，转鼓磨损或腐蚀、启动速度过高均有可能导致事故的发生。当负荷不均匀时运转会发生剧烈振动，不仅磨损轴承，且能使转鼓撞击外壳而发生事故。转鼓高速运转也可能由外壳中飞出造成重大事故。

④ 离心过滤机无盖或防护装置不良时，工具或其他杂物有可能落入其中，并以很大速度飞出伤人。杂物留在转鼓边缘也可能引起转鼓振动造成其他危险。

⑤ 开停离心过滤机时，不要用手帮忙以防发生事故。操作过程力求加料均匀。

⑥ 清理器壁必须待过滤机完全停稳后，否则，铲勺会从手中脱飞，使人致伤。

⑦ 有效控制各种点火源。

第七节　蒸发与干燥

一、蒸发

1. 蒸发操作概述

蒸发是借加热作用使溶液中的溶剂不断气化，以提高溶液中溶质的浓度，或使溶质析出的物理过程。例如，氯碱工业中的碱液提浓；海水的淡化等等。蒸发过程的实质就是一个传热过程。

蒸发设备即蒸发器，它主要由加热室和蒸发室两部分组成。常见的蒸发器的种类有循环型和单程型两种。循环型蒸发器由于其结构差异使循环的速度不同，有很多种形式，其共同的特点是使溶液在其中作循环运动，物料在加热室内的滞料量大，高温下停留的时间较长，不宜处理热敏性物料。单程型蒸发器又称膜式蒸发器，按溶液在其中的流动方向和成膜原因不同分为不同的形式，其共同的特点是溶液只通过加热室一次即可达到所需的蒸发浓度，特别宜于处理热敏性物料。

2. 蒸发的安全要点

蒸发操作的安全技术要点就是控制好蒸发的温度，防止物料产生局部过热及分解导致的事故。根据蒸发物料的特性选择适宜的蒸发压力、蒸发器形式和蒸发流程是十分关键的。

① 被蒸发的溶液，皆具有一定的特性。如溶质在浓缩过程中可能有结晶、沉淀和污垢生成。这些将导致传热效率的降低，并产生局部过热，促使物料分解、燃烧和爆炸。因此，对加热部分需经常清洗。

② 对热敏性物料的蒸发，需考虑温度控制问题。为防止热敏性物料的分解，可采用真空蒸发，以降低蒸发温度。或者尽量缩短溶液在蒸发器内停留时间和与加热面的接触时间，可采用单程型蒸发器。

③ 由于溶液的蒸发产生结晶和沉淀，而这些物质又是不稳定的，则更应注意严格控制蒸发温度。

二、干燥

1. 干燥操作概述

干燥是利用干燥介质所提供的热能除去固体物料中的水分（或其他溶剂）的单元操作。干燥所用的干燥介质有空气、烟道气、氮气或其他惰性介质。

根据传热的方式不同，可以分为对流干燥、传导干燥和辐射干燥。所用的干燥器有厢式干燥器、气流干燥器、沸腾干燥器、转筒干燥器、喷雾干燥器；滚筒干燥器、真空盘架式干燥器；红外线干燥器、远红外线干燥器、微波干燥器。

2. 干燥的安全要点

干燥过程的主要危险有干燥温度、时间控制不当，造成物料分解爆炸，以及操作过程中散发出来的易燃易爆气体或粉尘与点火源接触而产生燃烧爆炸等。因此干燥过程的安全技术主要在于严格控制温度、时间及点火源。

① 易燃易爆物料干燥时，干燥介质不能选用空气或烟道气。同时，采用真空干燥比较安全，因为在真空条件下易燃液体蒸发速度快，干燥温度可适当控制低一些，防止了由于高温引起物料局部过热和分解。因此，大大降低了火灾、爆炸危险性。注意真空干燥后清除真空时，一定要使温度降低后方能放入空气。否则，空气过早放入，会引起干燥物着火或爆炸。

② 易燃易爆及热敏性物料的干燥要严格控制干燥温度及时间。保证温度计、温度自动调节装置、超温超时自动报警装置以及防爆泄压装置的灵敏运转。

③ 正压操作的干燥器应密闭良好，防止可燃气体及粉尘泄漏至作业环境中，并要定期清理墙壁积灰。干燥室不得存放易燃物。

④ 干燥物料中若含有自燃点很低的物质和其他有害杂质，必须在干燥前彻底清除。

⑤ 在操作洞道式、滚筒式干燥器时，需防止机械伤害，应设有联系信号及各种防护装置。

⑥ 在气流干燥中，应严格控制干燥气流风速，并将设备接地，避免物料迅速运动相互

激烈碰撞、摩擦产生静电。

⑦ 滚筒干燥应适当调整刮刀与筒壁间隙，将刮刀牢牢固定。尽量采用有色金属材料制造的刮刀，以防止刮刀与滚筒壁摩擦产生火花。用烟道气加热的滚筒式干燥器，应注意加热均匀，不可断料，滚筒不可中途停止运转。如有断料或停转，应切断烟道气，并通入氮气保护。

第八节　蒸　馏

一、蒸馏操作概述

蒸馏是利用均相液态混合物中各组分挥发度的差异，使混合液中各组分得以分离的操作。通过塔釜的加热和塔顶的回流实现多次部分汽化、多次部分冷凝，气液两相在传热的同时进行传质，使气相中的易挥发组分的浓度从塔底向上逐渐增加，使液相中的难挥发组分的浓度从塔顶向下逐渐增加。

蒸馏操作可分为间歇蒸馏和连续精馏。对挥发度差异大容易分离或产品纯度要求不高时，通常采用间歇蒸馏；对挥发度接近难于分离或产品纯度要求较高时，通常采用连续精馏。间歇蒸馏所用的设备为简单蒸馏塔。连续精馏采用的设备种类较多，主要有填料塔和板式塔两类。根据物料的特性，可选用不同材质和形状的填料，选用不同类型的塔板。塔釜的加热方式可以是直接火加热、水蒸气直接加热、蛇管、夹套及电感加热等。

蒸馏按操作压力又可分为常压蒸馏、减压蒸馏、加压蒸馏。处理中等挥发性（沸点为100℃左右）物料，采用常压蒸馏较为适宜；处理低沸点（沸点低于30℃）物料，采用加压蒸馏较为适宜；处理高沸点（沸点高于150℃）物料、易发生分解、聚合及热敏性物料，则应采用真空蒸馏。

二、蒸馏的安全要点

蒸馏涉及加热、冷凝、冷却等单元操作，是一个比较复杂的过程，其危险性较大。蒸馏过程的主要危险性有：易燃液体蒸气与空气形成爆炸性混合物遇点火源发生爆炸；塔釜复杂的残留物在高温下发生热分解、自聚及自燃；物料中微量的不稳定杂质在塔内局部被蒸浓后分解爆炸，低沸点杂质进入蒸馏塔后瞬间产生大量蒸气造成设备压力骤然升高而发生爆炸；设备因腐蚀泄漏引发火灾、因物料结垢造成塔盘及管道堵塞发生超压爆炸；蒸馏温度控制不当，有液泛、冲料、过热分解、超压、自燃及淹塔的危险；加料量控制不当，有沸溢的危险，同时造成塔顶冷凝器负荷不足，使未冷凝的蒸气进入产品受槽后，因超压发生爆炸；回流量控制不当，造成蒸馏温度偏离正常，同时出现淹塔使操作失控，造成出口管堵塞发生爆炸。

在安全技术上，除应根据蒸馏的加热方法采取相应的安全措施外（见本章第二节），还应按物料的性质和工艺要求正确选择蒸馏方法、蒸馏设备及操作压力，严格遵守工艺规程。特别注意以下安全要点。

1. 常压蒸馏

① 在常压蒸馏中，易燃液体的蒸馏不能采用明火作热源，采用水蒸气或过热水蒸气加热较为安全。

② 蒸馏腐蚀性液体，应防止塔壁、塔盘腐蚀致使易燃液体或蒸气逸出，遇明火或灼热炉壁产生燃烧。

③ 蒸馏自燃点很低的液体，应注意蒸馏系统的密闭，防止因高温泄漏遇空气产生自燃。

④ 对于高温的蒸馏系统，应防止冷却水突然漏入塔内。否则，水迅速汽化致使塔内压

力突然增高，而将物料冲出或发生爆炸。开车前应将塔内和蒸汽管道内的冷凝水放尽，然后使用。

⑤ 在常压蒸馏系统中，还应注意防止管道被凝固点较高的物质凝结堵塞，使塔内压力增加而引起爆炸。

⑥ 用直接火加热蒸馏高沸点物料时，应防止产生自燃点很低的树脂油状物，它们遇空气会自燃。还应防止因蒸干、残渣脂化结垢引起局部过热产生的着火、爆炸事故。油焦和残渣应经常清除。

⑦ 塔顶冷凝器中的冷却水或冷冻盐水不能中断。否则，未冷凝的易燃蒸气逸出后使系统温度增高，窜出的易燃蒸气遇明火还会引起燃烧。

2．减压蒸馏

① 真空蒸馏设备的密闭性是很重要的。蒸馏设备中温度很高，一旦吸入空气，对于某些易爆物质（如硝基化合物）有引起爆炸或着火的危险。因此，真空蒸馏所用的真空泵应安装单向阀，防止突然停泵造成空气进入设备。

② 当易燃易爆物质蒸馏完毕，待其蒸馏锅冷却，充入氮气后，再停止真空泵运转，以防空气进入热的蒸馏锅引起燃烧或爆炸。

③ 真空蒸馏应注意其操作顺序，先打开真空活门，然后开冷却器活门，最后打开蒸汽阀门。否则，物料会被吸入真空泵，并引起冲料，使设备受压甚至产生爆炸。

④ 易燃物质进行真空蒸馏的排气管，应通至厂房外，管道上应安装阻火器。

3．加压蒸馏

① 加压蒸馏设备的气密性和耐压性十分重要，应安装安全阀和温度、压力调节控制装置，严格控制蒸馏温度与压力。

② 在蒸馏易燃液体时，应注意系统的静电消除。特别是苯、丙酮、汽油等不易导电液体的蒸馏，更应将蒸馏设备、管道良好接地。室外蒸馏塔应安装可靠的避雷装置。

③ 蒸馏设备应经常检查、维修。

第九节　事　故　案　例

案例一　压缩机爆炸事故

1．事故经过

1981 年 6 月，山西某化肥厂一原料压缩机在大修后试运行时发生爆炸，伤 2 人。

2．事故分析

由于压缩机各段冷凝器积炭过多，在空气试压时，由于压缩机平衡段气阀装错，引起内漏，使平衡段温度升高，积炭氧化产生一氧化碳，并与空气混合形成爆炸混合物，在加压时发生爆炸。

案例二　离心机伤人事故

1．事故经过

1985 年 11 月，辽宁省沈阳市某化工厂发生一起离心机伤人事故，造成一名操作工重伤。

2．事故分析

该厂红矾车间一操作工接班后不久，检查发现离心机排出母液中含有固体物料，于是切断电源准备处理，但未待离心机停稳就用铁锹去处理，结果铁锹刮到离心机上，由于惯性作用被抛出，造成操作工的胃和十二指肠破裂。

案例三　干燥操作爆炸事故

1. 事故经过

2003 年 3 月，上海市金山区某村，一非法私有企业，在干燥溴酸钾片剂中间体时，发生一起重大恶性爆炸事故，造成 11 人死亡，17 人受伤，房屋倒塌 3 户，严重损坏 15 户。

2. 事故分析

溴酸钾是氧化剂，常温下尚安全，但属热敏性物质，若加热到 370℃以上，即分解生成溴化钾并放出氧。实际分解过程中有初生态氧产生，初生态氧无配对电子，具有极强的氧化力，与片剂中间体中的淀粉等相混，在高温环境下发生猛烈氧化反应，导致爆炸。选择电热烘炉进行干燥是极其错误的，是导致爆炸的直接因素。

案例四　粉碎操作爆炸事故

1. 事故经过

1981 年 7 月 15 日，新化县某厂非法生产炸药，导致原料发生剧烈化学反应，产生大量气体和热量而发生爆炸，炸死 11 人，重伤 2 人，轻伤 2 人，炸毁电动机、粉碎机各 2 台，直接经济损失 1.1 万余元。

2. 事故分析

该厂擅自由生产导火线转为生产铵锑炸药，违反高温季节停止生产炸药的常规，并将铵锑炸药的生产工序由原来的三次粉碎增加到四次。

事故当日，负责第二台粉碎机的操作工，在粉碎第一堂料后，没有按规定清洗机器，就接着粉碎第二堂料。由于粉碎机高速运转、挤压、产生高温，使机身内部原料熔化后结块、堵塞进出料口、形成密闭体，使机内原料发生剧烈化学反应，产生大量气体和热量而发生爆炸，造成重大人员伤亡和严重的经济损失。

习　　题

一、单项选择题

1. 以下（　　）不属于正位移泵，可用关闭出口阀门的开度来进行流量调节。

A. 往复泵　　　　　　　B. 齿轮泵　　　　　　　C. 离心泵　　　　　　　D. 螺杆泵

2. 输送易燃气体时最理想的真空设备是（　　）。

A. 往复式真空泵　　　　B. 液环式真空泵　　　　C. 喷射式真空泵

3. 粉碎最大的危险性是发生粉尘爆炸燃烧事故，以下操作不正确的是（　　）。

A. 操作室通风良好，以减少粉尘含量　　　　B. 在粉碎、研磨时料斗不得卸空，盖子要盖严

C. 可燃物研磨后，应立即装桶　　　　　　　D. 应消除粉末输送管道的粉末沉积

4. 为防止溢料事故发生，并兼顾设备的使用效率，熔融时盛装量一般不超过设备容量的（　　）。

A. 2/3　　　　　　　　　B. 1/3　　　　　　　　　C. 1/2　　　　　　　　　D. 1/4

5. 对热敏性物料的蒸发，需考虑温度的控制问题，以下哪个措施不当。（　　）

A. 采用真空蒸发　　　　B. 采用单程型蒸发器　　C. 采用加压蒸发

6. 干燥易燃物料时，最好采用（　　）作为干燥介质。

A. 空气　　　　　　　　　B. 烟道气　　　　　　　　C. 氮气

7. 分离高沸点、易发生分解、聚合及热敏性的物系，应采用（　　）。

A. 常压蒸馏　　　　　　　B. 减压蒸馏　　　　　　　C. 加压蒸馏　　　　　　　D. 特殊蒸馏

8. 蒸发操作应根据（　　）选择适宜的蒸发压力、蒸发器和蒸发流程。

A. 物料的浓度　　　　　　B. 物料的特性　　　　　　C. 物料的温度　　　　　　D. 物料的黏度

9. 发现粉碎系统中粉末阴燃或燃烧时，不可采用以下措施（　　）。

A. 立即停止送料　　　　　B. 断绝空气来源　　　　　C. 用泡沫进行扑救

10. 用煤油稀释沥青时，必须在（　　）以下进行操作，以免发生火灾。

A. 煤油的自燃点　　　　B. 沥青的自燃点　　　　C. 煤油沥青混合物的自燃点

二、判断题

1. 气力输送系统除设备本身因故障损坏外，最大的安全问题是系统的堵塞和由静电引起的粉尘爆炸。

（　　）

2. 载体加热时，水、酸类物质流入高温盐浴或金属浴中，会产生爆炸危险。　　　　（　　）

3. 使用液体或气体燃烧的炉子可直接点火。　　　　　　　　　　　　　　　　　（　　）

4. 如用振动筛进行筛分，可以不采取消声措施。　　　　　　　　　　　　　　　（　　）

5. 熔融时，对于非常黏稠的糊状熔融物，最好采用桨式搅拌。　　　　　　　　　（　　）

6. 干燥时间对生产效率的影响很大，但与安全问题的关系不大。　　　　　　　　（　　）

7. 蒸馏时若回流比控制不当，可能出现淹塔，使操作失控造成出口管堵塞发生爆炸。（　　）

8. 碱比酸具有更强的渗透能力，且深入组织较快。　　　　　　　　　　　　　　（　　）

9. 过滤的主要危险来自于所处理物料的固有危险。　　　　　　　　　　　　　　（　　）

10. 利用电加热易燃、易爆、易分解物质比用水蒸气、热水加热更加安全。　　　　（　　）

三、简答题

1. 压缩机的安全操作要点。

2. 冷却、冷凝的主要安全要点。

3. 氧化剂的干燥能否采用电加热的方式？为什么？

4. 分析工业常用冷冻剂氨、氟里昂（如氟里昂-11）、乙烯及丙烯的固有危险性。

5. 混合的主要安全要点。

6. 干燥的主要安全要点。

7. 分析过滤的主要危险性。

8. 分析蒸馏过程的主要危险性。

9. 加压蒸馏的主要安全要点。

10. 减压蒸馏的主要安全要点。

第六章　典型化学反应的基本安全技术

　　化工生产过程可以看成是由原料预处理过程、反应过程和反应产物后处理过程三个基本环节构成的。其中，反应过程是化工生产过程的中心环节。各种化学品的生产过程中，以化学为主的处理方法可以概括为具有共同化学反应特点的典型化学反应。如氧化、还原、硝化、磺化、聚合等。

　　化学反应是有新物质形成的一种变化类型。在发生化学反应时，物质的组成和化学性质都发生了改变。化学反应以质变为其最重要的特征，还伴随着能的变化。化学反应过程必须在某种适宜条件下进行。例如，反应物料应有适宜的组成、结构和状态，应要在一定的温度、压力、催化剂以及反应器内的适宜流动状况下进行。

　　用于实现化学反应过程的设备，其结构形式与化学反应过程的类型和性质有密切的关系。设备内部常有各种各样的装置，如搅拌器、流体分配装置、换热装置、催化剂支撑装置等。常见的反应设备有搅拌釜式反应器、固定床反应器、沸腾床反应器和管式反应器等。

　　由于化学反应过程物质变化多样，反应条件要求严格，反应设备结构复杂，所以其安全技术要求较高。本章重点讨论常见的危险性比较大的一些典型化学反应的基本安全技术，同时对化工生产中主要工艺参数的安全控制进行综述。

第一节　氧　　化

一、氧化反应及其应用

1. 定义

　　广义地讲，氧化是指失去电子的作用。狭义地讲，氧化是指物质与氧的化合作用。本节主要讨论狭义的氧化反应。

　　氧化剂指能氧化其他物质而自身被还原的物质，也就是在氧化还原反应中得到电子的物质。常见的氧化剂有氧气（或空气）、重铬酸钠、重铬酸钾、双氧水、氯酸钾、铬酸酐以及高锰酸钾等。

2. 工业应用

　　氧化反应在化学工业中的应用十分普遍。如硫酸、硝酸、醋酸、苯甲酸、苯酐、环氧乙烷、甲醛等基本化工原料的生产均是通过氧化反应制备的。

　　① 硫黄氧化制备硫酸。硫酸是化学工业主要原料之一，应用很广。如制造硫酸铵、过磷酸钙、磷酸、硫酸铝、钛白粉、合成药物、合成洗涤剂、金属冶炼、精炼石油制品等。其

氧化反应过程为：

$$S+O_2 \longrightarrow SO_2$$

$$2SO_2+O_2 \xrightarrow{V_2O_5} 2SO_3$$

$$SO_3+H_2O \longrightarrow H_2SO_4$$

② 氨氧化制备稀硝酸。硝酸是化学工业主要原料之一，用途极广，可供制备氮肥、王水、硝酸盐、硝化甘油、硝化纤维素、硝基苯、苦味酸、梯恩梯等。其氧化反应过程为：

$$4NH_3+5O_2 \xrightarrow{Pt} 4NO+6H_2O$$

$$2NO+O_2 \longrightarrow 2NO_2$$

$$3NO_2+H_2O \longrightarrow 2HNO_3+NO$$

③ 甲醇氧化制备甲醛。甲醛用作农药和消毒剂，也用于制备酚醛树脂、脲醛树脂、维纶、乌洛托品、季戊四醇和染料等。氧化反应式为：

$$CH_3OH+\frac{1}{2}O_2 \xrightarrow{Ag} HCHO+H_2O$$

④ 乙醇氧化制备醋酸。醋酸用于制醋酸纤维素、醋酐、金属醋酸盐、染料和药物等，也可用作制造橡胶、塑料、染料等的溶剂。其氧化反应过程为：

$$C_2H_5OH+\frac{1}{2}O_2 \xrightarrow{Ag} CH_3CHO+H_2O$$

$$CH_3HO+\frac{1}{2}O_2 \xrightarrow{Mn(Ac)_2} CH_3COOH$$

⑤ 甲苯氧化制备苯甲酸。苯甲酸主要用于制备苯甲酸钠防腐剂，并用于制杀菌剂、增塑剂、香料等。其化学反应过程为：

⑥ 萘氧化制备苯酐。苯酐应用很广，用于制染料、药物、聚酯树脂、醇酸树脂、塑料、增塑剂和涤纶等。氧化反应式为：

⑦ 乙烯氧化制备环氧化乙烷。环氧化乙烷用于制乙二醇、抗冻剂、合成洗涤剂、乳化剂、塑料等，并可用作仓库熏蒸剂。氧化反应式为：

二、氧化的危险性分析

① 氧化反应初期需要加热，但反应过程又会放热，这些反应热如不及时移去，将会使温度迅速升高甚至发生爆炸。特别是在 250～600℃ 高温下进行的气相催化氧化反应以及部分强放热的氧化反应，更需特别注意其温度控制，否则因温度失控造成火灾爆炸危险。

② 有的氧化过程，如氨、乙烯和甲醇蒸气在空气中的氧化，其物料配比接近于爆炸下限，倘若配比失调，温度控制不当，极易爆炸起火。

③ 被氧化的物质大部分是易燃易爆物质。如氧化制取环氧乙烷的乙烯、氧化制取苯甲酸的甲苯、氧化制取甲醛的甲醇等。

④ 氧化剂具有很大的火灾危险性。如氯酸钾、高锰酸钾、铬酸酐等，如遇点火源以及与有机物、酸类接触，皆能引起着火爆炸。有机过氧化物具有更大的危险，不仅具有很强的氧化性，而且大部分是易燃物质，有的对温度特别敏感，遇高温则爆炸。

⑤ 部分氧化产品也具有火灾危险性。如环氧乙烷是可燃气体，36.7% 的甲醛水溶液是

易燃液体等。此外，氧化过程还可能生成危险性较大的过氧化物。如乙醛氧化生产醋酸的过程中有过醋酸生成。过醋酸是有机过氧化物，性质极不稳定，受高温、摩擦或撞击便会分解或燃烧。

三、氧化的安全技术要点

① 必须保证反应设备的良好传热能力。可以采用夹套、蛇管同时冷却，以及外循环冷却等方式；同时采取措施避免冷却系统发生故障，如在系统中设计备用泵和双路供电等；必要时应有备用冷却系统。为了加速热量传递，要保证搅拌器安全可靠运行。

② 反应设备应有必要的安全防护装置。设置安全阀等紧急泄压装置；超温、超压、含氧量高限报警装置和安全联锁及自动控制等。为了防止氧化反应器在万一发生爆炸或着火时危及人身和系统安全，进出设备的物料管道上应设阻火器、水封等防火装置，以阻止火焰蔓延，防止回火。在设备系统中宜设置氮气、水蒸气灭火装置，以便能及时扑灭火灾。

③ 氧化过程中如以空气或氧气作氧化剂时，反应物料的配比应严格控制在爆炸范围之外。空气进入反应器之前，应经过气体净化装置，消除空气中的灰尘、水汽、油污以及可使催化剂活性降低或中毒的杂质，以保持催化剂的活性，减少着火和爆炸的危险。

④ 使用硝酸、高锰酸钾等氧化剂时，要严格控制加料速度、加料顺序，杜绝加料过量、加料错误。固体氧化剂应粉碎后使用，最好呈溶液状态使用。反应中要不间断搅拌，严格控制反应温度，决不许超过被氧化物质的自燃点。

⑤ 使用氧化剂氧化无机物时，如使用氯酸钾氧化生成铁蓝颜料时，应控制产品烘干温度不超过其燃点。在烘干之前应用清水洗涤产品，将氧化剂彻底清洗干净，以防止未完全反应的氯酸钾引起已烘干物料起火。有些有机化合物的氧化，特别是在高温下氧化，在设备及管道内可能产生焦状物，应及时清除，以防止局部过热或自燃。

⑥ 氧化反应使用的原料及产品，应按有关危险品的管理规定，采取相应的防火措施，如隔离存放、远离火源、避免高温和日晒、防止摩擦和撞击等。如果是电介质的易燃液体或气体，应安装除静电的接地装置。

第二节　还　　原

一、还原反应及其应用

1. 定义

广义地讲，还原是指得到电子的作用。狭义地讲，还原是指物质被夺去氧或得到氢的反应。本节主要讨论狭义的还原反应。

还原剂指能还原其他物质而自身被氧化的物质，也就是在氧化还原反应中失去电子的物质。常用的还原剂有氢气、硫化氢、硫化钠、锌粉、铁屑、氯化亚锡、甲醛、连二亚硫酸钠（保险粉）、甲基次硫酸氢钠（雕白粉）等。

2. 工业应用

还原反应在化学工业中的应用十分普遍。如通过还原反应可以制备苯胺、环己烷、硬化油、萘胺等化工产品。

① 硝基苯还原制备苯胺。苯胺应用很广，主要用于染料、药物、橡胶硫化促进剂等。还原反应式为：

$$4\, \text{C}_6\text{H}_5\text{NO}_2 +9\text{Fe}+\text{H}_2\text{O} \longrightarrow 4\, \text{C}_6\text{H}_5\text{NH}_2 +3\text{Fe}_3\text{O}_4$$

② 苯催化加氢制备环己烷。环己烷用作有机合成，医药上用作麻醉剂。还原反应式为：

$$\text{（苯环）} + 3H_2 \xrightarrow{\text{Ni}} \text{（环己烷）}$$

③ 植物油催化加氢制备硬化油。硬化油用于食品、肥皂、脂肪酸等工业。还原反应式为：

$$\begin{array}{c} C_{17}H_{33}COOCH_2 \\ | \\ C_{17}H_{33}COOCH \\ | \\ C_{17}H_{33}COOCH_2 \end{array} + 3H_2 \xrightarrow{\text{Ni}} \begin{array}{c} C_{17}H_{35}COOCH_2 \\ | \\ C_{17}H_{35}COOCH \\ | \\ C_{17}H_{35}COOCH_2 \end{array}$$

④ 硝基萘用保险粉还原制备萘胺。萘胺是一种重要的染料中间体，也用作紫浆色基 B。还原反应式为：

$$\text{（硝基萘 }NO_2\text{）} + Na_2S_2O_4 + 2NaOH \longrightarrow \text{（萘胺 }NH_2\text{）} + 3Na_2O_4$$

二、还原的危险性分析

① 还原过程都有氢气存在，氢气的爆炸极限为 $4.1\% \sim 75\%$，特别是催化加氢还原，大都在加热、加压条件下进行。如果操作失误或因设备缺陷有氢气泄漏极易与空气形成爆炸性混合物，如遇火源就会爆炸。高温高压下，氢对金属有渗碳作用，易造成腐蚀。

② 还原反应中所使用的催化剂雷氏镍吸潮后在空气中有自燃危险，即使没有点火源存在，也能使氢气和空气的混合物着火爆炸。

③ 固体还原剂保险粉、硼氢化钾（钠）、氢化铝锂等都是遇湿易燃危险品。其中保险粉遇水发热，在潮湿空气中能分解析出硫，硫蒸气受热具有自燃的危险，同时，保险粉自身受热到 $190\,℃$ 也有分解爆炸的危险。硼氢化钾（钠）在潮湿空气中能自燃，遇水或酸，分解放出大量氢气，同时产生高热，可使氢气着火而引起爆炸事故。以上还原剂如遇氧化剂会猛烈反应，产生大量热量，也有发生燃烧爆炸的危险。

④ 还原反应的中间体，特别是硝基化合物还原反应的中间体，也有一定的火灾危险。如生产苯胺时，如果反应条件控制不好，可能生成燃烧危险性很大的环己胺。

三、还原的安全技术要点

① 由于有氢的存在，必须遵守国家爆炸危险场所安全规定。车间内的电气设备必须符合防爆要求，且不能在车间顶部敷设电线及安装电线接线；厂房通风要好，采用轻质屋顶，设置天窗或风帽，防止氢气的积聚；加压反应的设备要配备安全阀，反应中产生压力的设备要装设爆破片；最好安装氢气浓度检测和报警装置。

② 可能造成氢腐蚀的场合，设备、管道的选材要符合要求，并应定期检测。

③ 当用雷氏镍来活化氢气进行还原反应时，必须先用氮气置换反应器内的全部空气，并经过测定证实器内含氧量降到标准，才可通入氢气。反应结束后应先用氮气把反应器内的氢气置换干净，才可打开孔盖出料，以免外界空气与反应器内氢气相遇，在雷氏镍自燃的情况下发生着火爆炸。雷氏镍应当储存于酒精中。回收钯碳时应用酒精及清水充分洗涤，抽真空过滤时不能抽得太干，以免氧化着火。

④ 使用还原剂时应注意相应的安全问题。当保险粉用于溶解使用时，要严格控制温度，可以在开动搅拌的情况下，将保险粉分批加入水中，待溶解后再与有机物接触反应；应妥善储藏保险粉，防止受潮。当使用硼氢化钠（钾）作还原剂时，在工艺过程中调节酸、碱度时要特别注意，防止加酸过快，过多；硼氢化钾（钠）应储存于密闭容器中，置于干燥处，防水防潮并远离火源。在使用氢化锂铝作还原剂时，要特别注意必须在氮气保护下使用；氢化锂铝遇空气和水都能燃烧，氢化锂铝平时浸没于煤油中储存。

⑤ 操作中必须严格控制温度、压力、流量等反应条件及反应参数，避免生成爆炸危险性很大的中间体。

⑥ 尽量采用危险性小、还原效率高的新型还原剂代替火灾危险性大的还原剂。例如，用硫化钠代替铁粉进行还原，可以避免氢气产生，同时还可消除铁泥堆积的问题。

第三节　硝　化

一、硝化反应及其应用

硝化通常是指在有机化合物分子中引入硝基（—NO_2）取代氢原子而生成硝基化合物的反应。常用的硝化剂是浓硝酸或混酸（浓硝酸和浓硫酸的混合物）。

硝化是染料、炸药及某些药物生产中的重要反应过程。通过硝化反应可生产硝基苯、TNT、硝化甘油、对硝基氯苯、苦味酸、1-氨基蒽醌等重要化工医药原料。

① 苯硝化制取硝基苯。硝基苯用途甚广，如制苯胺、联苯胺、偶氮苯、染料等。硝化反应式为：

$$\text{（苯）} + HNO_3 \longrightarrow \text{（硝基苯 } NO_2\text{）} + H_2O$$

② 甲苯硝化制取 TNT。TNT 可单独或与其他炸药混合使用，也用作制染料和照相药品等的原料。硝化反应式为：

$$\text{（甲苯 } CH_3\text{）} + HNO_3 \xrightarrow{H_2SO_4} \text{（} O_2N\cdots CH_3 \cdots NO_2,\ NO_2 \text{）}$$

③ 甘油硝化制取硝化甘油。硝化甘油主要用作炸药，也是硝酸纤维素的良好胶化剂。医药上用其溶液为冠状动脉扩张药。硝化反应式为：

$$\begin{array}{l} CH_2\!-\!OH \\ CH\!-\!OH \\ CH_2\!-\!OH \end{array} + 3HNO_3 \xrightarrow{H_2SO_4} \begin{array}{l} CH_2\!-\!ONO_2 \\ CH\!-\!ONO_2 \\ CH_2\!-\!ONO_2 \end{array} + 3H_2O$$

④ 氯苯硝化制取对硝基氯苯。对硝基氯苯是偶氮染料和硫化染料的中间体。硝化反应式为：

$$\text{（氯苯 } Cl\text{）} + HNO_3 \xrightarrow{H_2SO_4} \text{（} Cl \cdots NO_2 \text{）} + H_2O$$

⑤ 2,4-二硝基苯酚硝化制取苦味酸。苦味酸是军事上最早用的一种烈性炸药，常用于有机碱的离析和提纯，本身是一种酸性染料，也可用于制其他染料和照相药品，医药上用作外科收敛剂。其化学反应过程为：

$$\text{（} OH,\ O_2N \cdots NO_2 \text{）} + HNO_3 \xrightarrow{H_2SO_4} \text{（} OH,\ O_2N \cdots NO_2,\ NO_2 \text{）} + H_2O$$

二、硝化的危险性分析

① 硝化是一个放热反应，所以硝化需要在降温条件下进行。在硝化反应中，倘若稍有疏忽，如中途搅拌停止、冷却水供应不良、加料速度过快等，都会使温度猛增、混酸氧化能力增强，并有多硝基物生成，容易引起着火和爆炸事故。

② 常用硝化剂都具有较强的氧化性、吸水性和腐蚀性。它们与油脂、有机物，特别是

不饱和的有机化合物接触即能引起燃烧。在制备硝化剂时，若温度过高或落入少量水，会促使硝酸的大量分解和蒸发，不仅会导致设备的强烈腐蚀，还可造成爆炸事故。

③ 被硝化的物质大多易燃，如苯、甲苯、甘油、氯苯等，不仅易燃，有的还有毒性，如使用或储存管理不当，很易造成火灾及中毒事故。

④ 硝化产物大都有着火爆炸的危险性，如 TNT、硝化甘油、苦味酸等，当受热摩擦、撞击或接触点火源时，极易发生爆炸或着火。

三、硝化的安全技术要点

① 硝化设备应确保严密不漏，防止硝化物料溅到蒸汽管道等高温表面上而引起爆炸或燃烧。同时严防硝化器夹套焊缝因腐蚀使冷却水漏入硝化物中。如果管道堵塞时，可用蒸汽加温疏通，千万不能用金属棒敲打或明火加热。

② 车间厂房设计应符合国家爆炸危险场所安全规定。车间内电气设备要防爆，通风良好。严禁带入火种；检修时尤其注意防火安全，报废的管道不可随便拿用，避免意外事故发生。必要时硝化反应器应采取隔离措施。

③ 采用多段式硝化器可使硝化过程达到连续化，使每次投料少，减少爆炸中毒的危险。

④ 配制混酸时，应先用水将浓硫酸稀释，稀释应在搅拌和冷却情况下将浓硫酸缓慢加入水中，以免发生爆溅。浓硫酸稀释后，在不断搅拌和冷却条件下加浓硝酸。应严格控制温度以及酸的配比，直至充分搅拌均匀为止。配制混酸时要严防因温度猛升而冲料或爆炸，更不能把未经稀释的浓硫酸与硝酸混合，以免引起突沸冲料或爆炸。

⑤ 硝化过程中一定要避免有机物质的氧化。仔细配制反应混合物并除去其中易氧化的组分；硝化剂加料应采用双重阀门控制好加料速度，反应中应连续搅拌，搅拌机应当有自动启动的备用电源，并备有保护性气体搅拌和人工搅拌的辅助设施，随时保持物料混合良好。

⑥ 往硝化器中加入固体物质，必须采用漏斗等设备使加料工作机械化，从加料器上部的平台上使物料沿专用的管子加入硝化器中。

⑦ 硝基化合物具有爆炸性，形成的中间产物（如二硝基苯酚盐，特别是铅盐）有巨大的爆炸威力。在蒸馏硝基化合物（如硝基甲苯）时，防止热残渣与空气混合发生爆炸。

⑧ 避免油从填料函落入硝化器中引起爆炸，硝化器搅拌轴不可使用普通机油或甘油作润滑剂，以免被硝化形成爆炸性物质。

⑨ 对于特别危险的硝化产物（如硝化甘油），则需将其放入装有大量水的事故处理槽中。在万一发生事故时，将物料放入硝化器附设的相当容积的紧急放料槽。

⑩ 分析取样时应当防止未完全硝化的产物突然着火，防止烧伤事故。

第四节　磺　　化

一、磺化反应及其应用

1. 定义

磺化是在有机化合物分子中引入磺（酸）基（—SO$_3$H）的反应。

常用的磺化剂有发烟硫酸、亚硫酸钠、焦亚硫酸钠、亚硫酸钾、三氧化硫、氯磺酸等。

2. 工业应用

磺化是有机合成中的一个重要过程，在化工生产中的应用较为普遍。如苯磺酸、磺胺、快速渗透剂 T、太古油等重要化工医药原料。

① 苯与硫酸直接磺化制备苯磺酸。苯磺酸主要用于经碱熔制苯酚，也用于制间苯二酚等。其磺化反应式为：

$$\text{\Large\textcircled{}} + H_2SO_4 \longrightarrow \text{\Large\textcircled{}}^{SO_3H} + H_2O$$

② 乙酰苯胺（退热冰）经磺化可制取磺胺。磺胺是合成消炎类药物的母液。其生产过程为：退热冰加入氯磺酸磺化，再经氨化、水解、中和得对氨基苯磺酰胺（磺胺）。

③ 顺丁烯二酸酐经磺化可制取快速渗透剂 T。快速渗透剂 T 是渗透力极强的阴离子表面活性剂，润湿性、乳化性和起泡性均佳。广泛用于染料、农药、石棉、石油及天然气开采和金属选矿等方面。其化学反应过程为：

$$2\begin{array}{l}CH\text{—}COOC_8H_{17}\\|\\CH\text{—}COOC_8H_{17}\end{array} + Na_2S_2O_5 + H_2O \Longrightarrow 2\begin{array}{l}CH_2\text{—}COOC_8H_{17}\\|\\CHCOOC_8H_{17}\\|\\SO_3Na\end{array}$$

④ 蓖麻油为原料经磺化可制取蓖麻油磺酸钠（太古油）。太古油可用作肥皂、助染剂、皮革整理剂。其生产过程为：蓖麻油加硫酸磺化后，与氢氧化钠中和得蓖麻油磺酸钠。

二、磺化的危险性分析

① 常用的磺化剂浓硫酸、三氧化硫、氯磺酸等都是氧化剂。特别是三氧化硫，它一旦遇水则生成硫酸，同时会放出大量的热量，使反应温度升高造成沸溢、使磺化反应导致燃烧反应而起火或爆炸；同时，由于硫酸极强的腐蚀性增加了对设备的腐蚀破坏作用。

② 磺化反应是强放热反应，若在反应过程温度超高，可导致燃烧反应，造成爆炸或起火事故。

③ 苯、硝基苯、氯苯等可燃物与浓硫酸、三氧化硫、氯磺酸等强氧化剂进行的磺化反应非常危险，因其已经具备了可燃物与氧化剂作用发生放热反应的燃烧条件。对于这类磺化反应，操作稍有疏忽都可能造成反应温度升高，使磺化反应变为燃烧反应，引起着火或爆炸事故。

三、磺化的安全技术要点

① 使用磺化剂必须严格防水防潮、严格防止接触各种易燃物，以免发生火灾爆炸；经常检查设备管道，防止因腐蚀造成穿孔泄漏，引起火灾和腐蚀伤害事故。

② 保证磺化反应系统有良好的搅拌和有效的冷却装置，以及时移走反应热，避免温度失控。

③ 严格控制原料纯度（主要是含水量）、投料操作时顺序不能颠倒，速度不能过快，以控制正常的反应速率和反应热，以免正常冷却失效。

④ 反应结束，注意放料安全，避免烫伤及腐蚀伤害。

⑤ 磺化反应系统应设置安全防爆装置和紧急放料装置，一旦温度失控，立即紧急放料，并进行紧急冷处理。

第五节 烷 基 化

一、烷基化反应及其应用

1. 定义

烷基化亦称为烃化，是在有机化合物分子的氮、氧、碳等原子上引入烷基（R—）的反应。

常用的烷基化剂有烯烃、卤代烷、硫酸烷酯和饱和醇类等。

2. 工业应用

烷基化是有机合成的重要反应之一。如制备 N,N-二甲基苯胺、苯甲醚等化工原料都是通过烷基化反应而实现的。

① 苯胺和甲醇作用制备 N,N-二甲基苯胺。N,N-二甲基苯胺是合成盐基性染料的主要中间体，也是合成医药、香料、炸药的重要原料。其烷基化反应式为：

$$\text{C}_6\text{H}_5\text{NH}_2 + 2\text{CH}_3\text{OH} \xrightarrow{\text{H}_2\text{SO}_4} \text{C}_6\text{H}_5\text{N(CH}_3)_2 + 2\text{H}_2\text{O}$$

② 苯酚与硫酸二甲酯进行烷基化反应可制备苯甲醚（茴香醚）。苯甲醚主要用于配制香精和有机合成。其烷基化反应式为：

$$\text{C}_6\text{H}_5\text{OH} + (\text{CH}_3)_2\text{SO}_4 \longrightarrow \text{C}_6\text{H}_5\text{O-CH}_3 + \text{CH}_3\text{HSO}_4$$

二、烷基化的危险性分析

① 被烷基化的物质以及烷基化剂大都具有着火爆炸危险。如苯是中闪点易燃液体，闪点 -11°C，爆炸极限 $1.2\% \sim 8\%$；苯胺是毒害品，闪点 70°C，爆炸极限 $1.3\% \sim 11.0\%$；丙烯是易燃气体，爆炸极限 $1\% \sim 15\%$；甲醇是中闪点易燃液体，闪点 11°C，爆炸极限 $5.5\% \sim 44\%$。

② 烷基化过程所用的催化剂易燃。例如氯化铝是遇湿易燃物品，有强烈的腐蚀性，遇水（或水蒸气）会发热分解，放出氯化氢气体，有时能引起爆炸，若接触可燃物则易着火。三氯化磷遇水（或乙醇）会剧烈分解，放出大量的热和氯化氢气体。氯化氢有极强的腐蚀性和刺激性，有毒，遇水及酸（硝酸、醋酸）发热、冒烟，有发生起火爆炸的危险。

③ 烷基化的产品亦有一定的火灾危险性。

④ 烷基化反应都在加热条件下进行，若反应速率控制不当，可引起跑料，造成着火或爆炸事故。

三、烷基化的安全技术要点

① 车间厂房设计应符合国家爆炸危险场所安全规定。应严格控制各种点火源，车间内电气设备要防爆，通风良好。易燃易爆设备和部位应安装可燃气体监测报警仪，设置完善的消防设施。

② 妥善保存烷基化催化剂，避免与水、水蒸气以及乙醇等物质接触。

③ 烷基化的产品存放时需注意防火安全。

④ 烷基化反应操作时应注意控制反应速率。例如，保证原料、催化剂、烷基化剂等的正常加料顺序、加料速度，保证连续搅拌等，避免发生剧烈反应引起跑料，造成着火或爆炸事故。

第六节　氯　　化

一、氯化反应及其应用

1. 定义

氯化是指以氯原子取代有机化合物中氢原子的反应。根据氯化反应条件的不同，有热氯化、光氯化、催化氯化等，在不同条件下，可得不同产品。

广泛使用的氯化剂有：液态氯、气态氯、气态氯化氢、各种浓度的盐酸、磷酰氯、硫酰氯、三氯化磷、次氯酸钙等。

2. 工业应用

工业生产通常采用天然气（甲烷）、乙烷、苯、萘、甲苯及戊烷等原料进行氯化，制取溶剂、各种杀虫剂等产品。如氯仿、四氯化碳、氯乙烷、苯酚、1-氯萘等产品。

① 天然气（甲烷）氯化生产氯仿和四氯化碳等产品。氯仿用作脂肪、树脂、橡胶、磷、碘等的溶剂。在医药上用作麻醉剂；四氯化碳用作溶剂、有机物的氯化剂、香料的浸出剂、纤维的脱脂剂、灭火剂、分析试剂，并用于制药工业等。氯化反应式为：

$$CH_4 + 3Cl_2 \longrightarrow CHCl_3 + 3HCl$$

$$CH_4 + 4Cl_2 \longrightarrow CCl_4 + 4HCl$$

② 乙烷氯化生产氯乙烷。氯乙烷用作硫、磷、油脂、树脂、蜡等的溶剂。农业上用作杀虫剂。在医药上用作外科局部麻醉剂。氯化反应式为：

$$CH_3CH_3 + Cl_2 \longrightarrow CH_3CH_2Cl + HCl$$

③ 苯经过氯化生产氯苯。氯苯主要用于制造苯酚、一硝基氯苯、二硝基氯苯、二硝基苯酚和苦味酸等。氯化反应式为：

④ 萘氯化生产 1-氯萘。1-氯萘用作高沸点溶剂、增塑剂等。氯化反应式为：

二、氯化的危险性分析

① 氯化反应的各种原料、中间产物及部分产品都具有不同程度的火灾危险性。

② 氯化剂具有极大的危险性。氯气为强氧化剂，能与可燃气体形成爆炸性气体混合物；能与可燃烃类、醇类、羧酸和氯代烃等形成二元混合物，极易发生爆炸。氯气与烯烃形成的混合物，在受热时可自燃；与二硫化碳混合，会出现自行突然加速过程而增加爆炸危险；与乙炔的反应极为剧烈；有氧气存在时，甚至在 $-78℃$ 的低温也可发生爆炸。三氯化磷、三氯氧磷等遇水会发生快速分解，导致冲料或爆炸。漂白粉、光气等均具有较大的火灾危险性。有些氯化剂还具有较强的腐蚀性，损坏设备。

③ 氯化反应是放热反应，有些反应温度高达 $500℃$，如温度失控，可造成超压爆炸。某些氯化反应会发生自行加速过程，导致爆炸危险。在生产中如果出现投料配比差错，投料速度过快，极易导致火灾或爆炸性事故。

④ 液氯气化时，高热使液氯剧烈气化，可造成内压过高而爆炸；工艺、操作不当使反应物倒灌至液氯钢瓶，则可能与氯发生剧烈反应引起爆炸。

三、氯化的安全技术要点

① 车间厂房设计应符合国家爆炸危险场所安全规定。应严格控制各种点火源，车间内电气设备要防爆，通风良好。易燃易爆设备和部位应安装可燃气体监测报警仪，设置完善的消防设施。

② 最常用的氯化剂是氯气。在化工生产中，氯气通常液化储存和运输。常用的容器有储罐、气瓶和槽车等。储罐中的液氯进入氯化器之前必须先进入蒸发器使其气化。在一般情况下不能把储存氯气的气瓶或槽车当储罐使用，否则有可能使被氯化的有机物质倒流进气瓶或槽车，引起爆炸。一般情况下，氯化器应装设氯气缓冲罐，以防止氯气断流或压力减小时形成倒流。氯气本身的毒性较大，须避免其泄漏。

③ 液氯的蒸发气化装置，一般采用汽水混合作为热源进行升温，加热温度一般不超过 $50℃$。

④ 氯化反应是一个放热过程，氯化反应设备必须具备良好的冷却系统；必须严格控制投料配比、进料速度和反应温度等，必要时应设置自动比例调节装置和自动联锁控制装置。尤其在较高温度下进行氯化，反应更为剧烈。例如在环氧氯丙烷生产中，丙烯预热至 $300℃$

左右进行氯化，反应温度可升至 $500℃$，在这样的高温下，如果物料泄漏就会造成燃烧或引起爆炸；若反应速率控制不当，正常冷却失效，温度剧烈升高亦可引起事故。

⑤ 反应过程中存在遇水猛烈分解的物料如三氯化磷、三氯氧磷等，不宜用水作为冷却介质。

⑥ 氯化反应几乎都有氯化氢气体生成，因此所用设备必须防腐蚀，设备应保证严密不漏，且应通过增设吸收和冷却装置除去尾气中的氯化氢。

第七节　电　　解

一、电解及其应用

1. 定义

电解是电流通过电解质溶液或熔融电解质时，在两个电极上所引起的化学变化。

2. 工业应用

电解在工业上有着广泛的作用。如氢气、氯气、氢氧化钠、双氧水、高氯酸钾、二氧化锰、高锰酸钾等许多基本工业化学产品的制备都是通过电解来实现的。

① 电解氯化钠可得到氢气、氯气、氢氧化钠。氢气可用作高能热量；氯气主要用于制农药、漂白剂、消毒剂、溶剂、塑料、合成纤维，以及其他氯化物等；氢氧化钠是化学工业主要原料之一，用途很广，如制造肥皂、纸浆、人造丝，整理棉制品，精炼石油，提炼煤焦油产物等。氯化钠电解反应式为：

$$2NaCl + 2H_2O \xrightarrow{\text{电解}} 2NaOH + H_2 \uparrow + Cl_2 \uparrow$$

② 硫酸氢铵的电解产物，经水解制备过氧化氢（双氧水）。双氧水大量用于棉布针织、合成纤维、羊毛、纸浆等的漂白，医药用作消毒剂，高浓度的过氧化氢可作火箭液体燃料推动剂。电解及反应过程为：

$$2NH_4HSO_4 \xrightarrow{\text{电解}} (NH_4)_2S_2O_8 + H_2 \uparrow$$
$$(NH_4)_2S_2O_8 + 2H_2O \longrightarrow 2NH_4HSO_4 + H_2O_2$$

③ 电解氯酸钠的产物与氯化钾反应生产高氯酸钾。高氯酸钾用于炸药、照相、焰火，在医药上用作解热、利尿等药剂。电解及反应过程为：

$$NaClO_3 + H_2O \xrightarrow{\text{电解}} NaClO_4 + H_2 \uparrow$$
$$NaClO_4 + KCl \longrightarrow KClO_4 + NaCl$$

④ 电解硫酸锰制备二氧化锰。二氧化锰大量用于炼钢，并用于制玻璃、陶瓷、搪瓷等。电解反应式为：

$$MnSO_4 + 2H_2O \xrightarrow{\text{电解}} MnO_2 + H_2SO_4 + H_2 \uparrow$$

⑤ 电解锰酸钾制备高锰酸钾。高锰酸钾主要用作消毒剂、氧化剂、水净化剂、漂白剂、毒气吸收剂、二氧化碳精制剂等。电解反应式为：

$$2K_2MnO_4 + 2H_2O \xrightarrow{\text{电解}} 2KMnO_4 + 2KOH + H_2 \uparrow$$

二、食盐水电解的危险性分析

① 氯气泄漏的中毒危险；

② 氢气泄漏及氯氢混合的爆炸危险；

③ 杂质反应产物的分解爆炸危险；

④ 碱液灼伤及触电危险。

三、食盐水电解的安全技术要点

① 保证盐水质量。盐水中如含有铁杂质，能够产生第二阴极而放出氢气。盐水中带入

铵盐，在适宜条件下 pH<4.5 时，铵盐和氯作用可生成氯化铵，氯作用于浓氯化铵溶液还可生成黄色油状的三氯化氮。三氯化氮是一种爆炸性物质，与许多有机物接触或加热至 90℃ 以上及被撞击，即发生剧烈的分解爆炸。因此，盐水配制必须严格控制质量，尤其是铁、钙、镁和无机铵盐的含量。应尽可能采用盐水纯度自动分析装置，这样可以观察盐水成分的变化，随时调节碳酸钠、苛性钠、氯化钡和丙烯酸铵的用量。

② 盐水高度应适当。在操作中向电解槽的阳极室内添加盐水，如盐水液面过低，氢气有可能通过阳极网渗入到阳极室内与氯气混合；若电解槽盐水装得过满，在压力下盐水会上涨。因此，盐水添加不可过少或过多，应保持一定的安全高度。采用盐水供应器应间断供给盐水，以避免电流的损失，防止盐水导管被电流腐蚀。

③ 阻止氢气与氯气混合。氢气是极易燃烧的气体，氯气是氧化性很强的有毒气体，一旦两种气体混合极易发生爆炸。当氯气中含氢量达到 5% 以上，则随时可能在光照或受热情况下发生爆炸。造成氯气和氢气混合的原因主要有：阳极室内盐水液面过低；电解槽氢气的出口堵塞引起阳极室压力升高；电解槽的隔膜吸附质量差；石棉绒质量不好，在安装电解槽时破坏隔膜，造成隔膜局部脱落或者送电前注入的盐水量过大将隔膜冲坏等，这些都可能引起氯气中含氢量增高。此时应对电解槽进行全面检查，将单槽氯含氢浓度以及总管氯含氢浓度控制在规定值内。

④ 严格遵守电解设备的安装要求。由于电解过程中氢气存在，故有着火爆炸的危险。所以电解槽应安装在自然通风良好的单层建筑物内，厂房应有足够的防爆泄压面积。

⑤ 掌握正确的应急处理方法。在生产中，当遇突然停电或其他原因突然停车时，高压阀不能立即关闭，以免电解槽中氯气倒流而发生爆炸。应在电解槽后安装放空管，及时减压，并在高压阀门上安装单向阀，有效地防止跑氯，避免污染环境和带来火灾危险。

第八节　聚　　合

一、聚合反应及其应用

1. 定义

聚合反应是将若干个分子结合为一个较大的组成相同而相对分子质量较高的化合物的反应。按照聚合的方式可分为个体聚合、悬浮聚合、溶液聚合、乳液聚合以及缩合聚合。

2. 工业应用

聚合反应广泛应用于塑料及合成树脂工业中。如合成聚氯乙烯、氯丁橡胶、聚酯、有机玻璃、顺丁橡胶、丁苯橡胶等各种合成橡胶以及乳胶、化学纤维等重要化学品的生产都离不开聚合反应。

① 氯乙烯聚合生产聚氯乙烯。聚氯乙烯用于制塑料、涂料和合成纤维等。根据所加增塑剂的多少，可制得软质及硬质塑料，分别用于制透明薄膜、人造革、电线套层以及板材、管道、阀门等。聚合反应式为：

$$n CH_2 =\!\!=\!\! CH_2 \longrightarrow \left[CH_2 -\!\!\!\! \underset{\underset{Cl}{|}}{CH} \right]_n$$

② 氯丁二烯聚合生产氯丁橡胶。氯丁橡胶用于制造运输带、胶管、印刷胶滚、电缆和飞机油箱等橡胶制品，也可用于制造涂料和胶黏剂。聚合反应式为：

$$n CH_2 =\!\!=\!\! \underset{\underset{Cl}{|}}{C} -\!\!\! CH =\!\!=\!\! CH_2 \longrightarrow \left[CH_2 -\!\!\! \underset{\underset{Cl}{|}}{C} =\!\!\! CH -\!\!\! CH_2 \right]_n$$

③ 己二酸、苯二甲酸酐和甘油缩聚生产聚酯。聚酯主要用于制作聚氨酯黏合剂，应用

于金属、玻璃、塑料纸张、皮革的粘接，粘接铝板效果较佳，故广泛应用于飞机制造工业。

④ 甲基丙烯酸甲酯聚合生产有机玻璃（聚甲基丙烯酸甲酯）。有机玻璃主要用于仪器、仪表部件，电器绝缘材料、飞机、船舶、汽车的座窗、建筑材料、光学镜片和各种文具、生活用品等。其化学反应式为：

$$n(CH_2=\overset{\overset{\displaystyle CH_3}{|}}{C}-COOCH_3) \longrightarrow \left[CH_2-\overset{\overset{\displaystyle CH_3}{|}}{\underset{\underset{\displaystyle COOCH_3}{|}}{C}}\right]_n$$

二、聚合的危险性分析

① 个体聚合是在没有其他介质的情况下，用浸于冷却剂中的管式聚合釜（或在聚合釜中设盘管、列管冷却）进行的一种聚合方法。如高压下乙烯的聚合，甲醛的聚合等。个体聚合的主要危险性是由于聚合热不易传导散出而导致危险。例如在高压聚乙烯生产中，每聚合1kg乙烯会放出 3.8MJ 的热量，倘若这些热能未能及时移去，则每聚合 1% 的乙烯，即可使釜内温度升高 12～13℃，待升到一定温度时，就会使乙烯分解，强烈放热，有发生暴聚的危险。

② 溶液聚合是选择一种溶剂，使单体溶成均相体系，加入催化剂或引发剂后，生成聚合物的一种聚合方法。溶液聚合只适于制造低相对分子质量的聚合体，该聚合体的溶液可直接用作涂料。如氯乙烯在甲醇中聚合，醋酸乙烯酯在醋酸乙酯中聚合。溶液聚合一般在溶剂的回流温度下进行，可以有效地控制反应温度，同时可借助溶剂的蒸发来排散反应热。这种聚合方法的主要危险性是在聚合和分离过程中，易燃溶剂容易挥发和产生静电火花。

③ 悬浮聚合是在机械搅拌下用分散剂（如磷酸镁、明胶）使不溶的液态单体和溶于单体中的引发剂分散在水中，悬浮成珠状物而进行聚合的反应。如苯乙烯、甲基丙烯酸甲酯、氯乙烯的聚合等。这种聚合方法若工艺条件控制不好，极易发生溢料，可能导致未聚合的单体和引发剂遇到火源而引发着火和爆炸事故。

④ 乳液聚合是在机械搅拌或超声波振动下，用乳化剂（如肥皂）使不溶于水的液态单体在水中被分散成乳液而进行聚合的反应。如丁二烯与苯乙烯的共聚，以及氯乙烯、氯丁二烯的聚合等等。乳液聚合常用无机过氧化物（如过氧化氢）作引发剂，聚合速率较快。若过氧化物在水中的配比控制不好，将导致反应速率过快，反应温度太高而发生冲料。同时，在聚合过程中有可燃气体产生。

⑤ 缩合聚合是具有两个或两个以上官能团的单体化合成为聚合物，同时析出低分子副产物的聚合反应。如己二酸、苯二甲酸酐以及甘油缩合聚合生产聚酯，精双酚 A 与碳酸二苯酯缩合聚合生产聚碳酸酯等。缩合聚合是吸热反应，但由于反应温度过高，也会导致系统的压力增加，甚至引起爆裂，泄漏出易燃易爆的单体。

⑥ 聚合物的单体大多是易燃易爆物质，如乙烯、丙烯等。聚合反应又多在高压下进行，因此，单体极易泄漏并引起火灾、爆炸。

⑦ 聚合反应的引发剂为有机过氧化物，其化学性质活泼，对热、震动和摩擦极为敏感，易燃易爆，极易分解。

⑧ 聚合反应多在高压下进行，多为放热反应，反应条件控制不当就会发生爆聚，使反应器压力骤增而发生爆炸。采用过氧化物作为引发剂时，如配料比控制不当就会产生暴聚；高压下乙烯聚合、丁二烯聚合以及氯乙烯聚合具有极大的危险性。

⑨ 聚合的反应热量如不能及时导出，如搅拌发生故障、停电、停水、聚合物粘壁而造成局部过热等，均可使反应器温度迅速增加，导致爆炸事故。

三、聚合的安全技术要点

① 反应器的搅拌和温度应有控制和联锁装置，设置反应抑制剂添加系统，出现异常情况时能自动启动抑制剂添加系统，自动停车。高压系统应设爆破片、导爆管等，要有良好的静电接地系统。

② 严格控制工艺条件，保证设备的正常运转，确保冷却效果，防止暴聚。冷却介质要充足，搅拌装置应可靠，还应采取避免粘壁的措施。

③ 控制好过氧化物引发剂在水中的配比，避免冲料。

④ 设置可燃气体检测报警仪，以便及时发现单体泄漏，采取对策。

⑤ 特别重视所用溶剂的毒性及燃烧爆炸性，加强对引发剂的管理。电气设备采取防爆措施，消除各种火源。必要时，对聚合装置采取隔离措施。

⑥ 乙烯高压聚合反应，压力为 100～300MPa、温度为 150～300℃、停留时间为 10s 至数分钟。操作条件下乙烯极不稳定，能分解成碳、甲烷、氢气等。乙烯高压聚合的防火安全措施有：添加反应抑制剂或加装安全阀来防止暴聚反应；采用防黏剂或在设计聚合管时设法在管内周期性地赋予流体以脉冲，防止管路堵塞；设计严密的压力、温度自动控制连锁系统；利用单体或溶剂气化回流及时清除反应热。

⑦ 氯乙烯聚合反应所用的原料除氯乙烯单体外，还有分散剂（明胶、聚乙烯醇）和引发剂（过氧化二苯甲酰、偶氮二异庚腈、过氧化二碳酸等）。主要安全措施有：采取有效措施及时除去反应热，必须有可靠的搅拌装置；采用加水相阻聚剂或单体水相溶解抑制剂来减少聚合物的粘壁作用，减少人工清釜的次数，减小聚合岗位的毒物危害；聚合釜的温度采用自动控制。

⑧ 丁二烯聚合反应，聚合过程中接触和使用酒精、丁二烯、金属钠等危险物质，不能暴露于空气中；在蒸发器上应备有联锁开关，当输送物料的阀门关闭时（此时管道可能引起爆炸），该联锁装置可将蒸汽输入切断；为了控制猛烈反应，应有适当的冷却系统，冷却系统应保持密闭良好，并需严格地控制反应温度；丁二烯聚合釜上应装安全阀，同时连接管安装爆破片，爆破片后再连接一个安全阀；聚合生产系统应配有纯度保持在 99.5% 以上的氮气保护系统，在危险可能发生时立即向设备充入氮加以保护。

第九节　催　　化

一、催化反应及应用

催化反应是在催化剂的作用下所进行的化学反应，分为单相催化反应和多相催化反应。单相催化反应中催化剂和反应物处于同一个相。多相催化反应中催化剂和反应物处于不同的相。

催化剂是指在化学反应中能改变反应速率而本身的组成和质量在反应前后保持不变的物质。常用的催化剂主要有金属、金属氧化物和无机酸等。

工业上绝大多数化学反应都是催化反应，本节主要讨论非均相催化反应。比较典型的工业催化反应有：在铁系催化剂作用下进行的合成氨反应（催化加氢）；在钒系催化剂作用下二氧化硫转化为三氧化硫；在钼铝、铬铝、铂、镍催化剂作用下进行汽油馏分的催化重整；在合成硅酸铝、活性白土催化剂作用下进行石油产品的催化裂化。

二、催化反应的危险性分析

① 在多相催化反应中，催化作用发生于两相界面及催化剂的表面上，这时温度、压力较难控制。若散热不良、温度控制不好等，很容易发生超温爆炸或着火事故。

② 在催化过程中，若选择催化剂不正确或加入不适量，易形成局部反应剧烈。

③ 催化过程中有的产生硫化氢，有中毒和爆炸危险；有的催化过程产生氢气，着火爆作的危险性更大，尤其在高压下，氢的腐蚀作用可使金属高压容器脆化，从而造成破坏性事故；有的产生氯化氢，氯化氢有腐蚀和中毒危险。

④ 原料气中某种杂质含量增加，若能与催化剂发生反应，可能生成危害极大的爆炸危险物。如在乙烯催化氧化合成乙醛的反应中，由于催化剂体系中常含大量的亚铜盐，若原料气中含乙炔过高，则乙炔会与亚铜反应生成乙炔铜。乙炔铜为红色沉淀，自燃点 260～270℃，是一种极敏感的爆炸物，干燥状态下极易爆炸；在空气作用下易氧化成暗黑色，并易于起火。

三、常见催化反应的安全技术要点

① 催化加氢反应一般是在高压下有固相催化剂存在下进行的，这类过程的主要危险性有：由于原料及成品（氢气、氨、一氧化碳等）大都易燃、易爆、有毒，高压反应设备及管道易受到腐蚀，操作不当亦会导致事故。因此，需特别注意防止压缩工段的氢气在高压下泄漏，产生爆炸。为了防止因高压致使设备损坏，造成氢气泄漏达到爆炸浓度，应有充足的备用蒸汽或惰性气体，以便应急，室内通风应当良好，宜采用天窗排气；冷却机器和设备用水不得含有腐蚀性物质；在开车或检修设备、管线之前，必须用氮气进行吹扫，吹扫气体应当排至室外，以防止窒息或中毒；由于停电或无水而停车的系统，应保持余压，以免空气进入系统。无论在任何情况下，对处于压力下的设备不得进行拆卸检修。

② 催化裂化在生产过程中主要由反应再生系统、分馏系统以及吸收稳定系统三个系统组成，这三个系统是紧密相连、相互影响的整体。在反应器和再生器间，催化剂悬浮在气流中，整个床层温度应保持均匀，避免局部过热造成事故。两器压差保持稳定，是催化裂化反应中最主要的安全问题，两器压差一定不能超过规定的范围，目的就是要使两器之间的催化剂沿一定方向流动，避免倒流，造成油气与空气混合发生爆炸；可降温循环用水应充足，应备有单独的供水系统。若系统压力上升较高时，必要时可启动气压放空火炬，维持系统压力平衡；催化裂化装置关键设备应当备有两路以上的供电，当其中一路停电时，另一路能在几秒钟内自动合闸送电，保持装置的正常运行。

③ 催化重整所用的催化剂有钼铬铝催化剂、铂化剂、镍催化剂等。在装卸催化剂时，要防破碎和污染，未再生的含碳催化剂卸出时，要预防自燃超温烧坏；加热炉是热的来源，在催化剂重整过程中，加热炉的安全和稳定非常重要，应采用温度自动调节系统；催化重整装置中，对于重要工艺参数，如温度、压力、流量、液位等均应采用安全报警，必要时采用联锁保护装置。

第十节　化工工艺参数的安全控制

化工工艺参数主要指温度和压力，投料的速度、配比、顺序以及物料的纯度和副反应等。严格控制工艺参数，使之处于安全限度内，是化工装置防止发生火灾爆炸事故的根本要求。

一、准确控制反应温度

温度是化工生产的主要控制参数之一，不同的化学反应过程都有其最适宜的反应温度。在进行化学反应装置设计时，按照一定的目标并考虑到多种因素设计了最佳反应温度，这个工艺温度一定是一个稳定的定态温度，只有严格按照这个温度操作，才能获得最大的生产效益，并且安全可靠。因此，正确控制反应温度不仅是工艺的要求，也是化工生产安全所必须的。

温度控制不当存在的主要危险有：温度过高，可能引起剧烈反应，使反应失控发生冲料或爆炸；反应物有可能分解着火、造成压力升高，导致爆炸；可能导致副反应，生成新的危险物或过反应物；可能导致液化气体和低沸点液体介质急剧蒸发，引发超压爆炸。温度过低，可能引起反应速率减慢或停滞，一旦反应温度恢复正常，因未反应物料积累过多导致反应剧烈引起爆炸；可能使某些物料冻结，造成管路堵塞或破裂，致使易燃物泄漏引起燃烧、爆炸。

准确控制反应温度的基本措施就是及时地从反应装置中移去反应热。做到正确选择和维护换热设备，正确选择和使用传热介质，防止搅拌中断。

二、严格控制操作压力

压力是化工生产的基本参数之一。化工生产中为达到加速化学反应，提高平衡转化率等目的，普遍采用加压或负压操作，使用的反应设备大部分是压力容器。准确控制压力，是化工安全生产的迫切要求。加压或负压操作的主要危险有：加压能够强化可燃物料的化学活性，扩大爆炸极限的范围；久受高压作用的设备容易脱碳、变形、渗漏，以致破裂和爆炸；高压可燃气体若从设备、系统的连接薄弱处泄漏，极易导致火灾爆炸。压力过低，可能使设备变形；负压操作系统，空气容易渗入设备内与可燃物料形成爆炸性混合物。严格控制压力的基本措施在于必须保证受压系统中的所有设备和管道等的设计耐压强度和气密性；必须有安全阀等泄压设施。必须按照有关规定正确选择、安装和使用压力计，并保证其运行期间的灵敏性、准确性和可靠性。

三、精心控制投料的速度、配比和顺序

化工生产中，投料的速度、配比和顺序将影响反应进行的速率、反应的放热速率和反应产物的生成等。按照工艺规程，正确控制投料的速度、配比和顺序是安全生产的必然要求。

投料控制不当的主要危险性：投料速度过快，使设备的移热速率随时间的变化率小于反应的放热速率随时间的变化率，出现完全偏离定态的操作，温度失去控制，可能引起物料的分解、突沸而发生事故；投料速度过快还可能造成尾气吸收不完全，引起毒气和易燃气体外移，导致事故。投料速度过慢，往往造成物料积累，温度一旦适宜，反应便会加剧进行，使反应放热不能及时导出，温度及压力超过正常指标，造成事故。

投入物料配比十分重要，需精心控制。能形成爆炸混合物的生产，其配比必须严格控制在爆炸极限范围以外，否则将发生燃烧爆炸事故；催化剂对化学反应的速率影响很大，如果催化剂过量，可能发生危险。某些反应若投料发生遗漏，可能生成热敏性物质，发生分解爆炸。投料过少，使温度计接触不到料面，造成判断错误，也可能引发事故。随意采用补加反应物的方法来提高反应温度亦是十分危险的。

某些反应的投料顺序要求十分严格，投料顺序颠倒亦可能发生爆炸。

四、有效控制物料纯度和副反应

许多化学反应，由于反应物料中危险杂质的增加导致副反应、过反应的发生而造成燃烧和爆炸。化工生产原料和成品的质量及包装的标准化是保证生产安全的重要条件。

物料纯度和副反应的有效控制是十分重要的。原料中某些杂质含量过高，生产过程中极易发生燃烧爆炸；循环使用的反应原料气中，如果其中有害杂质气体不清除干净，在循环过程中就会越积越多，最终可能导致爆炸；若反应进行得不完全，使成品中含有大量未反应的半成品，或发生过反应，生成不稳定的或化学活性较高的过反应物，均有可能导致严重事故。

第十一节 事 故 案 例

案例一 硝化反应锅爆炸事故

1. 事故经过

1992 年 3 月 10 日，江苏省常熟市某化工厂间二硝基苯车间在生产间二硝基苯时，当班操作工发现正在进行硝化反应的二号 2000L 反应锅的搅拌器停转，相关人员布置机修工抢修。此时二号反应锅温度计显示 25℃（正常情况下温度应在 37～40℃），硝基苯已滴加一格约 50kg，硝基苯滴加阀已关闭，放空阀开启，冷却水在回流。约一个半小时后搅拌器修复，操作工人启动修复后的搅拌器后，发生了爆炸，造成 8 人死亡，7 人受伤，直接经济损失 84 万余元。

2. 事故分析

直接原因是二号反应锅搅拌器停转，反应物未经充分的搅拌，留存了一定量未经反应的硝基苯、混酸及一定量的反应产物间二硝基苯，在搅拌器修复后突然发生剧烈化学反应，锅内温度瞬间急剧升高，正常冷却失效，引起爆炸。

案例二 氨合成气爆炸事故

1. 事故经过

1990 年 10 月 27 日，张家口市某化肥厂联合车间 1 号循环机出口管法兰丝扣突然脱落，高压 U 形负管打出，高压氢氮混合气和氨气向外喷射，联合车间发生空间爆炸并起火。当场死亡 4 人，11 天后又死亡 1 人，烧伤 5 人，车间厂房全部摧毁，部分机电设备损坏，经济损失 148 万元。

2. 事故分析

根据现场调查了解和有关部门出具的技术鉴定，确认这是一起由多种原因引发的重大责任事故，有其偶然性，也有其必然因素。高压法兰变形是由于工人在紧固法兰螺栓时任意给套筒扳手加长力臂，而且由几人同时用力紧固，使法兰长期处于螺栓的超强压力下，逐渐产生塑性变形。再加上该循环机机体内的活塞和密封填料易损，需要经常更换，这样频繁拆卸，多次超强紧固，使法兰塑性变形一次次加重。

1 号循环机及其连接法兰变形长期无人发现，历次检修都没有认真测试。事故后测试原拆卸换下的 24 块法兰，结果 23 块有不同程度的变形。由于这种潜在事故隐患长期未察觉，因此，发生事故是必然的。

此外，该循环机配管在设计上不尽合理；该厂在安全管理上亦存在诸多问题。

案例三 液氯气化锅爆炸事故

1. 事故经过

1989 年 4 月 4 日，湖北武汉某化工厂氟制冷剂工段液氯气化岗位，在原液氯气化锅有倒吸现象，不好计量的情况下，便启用了备用的 1 号气化锅。操作工向 1 号气化锅内压入 30～70kg 液氯后，开启蒸汽阀门将液氯气化，气化锅压力逐渐升高，16 时 5 分压力表达到极大值，16 时 12 分发生了爆炸。

爆炸前，接班组长、交班组长和副工段长正在研究和处理气化锅超压：开启了气化锅上夹套的冷冻盐水阀门，打开了下夹套的冷却水阀门并关闭了蒸汽阀门。汽化锅突然爆炸，将在场 3 人当场击倒并致死亡，另有 1 人重伤，3 人轻伤。气化锅炸成 121 块碎片，1 片 1.55kg 的碎片飞出约 120m 远，这块碎片上附着有炭迹。据现场目击者证实，爆炸时有火光和黄色气流。

2. 事故分析

该气化锅原是回收 F21 的，由于回收中经常发生带油带水现象而停止使用，停用近 2 年后又改为液氯气化锅。锅内原有大量油污，经冷水冲洗后油污没有被清洗干净。在这次通氯气气化时，锅内的油、水、铁锈和氯发生化学反应，最终导致了不可控制的强烈爆炸。

此外，该厂用蒸汽通入夹套加热，违反了化工部"液氯气化锅不能用蒸汽加热"的明文规定；该厂在设备管理上也是一片混乱。

案例四　氯乙烯爆炸事故

1. 事故经过

1989 年 8 月 29 日，辽宁省本溪市某化工厂聚氯乙烯车间聚合工段，3 号聚合釜轴封处有泄漏，班长便找来出料工准备用扳手进行紧固处理。这时，由于轴封处和人孔处（人孔垫已被冲开）均大量泄漏氯乙烯单体，无法处理，也无法上前打开放空阀放空，班长即让出料工到一楼打开釜底放料阀，将釜内料液排放至室外回收池，进行泄压处理。值班主任、聚合工段副工段长、氯乙烯工段工人等数人也听到氯乙烯单体外泄的啸叫声后赶到现场。此时，大量氯乙烯单体弥漫在聚合工段厂房内，由于静电（或工具撞击火花）等因素，发生了空间爆炸，随即起火。死亡 12 人，重伤 2 人，轻伤 3 人。聚合工段 1022m² 的 3 层砖结构厂房坍塌，2 号聚合釜（处于聚合反应初期）、4 号聚合釜（处于聚合反应中期）人孔垫被冲开。装有 2400kg 氯乙烯单体的计量槽从 3 楼坍塌至 3 号釜附近，这些釜、槽内的氯乙烯单体的外泄又加剧了火势。这次爆炸使厂房内的设备遭到不同程度的破坏，爆炸冲击波使周围 50m 范围内的建筑物门窗玻璃被毁坏。直接经济损失约 22 万元。

2. 事故分析

错误的操作是导致这起事故的直接原因。现场勘查发现，3 号聚合釜 2 个冷却水阀门（1 个为循环水阀门，另 1 个为深井水阀门）均处于关闭状态，据了解，该厂有这类"习惯性"操作。虽然 3 号釜已反应 8h，处于聚合反应的中后期（该厂聚合反应一般为 11h 左右），反应还是处于较激烈的阶段，关闭冷却水阀门必然使大量反应热不能及时导出。造成釜内超温超压，导致轴封密封不住，人孔垫被冲开，大量氯乙烯单体外泄，遇静电或其他点火源，产生爆炸。

安全管理薄弱。对于上述操作，该厂没有引起重视。另外，聚合釜防爆片（有的改为重锤式安全阀）下的阀门全部关死，使安全泄压装置在超压时不能发挥作用。该厂安全操作规程上规定要定期检验安全阀，而实际上根本没有装安全阀。聚合釜设计图上选用的人孔垫为橡胶垫，而该厂使用的是高压橡胶石棉垫，且垫了 4 层。

员工技术素质差。该厂聚合工段是技术性较强、危险性较大的工段，在 87 名职工中有 29 名临时工，占 33%；聚合岗位 12 名看釜工中有 9 名临时工，占 75%；这起爆炸事故死亡的 12 人中有 7 名临时工，占 58%。该厂对这些人员缺乏针对性的教育培训和考核。

习　题

一、单项选择题

1. 为保证放热反应设备的良好传热能力，最好采用以下措施（　　）。

A. 夹套冷却　　　　　B. 蛇管冷却　　　　　C. 外循环冷却　　　　　D. A、B、C

2. 在进出氧化反应设备的物料管道上设水封等装置的目的在于（　　）。

A. 防止泄漏　　　　　B. 防止回火　　　　　C. 防止爆炸

3. 氧化过程中如以空气作氧化剂时，反应物料的配比应（　　）。

A. 小于爆炸下限　　　B. 爆炸极限以内　　　C. 大于爆炸上限

4. 常用的还原剂保险粉是（　　）。

A. 爆炸品　　　　　　　B. 易燃固体　　　　　　C. 自燃物品　　　　　　D. 遇湿易燃物品

5. 如果硝化过程的管道堵塞，应采取（　　）疏通。

A. 用金属棒敲打　　　　B. 明火加热　　　　　　C. 蒸汽加温　　　　　　D. 氮气吹洗

6. 硝化混酸的配制过程中，正确的操作是（　　）。

A. 浓硫酸缓慢加入水中　　　　　　　　　B. 浓硫酸在不断搅拌和冷却条件下加入浓硝酸

C. 水缓慢加入浓硫酸中　　　　　　　　　D. 浓硝酸在不断搅拌和冷却条件下加入浓硫酸

7. 磺化反应时，严格控制原料纯度、投料操作的顺序及速度，其目的在于（　　）。

A. 控制正常的反应速率　　B. 控制反应热　　　C. 避免正常冷却失效　　D. A、B、C

8. 液氯的蒸发气化装置，一般采用汽水混合进行升温，为安全起见，加热温度一般不应超过（　　）。

A. 100℃　　　　　　　B. 80℃　　　　　　　C. 60℃　　　　　　　D. 50℃

9. 当氯气中含氢量达到（　　）以上，则随时可能在光照或受热情况下发生爆炸。

A. 3%　　　　　　　　B. 5%　　　　　　　　C. 8%　　　　　　　　D. 10%

10. 精心控制投料是保证化学反应安全所必需的，控制投料包括（　　）。

A. 投料的速度　　　　　B. 投料的配比　　　　　C. 投料的顺序　　　　　D. A、B、C

二、判断题

1. 常用的还原剂雕白粉指的是连二亚硫酸钠。　　　　　　　　　　　　　　　　（　　）

2. 吸潮的催化剂雷氏镍，有毒性，如果没有点火源存在，无着火危险。　　　　（　　）

3. 硝化反应都是放热反应，硝化必须在降温条件下进行。　　　　　　　　　　（　　）

4. 磺化反应原料纯度的主要控制指标是原料的含水量。　　　　　　　　　　　（　　）

5. 硝化器搅拌轴不能使用普通机油，通常使用甘油作润滑剂。　　　　　　　　（　　）

6. 一般情况下可以把储存氯气的气瓶或槽车当成储罐直接使用。　　　　　　　（　　）

7. 氯化剂光气具有极大的毒性，但其火灾危险性很小。　　　　　　　　　　　（　　）

8. 聚合反应均为放热反应，因此必须适时移去反应放出的热量。　　　　　　　（　　）

9. 高压下，氢的腐蚀作用可使金属高压容器脆化，从而造成破坏性事故。　　　（　　）

10. 有效控制化工工艺参数就是指温度、压力的控制。　　　　　　　　　　　　（　　）

三、简答题

1. 分析氧化的危险性。

2. 简述还原的安全技术要点。

3. 简述硝化反应的安全技术要点。

4. 简述磺化反应的安全技术要点。

5. 简述烷基化的安全技术要点。

6. 分析氯化的危险性。

7. 分析食盐水电解的危险性。

8. 分析个体聚合、悬浮聚合、溶液聚合、乳液聚合及缩合聚合的危险性。

9. 分析催化反应的危险性。

10. 分析温度控制不当及投料控制不当存在的主要危险。

第七章　化工机械设备的安全运行与管理

化工机械设备一部分属于各个行业均在普遍使用的通用机械设备，如锅炉、风机、泵、起重机械等；另一部分属于主要在化工行业中使用的炉、塔、釜、罐、槽、池等化工专用机械设备。化工机械设备中有相当数量属于特种设备，如锅炉、压力容器、气瓶、压力管道及起重机械等。本章重点讨论涉及化工生产的特种设备及化工机械设备检修的基本安全技术与管理。

第一节　特种设备安全监察

一、概述

特种设备指涉及生命安全、危险性较大的锅炉、压力容器（含气瓶）、压力管道、电梯、起重机械、客运索道、大型游乐设施。

特种设备危险性较大，容易发生事故，其安全性能的好坏，对于生产安全的影响很大。为加强特种设备的安全监察，防止和减少事故，保障人民群众生命和财产安全，促进经济发展，国务院于2009年1月24日发布了549号令《特种设备安全监察条例》，于2009年5月1日起实施。特种设备中的锅炉、压力容器、气瓶、压力管道、起重机械在化工生产中广泛使用。因此，化工企业的设备安全很大程度上取决于特种设备的安全与管理。

二、特种设备的监督管理

《特种设备安全监察条例》对特种设备的设计、制造、安装、改造、维修、使用、检验检测及其监督检查做出规定，相关单位、机构、政府职能部门均应严格执行。

1. 监督检查

国务院特种设备安全监督管理部门（国家质量监督检验检疫总局）负责全国特种设备的安全监察工作；县以上地方负责特种设备安全监督的管理部门对本行政区域内的特种设备实施安全监察。

特种设备安全监督管理部门依照《特种设备安全监察条例》对特种设备生产、使用单位和检验检测机构实施安全监察。特种设备安全监督管理部门应定期向社会公布特种设备安全状况。

特种设备安全监察人员应当经国务院特种设备安全监督管理部门考核合格、取得特种设备安全监察人员证书。实施监察时，应当有两名人员参加，并出示有效的特种设备安全监察人员证书。被监察单位应无条件服从监察人员实施监察，并积极配合其工作。

2. 设计

对特种设备的设计单位实行许可证管理。特种设备的设计单位应当经国务院特种设备安全监督管理部门许可，方可从事设计活动。其设计文件，应当经国务院特种设备安全监督管理部门核准的检验检测机构鉴定，方可用于制造。

3. 制造

对特种设备的制造单位实行许可证管理。特种设备的制造单位应当经国务院特种设备安全监督管理部门许可，方可从事相应的活动。特种设备出厂时，应当附有安全技术规范要求的设计文件、产品质量合格证明、安装及使用维修说明、监督检验证明等文件。

4. 安装、改造、维修

对特种设备的安装、改造、维修单位实行许可证管理。特种设备的安装、改造、维修单位必须取得相应的许可。在施工前应将拟进行的特种设备安装、改造、维修情况书面报告直辖市或设区的市的特种设备安全监督管理部门，告知后方可施工。施工单位应当在验收后30日内将有关技术资料移交使用单位存档。

5. 检验检测

对特种设备的检验检测机构实行核准管理。特种设备检验检测，包括监督检验、定期检验、型式试验检验检测。从事检验检测工作的机构，应当具备相应的条件，并经国务院特种设备安全监督管理部门核准。使用单位设立的特种设备检验检测机构，应当经国务院特种设备安全监督管理部门组织考核合格，取得检验检测人员证书，方可从事检验检测工作。

6. 使用

对特种设备的使用实行登记管理。特种设备的使用单位，应当严格执行《特种设备安全监察条例》和有关安全生产的法律、行政规定，保证特种设备的安全使用。

三、特种设备使用单位的责任

《特种设备安全监察条例》明确规定了特种设备使用单位的职责。化工企业应明确在使用特种设备的过程中应负有的管理责任和应承担的法律责任。

1. 采购

特种设备的使用单位应当使用符合安全技术规范要求的特种设备。在设备投入使用前，应核对其出厂时制造单位应提供的各种技术文件、产品质量合格证明、安装、使用及维修说明、监督检验证明等文件。

2. 登记

特种设备投入使用前或投入使用后30日内，使用单位应当向直辖市或设区的市的特种设备安全监督管理部门登记。登记标志应当置于或附着于该特种设备的显著位置。

3. 建档

使用单位应当建立特种设备安全技术档案。安全技术档案应当包括以下内容：

① 特种设备的设计文件、制造单位、产品质量合格证明、使用维护说明等文件以及安装技术文件和资料；

② 特种设备的定期检验和定期自行检查的记录；

③ 特种设备的日常使用状况记录；

④ 特种设备及其安全附件、安全保护装置、测量调控装置及有关附属仪器仪表的日常维护保养记录；

⑤ 特种设备运行故障和事故记录；

⑥ 特种设备的事故应急措施和救援预案。

4. 自检

① 使用单位应当对在用特种设备进行经常性日常维护保养，并定期自行检查。

② 使用单位对在用特种设备应当至少每月进行一次自行检查，并做出记录。特种设备使

用单位在对在用特种设备进行自行检查和日常维护保养时发现异常情况的，应当及时处理。

③ 使用单位应当对在用特种设备的安全附件、安全保护装置、测量调控装置及有关附属仪器仪表进行定期校验、检修，并做出记录。

④ 特种设备出现故障或者发生异常情况，使用单位应当对其进行全面检查，消除事故隐患后，方可重新投入使用。

5. 定检

使用单位应当按照安全技术规范的定期检验要求，在安全检验合格有效期届满前 1 个月向特种设备检验检测机构提出定期检验要求。未经定期检验或者检验不合格的特种设备，不得继续使用。

6. 注销

特种设备存在严重事故隐患，无改造、维修价值，或者超过安全技术规范规定使用年限，使用单位应当及时予以报废，并应当向原登记的特种设备安全监督管理部门办理注销。

7. 作业人员

① 特种设备作业人员，如锅炉、压力容器、电梯、起重机械等作业人员及其相关管理人员，应当按照国家有关规定经特种设备安全监督管理部门考核合格，取得国家统一格式的特种作业人员证书，方可从事相应的作业或者管理工作。

② 使用单位应当对特种设备作业人员进行特种设备安全教育和培训，保证特种设备作业人员具备必要的特种设备安全作业知识。

③ 特种设备作业人员在作业中应当严格执行特种设备的操作规程和有关的安全规章制度。

④ 特种设备作业人员在作业过程中发现事故隐患或者其他不安全因素，应当立即向现场安全管理人员和单位有关负责人报告。

8. 法律责任

① 特种设备存在严重事故隐患，无改造、维修价值，或者超过安全技术规范规定使用年限，特种设备使用单位未予以报废，并未向原登记的特种设备安全监督管理部门办理注销的，由特种设备安全监督管理部门责令限期整改；逾期未改正的，处 5 万以上 20 万以下罚款。

② 特种设备使用单位拒不接受特种设备安全监督管理部门依法实施的安全监察的，由特种设备安全监督管理部门责令限期整改；逾期未改正的，责令停产停业整顿，处 2 万以上 10 万以下罚款；触犯刑律的，依照刑法关于妨害公务罪或者其他罪的规定，依法追究刑事责任。

③ 特种设备使用单位存在未认真履行以上其他职责的情形的，由特种设备安全监督管理部门责令限期改正；逾期未改正的，处 2000 元以上 2 万以下罚款；情节严重的，责令停止使用或者停产停业整顿。

第二节　锅　　炉

锅炉作为提供热能的承压设备，在化工生产和社会生活中被广泛应用，又是容易发生事故，而且可能造成重大伤亡损失的设备。锅炉一旦发生爆炸，不仅本身遭到损毁，还会破坏其他设备、周围的建、构筑物，并伤害人员。可见，锅炉安全问题特别重要。

一、锅炉概述

锅炉的主要作用是通过燃料在炉中燃烧，将燃料的化学能转变为热能，并把这些热量传给水，使其蒸发为蒸汽，或被加热成较高温度的热水。生产蒸汽的锅炉叫蒸汽锅炉，生产水的锅炉叫热水锅炉。

锅炉由"锅"和"炉"两大部分以及一系列的辅机、附件、仪表等组成。"锅"指的是锅内系统或水汽系统，由一系列容器和管道组成，水汽内部流动并不断吸热；"炉"指的是风煤烟系统，是燃料燃烧、烟气流动并向水汽传热的场所。

1. 定义

锅炉：利用各种燃料、电或者其他能源，将所盛装的液体加热到一定的参数，并承载一定压力的密闭设备。其范围规定为：容积$\geqslant 30L$的承压蒸汽锅炉；出口水压$\geqslant 0.1MPa$（表压），且额定功率$\geqslant 0.1MW$的承压热水锅炉；有机热载体锅炉。

2. 分类

反映锅炉工作特征的基本参数有：蒸发量、供热量、压力及温度，其中，最重要的两个参数是蒸发量和压力。锅炉分类的方法很多，其中最常用的是按蒸发量和压力大小的分类：

（1）按蒸发量（容量）划分　可分为小型锅炉（蒸发量小于$20t/h$）、中型锅炉（蒸发量为$20\sim 100t/h$）、大型锅炉（蒸发量大于$100t/h$）。

（2）按蒸汽压力大小划分　可分为低压锅炉（$p\leqslant 2.45MPa$）、中压锅炉（$2.45MPa<p\leqslant 3.82MPa$、高压锅炉（$p=9.8MPa$）、超高压锅炉（$p=13.7MPa$）。

二、锅炉安全装置

锅炉安全装置，是指保证锅炉安全运行而装设在设备上的一种附属装置，又称安全附件。按其使用性能或用途的不同，分为泄压装置、计量装置、联锁装置、报警装置四类。泄压装置是指锅炉超压时能自动泄放压力的装置，如安全阀。计量装置是指锅炉运行中与安全有关的工艺参数或信息的仪表装置，如压力表、水位表、温度计等。联锁装置是指为了防止操作失误而设置的控制机构，如锅炉上使用的缺水联锁保护装置、熄火联锁保护装置、超压联锁保护装置等。报警装置是指锅炉运行中存在不安全因素致使锅炉处于危险状态时，能自动发出声、光或其他明显报警信号的仪器，如高低水位报警器、温度检测仪等。

锅炉的安全装置是锅炉安全运行不可缺少的组成部件，其中安全阀、压力表和水位表被称之为锅炉的三大安全附件。

1. 安全阀

安全阀是锅炉设备中重要的安全附件之一。它的作用是：当锅炉压力超过预定的数值时，安全阀自动开启，排汽泄压，将压力控制在允许范围之内，同时发出警报；当压力降到允许值后，安全阀又能自行关闭，使锅炉在允许的压力范围内继续运行。

（1）安全阀的种类　工业锅炉上通常装设的安全阀有三种：弹簧式安全阀、杠杆式安全阀和静重式安全阀。

（2）安全阀的维护

① 经常检查安全阀的铅封是否完好，检查杠杆式安全阀的重锤是否有松动、被移动以及另挂重物的现象。

② 发现安全阀有渗漏迹象时，应及时进行更换或检修。禁止用增加载荷的方法（例如加大弹簧的压缩量或移动重锤、加重挂物等）消除阀的泄漏。

③ 经常保持安全阀的清洁，防止阀体弹簧等被污垢所粘满或被锈蚀，防止安全阀排汽管被异物堵塞。

④ 为防止安全阀的阀瓣和阀座被水垢、污物粘住或堵塞，应定期对安全阀做手动排放试验。

2. 压力表

压力表是显示锅炉汽水系统压力大小的仪表。严密监视锅炉受压元件的承压情况，把压力控制在允许的范围之内，是锅炉实现安全运行的基本条件和基本要求。

（1）压力表的选用

① 压力表的精度主要取决于锅炉的工作压力。对于额定蒸汽压力小于 2.5MPa 的锅炉，压力表精确度不应低于 2.5 级；对于额定蒸汽压力大于或等于 2.5MPa 的锅炉，压力表精确度不应低于 1.5 级；

② 压力表的量程应与锅炉的工作压力相适应。压力表的量程应为工作压力的 1.5～3 倍，最好选用 2 倍。

③ 压力表的表盘直径应保证司炉人员能清楚地看到压力指示值，表盘直径不应小于 100mm。

（2）压力表的维护

① 压力表应保持洁净，表盘上的玻璃应明亮清晰，使表盘内指针指示的压力值清楚易见。

② 经常检查压力表指针的转动和波动是否正常；检查压力表的连接管是否有漏水、漏汽现象。

③ 压力表一般每半年至少校验一次。校验应符合国家计量部门的有关规定。压力表校验后应封印，并注明下次校验日期。

④ 压力表的连接管要定期吹洗，以免堵塞。

⑤ 如发现压力表存在下列情况之一时，应停止使用：有限止钉的压力表在无压力时，指针转动后不能回到限止钉处；没有限止钉的压力表在无压力时，指针离零位的数值超过压力表规定的允许误差；表面玻璃破碎或表盘刻度模糊不清；封印损坏或超过校验有效期；表内泄漏或指针跳动。

3. 水位表

水位表是用来显示锅筒（锅壳）内水位高低的仪表。锅炉操作人员可以通过水位表观察并调节相应水位，防止发生锅炉缺水或满水事故。

（1）水位表的形式　水位表的结构形式有很多种，蒸汽锅炉上通常装设较多的是玻璃管式和玻璃板式两种。上锅筒位置较高的锅炉还应加装远程水位显示装置，目前使用较多的远程水位显示装置是低地位水位表。

（2）水位表的维护

① 经常冲洗水位表，保持水位表清洁明亮，使操作人员能清晰地观察到其显示的水位。

② 水位表的汽、水旋塞和放水旋塞应保证严密不漏。

三、锅炉的安全使用管理

1. 日常维护保养及定期检验

① 锅炉在运行中，应不定期地查看锅炉的安全附件是否灵敏可靠、辅机运行是否正常、本体的可见部分有无明显缺陷。

② 每 2 年对运行的锅炉进行一次停炉内外部检验，重点检验锅炉受压元件有无裂纹、腐蚀、变形、磨损；各种阀门、胀孔、铆缝处是否有渗漏；安全附件是否正常、可靠；自动控制、信号系统及仪表是否灵敏可靠等。

③ 每 6 年对锅炉进行一次水压试验，检验锅炉受压元件的严密性和耐压强度。新装、迁装、停用 1 年以上需恢复运行的锅炉，以及受压元件经过重大修理的锅炉，也应进行水压试验。水压试验前，应进行内外部检验。

2. 锅炉房

锅炉一般应装在单独建造的锅炉房内，与其他建筑物的距离符合安全要求；锅炉房每层至少应有两个出口，分别设在两侧。锅炉房通向室外的门应向外开，在锅炉运行期间不准锁住或闩住，锅炉房内工作室或生活室的门应向内开。

3. 使用登记及管理

使用锅炉的单位必须办理锅炉使用登记手续，并设专职或兼职管理人员负责锅炉房管理工作。司炉工人、水质化验人员必须经培训考核，持证上岗。建立健全各项规章制度（如岗位责任制、交接班制度、安全操作、巡回检查制度、设备维护保养制度、水质管理制度、清洁卫生制度等）。建立完善锅炉技术档案，做好各项记录。

四、锅炉的安全运行

在锅炉运行期间，必须对其进行一系列的调节，如对燃料量、空气量、给水量等作相应的改变，才能使锅炉的蒸发量与外界负荷相适应。否则，锅炉的运行参数如压力、温度、水位等就不能保持在规定的范围内。

1. 水位的调节

锅炉在正常运行中，应保持水位在水位表正常水位线处有轻微波动。负荷低时，水位稍高；负荷高时，水位稍低。在任何情况下，锅炉的水位不应降低到最低水位线以下和上升到最高水位线以上。水位过高会降低蒸汽品质，严重时甚至会造成蒸汽管道内发生水击。水位过低会使受热面过热，金属强度降低，导致被迫紧急停炉，甚至引起锅炉爆炸。

水位的调节一般是通过改变给水调节阀的开度来实现的。为对水位进行可靠的监控，锅炉运行中要定时冲洗水位表，一般每班冲洗 2～3 次。

2. 蒸汽压力的调节

蒸汽压力的波动对安全运行影响很大，超压则更危险。蒸汽压力的变动通常是负荷变动引起的。当外界负荷突减，小于锅炉蒸发量，而燃料燃烧还未来得及减弱时，蒸汽压力就上升；当外界负荷突增，大于锅炉蒸发量，而燃烧尚未加强时，蒸汽压力就下降。可见，对蒸汽压力的调节实质就是对蒸发量的调节，而蒸发量的调节是通过燃烧调节和给水调节来实现的。

3. 蒸汽温度的调节

若锅炉的蒸汽温度偏低，蒸汽作功能力降低，汽耗量增加，不经济，甚至会损坏锅炉和用汽设备。过热蒸汽温度过高，会使过热器管壁温度过热，从而降低其使用寿命。严重超温甚至会使管子过热而爆破。因此，在锅炉运行中，蒸汽温度应控制在一定的范围内。由于蒸汽温度变化是由蒸汽侧和烟气侧两方面的因素引起的，因而对蒸汽温度的调节也就应从这两方面来进行。

4. 燃烧的监控及调节

燃烧是锅炉工作过程的关键。对燃烧进行调节就是使燃料燃烧工况适应负荷的要求，使燃烧正常，以维持汽压稳定。保持适量的过剩空气系数，降低排烟热损失和减小未完全燃烧损失；调节送风量和引风量，保持炉膛一定的负压，以保证锅炉安全运行和减少排烟及未完全燃烧损失。

正常的燃烧工况，是指锅炉达到额定参数，不产生结焦和设备的烧损；着火稳定，炉内温度场和热负荷分布均匀。外界负荷变动时，应对燃烧工况进行调整，使之适应负荷的要求。调整时，应注意风与燃料增减的先后次序，风与燃料的协调及引风与送风的协调。

5. 蒸汽锅炉的停炉

蒸汽锅炉运行中，遇有下列情况之一时，应立即停炉：

① 锅炉水位低于水位表的下部最低可见边缘；

② 不断加入给水及采取其他措施，但水位仍然下降；

③ 锅内水位超过最高可见水位（满水），经放水仍不能见到水位；

④ 给水泵全部失效或给水系统故障，不能向锅内进水；

⑤ 水位表或安全阀全部失效；

⑥ 设置在汽相空间的压力表全部失效；

⑦ 锅炉元件损坏且危及运行人员安全；

⑧ 燃烧设备损坏，炉墙倒塌或锅炉构架被烧红等；

⑨ 危及锅炉安全运行的其他异常情况。

五、锅炉事故及原因分析

由于锅炉的设计、制造、安装和使用的问题，在运行中会发生各类事故。大致可分为三大类：爆炸事故、重大事故和一般事故。

1. 爆炸事故

爆炸事故是指锅炉中的主要受压部件如锅筒（锅壳）、联箱、炉胆、管板等发生破裂爆炸的事故。这些受压部件内部容纳的汽水介质较多，一旦发生破裂，汽水瞬时膨胀，释放大量的能量，具有极大的破坏力，可导致厂房设备损坏并造成人员伤亡。

锅炉爆炸事故通常是由于锅炉超压、存在缺陷或超温所造成。由于安全阀、压力表不齐全或损坏，操作人员对指示仪表监视不严或操作失误（如误关闭或关小出汽阀门），致使受压元件超压引起爆炸；锅炉主要受压元件存在缺陷，如裂纹、腐蚀、严重变形、组织变化等，承压能力大大降低，使锅炉在正常工作压力下突然发生破裂，还有就是由于锅炉严重缺水，未按规定立即停炉，而匆忙上水，致使金属性能与组织变化丧失承载能力而破裂。

2. 重大事故

重大事故是指锅炉无法维持正常运行而被迫停炉。此类事故虽不及锅炉爆炸那么严重，但也往往造成设备损坏和人员伤亡，并导致局部或全部停工停产，造成严重经济损失。这类事故主要包括以下情况：

（1）缺水事故　当锅炉水位低于水位表最低安全水位刻度线时，即形成了锅炉缺水事故。严重的缺水会使锅炉蒸发面管子过热变形甚至破裂，胀口渗漏以致脱落，炉墙破坏。

通常判断缺水程度的方法是"叫水"。通过"叫水"，如果水位表中有水位出现，即为轻微缺水。此时可以立即上水，使水位恢复正常；如果"叫水"后水位表中仍无水位出现，则为严重缺水。必须紧急停炉。在未能判明缺水程度或已确定严重缺水的情况下，严禁给锅炉上水，以免使锅炉爆炸。

造成缺水的原因主要是：司炉人员对水位监视不严；水位表故障造成假水位而司炉人员未及时发现；给水设备或给水管道故障，无法给水或水量不足；水位报警器或给水自动调节器失灵；司炉人员排污后忘记关排污阀，或者排污阀泄漏等。

（2）满水事故　锅炉水位高于水位表最高安全水位刻度时，叫做锅炉满水。满水的主要危害是降低蒸汽品质，损害过热器。

发现锅炉满水后，应冲洗水位表，检查水位表有无故障。确认满水后，立即关闭给水阀，停止向锅炉上水，并减弱燃烧，开启排污阀。

造成满水事故的原因是：司炉工对水位监视不严；水位表故障造成假水位而未及时发现；给水自动调节器失灵而未及时发现等。

（3）炉管爆破　锅炉蒸发受热面管子在运行中爆破，此时蒸汽和给水压力下降，炉膛和烟道中有汽水喷出，燃烧不稳定。炉管爆破时，如果爆破口不大，能维持正常水位，可降负荷运行，待备用炉启动后，再停炉检修；若不能维持正产水位和汽压，必须紧急停炉修理。

导致炉管爆破的原因主要有：水质不良，管子结垢；严重缺水；管壁因腐蚀而减薄；烟气磨损导致管壁减薄；水循环故障；管材缺陷或焊接缺陷在运行过程中发展导致爆破。

（4）炉膛爆炸　燃气、燃油锅炉或煤粉炉，当炉膛内的可燃物质与空气混合物的浓度达到爆炸极限时，遇明火就会爆燃，甚至引起炉膛爆炸。炉膛爆炸虽较锅炉爆炸（锅筒爆炸）

的破坏力为小，但也会造成严重后果，损坏受热面、炉墙及构架，造成锅炉停炉，有时也会造成人身伤亡。

发生炉膛爆炸事故后，应立即停炉，避免二次爆燃和连锁反应。

（5）汽水共腾　锅炉蒸发面表面汽、水共同升起，产生大量泡沫并上下波动翻腾的现象。其后果会使蒸汽带水，降低蒸汽品质，造成过热器结垢及水击振动。

发生汽水共腾时，应减弱燃烧，关小主汽阀，打开排污阀放水，同时上水，改善锅水品质。待水质改善、水位清晰后，可恢复正常运行。

形成汽水共腾有两方面原因，一是水质太差，二是负荷增加或压力降低过快。

（6）水击事故　发生水击时，管道承受的压力骤然升高，发生猛烈振动并发出巨大声响，常常造成管道、法兰、阀门等损坏。锅炉中易发生水击的部件有：给水管道、省煤器、过热器、锅筒等。

给水管道发生水击时，可适当关小给水控制阀；蒸汽管道发生水击时，应减小供气，开启水击段疏水阀门；省煤器发生水击，应开启旁路门，关闭烟道门。

（7）其他　锅炉的重大事故还有省煤器损坏、过热器损坏、尾部烟道二次燃烧、锅炉结渣等，均可危及锅炉的正常运行。

3. 一般事故

在运行中可以排除或经过短暂停炉可以排除的事故，为一般事故，其损失较小。

第三节　压力容器

压力是确定物质状态的基本参数，大多数物质的熔点、沸点随着压力的变化而变化，超高压下许多物质的性质和形态与常压时完全不同；压力还可以改变化学反应过程的速率和反应的转化率。因此，几乎每一个化工工艺过程都离不开压力容器。在化工生产中普遍使用的塔、釜、罐、槽大多数属于压力容器，具有各种各样的形式和结构，从几十升的瓶、罐，到上万立方米的球形容器或高达上百米的塔式容器，其工作条件复杂，作用重要，危险性大。加强压力容器的安全管理是实现化工安全生产的重要环节之一。

一、压力容器概述

1. 压力容器的基本概念

压力容器是一种能承受压力载荷的密闭容器，它的主要作用是储存、运输有压力的气体、液化气体或某些液体，或者为这些流体的传热、传质过程提供一个密闭的空间。

《特种设备安全监察条例》规定的监察对象为同时具备下列条件的压力容器：最高工作压力 $p_w \geqslant 0.1$MPa（表压）；内径 $D_i \geqslant 0.15$m，且容积 $V \geqslant 0.025$m^3；盛装介质为气体、液化气体或最高工作温度高于等于标准沸点的液体。

2. 压力容器的分类

（1）按工作压力分类

① 低压容器：0.1MPa$<p\leqslant 1.6$MPa，多用于化工、机械制造、冶金采矿等企业。

② 中压容器：1.6MPa$\leqslant p<10$MPa，多用于石油化工企业。

③ 高压容器：10MPa$\leqslant p<100$MPa，主要用于氮肥企业和一部分石油化工企业。

④ 超高压容器：$p\geqslant 100$MPa，主要是高分子聚合设备。

（2）按安全的重要程度分类　根据压力容器压力的高低、介质的危害程度以及在生产中的重要作用，将其分为第一类容器、第二类容器、第三类容器。其中第三类容器最为重要，要求也最为严格。

① 第三类压力容器。下列情况之一的，为第三类压力容器：高压容器；中压容器（仅限毒性程度为极度和高度危害介质）；中压储存容器（仅限易燃或毒性程度为中度危害介质，且 pV 乘积大于等于 $10MPa \cdot m^3$）；中压反应容器（仅限易燃或毒性程度为中度危害介质，且 pV 乘积大于等于 $0.5MPa \cdot m^3$）；低压容器（仅限毒性程度为极度和高度危害介质，且 pV 乘积大于等于 $0.2MPa \cdot m^3$）；高压、中压管壳式余热锅炉；中压搪玻璃压力容器；使用强度级别较高（指相应标准中抗拉强度规定值下限大于等于 $540MPa$）的材料制造的压力容器；移动式压力容器，包括铁路罐车（介质为液化气体、低温液体）、罐式汽车（液化气体运输车及半挂车、低温液体运输车及半挂车、永久气体运输车及半挂车）和罐式集装箱（介质为液化气体、低温液体）等；球形储罐（容器大于等于 $50m^3$）；低温液体储存容器（容积大于 $5m^3$）。

② 第二类压力容器。下列情况之一的，为第二类压力容器：中压容器（已归入第三类的中压容器除外）；低压容器（仅限毒性程度为极度和高度危害介质）；低压反应容器和低压储存容器（仅限易燃介质或毒性程度为中度危害介质）；低压管式余热锅炉；低压搪玻璃压力容器。

③ 第一类压力容器。第一类压力容器指未列入第三类及第二类的低压容器。

（3）按工艺用途分类

① 反应容器：如反应锅、合成塔、聚合釜等。

② 换热容器：如热交换器、冷却塔、蒸煮锅等。

③ 分离容器：如分离器、吸收塔、洗涤塔等。

④ 贮存容器：如储罐、压力缓冲器等。

（4）从管理使用角度分类

① 固定式容器：如合成塔、聚合釜、压力缓冲器等。

② 移动式容器：如气瓶、槽车等，没有固定的使用地点，一般没有专职的管理和操作人员，使用环境经常变化，管理较为复杂，因而较易发生事故。我国对这两类容器分别制定不同的管理章程和技术标准、规范（见本章第四节）。

二、压力容器的安全装置

压力容器的安全装置专指为了使压力容器能够安全运行而装设在设备上的一种附属装置，又常称为安全附件。包括安全泄压装置和计量显示装置。常用的安全泄压装置有安全阀、爆破片；计量显示装置有压力表、液面计等。

1. 安全阀

安全阀的工作原理及结构形式，与锅炉安全装置类似。但是，由于化工用压力容器内介质与锅炉不同，在设置安全阀时还应注意以下问题：

① 新装安全阀，应有产品合格证；

② 安装前，应由安装单位连续复校后加铅封，并出具安全阀校验报告；

③ 当安全阀的入口处装有隔断阀时，隔断阀必须保持常开状态并加铅封；

④ 一般安全阀可就地放空，但要考虑放空管的高度及方向；

⑤ 容器内装有两相物料，安全阀应安装在气相部分，防止排出液相物料发生意外；

⑥ 在存有可燃物料，有毒、有害物料或高温物料等系统，安全阀排放管应连接有针对性的安全处理设施，不得随意排放。

2. 爆破片

爆破片又称防爆片、防爆膜。爆破片装置由爆破片本身和相应的夹持器组成。爆破片是一种断裂型安全泄压装置，由于它只能一次性使用，所以其应用不如安全阀广泛，只用在安全阀不宜使用的场合。

爆破片一般用于下列工况：

① 放空口要求全量排放的工况；

② 不允许介质有任何泄漏的工况；

③ 内部介质容易因沉淀、结晶、聚合等形成黏着物，妨碍安全阀正常动作的工况；

④ 系统内存在发生燃爆或者异常反应而使压力骤然增加的可能性的工况。

3. 压力表

压力表的安装、使用要求，可参见锅炉安全装置部分。

4. 液面计

液面计是显示容器内液面位置变化情况的装置。盛装液化气体的储运容器，包括大型球形储罐、卧式储槽和槽车等，以及液体蒸发用换热容器，都应装设液面计以防止器内因满液而发生液体膨胀导致容器的超压事故。压力容器常用的液面计有玻璃管式和平板玻璃式两种。

（1）液面计选用　根据容器的工作压力、介质的理化特性以及液面的变化范围选择适宜的液面计。如承压低的容器，可选用玻璃管式液面计；承压高的容器，可选用平板玻璃液面计。对于洁净或五色透明的液体可选用透光式玻璃板液面计；对非洁净或稍有色泽的液体可选用反射式玻璃板式液面计；盛装 0℃以下介质的压力容器上，应选用防霜液面计；对盛装易燃易爆或毒性程度为极度、高度危害介质的液化气体的容器，应采用玻璃板式液面计或自动液面指示计，并应有防止液面计泄漏的保护装置。液化气体槽车上可选用浮子式液面计，不得采用玻璃管式或玻璃板式液面计；对要求液面指示平稳的，不应采用浮子式液面计；对大型储罐还应当设设安全可靠的液面指示计。

（2）液面计维护　应保持液面计清洁，玻璃板必须明亮清晰，液位清楚易见。经常检查液面计的工作情况，如气、液连接管旋塞是否处于开启状态，连接管或旋塞是否堵塞，各连接处有无渗漏现象等，以保证液位正常显示。

（3）液面计使用　液面计出现下列情况时，应停止使用：超过检验期；玻璃板（管）有裂纹、破碎；阀件固死；经常出现假液位。

三、压力容器的安全使用管理

压力容器使用单位应按以下内容和要求做好压力容器的管理工作。

（1）压力容器使用单位的技术负责人（主管厂长或总工程师），必须对压力容器的安全技术管理负责，并根据设备的数量和对安全性能的要求，设置专门机构或指定具有专业知识的技术人员，具体负责压力容器的安全工作。

（2）使用单位必须执行压力容器有关的规程、规章和技术规范，编制本单位压力容器的安全管理规章制度及安全操作规程。安全管理规章制度主要包括各级岗位责任制、基础工作管理制度以及使用过程中的管理制度。

① 各级岗位责任制。明确各级各类人员对压力容器的安全运行应承担的具体责任和义务。

② 基础工作管理制度。包括压力容器的选购、验收、安装调试、使用登记、备件管理、操作人员培训及考核、技术档案管理和统计报表等制度。

③ 使用过程中的管理制度。包括压力容器定期检验制度；压力容器修理、改造、检验、报废的技术审查和报批制度；压力容器安装、改造、移装的竣工验收制度；压力容器安全检查制度；交接班制度；压力容器维护保养制度；安全附件校验与修理制度；压力容器紧急情况处理制度；压力容器事故报告与处理制度等。

④ 安全操作规程。主要包括压力容器的操作工艺控制指标，包括最高工作压力、最高或最低工作温度波动幅度的控制值、介质成分特别是有腐蚀性的成分控制值等；压力容器岗

位操作方法；开、停车操作程序和注意事项；压力容器运行中日常检查的部位和内容要求；压力容器运行中可能出现的异常情况的判断和处理方法以及防范措施；压力容器的防腐措施和停用时的维护保养方法。

（3）使用单位必须持压力容器有关的技术资料到当地锅炉压力容器安全监察机构逐台办理使用登记手续，建立压力容器技术档案，并管理好有关的技术资料。

（4）使用单位应编制压力容器的年度检验计划，并负责组织实施。每年年底应将当年检验计划完成情况和第二年度的检验计划报到主管部门和当地质量技术监督行政部门。

（5）压力容器使用单位应做好压力容器运行、维修和安全附件校验情况的检查，做好压力容器校验、修理、改造和报废等的技术审查工作。压力容器的受压部件的重大修理、改造方案应报当地锅炉压力容器安全监察机构审查批准。

（6）发生压力容器爆炸及重大事故的单位，应迅速报告当地政府以及质量技术监督部门和有关部门，并立即组织抢救，积极配合有关部门进行事故调查。

（7）使用单位必须对压力容器校验、焊接和操作人员进行安全技术培训，经过考核，取得合格证后，方可上岗操作。

四、压力容器安全运行

正确合理地操作和使用压力容器，是保证容器安全运行的重要措施。容器的使用单位应在容器运行过程中从使用条件、环境条件和维修条件等方面采取控制措施，以保证容器的安全运行。

1. 压力容器投用前的准备工作

① 检查容器安装、检验、修理工作后遗留的辅助设施是否全部拆除；容器内有无遗留工具、杂物等。

② 检查附属设备及安全防护设施是否完好。

③ 检查水、电、汽等的供给是否恢复，道路是否畅通；操作环境是否符合安全运行的要求。

④ 检查系统中压力容器连接部位、接管等的连接情况，该抽的盲板是否抽出，阀门是否处于规定的启闭状态。

⑤ 检查安全附件、仪器仪表是否齐全，并检查其灵敏程度及校验情况，若发现安全附件无产品合格证或规格、性能不符合要求或逾期未校验等情况，不得使用。

⑥ 编制压力容器的有关管理制度及安全操作规程，操作人员应熟悉和掌握有关内容，并了解工艺流程和工艺条件。

2. 压力容器安全操作的一般要求

① 压力容器操作人员必须持证上岗，并定期接受专业培训与安全教育。

② 压力容器操作人员要熟悉本岗位的工艺流程，熟悉容器的类别、结构、主要技术参数和技术性能；严格按操作规程操作，掌握处理一般事故的方法，认真填写操作记录。

③ 严格控制工艺参数，严禁容器超温、超压运行；随时检查容器安全附件的运行情况，保证其灵敏可靠。

④ 要平稳操作，容器运行期间，还应尽量避免压力、温度的频繁和大幅度波动。

⑤ 容器内有压力时，不得进行任何修理。对于特殊的生产工艺过程，需要带温带压紧固螺栓，或出现紧急泄漏需进行带压堵漏时，使用单位必须按设计规定制定有效的操作密闭防护措施。

⑥ 坚持容器运行期间的巡回检查，及时发现操作中或设备上出现的不正常状态，并采取相应措施进行调整或消除。

⑦ 正确处理紧急情况。

3．运行中工艺参数的控制

（1）压力和温度控制 压力和温度是压力容器使用过程中的两个主要参数。压力的控制要点主要是控制容器的操作压力不超过最高工作压力；温度的控制主要是控制其极端的工作温度。高温下使用的压力容器，主要是控制介质的最高温度，并保证器壁温度不高于其设计温度；低温下使用的压力容器，主要控制介质的最低温度，并保证器壁温度不低于设计温度。

压力容器运行中，操作人员应严格按照容器安全操作规程中规定的压力和温度进行操作，严禁盲目提高工作压力。可采用联锁装置、实行安全操作挂牌制度来防止操作失误。对于反应容器，必须严格按照规定的工艺要求进行投料、升温、升压和控制反应速率，注意投料顺序，严格控制反应物料的配比，并按照规定的顺序进行降温、卸压和出料。

（2）液位控制 液位控制主要是针对液化气体介质的容器和部分反应容器的介质比例而言。盛装液化气体的容器，应严格按照规定的充装系数充装，以保证在设计的温度下容器内有足够的气相空间；反应容器则需通过控制液位来实现控制反应速率和不正常反应的产生。

（3）介质腐蚀性的控制 在操作过程中，介质的工艺条件对容器的腐蚀有很大影响。因此，必须严格控制介质的成分及杂质含量、流速、温度、水分及 pH 值等工艺指标，以减少腐蚀速度，延长使用寿命。

（4）交变载荷的控制 压力容器在反复变化的载荷作用下会产生疲劳破坏，为了防止容器疲劳破坏，就容器使用过程中工艺参数控制而言，应尽量使压力、温度的升降平稳，尽量避免突然的开、停车，避免不必要的频繁加压和卸压。对要求压力、温度稳定的工艺过程，则要防止压力、温度的急剧升降，使操作工艺指标稳定。对于高温压力容器，应尽可能减缓温度的突变，以降低热应力。

4．压力容器运行中的检查

操作人员在容器运行期间应经常对容器进行检查，及时发现操作中或设备的不正常状态，并及时处理。

（1）设备状况检查 设备状况方面的检查，主要是检查阀门开关是否正常；各连接部位有无泄漏、渗漏现象；容器有无明显变形，外表面有无腐蚀，保温层是否完好，连接管道有无异常振动、磨损等现象；支撑、支座、紧固螺栓是否完好，基础有无下沉、倾斜。

（2）工艺条件检查 工艺条件方面的检查，主要是检查操作压力、温度、液位是否在安全操作规程规定的范围内；检查工作介质的化学成分，特别是那些影响容器安全（如产生应力腐蚀、使压力或温度升高等）的成分是否符合要求。

（3）安全装置检查 安全装置方面的检查，主要是检查安全装置以及与安全有关的仪表量具（如温度计、计量用的衡器及流量计等）是否保持良好状态，联锁装置是否完好。

5．压力容器的紧急停运

容器停止运行的操作包括：停止向容器内输入气体或其他物料，泄放容器内的气体或其他物料，使容器内的压力下降。压力容器紧急停运时，操作人员必须做到保持镇定，判断准确、操作正确，处理迅速，防止事故扩大。在执行紧急停运的同时，还应按规定执行程序及时向本单位有关部门报告；对于系统连续生产的，还必须做好与前、后有关岗位的联系工作。紧急停运前，操作人员应根据容器内介质状况做好个人防护。

容器运行过程中，发生下列异常现象之一时，操作人员应立即采取紧急措施，停止容器运行。

① 压力容器的工作压力、介质温度或器壁温度超过允许值，采取措施仍得不到有效控制。

② 压力容器的主要承压部件出现裂纹、鼓包、变形、泄漏等危及安全的现象。

③ 发生火灾直接威胁到压力容器的安全运行。

④ 安全装置失效，连接管件断裂，紧固件损坏，难以保证安全运行。

⑤ 过量充装，容器液位失去控制，采取措施仍得不到有效控制。

⑥ 压力容器与管道发生严重震动，危及安全运行。

6. 压力容器的维护保养

压力容器的使用安全与其维护保养工作密切相关。做好容器的维护保养工作，使容器在完好状态下运行，就能防患于未然，提高容器的使用效率，延长使用寿命。

（1）容器运行期间的维护保养

① 保持完好的防腐层。工艺介质对材料有腐蚀性的容器，通常采用防腐蚀层来防止介质对器壁的腐蚀，如涂层、搪瓷、衬里等。防腐层一旦损坏，介质接触器壁，局部加速腐蚀会产生严重的后果。因此，要经常检查防腐层有无自行脱落，检查衬里是否开裂或焊缝处有无渗漏现象。发现防腐层损坏时，即使是局部的，也应该经过修补等妥善处理后才能继续使用。

② 对于有保温层的压力容器，要检查保温层是否完好，防止容器壁裸露。

③ 维护保养好安全装置。容器的安全装置是防止其发生超压事故的重要装置，应使它们处于灵敏准确、使用可靠状态。因此必须在容器运行过程中，按照有关规定加强维护保养。

④ 减少或消除容器的震动。容器的震动对其正常使用有很大影响。当发现容器有震动时，应及时查找原因，采取措施，如隔离震源、加强支撑装置等，以消除或减轻容器的震动。

⑤ 彻底消除"跑"、"冒"、"滴"、"漏"现象。

（2）容器停用期间的维护保养　对长期停用或临时停用的压力容器，也应加强维护保养工作。停用期间保养不善的容器甚至比正常使用的容器损坏得更快，有些容器就是忽略了停用期间的维护而造成了日后的事故。

停止运行的容器尤其是长期停用的容器，一定要将内部介质排放干净，清除内壁的污垢、附着物和腐蚀产物。对于腐蚀性介质，排放后还需经过置换、清洗、吹干等技术处理，使容器内部干燥和洁净。应保持容器表面清洁，并保持容器及周围环境的干燥。此外，要保持容器外表面的防腐油漆等完好无损。有保温层的容器，还要注意保温层下的防腐和支座处的防腐。

第四节　气　　瓶

气瓶属于移动式的压力容器，气瓶在化工行业中应用广泛。由于经常装载易燃、易爆、有毒及腐蚀性等危险介质，压力范围遍及高压、中压、低压。因此，气瓶除了具有一般固定式压力容器的特点外，在充装、搬运和使用方面还有一些特殊的问题，如气瓶在移动、搬运过程中，易发生碰撞而增加瓶体爆炸的危险；气瓶经常处于储存物的罐装和使用的交替过程中，即处于承受交变载荷状态；气瓶在使用时，一般与使用者之间无隔离或其他防护措施。所以，要保证气瓶安全使用，除了要求符合压力容器的一般要求外，还有一些专门的规定和要求。

一、气瓶概述

1. 定义

正常环境温度（−40～60℃）下使用的、公称工作压力大于或等于 0.2MPa（表压），且压力与容积的乘积大于或等于 1.0MPa·L 的盛装气体、液化气体和标准沸点等于或低于60℃的液体的气瓶。

2. 气瓶分类

(1) 永久气体气瓶　临界温度小于−10℃的为永久气体，盛装永久气体的气瓶称为永久气体气瓶。如盛装氧、氮、空气、一氧化碳、甲烷等气体的气瓶。由于永久气体在环境温度下始终呈气态，以较高压力将其压缩才能在气瓶较小容积中储存较多气体，因而，这类气瓶必须有较高的许用压力。常用标准压力系列为 15MPa、20MPa 及 30MPa。

(2) 高压液化气体气瓶　临界温度大于或等于−10℃，且小于或等于 70℃的为高压液化气体，盛装高压液化气体的气瓶称为高压液化气体气瓶。如盛装二氧化碳、氧化亚氮、乙烷、乙烯、氯化氢、氟乙烯气体等高压液化气体的气瓶。高压液化气体在环境温度下可能呈气液两相状态，也可能完全呈气态，因而也要求以较高压力充装。常用的标准压力系列为8MPa、12.5MPa。

(3) 低压液化气体气瓶　临界温度大于 70℃的为低压液化气体，盛装低压液化气体的气瓶称为低压液化气体气瓶。如盛装液氯、液氨、硫化氢、丙烷、丁烷、丁烯及液化石油气等低压液化气体的气瓶。在环境温度下，低压液化气体始终处于气液两相共存状态，其气态的压力是相应温度下该气体的饱和蒸气压。按最高工作温度为 60℃考虑，所有低压液化气体的饱和蒸气压均在 5MPa 以下，因此，这类气体可用较低压力充装，其标准压力系列为1.0MPa、2.0MPa、3.0MPa、5.0MPa。

(4) 溶解气体气瓶　专指盛装乙炔的特殊气瓶。乙炔气体极不稳定，不能像其他气体一样以压缩状态装入瓶内，而是将其溶解于丙酮溶剂中。瓶内装满多孔性物质用作吸收溶剂。溶解气体气瓶的最高工作压力一般不超过 3.0MPa。

3. 气瓶的颜色标记和钢印标记

(1) 颜色标记　气瓶颜色标记是指气瓶外表面的瓶色、字样、字色和色环。气瓶喷涂颜色标记的目的主要是从颜色上迅速地辨别出盛装某种气体的气瓶和瓶内气体的性质（可燃性、毒性），避免错装和错用，同时也防止气瓶外表面生锈。

① 字样。字样是指气瓶内介质的名称、气瓶所属单位名称。介质名称一般用汉字表示，凡属液化气体，在介质名称前一律冠以"液化"、"液"的字样。对于小容积的气瓶可用化学式表示。字样一律采用仿宋体。

② 色环。色环是识别介质相同，但具有不同公称工作压力的气瓶标记。凡充装同一介质，公称工作压力比规定起始级高一级的气瓶加一道色环，高二级加二道，依此类推。

国家标准《气瓶颜色标记》中，列出了盛装常用介质的气瓶的颜色标记，规定瓶帽、防护胶圈等的颜色应与瓶色一致。

(2) 钢印标记　气瓶的钢印标记包括制造单位钢印标记和定检标记。

① 制造钢印。是气瓶的原始标志，由制造单位打锉在气瓶肩部、筒体、瓶阀护罩上的有关设计、制造、充装、使用、检验等技术参数的印章，钢印标记上的项目有：气瓶制造单位代号；气瓶编号；公称工作压力；实际重量；实际容积；瓶体设计壁厚；制造年月等。

② 定检钢印。是气瓶定期检验后，由检验单位打锉在气瓶肩部、筒体、瓶阀护罩上，或打锉在套于瓶阀尾部金属检验标记环上的印章。检验钢印标记上，还应按年份涂检验色标。

二、气瓶安全附件

气瓶的安全附件有安全泄压装置、瓶帽和防震圈。

1. 安全泄压装置

气瓶的安全泄压装置主要是防止气瓶在遇到火灾等特殊高温时，瓶内介质受热膨胀而导致气瓶超压爆炸。其类型有爆破片、易熔塞及爆破片-易熔塞复合装置。

① 爆破片一般用于高压气瓶，装配在瓶阀上。

② 易熔塞主要用于低压液化气体气瓶，它由钢制基体及其中心孔浇铸的易熔合金塞构成。目前使用的易熔塞装置的动作温度有100℃和70℃两种。

③ 爆破片-易熔塞复合装置主要用于对密封性能要求特别严格的气瓶。这种装置由爆破片与易熔塞串联而成，易熔塞装设在爆破片排放的一侧。

2. 瓶帽

瓶帽是为了防止瓶阀被破坏的一种保护装置。每个气瓶的顶部都应配有瓶帽，以便在气瓶运送过程中配戴。瓶帽按其结构形式可分为拆卸式和固定式两种。为了防止由于瓶阀泄漏，或由于安全泄压装置动作，造成瓶帽爆炸，在瓶帽上要开有两个对称的排气孔。

3. 防震圈

防震圈是防止气瓶瓶体受撞击的一种保护设施，它对气瓶表面的漆膜也有很好的保护作用。我国采用的是两个紧套在瓶体上部和下部的、用橡胶或塑料制成的防震圈。

三、气瓶的充装

1. 气瓶充装单位的基本要求

① 气瓶充装单位必须持有省级质监部门核发的《气瓶充装许可证》，其有效期为四年。

② 应建立与所充装气体种类相适应的、能够确保充装安全和充装质量的管理体系和各项管理制度。

③ 应有熟悉气瓶充装技术的管理人员和经过专业培训的操作人员及气体充装前气瓶检验员。

④ 应有与所充装气体相适应的场所、设施、装备和检测手段。

2. 气瓶充装前的检查

① 气瓶的原始标志是否符合标准和规程的要求，钢印字迹是否清晰可辨。

② 气瓶外表面的颜色和标记（包括字样、字色、色环）是否与所装气体的规定标记相符。

③ 气瓶内有无剩余压力，如有余气，应进行定性鉴别，以判定剩余气体是否与所装气体相符。

④ 气瓶外表面有无裂纹、严重腐蚀、明显变形及其他外部损伤缺陷。

⑤ 气瓶的安全附件（瓶帽、防震圈、护罩、易熔合金塞等）是否齐全、可靠和符合安全要求。

⑥ 气瓶瓶阀的出口螺纹形式是否与所装气体的规定螺纹相符，盛装可燃性气体气瓶的瓶阀螺纹是左旋的；盛装非可燃性气体气瓶的瓶阀螺纹是右旋的。

3. 禁止充气的气瓶

在气瓶充装前的检查中，发现气瓶具有下列情况之一时，应禁止对其进行充装：

① 颜色标记不符合《气瓶颜色标记》的规定，或严重污损、脱落，难以辨认的；

② 气瓶是由不具有"气瓶制造许可证"的单位生产的；

③ 原始标记不符合规定，或钢印标志模糊不清，无法辨认的；

④ 瓶内无剩余压力的；

⑤ 超过规定的检验期限的；

⑥ 附件不全、损坏或不符合规定的；

⑦ 氧气瓶或强氧化剂气体气瓶的瓶体或瓶阀上沾有油脂。

4. 气瓶的充装量

为了使气瓶在使用过程中不因环境温度上的升高而造成超压，必须对气瓶的充装量严格加以控制。

① 永久气体气瓶的充装量是以充装温度和压力确定的，其确定的原则是：气瓶内气体的压力在基准温度（20℃）下应不超过其公称工作压力；在最高使用温度（60℃）下应不超过气瓶的许用压力。

② 高压液化气体气瓶充装量的确定原则是：保证瓶内气体在气瓶最高使用温度（60℃）下所达到的压力不超过气瓶的许用压力，因充装时是液态，故只能以它的充装系数来计量。

③ 低压液化气体气瓶充装量的确定原则是：气瓶内所装入的介质，即使在最高使用温度下也不会发生瓶内满液，也就是控制的充装系数（气瓶单位容积内充装液化气体的质量）不大于所装介质在气瓶最高使用温度下的液体密度，即不大于液体介质在 60℃ 时的密度。

④ 乙炔气瓶的充装压力，在任何情况下不得大于 2.5MPa。

四、气瓶的安全使用与维护

① 气瓶使用时，一般应立放，并应有防止倾倒的措施。

② 使用氧气或氧化性气体气瓶时，操作者的双手、手套、工具、减压器、瓶阀等，凡有油脂的，必须脱脂干净后，方能操作。

③ 开启或关闭瓶阀时速度要缓慢，且只能用手或专用扳手，不准使用锤子、管钳、长柄螺纹扳手。

④ 每种气体要有专用的减压器，尤其氧气和可燃气体的减压器时不得互用；瓶阀或减压器泄漏时不得继续使用。

⑤ 瓶内气体不得用尽，必须留有剩余压力。

⑥ 不得将气瓶靠近热源，安放气瓶的地点周围 10m 范围内，不应进行有明火或可能产生火花的作业。

⑦ 气瓶在夏季使用时，应防止暴晒。

⑧ 瓶阀冻结时，应把气瓶移至较温暖的地方，用温水解冻，严禁用温度超过 40℃ 的热源对气瓶加热。

⑨ 经常保持气瓶上油漆的完好，漆色脱落或模糊不清时，应按规定重新漆色。严禁敲击、碰撞气瓶，严禁在气瓶上进行电焊引弧，不准用气瓶做支架。

五、气瓶事故及预防措施

1. 气瓶混装事故及其预防。

混装是永久气体气瓶发生爆炸事故的主要原因，其中最危险而又最常见的事故是氧气等助燃气体与氢、甲烷等可燃气体的混装。防止因气瓶混装而发生爆炸事故，应做好以下两方面的工作。

① 充气前对气瓶进行严格的检查　检查气瓶外表面的颜色标记是否与所装气体的规定标记相符，原始标记是否符合规定，钢印标志是否清晰，气瓶内有无剩余压力，气瓶瓶阀的出口螺纹形式是否与所装气体的规定相符，安全附件是否齐全。

② 采用防止混装的充气连接结构　充装单位应认真执行国家标准《气瓶阀出气口连接形式和尺寸》，包括充气前对瓶阀出口螺纹形式（左右旋、内外螺纹）的检查以及采用标准规定的充气接头形式和尺寸。

2. 气瓶超装事故及其预防。

充装过量是气瓶破裂爆炸的常见原因，特别是低压液化气体气瓶，其破裂爆炸绝大多数是由于充装过量引起的。防止气瓶充装过量，可采取以下相应的措施：

① 充装永久气体的气瓶，应明确规定在多大的充装温度下充装多大的压力；

② 充装液化气体的气瓶必须按规定的充装系数进行充装；

③ 充装量应包括气瓶内原有的余液量，不得将余液忽略不计，不得用储罐减量法来确定充装量；

④ 充装后的气瓶，应有专人负责，逐只进行检查，发现充装过量的气瓶，必须及时将超装量妥善排出。所有仪表量具（如压力表、磅秤等）都应按规定的范围选用，并且要定期检验和校正。

3. 气瓶使用不当引起的事故及预防措施

气瓶搬运、使用不当或维护不良，可以直接或间接造成燃烧、爆炸或中毒伤亡事故。为了预防气瓶由于使用不当而发生事故，在使用气瓶时必须严格做到以下几点。

（1）防止气瓶受剧烈振动或碰撞冲击　运输气瓶时，要将气瓶妥善固定，防止其滚动或滚落；装卸气瓶时要轻装轻卸，严禁采用抛装、滑放或滚动的装卸方法；气瓶的瓶帽及防震圈应配戴齐全。

（2）防止气瓶受热升温　气瓶运输或使用时，不得长时间在烈日下曝晒。使用中，不要将气瓶靠近火炉或其他高温热源，更不得用高温蒸汽直接喷吹气瓶。瓶阀冻结时，应把气瓶移到较暖的地方，用温水解冻，禁止用明火烘烤。

（3）正确操作，合理使用　开阀时要缓慢，防止附件升压过速，产生高温，对盛装可燃气体的气瓶尤应注意，以免因静电的作用引起气体燃烧；开阀时不能用扳手敲击瓶阀，以防产生火花；氧气瓶的瓶阀及其他附件都禁止沾染油脂，若手或手套、工具上沾有油脂时不要操作氧气瓶；每种气瓶要有专用的减压器。气瓶使用到最后时应留有余气，以防混入其他气体或杂质造成事故。

（4）加强维护　经常保持气瓶上油漆的完好。瓶内混有水分会加速气体对气瓶内壁的腐蚀，如一氧化碳气瓶、氯气气瓶等，在充装前应对气瓶进行干燥。

第五节　压力管道

压力管道是化工生产中必不可少的重要部件，用以连接化工设备与机械，输送和控制流体介质，共同完成化工工艺过程。化工压力管道，内部介质多为有毒、易燃、具有腐蚀性的物料，由于腐蚀、磨损使管壁变薄，极易造成泄漏而引起火灾、爆炸事故。因此，在化工生产中压力管道的安全与其他特种设备一样，具有极其重要的地位。

一、压力管道概述

1. 定义

压力管道是指利用一定的压力，用于输送气体或者液体的管状设备。其范围规定为最高工作压力大于或等于 0.1MPa（表压）的气体、液化气体、蒸汽介质或者可燃、易爆、有毒、有腐蚀性、最高工作温度高于或者等于标准沸点的液体介质，且公称直径大于 25mm 的管道。

2. 分类

按管道的设计压力可分为：低压管道（$0.1MPa \leqslant p < 1.6MPa$）、中压管道（$1.6MPa \leqslant p < 10MPa$）、高压管道（$p \geqslant 10MPa$）。

按管道的材质可分为：碳钢管、合金钢管、铸铁管、有色金属管等。

3. 管路的管件、阀门及连接

化工管路包括管子、管件和阀门。管件的作用是连接管子，使管路改变方向、延长、分路、汇流缩小或扩大等。阀门的作用是控制和调节流量。管道的连接包括管子与管子、管子与阀门及管件和管子与设备的连接。

（1）管路的管件　管件的种类较多，改变流体方向的管件有 45°、90°弯头和回弯管。连接管路支路的管件有各种三通、四通等。改变管路直径的管件有大小头等。连接两管的管件有外牙管、内牙管等。堵塞管路的管件有管塞、管帽等。

（2）阀门　阀门的种类较多，按其作用分，有截止阀、止逆阀、减压阀及调节阀等；按阀门的形状和结构分，有闸阀、旋塞阀、针行阀及蝶行阀等。截止阀又叫球形阀，用于调节流量，它启闭缓慢，是各种管道上常用的阀门。止逆阀又叫单向阀，当工艺管道只允许流体向一个方向流动时，就需要使用止逆阀。减压阀的作用是自动地将高压流体按工艺要求减压为低压流体，一般经减压后的压力要低于阀前压力的 50%。通常用于蒸汽和压缩空气管道上。闸阀又称闸板阀，它利用闸板的起落来开启和关闭阀门，并通过闸板的高度来调节流量。闸阀广泛应用于各种压力管道上，但由于其闭合面易磨损，故不宜用于腐蚀性介质的管道。旋塞阀又叫考克，是利用旋塞孔和阀体孔两者的重合程度来截止和调节流量的，它启闭迅速，经久耐用，但由于摩擦面大，受热后旋塞膨胀，难以转动，不能精确调节流量，故只适用于压力小于 1.0MPa 和温度不高的管道上。针形阀的结构与球行阀相似，只是将工艺阀盘做成锥形，阀盘与阀座接触面积大，密封性能好，易于启闭，特别适用于高压操作和精度调节流量的管道上。

（3）管路的连接　常用的管路连接方式有三种：法兰连接、螺纹连接和焊接。无缝钢管一般采用法兰连接或管子间的焊接；水煤气管只用螺纹连接；玻璃钢管大多采用活套法兰连接。小口径管道和低压管道一般采用螺纹连接，其形式又分为固定螺纹连接和卡套连接两种。大口径管道、高压管道和需要经常拆卸的管道，常用法兰连接。用法兰连接管路时，必须加上垫片，以保证连接处的严密性。

二、压力管道的安全使用管理

压力管道的使用单位，应对其安全管理工作全面负责，防止因其泄漏、破裂而引起中毒、火灾或爆炸事故。

① 贯彻执行《压力管道安全管理与监察规定》及压力管道的技术规范、标准，建立、健全本单位的压力管道安全管理制度。

② 压力管道及其安全设施必须符合国家有关规定。

③ 应有专职或兼职专业技术人员负责压力管道安全管理工作；压力管道工作的操作人员和压力管道的检验人员必须经过安全技术培训。

④ 按规定对压力管道进行定期检验，并对其附属的仪器仪表、安全保护装置、测量调控装置等定期校验和检修。

⑤ 建立压力管道技术档案，并到单位所在地（市）级质量技术监督行政部门登记。

⑥ 对输送可燃、易爆或有毒介质的压力管道，应建立巡回线检查制度，制定应急措施和救援方案，根据需要建立抢救队伍，并定期演练。

⑦ 对事故隐患应及时采取措施进行整改，重大事故隐患应以书面形式报告主管部门和质量技术监督行政部门。

⑧ 按有关规定及时如实向主管部门和当地质量技术监督行政部门等有关部门报告压力管道事故，并协助做好事故调查和善后处理工作，认真总结经验教训，采取相应措施，防止事故重复发生。

三、压力管道安全技术

压力管道造成泄漏而引起火灾、爆炸事故在化工行业常有发生，其原因主要是由于介质腐蚀磨损使管壁变薄。因此，防止压力管道事故，应着重从防腐入手。

1. 管道的腐蚀及预防

工业管道的腐蚀以全面腐蚀最多，其次是局部腐蚀和特殊腐蚀。遭受腐蚀最为严重的装置通常为换热设备、燃烧炉的配管。工业管道的腐蚀一般易出现在以下部位，需特别予以关注。

① 管道的弯曲、拐弯部位，流线型管段中有液体流入而流向又有变化的部位。

② 在排液管中经常没有液体流动的管段易出现局部腐蚀。

③ 产生汽化现象时，与液体接触的部位比与蒸气接触的部位更易遭受腐蚀。

④ 液体或蒸汽管道在有温差的状态下使用，易出现严重的局部腐蚀。

⑤ 埋设管道外部的下表面容易产生腐蚀。

防止管道腐蚀应从三个方面入手。

① 设计足够强度的管道，管道设计应根据管内介质的特性、流速、压力、管道材质、使用年限等，计算出介质对管材的腐蚀速率，在此基础上选取适当的腐蚀裕度。

② 合理选择管材，即依据管道内部介质的性质，选择对该种介质具有耐腐蚀性能的管道材料；

③ 采用合理防腐措施，如采用涂层防腐、衬里防腐、电化学防腐及使用缓蚀剂等。其中用得最为广泛的涂层防腐，涂料涂层防腐最常见。

2. 管道的绝热

工业生产中，由于工艺条件的需要，很多管道和设备都要加以保温、保冷和加热保护，均属于管道和设备的绝热。

① 保温保冷。管道、设备在控制或保持热量的情况下应予保温、保冷；为了减少介质因为日晒或外界温度过高而引起蒸发的管线、设备应予保温；对于温度高于 65℃ 的管道、设备，如果工艺不要求保温，但为避免烫伤，在操作人员可能触及的范围内也应保温。为了减少低温介质因为日晒或外界温度过高而引起冷损失的管线、设备应予保冷。

② 加热保护。对于连续或间断输送具有下列特性的流体的管道，应采取加热保护：凝固点高于环境温度的流体管道；流体组分中能形成有害操作的冰或结晶；含有 H_2S、HCl、Cl_2 等气体，能出现冷凝或形成水合物的管道；在环境温度下黏度很大的介质。加热保护的方式有蒸汽伴管、夹套管及电热带三种。

③ 绝热材料。无论是管道保温、保冷，还是加热保护，都离不开绝热材料。材料的热导率越小、单位体积的质量越大、吸水性越低，其绝热性能就越好。此外，材质稳定，不可燃，耐腐蚀，有一定的强度也是绝热材料所必备的条件。工业管道常用的绝热材料有毛毡、石棉、玻璃棉、石棉水泥、岩棉及各种绝热泡沫塑料等。

第六节　起重机械

一、起重机械概述

起重机械是用来对物料进行起吊、运输、装卸和安装等作业以及对人员进行垂直运送的机械设备。起重机械以间歇、重复的工作方式，通过起重吊钩或其他吊具升起、下降或同时升降与运移重物。起重机械也是危险性较大，容易发生事故的特种设备，必须对其进行严格的安全管理。

1. 定义

起重机械是指用于垂直升降或垂直升降并水平移动重物的机电设备，其范围规定为额定起重量大于或等于 0.5t 的升降机；额定起重量大于或者等于 1t，且提升高度大于或者等于 2m 的起重机和承重形式固定的电动葫芦等。

2. 化工行业常用的起重机械

化工行业常用的起重机械　在化工生产中起重机械主要用于工艺生产中物料的输送及设备修理时的吊装、拆卸。大量应用的是小型起重机械，如千斤顶、手拉葫芦、电动葫芦等；应用的大型起重机械主要有桥式起重机（也称"天车"）、臂架型起重机（如起重车、吊车）、升降机、电梯等；在化工设备安装和检修中，常用塔式起重机、桅杆式起重机等。

3. 起重机械的主要参数

（1）额定起重量　指起重机械在各种情况下和规定的使用条件下，安全作业所允许的起吊物料连同可分吊具或索具质量的总和，单位为 t。

（2）幅度　指旋转臂架型起重机的回转中心线与空载吊具铅直中心线之间的水平距离，单位为 m。

（3）跨度　指桥架型起重机支承中心线（如运行轨道轴线）之间的水平距离，单位为 m。

（4）起升高度和下降深度　起升高度是指起重机械水平停车面至吊具允许最高位置的垂直距离；下降深度是指起重机械水平停车面至停车面以下吊具允许最低位置的垂直距离。单位为 m。

（5）起重力矩　指幅度和相应的起吊载荷的乘积。单位为 N·m。这个参数综合了起重量和幅度两个因素，比较全面、准确地反映了臂架型起重机的起重能力和工作过程中的抗倾覆能力。

（6）工作速度　包括起升速度、运行速度、变幅速度和回转速度。其中起升、运行、变幅速度的单位为 m/min，回转速度的单位为 r/min。

二、起重机械的安全装置

起重机械对安全影响较大的零部件主要有滑轮和滑轮组、吊钩、钢丝绳、卷筒、减速装置及制动装置等。为保证起重机械的自身安全及操作人员的安全，各种类型的起重机械均设有安全防护装置，常见的防护装置有超载保护装置、缓冲器、极限位置限制器、防碰撞、防偏斜装置等。

1. 超载限制器

超载限制器是一种超载保护装置，其功能是当起重机超载时，使起升动作不能实现，从而避免过载。超载保护装置按其功能可分为自动停止型、报警型和综合型几种。根据 GB 6067—2010《起重机械安全规程》的规定：额定起重量大于 20t 的桥式起重机，大于 10t 的门式起重机、装卸机、铁路起重机及门座起重机等均应设置超载限制器。

2. 力矩限制器

力矩限制器是臂架式起重机的超载保护装置，常用的有电子式和机械式等。当臂架式起重机的起重力矩大于允许极限时，会造成臂架折弯或折断，甚至还会造成起重机整机失稳而倾覆或倾翻。因此，履带式起重机、塔式起重机应设置力矩限制器。

3. 缓冲器

设置缓冲器的目的是吸收起重机或起重小车的运行动能，减缓运行到终点的起重机或主梁上的起重小车对止挡体的冲击力。因此，缓冲器应设置在起重机或起重小车与止挡体相碰撞的位置。在同一轨道上运行的起重机之间以及在同一起重机桥架上双小车之间，也应设置缓冲器。

4. 极限位置限制器

上升极限位置限制器是用于限制取物装置的起升高度，动力驱动的起重机，其起升机构均应装设上升极限位置限制器，以防止吊具起升带上极限位置后继续上升，拉断起升钢丝绳；下降极限位置限制器是用来限制取物装置下降至最低位置时，能自动切断电源，使起升机构下降允许停止；运行极限位置限制器的功能是限制起重机或小车的运动范围，凡有轨道运行的各种类型起重机，均应设置运行极限位置限制器。

5. 防碰撞装置

当起重机运行到危险距离范围内时，防碰撞装置便发出警报，进而切断电源，使起重机停止运行，避免起重机之间的相互碰撞。

6. 防偏斜装置

大跨度的门式起重机和装卸桥应设置偏斜限制器、偏斜指示器或偏斜调整装置等，来保证起重机支腿在运行中不出现超偏现象，即通过机械和电器的联锁装置，将超前或滞后的支腿调整到正常位置，以防桥架被扭坏。跨度大于或等于40m的门式起重机和装卸桥应设置偏斜调整和显示装置。

7. 夹轨器和锚定装置

夹轨器的工作原理是利用夹钳夹紧轨道头部的两个侧面，通过结合面的夹紧力将起重机固定在轨道上；锚定装置是将起重机与轨道基础固定，通常在轨道上每隔一段距离设置一个。露天工作的轨道式起重机，必须安装可靠的防风夹轨器或锚定装置，以防被大风吹走或吹倒而造成严重事故。

8. 其他安全装置

其他安全装置主要包括：联锁保护装置、幅度指示器、水平仪、防止吊臂后倾装置、极限力矩限制、回转定位装置、风级风速报警器。

三、起重机械事故及原因分析

从事故统计资料看，吊物坠落、机体倾翻、挤压碰撞和触电，是起重机械最主要的事故类型。

1. 吊物坠落

吊物坠落造成的伤亡事故占起重伤害事故的比例最高，其中因吊索具有缺陷（如钢丝绳拉断、平衡梁失稳弯曲、滑轮破裂导致钢丝绳脱槽等）导致的事故最为严重；其次是吊装时捆扎方法不妥（如吊物重心不稳、绳扣结法错误等）造成的事故；再有就是因超载而导致的事故。

2. 机体倾翻

一种情况是由于操作不当（如超载、臂架变幅或旋转过快等）、支腿未找平或地基沉陷等原因使倾翻力矩增大，导致起重机倾翻；另一种情况是由于安全防护设施缺失或失效，在坡度或风载荷作用下，使起重机沿路面或轨道滑动而导致倾翻。

3. 挤压碰撞

一种情况是由于吊装作业人员在起重机和结构物之间作业时，因机体运行、回转挤压导致的事故，这种情况占挤压碰撞事故的比例最高；其次，由于吊物或吊具在吊运过程中晃动，导致操作者高处坠落或击伤造成的事故；再次，被吊物件在吊装过程中或摆放时倾倒造成的事故。

4. 触电

绝大多数发生在使用移动式起重机的作业场所，且多发生在起重机外伸、变幅、回转过程中。尤其在建筑工地或码头上，起重臂或吊物意外触碰高压架空线路的机会较多，容易发生触电事故，或由于与高压带电体距离过近，感应带电而引发触电事故。此外，司机与维修人员在进入桥式起重机驾驶室前爬梯时，因触及动力线路而伤亡。

四、起重吊运的基本安全要求

① 每台起重机械的司机，都必须经过专门培训，考核合格后，持有操作证才准予上岗操作。

② 司机接班时，应检查制动器、吊钩、钢丝绳和安全装置。发现性能不正常，应在操作前排除。

③ 开车前，必须鸣铃或报警。确认起重机上或周围无人时，才能闭合主电源。闭合主电源前，应使所有控制器手柄置于零位。

④ 流动式起重机，工作前应按说明书的要求平整停机场地，牢固可靠地打好支腿。

⑤ 操作应按指挥信号进行。起重指挥人员发出的指挥信号必须明确，符合标准。动作信号必须在所有人员退到安全位置后发出。听到紧急停车信号，不论是何人发出，都应立即执行。

⑥ 工作中突然断电时，应将所有的控制器手柄扳回零位；在重新工作前，应检查起重机动作是否都正常。

⑦ 吊重物接近或达到额定起重量时，吊运前应检查制动器，并用小高度（200～300mm）、短行试吊后，再平稳地吊运；吊运液态金属、有害液体、易燃、易爆物品时，也必须先进行小高度、短行程试吊。

⑧ 不得在有载荷的情况下调整起升、变幅机构的制动器。起重机运行时，不得利用限位开关停车；对无反接制动机能的起重机，除特殊紧急情况外，不得打反车制动。

⑨ 吊运重物不得从人头顶通过，吊臂下严禁站人。操作中接近人时，应给予断续铃声或报警。

⑩ 重物不得在空中悬停时间过长，且起落速度要平稳，非特殊情况下不得紧急制动和急速下降。

⑪ 吊运重物时不准落臂；必须落臂时，应先把重物放在地上。吊臂仰角很大时，不准将被吊的重物骤然落下，防止起重机向一侧翻倒。

⑫ 吊重物回转时，动作要平稳，不得突然制动。回转时，重物重量若接近额定起重量，重物距地面的高度不应太高，一般在 0.5m 左右。

⑬ 在厂房内吊运货物应走指定通道。在没有障碍物的线路上运行时，吊物（吊具）底面应吊离地面 2m 以上；有障碍物需要穿越时，吊物（吊具）底面应高出障碍物顶面 0.5m 以上。

⑭ 无下降极限位置限制器的起重机，吊钩在最低工作位置时，卷筒上的钢丝绳必须保证有设计规定的安全圈数。

⑮ 起重机工作时，臂架、吊具、辅具、钢丝绳、缆风绳及重物等，与输电线的最小距离不应小于表 7-1 的规定。

表 7-1　与输电线的最小距离

输电线电压/kV	<1	1～35	≥60
最小距离/m	1.5	3	$0.01(U^{①}-50)+3$

① 为输电线电压。

⑯ 有下列情况之一时，司机不应进行操作：

● 超载或物体重量不清时，如吊拔起重量或拉力不清的埋置物体，或斜拉斜吊等；

● 信号不明确时；

● 捆绑、吊挂不牢或不平衡，可能引起滑动时；

● 被吊物上有人或浮置物时；

- 结构或零件有影响安全工作的缺陷或损伤，如制动器或安全装置失灵、吊钩螺母防松动装置损坏、钢丝绳损伤达到报废标准时；
- 工作场地昏暗，无法看清场地、被吊物情况和指挥信号时；
- 重物棱角处与捆绑钢丝绳之间未加衬垫时；
- 钢水（铁水）包装得过满时。

第七节　化工机械设备安全检修

在化工生产中，设备状况与企业生产效益密切相关，优质、高产、低耗、节能和安全都离不开完好的设备。设备维护保养不善，使用不当，必然要发生各种各样的事故，导致计划打乱乃至停产；或因为跑、冒、滴、漏损失资源，污染环境，恶化劳动条件。甚至由于腐蚀、疲劳、蠕变等造成设备破裂、爆炸，人员伤亡，财产损失。化工生产中的炉、塔、釜、器、机、泵以及罐、槽、池等大多是非定型设备，种类繁多，规格不一。要求操作人员和检修人员具有丰富的知识和技术，熟练掌握不同设备的结构、性能和特点。

化工生产的危险性决定了化工设备检修的危险性。化工设备和管道中大多残存着易燃易爆有毒的物质，化工抢修及检修又离不开动火、动土、进罐入塔等作业，故客观上具备了发生火灾、爆炸、中毒、化工灼烧等事故的条件，稍有疏忽就会发生重大事故。据统计资料表明，国际国内化工单位发生的事故中，停车检修作业或在运行中抢修作业中发生的事故占有相当大的比例。

化工设备的检修应由操作人员和检修人员交接配合，共同完成。因此，化工操作人员掌握设备检修的相关安全知识和技术是十分必要的。

一、检修前的准备

1. 成立检修指挥部

大修、中修时，为了加强停车检修工作的集中领导和统一计划，确保停车检修的安全顺利进行，检修前要成立检修指挥部。企业主要负责人为总指挥，主管设备、生产技术、人事保卫、物资供应及后勤服务等的负责人为副总指挥，工作人员为机动、生产、劳资、供应、安全、环保、后勤等部门的代表。针对装置检修项目及特点，指挥部成员应明确分工，分片包干，各司其职，各负其责。

2. 制定检修方案

无论是全厂性停车大检修、系统或车间的检修，还是单项工程或单个设备的检修，在检修前均须制定装置停车、检修、开车方案及其安全措施。

安全检修方案主要内容应包括：检修时间、设备名称、检修内容、质量标准、工作程序、施工方法、起重方案、采取的安全技术措施；并明确施工负责人、检修项目安全员、安全措施的落实人等。方案中还应包括设备置换、吹洗、盲板抽堵流程示意图等。尤其要制定合理工期，确保检修质量。检修方案及检修任务书必须得到审批，全厂性停车大检修、系统或车间的大、中修，以及生产过程中的抢修，应由总工程师（副总工程师）或厂长或机动设备部门主管审批；单项工程或单个设备的检修，由机动设备部门审批。审批部门对检修过程中的安全负责。

3. 检修前的安全教育

检修前，检修指挥部负责向参加检修的全体人员（包括外单位人员、临时工作人员等）进行检修技术方案交底，使其明确检修内容、步骤、方法、质量标准、人员分工、注意事项、存在的危险因素和由此而采取的安全技术措施等，达到分工明确、责任到人。同时还要组织检修人员到检修现场，了解和熟悉现场环境，进一步核实安全措施的可靠性。检修人员经安全教育并考试合格取得《安全（作业）合格证》后才能准许持证参加检修。安全教育内容主要包括：

① 需检修部位的工艺生产特点、应注意的安全事项以及检修过程中可能存在或出现的不安全因素及对策；

② 检修规程、安全制度、化工生产禁令；

③ 检修作业项目、任务、检修方案和检修安全措施；

④ 检修中已发生过的重大事故案例；

⑤ 检修各工种所使用的个体防护用具的正确使用和佩戴方法；

⑥ 检修人员必须遵守所在生产车间的安全规定，严禁乱动生产车间不需检修的生产设备、管道、阀门、仪表电气等安全要求；

⑦ 特种作业人员除学习上述安全内容外，还需进行本工种的专业安全教育培训。

4. 检修前的检查

装置停车检修前，应由检修指挥部统一组织，对停车前的准备工作进行一次全面的检查。检查内容主要包括检修方案、检修项目及相应的安全措施、检修机具和检修现场等。

二、装置的安全停车

化工装置在停车过程中，要进行降温、降压、降低进料量，一直到切断原料的进料。组织不好、指挥不当或联系不周、操作失误都容易发生事故。

正常停车按岗位操作法执行，较大系统的停车必须编写停车方案，做好检修期间的劳动组织及分工及进行检修动员等，并严格按照停车方案进行有秩序的停车。在停车操作中应注意以下几点。

① 大型传动设备的停车，必须先停主机、后停辅机。

② 系统降压、降温必须按要求的速率、先高压后低压的顺序进行。凡须保温、保压的设备，停车后要按时记录温度、压力的变化。

③ 把握好降量的速度，开关阀门的操作一般要缓慢进行。

④ 高温真空设备的停车，必须先破真空，待设备内的介质温度降到自燃点以下后，方可与大气相通，以防空气进入引起介质的燃爆。

⑤ 设备卸压时，应对周围环境进行检查确认，要注意易燃、易爆、有毒等危险化学物品的排放和扩散，防止造成事故。

⑥ 装置停车时，应尽可能倒空设备及管道内的液体物料，送出装置。应采取相应措施，不得就地排放或排入下水道中。可燃、有毒气体应排至火炬烧掉。

⑦ 加热炉的停炉操作，应按工艺规程中规定的降温曲线进行，并注意炉膛各处降温的均匀性。加热炉未全部熄灭或炉膛温度很高时，有引燃可燃气体的危险性。此装置不得进行排空和低点排凝，以免有可燃气体飘进炉膛引起爆炸。

三、装置停车后的安全处理

化工装置在停车后应进行盲板抽堵、设备吹扫、置换等工作。停车和吹扫置换工作进行的好坏，直接关系到装置的安全检修。因此，装置停车后的处理对于安全检修工作有着特殊的意义。

1. 盲板抽堵作业

检修设备和运行系统隔离的最保险的方法是将与检修设备相连的管道、管道上的阀门、伸缩接头可拆部分拆下，然后在管路侧的法兰上装设盲板。如果不可拆卸或拆卸十分困难，则应在和检修设备相连的管道法兰接头之间插入盲板。

抽堵盲板属于危险作业，须办理《盲板抽堵安全作业证》方可作业；高处抽堵盲板还应办理《高处安全作业证》。作业时应做好以下安全工作。

（1）制作盲板　根据阀门或管道的口径制作合适的盲板。按 HG 23013—1999《厂区盲板抽堵作业安全规程》执行。

（2）现场管理　在易燃易爆场所作业时，作业地点 30m 内不得有动火作业。工作照明应该使用防爆灯具，并应使用防爆工具。禁止使用铁器敲打管线、法兰等。在室内进行抽堵盲板作业时，必须打开门窗，或用符合安全要求的通风设备强制通风。在高处抽堵盲板作业时，确认安全可靠方准登高抽堵。

（3）泄压排尽　抽堵盲板前应仔细检查管道和检修设备的压力是否下降至规定值，余液是否排尽。在有毒气体的管道、设备上抽堵盲板时，非刺激性气体的压力应小于 26.66kPa；刺激性气体的压力应小于 6.67kPa；气体温度应低于 60℃。若温度、压力超过上述规定时，应有特殊的安全措施，并办理特殊的审批手续。

（4）器具和监护　抽堵可燃介质的盲板时，应使用铜质或其他撞击时不产生火花的工具。若必须用铁质工具时，应在其接触面上涂以石墨、黄油等不产生火花的介质。作业时应戴好隔离式防毒面具，并站在上风向。抽堵盲板应有专人监护，作业复杂、危险性大的场所，还应有消防队、医务人员到场。如涉及整个生产系统，生产调度人员和厂生产部门负责人必须在场。

（5）登记核查　抽堵盲板应有专人负责做好登记核查工作，以防漏抽、漏堵。抽堵多个盲板时，应按盲板位置图及盲板编号，由施工总负责人统一指挥作业。

2. 置换作业

为保证检修动火和设备内作业的安全，设备检修前内部的易燃、有毒气体应进行置换；酸碱等腐蚀性液体应该中和；为保证罐内作业安全和防止设备腐蚀，经过酸洗或碱洗后的设备，还应进行中和处理。

易燃、有毒有害气体的置换，大多采用蒸汽、氮气等惰性气体作为置换介质。也可采用"注水排气"法将易燃有害气体压出，达到置换要求。设备经惰性气体置换后，若需要进入其内部工作，则事先必须用空气置换惰性气体，以防窒息。

（1）可靠隔离　被置换的设备，管道与运行系统相连处，除关紧连接阀门外，还应加上盲板，达到可靠隔离要求，并卸压和排余液。

（2）制订方案　置换前应制订置换方案，绘制流程图。根据置换和被置换介质密度不同，选择置换介质进入点和被转换置换介质的排出点，确定取样分析部位，以免遗漏，防止出现死角。操作人员须严格按照方案执行。

（3）置换要求　用注水排气法置换气体时，一定要保证设备内被水充满，所有易燃气体被全部排出。故一般应在设备顶部最高位置的接管口有水溢出，并外溢一段时间后，方可动火，严禁注水未满的情况下动火。用惰性气体置换时，设备内部易燃，有毒气体的排出，除合理选择排出点位置外，还应将排除气体引至安全场所。所需的惰性气体用量一般为被置换介质容积的三倍以上。对被置换介质有滞留的性质或者其密度和置换介质相近时，还应注意防止置换的不彻底或者两种介质相混合的可能。因此，置换作业是否符合安全要求，不能根据置换时间的长短或置换介质用量判断，而是依据气体分析化验结果是否合格。

（4）取样分析　在置换过程中应按照置换流程图上标明的取样分析点取样分析。

3. 设备清扫和清洗

经过置换等作业方法清除的沉积物，应用蒸汽、热水或碱液等进行蒸煮、溶解、中和等方法将沉积的可燃、有毒物质清除干净。

（1）人工揩擦或铲刮　对某些设备内部的沉积物可用人工揩擦铲刮的方法清除。进行此项作业时，设备应符合设备内作业安全规定。若沉积物是可燃物或酸性容器壁上的污物和残酸，则应用木质、铜质、铝质等不产生火花的铲、刷、钩等工具。若是有毒的沉积物，应做好个人防护，必要时戴好防毒面具后作业。应及时清扫并妥善处理铲刮下来的沉积物。

（2）用蒸汽或高压热水清扫　油罐的清扫通常采用蒸汽或高压喷射的方法清洗掉罐壁上的沉积物，但必须防止静电火花引起燃烧、爆炸。采用的蒸汽一般宜用低压饱和蒸汽，蒸汽和高压热水管道应用导线和槽罐连接起来并接地。用蒸汽或热水清扫后，入罐前应让其充分冷却，防止烫伤。油类设备管道的清洗可以用氢氧化钠溶液，用量为 1kg 水加入 80～120g 氢氧化钠，用此浓度的碱液清洗几遍或通入蒸汽煮沸，然后将碱液放去，用水洗涤。溶解固体氢氧化钠时，应将碱片或碱碎块分批多次逐渐加入清水中，同时缓慢搅动，待全部碱块均加入溶解后，方可通蒸汽煮沸。绝不能先将碎碱块放入设备或管道内再加水。对汽油桶一类的油类容器，可以用蒸汽吹洗。

（3）化学清洗　为检修安全和防止设备的腐蚀、过热，对设备管道内的泥垢、油垢、水垢和铁锈等沉积物和附着物可以用化学清洗的方法除去。常用的有碱洗法，如在氢氧化钠溶液、磷酸钠、碳酸钠内加入适量的表面活性剂；酸洗法，如用盐酸加缓蚀剂、柠檬酸等有机酸清洗；还可用碱洗和酸洗交替等方法。对氧化铁类沉积物的清洗：如果设备内部有油垢时，先进行碱洗，然后清水洗涤，接着进行酸洗。对氧化铁、铜及氧化铜类沉积物清洗：沉积物中除氧化铁外还杂有铜或氧化铜等物质，仅用酸洗法不能清除。应先用氨溶液除去沉积物中的铜分，然后进行酸洗；因为铜和铜的氧化物污垢和铁的氧化物大都呈现层叠状积附，故交替使用氨水和酸类进行清洗；如果铜或铜的氧化物污垢积附较多，在酸洗时一定要添加铜离子封闭剂，以防因铜离子的电极沉积引起腐蚀。对硫化铁沉积物的清洗：在石油化工装置中除硫化铁沉积物外，大都积附氧化铁、硫化铁类沉积物，这类沉积物中大多数是氧化铁、硫化铁以混合状态积附，其中还含有少量油分，沉积物较为坚硬，清洗时，先加热到300℃左右，时间为 2～3h，使沉积物裂化，除去油分，然后再进行酸洗；加热时应控制温度，防止设备管道过热；酸洗时有硫化氢气体产生，必须另设管道处理，防止中毒。对碳酸盐类水垢的清洗锅炉受热面上若结有碳酸盐水垢，可用盐酸加缓蚀剂的方法清洗。在配制酸洗液时应注意个人防护，酸洗液放入锅炉宜分两次，先灌入一半，若锅内作用不是很激烈，则可将另一半灌入。打开锅筒上的放空阀（或其他阀门）以便使酸洗过程中产生的气体排出。采用化学清洗后的废液应予以处理后方可排放。一般把废液进行稀释沉淀、过滤等，使污染物浓度降低到允许的排放标准后排放；或采用化学药品，通过中和、氧化、还原、凝聚、吸附以及离子交换等方法把酸性或碱性废液处理至符合排放标准后排放；或排入全厂性的污水处理系统，统一处理后排放。

四、检修中的特殊作业

1. 动火作业

动火作业指在禁火区进行焊接与切割作业及在易燃易爆场所使用喷灯、电钻、砂轮等进行可能产生火焰、火花和赤热表面的临时性作业。动火作业分为特殊危险动火作业、一级动火作业和二级动火作业三类。动火作业应办理动火证审批手续，落实安全措施。

化工生产设备和管道中的介质大多是易燃易爆物质，检修动火具有很大危险性，加强火种管理是化工企业防火防爆的一个重要环节。

动火作业安全要点如下。

（1）审证　禁火区内动火应办理动火证的申请、审核和批准手续，明确动火的地点、时间、范围、动火方案、安全措施、现场监护人。没有动火证或动火手续不齐、动火证已过期不准动火；动火证上要求采取的安全设施没有落实之前也不准动火；动火地点或内容更改时应重办审证手续，否则也不准动火。进入设备内、高处进行动火作业，还要办理相关许可证。特殊危险动火作业和一级动火作业的《动火安全作业证》有效期为 24h 以内，二级动火作业的《动火安全作业证》有效期为 120h 以内。

（2）联系 动火前要和生产车间、工段联系，明确动火的设备、位置。由生产部门指定人员负责动火设备的置换、扫线、清洗或清扫工作，并作书面记录。由审证的安全保卫部门通知邻近车间、工段或部门，提出动火期间的要求，如动火期间关闭门窗，不要进行放料，不要放空等。

（3）拆迁 凡能拆迁到固定动火区或其他安全地方进行动火的作业不应在生产现场（禁火区）内进行，尽量减少禁火区内的动火工作量。

（4）隔离 动火设备应与其他生产系统可靠隔离，防止运行中设备、管道内的物料泄漏入动火设备中，将动火地区与其他区域采用临时隔火墙等措施隔开，防止火星飞溅而引起事故。

（5）移去可燃物 将动火地点周围 10m 范围以内的一切可燃物，如溶剂、润滑油、未清洗的盛放过易燃液体的空桶、木柜、竹箩等转移到安全场所。

（6）灭火措施 动火期间，动火地点附近的水源要保证充足，不能中断，动火现场准备好的足够数量的适用灭火器具。在危险性大的重要地段动火，消防车和消防人员应到现场。

（7）检查和监护 上述工作准备就绪后，根据动火制度的规定，厂、车间或安全保卫部门负责人现场检查。对照动火方案中提出的安全措施，检查是否落实，并再次明确落实现场监护人和动火现场指挥，交待安全注意事项。

（8）动火分析 取样与动火间隔不得超过半小时，如果超过此间隔或动火作业中段时间超过半小时，必须重新取样分析。分析试样要保留到动火之后，分析数据应做记录，分析人员应在分析报告上签字。

（9）动火 动火作业应由经安全考试合格的持特种作业上岗证的人员担任。

（10）善后处理 动火结束后应清理现场，熄灭余火，做到不遗漏任何火种，切断动火作业所用的电源。

2. 动土作业

动土作业指挖土、打桩、地锚入土深度在 0.5m 以上；地面堆放负重在 $50kg/m^2$ 以上；使用推土机、压路机等施工机械进行填土或平整场地的作业。

化工企业内外地下有用于动力、通讯和仪表等不同用途、不同规格的电缆，有上水、下水、循环水、冷却水、软水和消防水等口径不一，材料各异的生产、生活用水管，还有煤气管、蒸汽管、各种化学物料管。电缆、管道纵横交错，编织成网。如果不明地下设施情况而进行动土作业，可能挖断电缆、击穿管道、土石塌方、人员坠落，造成人员伤亡或全厂停电等重大事故。因此，动土作业必须办理《动土安全作业证》，否则不准动土作业。

3. 设备内作业

进入化工区域内的各类塔、球、釜、槽、罐、炉膛、锅筒、管道、容器以及地下室、阴井、地坑、下水道或其他封闭场所内进行的作业称为设备内作业，常称罐内作业。化工检修及维护中的设备内作业十分频繁，和动火一样是危险性很大的作业。事前应办理《设备内安全作业证》方可作业。

设备内作业安全要点如下。

（1）可靠隔离 进入设备内作业的设备必须和其他设备、管道可靠隔离，绝不允许其他系统中的介质进入检修的设备。

（2）切断电源　有搅拌机等机械装置的设备，进行设备内作业前应把传动皮带卸下，启动机械的电机电源断开，如取下保险丝、拉下闸刀等，并上锁使其在检修中不能启动机械装置。还要在电源处挂上"有人检修，禁止合闸"的警告牌。

（3）清洗和置换　凡用惰性气体置换过的设备，进入前必须用空气置换出惰性气体，并对设备内空气中的含氧量进行测定，氧含量应在18％～21％的范围。对设备进行清洗，使设备内有毒气体、可燃气体浓度符合《化工企业安全管理制度》的规定。涂漆、除垢、焊接等作业过程中能产生易燃、有毒、有害气体，作业时应加强通风换气，并加强取样分析。

（4）设备外监护　设备内作业一般应指派两人以上作设备外监护。监护人应了解介质的理化性能、毒性、中毒症状和火灾、爆炸性；监护人应位于能经常看见设备内全部操作人员的位置，眼光不得离开操作人员；监护人除了向设备内作业人员递送工具、材料外，不得从事其他工作，更不准撤离岗位；发现设备内有异常时，应立即召集急救人员，设法将设备内受害人员救出。监护人应从事设备外的急救工作，如果没有人代替监护，即使在非常时候，监护人也不得自己进入设备内。凡进入设备内抢救的人员，必须根据现场的情况穿戴防护器具，决不允许不采取任何个人防护而冒险入设备救人。

（5）用电安全　设备作业照明，使用的电动工具必须使用安全电压，若有可燃性物质存在，还应符合防爆要求。悬吊行灯时不能使导线承受张力，必须用附属的吊具来悬吊。行灯的防护装置和电动工具的机架等金属部分，应该用三芯软线或导线等预先可靠接地。

（6）个人防护　设备内作业前应使设备内及周围环境符合安全卫生要求。在不得已的情况下需戴防毒面具入罐作业，防毒面具务必在事前作严格检查，确保完好；并规定在罐内的停留时间，严密监护，轮换作业。当设备内空气中含氧量和有毒有害物质浓度均符合安全规定时，仍应正确穿戴相关劳动保护用品进入设备。

（7）急救措施　根据设备的容积和形状、作业危险性大小和介质性质，作业前作好相应的急救准备工作。

（8）升降机具　设备作业所用升降机具必须安全可靠。

（9）防止疏漏　作业开始前有关部门负责人应检查各项安全措施的落实情况，作业罐的明显位置挂上"罐内有人作业"字样的牌子。作业结束，清除杂物，把所有的工具材料、垫板、梯子等都搬出设备外，防止遗漏在罐内。

4．高处作业

距坠落基准面2m及其以上，有可能坠落的高处进行的作业；距坠落基准面2m以下，但在作业地段坡度大于45°的斜坡下面，或附近有坑、井和有风雨袭击、机械振动的地方以及有转动机械或有堆放物易伤人的地段进行的作业，均称为高处作业。高处作业要办理《高处安全作业证》，方可作业。

高处作业安全要点如下。

（1）作业人员　患有精神病、癫痫病、高血压、心脏病等疾病的人不准参加高处作业。工作人员饮酒、精神不振时禁止登高作业，患深度近视眼病的人员也不宜从事高处作业。

（2）作业条件　高处作业均须先搭脚手架或采取其他防止坠落的措施后方可进行。在没有脚手架或者没有栏杆的脚手架上工作，高度超过1.5m时，必须使用安全带或采取其他可靠的安全措施。

（3）现场管理　高处作业现场应设有围栏或其他明显的安全界标。除有关人员外，不准其他人在作业地点的下面通行或逗留。进入高处作业现场的所有工作人员必须戴好安全帽。高处作业应与地面保持联系，根据现场情况配备必要的联络工具，并指定专人负责联系。

（4）防止工具材料坠落　高处作业时一律应用工具袋。较大的工具用绳拴牢在坚固的构件上，不准随便乱放。工作过程中除指定的、已采取防护围栏处或落料管槽可以倾倒废料外，严禁向下抛掷物料。

（5）防止触电和中毒　脚手架搭建时应避开高压线。高处作业地点如靠近放空管，万一有毒有害气体排放，应按计划路线迅速撤离现场，并根据可能出现的意外情况采取应急安全措施。

（6）注意结构的牢固性和可靠性　在槽顶、罐顶、屋顶等设备或建筑物、构筑物上作业时，除了临空一面装设安全网或栏杆等防护措施外，事先应检查其牢固可靠程度，防止失稳或破裂等可能出现的危险。严禁不采取任何安全措施，直接站在石棉瓦、油毛毡等易碎裂材料的屋顶上作业。若必须在此类结构上作业时，应架设人字梯或铺上木板以防止坠落。

五、装置的安全开车

1. 开车前的准备

在检修作业正式结束前，检修负责人应会同生产人员和安全检查员进行一次安全检查。检查的内容包括如下几点。

① 检修的项目是否全部按计划完成，是否有漏项。

② 要求进行测厚、探伤等检查的项目，是否按规定完成了；检修的质量是否符合规定。

③ 检查设备及管道内是否有人、工具、手套等杂物遗留，在确认无误后，才能封盖设备，恢复设备上的防护装置。

④ 检查检修现场是否做到"工完料净场地清"和所有的通道都畅通的要求。

⑤ 对检修换下来的带有有毒有害物质的旧设备、管线等杂物，要有专人负责进行安全处理，以防后患。

⑥ 有污染的工业垃圾，要在指定的地点销毁或堆放。

2. 试车验收

在检修项目全部完成和设备及管线复位后，要组织生产人员和检修人员共同参加试车和验收工作。根据规定分别进行耐压试验、气密试验、试运转、调试、负荷试车和验收工作。在试车和验收前应做好下列检查工作。

① 盲板要按要求进行抽堵，并做好核实工作。

② 各种阀门要正确就位，开关动作灵活好用，并核实是否在正确的开关状态。

③ 检查各种管件、仪表、孔板等是否齐全，是否正确复位。

④ 检查电机及传动机械是否按原样接线，冷却及润滑系统是否恢复正常，安全装置是否齐全，报警系统是否完好。

⑤ 确认水、电、汽（气）符合开车要求，各种原料、材料、辅料的供应到位。

⑥ 保温、保压及清洗的设备要符合开车要求。

各项检查无误后方可试车。试车合格后，按规定办理验收手续，并有齐全的验收资料。其中包括安装记录、缺陷记录、试验记录（如耐压、气密试验、空载试验、负荷试验等），主要零部件的探伤报告及更换清单。

试车合格、验收完毕后，在正式投产前应拆除临时电源及检修用的各种临时设施。撤除排水沟、井的封盖物。

3. 正式开车

① 装置的开车必须严格执行开车的操作规程（或开车方案）。

② 危险性较大的生产装置开车，相关部门人员应到现场。消防车、救护车处于应急状态。

③ 在接受易燃易爆物料之前，设备和管道必须进行气体置换。将排放系统与火炬联通

并点燃火炬。

④ 应缓慢接受物料。注意排凝，防止管线及设备的冲击、振动。接受蒸汽加热时，要先预热、放水，逐步升温升压。各种加热炉必须按程序点火，严格按升温曲线升温。

⑤ 开车过程中要严密注意工艺的变化和设备的运行情况，发现异常现象应及时处理，情况紧急时应终止开车，严禁强行开车。

⑥ 开车过程中应保持与有关岗位和部门的联络。

⑦ 开车正常后检修人员才能撤离。厂有关部门要组织生产和检修人员全面验收，整理资料，归档备查。

第八节　事　故　案　例

案例一　气瓶爆炸事故案例

1. 事故经过

1992 年 2 月 17 日，山东省某农药机械厂发生一起氧气瓶爆炸事故。事故当日上午 9 时，某氧气厂送来 17 个氧气瓶；下午 1 时 50 分，制作车间从仓库领出其中 2 个准备使用，2 名气焊工站在氧气减压表前，打开气瓶阀门放气时，2 个氧气瓶爆炸，1 个溶解乙炔气瓶爆炸着火，气焊工等 3 人当场死亡，在医院抢救过程中又死亡 1 人，重伤 4 人，轻伤 30 余人，全厂停车。

2. 事故分析

事故发生后，有关部门派人参加了调查分析，排除了人为破坏、碰撞、震动、受热、超温、超压、回火、瓶体缺陷等爆炸因素，认为这是一起瓶内混入了可燃性气体，在用户使用过程中发生爆炸的重大责任事故。

通过调查发现，当时社会上氧气瓶管理混乱。因氧气生产供大于求，各制氧企业为招揽用户，片面强调简化手续，对用户送来的空瓶和拉出的充氧气瓶都不做任何检查登记，将不属于本厂的气瓶也拉回使用，使得多数气瓶在不同的制氧企业和用户中循环周转。因此，各制氧企业和用户都不愿为氧气瓶的维修花钱，使得氧气瓶的胶圈、瓶帽等安全附件缺损，得不到及时更换修理，气瓶外表严重脱漆，有的气瓶瓶色已难以辨认，也无人重新进行喷涂；有的气瓶已超出安全检测周期，也无人送检验部门检测，甚至已检测判废的气瓶也被从废品收购站卖出重新在社会上流通使用；一些使用瓶装氢、氧、氮等多种气体的企业，气瓶使用、保管、运输管理不严，存在混存、混放、混装、混卸现象，都容易酿成事故。

农药机械厂这起事故，先后有 2 个氧气瓶爆炸。一个气瓶为粉碎性爆炸，瓶体炸碎为 300 余块，有的碎片离爆炸现场 158.4m，碎片总质量比氧气瓶设计质量少 4kg；另一气瓶受到第一个气瓶爆炸热辐射和冲击波影响而发生物理性殉爆，瓶体炸成 4 块，每块边缘呈膨胀减薄撕裂状，4 块碎片质量与气瓶设计质量基本相等；一溶解乙炔气瓶被氧气瓶爆炸碎片击穿 4 个孔洞，乙炔气、丙酮逸出着火，产生大量浓烟。

通过现场调查分析，调查组认为，第一个爆炸气瓶，是因为内部混入了可燃性气体，在操作工打开气瓶阀门放气时，高压气体与瓶嘴摩擦，达到点火能量而引起化学性爆炸。

瓶内存有何种可燃气体？瓶体质量如何？钢瓶是哪个单位送入厂内的？这是了解气瓶爆炸原因、找出事故直接责任者的关键问题，但供货氧气厂进出气瓶不做任何检查登记，因而对瓶体质量是否合格，是否在安全检测周期以内，气瓶前一使用周期用户是谁，瓶内有何种可能气体等问题，都无法回答。

从工艺上看，该厂在生产氧气时不可能有可燃性气体充入气瓶，那么瓶内可燃性气体从何而来？分析认为，是来自用户的气瓶。氧气厂气瓶管理不细，收进了用户的含氢气瓶，而误当成氧气瓶进行了充氧,使瓶内原来单纯的氢气,变成了可燃性的氢氧混合气体,在用户使用时发生爆炸。

该氧气厂用户中,不少企业同时使用瓶装氢、氧、氮等多种气体,如果气瓶保管、使用、运输管理不严,会误把氢气瓶当作氧气瓶送入氧气厂内;另外春节期间,一些个体户用钢瓶充氢后作气源充装彩色气球销售,节后如果不对瓶内气体进行置换,就当作氧气瓶送入氧气厂内,氧气瓶检查不认真,就可能误将氢气瓶当作氧气瓶使用。

供货氧气厂现存气瓶,有的严重锈蚀,油漆剥落,气瓶颜色已无法辨认,有的涂色很不规范(现场就有涂绿色和红色油漆的氧气瓶),存有将氢气瓶误作氧气瓶收入厂内的可能。

另外,气瓶多数爆炸碎片上没有残留物附着,只在瓶嘴根部有少量积炭。瓶嘴根部积炭,是将瓶嘴放入钢瓶时所加密封填料爆炸燃烧后的残留物,而其他碎片上,因瓶内氢、氧混合气体爆炸后形成的水分被加热蒸发,不会有残留物附着。

当然,在春节期间,农村有个别人用氧气瓶充装石油液化气,或用氧气和石油液化气当作气焊割金属的企业,在设备出现故障或操作失误时,石油液化气也会串入氧气瓶中。混入石油液化气的氧气瓶,使用时也会发生化学性爆炸,但石油液化气含碳元素较多,爆炸后会有较多的碳残留物附着。因此,可以推断,该事故不是瓶内混入石油液化气引起的。

通常,瓶内有可燃性混合气体时,在充氧过程中也可能发生爆炸,但此氧气瓶为何在充氧过程中没有爆炸?是否与当时的温度、压力和充氧速度有关?有待进一步研究探索。

案例二　高压管道爆炸着火事故

1. 事故经过

某化肥厂1986年新上的热力网络节能技改项目采用1984年上海化工设计院的标准设计。1988年11月系统改造时,由该厂自行现场设计、安装、施工,经过了两年的运行;1990年11月大修时更换合成塔内筒。1991年4月26日氨合成塔二出管道U形弯管(即废热锅炉进口弯管)突然爆裂,压力为28MPa的高压合成气体喷出着火,将离爆破管口22.4m的调度室南面门窗玻璃震碎、烧毁,着火气体喷入室内,调度室平房顶部即刻烧毁坍塌,室内5名值班长、2名调度员全部被大火吞没,当场烧死。合成塔二出管道碳钢U形弯头一段爆裂为三块,有两道焊缝开裂。

原设计合成塔二出管道为$\phi137mm \times 24mm$,材质为1Cr18Ni9Ti的合金管,1988年11月技改施工时,改用原西德进口的$\phi127mm \times 24mm$,材质为10CrMo-910合金管(与原设计管质量相同)。根据合成塔和废热锅炉的现场安装位置,二出管道与废热锅炉合成气进口对接需用5个弯头,前3个弯头由维修车间在加热炉上自行煨制,而另外2个弯头,即U形弯管,因加热炉和弯管半径小的原因,自行煨制有困难,负责现场施工人员根据其他厂使用20号碳钢管作合成塔出口管的经验,决定用两个材质为20号碳钢$\phi127mm \times 20mm$ 90°的标准弯头,对焊成U形弯管状,直接接到合金钢管上,对因安装间隔加大而短缺的1.5m合金钢管,也采用20号碳钢代替。安装完毕后,没有组织竣工验收,只经试压后即投入运行。

2. 事故分析

在施工过程中,未经原设计单位认可,未作技术论证,无现场设计施工技术资料,凭经验,边设计,边施工,错用了20号碳钢管道、弯头。根据材料手册介绍,20号碳钢可用于温度-20~470℃,压力不大于35MPa的介质环境中;但合成气温度为280~290℃,压力28~29MPa,且仅使用了2年4个月,20号碳钢弯头的强度降低,这是由于合成塔出口介质为含氨合成气体,其中含氨12%~14%,氢50%~69%,甲烷15%~16%,氮10%~23%及少量氩等惰性气体,由纳尔逊(Nalson)线即钢材氢腐蚀与介质温度、压力关系线可知,当温度为280~290℃、氢分压为14~16.8MPa时,碳素钢处于氢腐蚀临界曲线上方,说明碳素钢容易发生氢腐蚀。钢管内表面吸附的部分氢分子，在高温高压下分解成直径很小的氢原子、氢离子，通过金属晶格和晶界向钢内扩散，因晶粒界面上的渗碳体反应生成甲烷气体（$Fe_3C+2H_2 \longrightarrow 3Fe+CH_4$）。由于该气体不溶于铁素体中而呈气体聚集在晶粒界面处，产生巨大的内压力，使金属形成凸气泡，同时，因碳钢渗碳体 Fe_3C 被氢还原成铁素体，碳钢强度大大下降，且体积减少 6.67%，这两个因素将促使碳钢沿晶界开裂，形成氢腐蚀裂纹，即碳钢发生"氢脆"。经有关技术部门对爆裂的弯管进行分析化验可知，碳钢管内壁有圆形鼓泡，从内壁皮下深约 1mm 处鼓起 $\phi5mm$ 鼓泡，边缘呈圆角状，周围有大量分叉较多的弯曲裂纹通向内壁。由金相组织观察看出，此事故为典型的氢腐蚀断裂。

此外，还存在施焊不科学，焊接质量差。厂级领导班子成员责任不落实，对技改项目缺乏具体指导；项目竣工后未按规定组织验收和有关部门检查监督不力等原因。

案例三　锅炉爆炸事故

1. 事故经过

1979 年某日 9 时许，江苏省某造纸厂一台最高许可工作压力为 0.69MPa 的卧式锅炉发出一声巨响，炉胆和封头板边连接部位被炸开 920mm 长的裂口。炉内强大汽浪从破口处猛烈冲出，将前方三道土坯墙，十间草房，九间瓦房推倒。与此同时，炉膛内正在燃烧的炽热煤块、炉排、炉门也飞出 50m 外的房顶，引起火灾，将附近一些车间厂房全部烧为灰烬，爆炸产生的冲击波将整个炉体向后移动了 500mm。事故造成死伤各 1 人，经济损失 33 万余元。

2. 事故分析

领导忽视安全，司炉工未经技术培训，缺乏操作知识和安全常识。在正常情况下，点火后 2h 压力即可升到 0.39MPa。事故当日早晨 6 时升火点炉，这天烧了 3h 之久，汽压才升到 0.24MPa，此时司炉工已听到炉内有异常响声，但由于司炉工缺乏操作知识，不但不进行检查，反而继续加大火力，以致锅炉严重超压。

安全附件不全不灵。锅炉未装安全阀，压力表的连通管堵塞，因此锅炉压力指示升不上来，而分汽缸上两个压力表也均失灵，不能回复零位，在无压力的情况下，一表指示为 0.44MPa，另一表指示为 0.27MPa，压力表不能正确指示锅炉的真实压力导致锅炉超压发生爆炸。

案例四　检修违章动火事故

1. 事故经过

1989 年 7 月 17 日下午 6 时 15 分，厦门某厂糖精车间重氮化工北侧厂房外，3 人在 12.6m³ 的立式贮罐罐顶上进行焊接作业时，突然发生爆炸，贮罐顶盖向偏西上方飞出 29m 远，有 1 人被抛出 58m 远摔到高 22m 的屋顶上，作业的 3 人当场死亡，在旁边平台上持灭火器监护的 2 人被烧成重伤。

爆炸的储罐原装甲苯，因装废甲苯的储罐不够用，经清洗、置换并焊接接管口后，于 7 月 17 日中午将它移至安装地点就位，并接通了连接管路，改为装废甲苯。在安装就位后，仍需在罐顶焊接排气管。负责施工的副厂长曾提出应用盲板与系统隔离，而检修工认为前几天曾在该储罐上进行过焊接等作业，只要阀门关死了就不会有问题。这位副厂长不坚持原则，竟同意了检修工的意见。

在动焊作业前，发现阀门有内漏，便更换了阀门。当天下午 3 时 30 分，胺化班长要检修班更换打甲苯的陶瓷泵。换泵时，因清洗需要，打开了通往该储罐的阀门（开启 2 圈），换完泵后该阀门未关。下午 4 时交接班时，胺化班长告诉接班人：不能把甲苯打入新安装的储罐。下午 4 时 5 分胺化反应结束，开泵把甲苯打入重氮化前储罐，但操作工没有检查通往废甲苯储罐的阀门是否关紧。甲苯在流入重氮化前储罐的同时也流入了废甲苯储罐，并从其底部排污阀处流出。被人发现后，才关紧通往废甲苯储罐的阀门。

安环科副科长接到废甲苯储罐上要动火的电话后，到现场查看，因嗅到甲苯味很浓，且看到地面上有甲苯，便提出：最好不要在现场焊接，若要焊接，需把现场地面和排水沟冲洗干净，施工点周围用湿麻袋遮盖以防止火花飞溅。但负责施工的副厂长此时认为在几天前曾焊接过该储罐，这次动火不会有问题。施工人员按安环科副科长的要求对罐外环境做了一些处理。负责签发动火证的安全员到现场用鼻子闻了闻，觉得闻不出什么甲苯味，便签发了动火证，安全科、车间和班组的主管人员也分别在动火证上签了名。

下午 6 时 10 分，安环科布置现场用灭火器监护，下午 6 时 15 分开始焊接作业，焊接过程中突然发生爆炸。

2. 事故分析

该储罐在就位并接通连接管后，与生产系统已经接通，再次焊接前没有按要求与生产系统有效隔绝，而在换泵时阀门又被打开，物料流入施焊的储罐并达到爆炸极限浓度范围。

在场的施工人员没有向安全员及时介绍罐内流入甲苯的事；安全员在现场闻到有甲苯味，却没有认真查找地面上甲苯的来源。负责施工的副厂长、安全员及作业人员安全意识不强，现场甲苯味很大，但没有人考虑到罐内有甲苯气体。

办动火证流于形式，不尊重科学，用鼻子闻气味来代替科学分析或检测仪检测。凭感觉签字，签字人员采取不负责任的态度。接班操作工在开泵前未确认通往废甲苯罐的阀门是否处于关闭状态。

习　题

一、单项选择题

1. 根据 2009 年国务院颁布实施的《特种设备安全监察条例》，特种设备的范畴包括锅炉、压力容器（含气瓶）、压力管道、电梯、起重机械、客运索道、（　　）等。

A. 刨床　　　　　　B. 挖掘机　　　　　　C. 齿轮加工机　　　　　　D. 大型游乐设施

2. 工作压力为 5MPa 的压力容器属于（　　）。

A. 高压容器　　　　B. 中压容器　　　　　C. 中低压容器　　　　　　D. 低压容器

3. 我国纳入锅炉压力容器安全监察范围的最低压力是（　　）。

A. 0.1MPa　　　　　B. 0.2MPa　　　　　　C. 0.4MPa　　　　　　　　D. 0.6MPa

4. 锅炉的水位是保证供气和安全运行的重要指标，操作人员应不断地通过（　　）监视锅内的水位。

A. 压力表　　　　　B. 安全阀　　　　　　C. 温度计　　　　　　　　D. 水位表

5. 《气瓶安全检察规程》规定气瓶的最高使用温度为（　　）。

A. 80℃　　　　　　B. 60℃　　　　　　　C. 40℃　　　　　　　　　D. 20℃

6. 安全阀是一种（　　）装置。

A. 计量　　　　　　B. 联锁　　　　　　　C. 泄压　　　　　　　　　D. 报警

7. 《特种设备安全监察条例》规定的压力管道是最高工作压力大于或等于 0.1MPa（表压）、且公称直径（　　）的管道。

A. 大于 25mm　　　B. 大于 50mm　　　　C. 小于 25mm　　　　　　D. 小于 50mm

8. 起重机械的额定起重量，指起重机械在各种情况下和规定的使用条件下，安全作业所允许的（　　）。

A. 起吊物料的质量

B. 起吊物料与可分吊具或索具质量的总和

C. 可分吊具或索具质量的总和

9. 进行设备清洗时，若沉积物是可燃物，则不能采用以下工具（　　）。

A. 木质　　　　　　B. 铜质　　　　　　　C. 铁质　　　　　　　　　D. 铝质

10. 特殊危险动火作业和一级动火作业的《动火安全作业证》有效期为（　　　）。

A. 12h 以内　　　　　　B. 24h 以内　　　　　　C. 48h 以内　　　　　　D. 120h 以内

二、判断题

1. 特种设备的登记标志可以置于或附着于该特种设备的显著位置。（　　）

2. 特种设备只要未超过安全技术规范规定使用年限，就可以继续使用。（　　）

3. 按安全的重要程度将压力容器分为一类、二类、三类，高压容器一定属于第三类容器，其最为重要，要求也最为严格。（　　）

4. 蒸汽锅炉运行中，遇有水位表或安全阀全部失效时，可以停炉。（　　）

5. 气瓶颜色标记就是指气瓶外表面的瓶色。（　　）

6. 在吊装作业中，为了安全起见，估算物体质量，一般需略大于实际质量。（　　）

7. 防止压力管道事故，应着重从防腐入手。（　　）

8. 化工检修动火作业时，取样与动火间隔不得超过 1h。（　　）

9. 易熔塞是气瓶安全泄压装置的一种，主要用于低压液化气体气瓶，目前使用的易熔塞装置的动作温度有 100℃和 70℃两种。（　　）

10. 高处作业的必要条件是距坠落基准面 2m 及其以上。高处作业要办理《高处安全作业证》，方可作业。（　　）

三、简答题

1. 《特种设备安全监察条例》监管哪些单位、机构和部门？

2. 《特种设备安全监察条例》中的规定的锅炉、压力容器、气瓶、压力管道、起重机械的具体条件是什么？

3. 特种设备使用单位有哪些主要职责？

4. 特种设备的安全技术档案应当包括哪些基本内容？

5. 蒸汽锅炉运行中，遇有哪些情况时，应立即停炉？

6. 压力容器投用前的应做哪些准备工作？

7. 哪些气瓶应禁止对其进行充装？

8. 气瓶的安全使用与维护要点有哪些？

9. 工业管道的腐蚀一般易出现在哪些部位，需特别予以关注？

10. 检修作业结束，装置开车前应进行哪些方面的安全检查？

第八章　危险化学品包装与运输

　　工业产品的包装是现代工业中不可缺少的组成部分。一种产品从生产到使用者手中，一般要经过多次装卸、储存、运输的过程。在这个过程中，产品将不可避免地受到碰撞、跌落、冲击和振动。一个好的包装，将会很好地保护产品，减少运输过程中的破损，使产品安全地到达用户手中。这一点，对于危险化学品显得尤为重要。包装方法得当，就会降低储存、运输中的事故发生率，否则，就会有可能导致重大事故。如1997年1月，巴基斯坦曾发生一起严重氯气泄漏事故，一卡车在运输瓶装氯气时，由于车辆颠簸，致使液氯钢瓶剧烈撞击，引起瓶体的破裂，导致大量氯气泄漏，造成多人中毒。后经检验，钢瓶材质严重不符合要求，从而为运输安全留下了事故隐患。与此相反，1997年3月18日凌晨，我国广西一辆满载10t 200桶氰化钠剧毒品的大卡车在梧州市翻入桂江，由于包装严密，打捞及时，包装无一破损，避免了一场严重的泄漏污染事故。因此，化学品包装是化学品储运安全的基础。为了加强危险化学品的包装的管理，国家制定了一系列相关法律、法规和标准，如2011年12月1日施行的《危险化学品安全管理条例》对危险化学品包装的定点、使用和监督检查都作了具体规定。

第一节　危险化学品包装类别及要求

一、常用包装术语

1. 危险货物运输包装

根据危险货物的特性，按照有关标准和法规，专门设计制造的运输包装。

2. 气密封口

容器经过封口后，封口处不外泄气体的封闭形式。

3. 液密封口

容器经过封口后，封口处不渗漏液体的封闭形式。

4. 严密封口

容器经过封口后，封口处不外漏固体的封闭形式。

5. 小开口桶

桶顶开口直径不大于70mm的桶，称为小开口桶。

6. 全开口桶

桶顶可以全开的桶，称为全开口桶。

7. 复合包装

由一个外包装和一个内容器（或复合层）组成一个整体的包装，称为复合包装。

二、危险化学品包装的有关规定

《条例》第六条规定：国家质量监督检验检疫部门负责核发危险化学品及其包装物、容器（不包括储存危险化学品的固定式大型储罐）生产企业的工业产品生产许可证，并依法对其产品质量实施监督，负责对进出口危险化学品及其包装实施检验。

《条例》第十七条规定：危险化学品的包装应当符合法律、行政法规、规章的规定以及国家标准、行业标准的要求。危险化学品包装物、容器的材质以及危险化学品包装的型式、规格、方法和单件质量（重量），应当与所包装的危险化学品的性质和用途相适应。

《条例》第十八条规定：生产列入国家实行生产许可证制度的工业产品目录的危险化学品包装物、容器的企业，应当依照《中华人民共和国工业产品生产许可证管理条例》的规定，取得工业产品生产许可证；其生产的危险化学品包装物、容器经国务院质量监督检验检疫部门认定的检验机构检验合格，方可出厂销售。运输危险化学品的船舶及其配载的容器，应当按照国家船舶检验规范进行生产，并经海事管理机构认定的船舶检验机构检验合格，方可投入使用。对重复使用的危险化学品包装物、容器，使用单位在重复使用前应当进行检查；发现存在安全隐患的，应当维修或者更换。使用单位应当对检查情况作出记录，记录的保存期限不得少于 2 年。

《条例》第四十五条规定：用于运输危险化学品的槽罐以及其他容器应当封口严密，能够防止危险化学品在运输过程中因温度、湿度或者压力的变化发生渗漏、洒漏；槽罐以及其他容器的溢流和泄压装置应当设置准确、起闭灵活。

《条例》第五十八条规定：通过内河运输危险化学品，危险化学品包装物的材质、型式、强度以及包装方法应当符合水路运输危险化学品包装规范的要求。

《条例》第七十九条规定：危险化学品包装物、容器生产企业销售未经检验或者经检验不合格的危险化学品包装物、容器的，由质量监督检验检疫部门责令改正，处 10 万元以上 20 万元以下的罚款，有违法所得的，没收违法所得；拒不改正的，责令停产停业整顿；构成犯罪的，依法追究刑事责任。将未经检验合格的运输危险化学品的船舶及其配载的容器投入使用的，由海事管理机构依照前款规定予以处罚。

三、包装类别

危险化学品的包装按其危险程度划分为三个包装类别。

Ⅰ类包装：货物具有大的危险性，包装强度要求高。

Ⅱ类包装：货物具有中等危险性，包装强度要求较高。

Ⅲ类包装：货物具有小的危险性，包装强度要求一般。

应当按照危险化学品的不同类项及有关的定量值确定其包装类别。

四、包装的基本要求

① 危险货物运输包装应结构合理，具有一定强度，防护性能好。包装的材质、形式、规格、方法和单件质量（重量），应与所装危险货物的性质和用途相适应，并便于装卸、运输和储存。

② 包装应质量良好，其构造和封闭形式应能承受正常运输条件下的各种作业风险，不应因温度、湿度或压力的变化而发生任何渗（撒）漏，包装表面应清洁，不允许黏附有害的危险物质。

③ 包装与内装物直接接触部分，必要时应有内涂层或进行防护处理，包装材质不得与内装物发生化学反应而形成危险产物或导致削弱包装强度。

④ 内容器应固定。如属易碎性的应使与内装物性质相适应的衬垫材料或吸附材料衬垫妥实。

⑤ 盛装液体的容器，应能经受在正常运输条件下产生的内部压力。灌装时必须留有足够的膨胀余量（预留容积），除另有规定外，并应保证在温度 55℃ 时，内装液体不致完全充满容器。

⑥ 包装封口应根据内装物性质采用严密封口、液密封口或气密封口。

⑦ 盛装需要浸湿或加有稳定剂的物质时，其容器封闭形式应能有效地保证内装液体（水、溶剂和稳定剂）的百分比，在储运期间保持在规定的范围以内。

⑧ 在降压装置的包装，其排气孔设计和安装应能防止内装物泄漏和外界杂质进入，排出的气体量不得造成危险和污染环境。

⑨ 复合包装的内容器和外包装应紧密贴合，外包装不得有擦伤内容器的凸出物。

⑩ 无论是新型包装、重复包装、还是修理过的包装均应符合危险货物运输包装性能试验要求。

⑪ 盛装爆炸品包装的附加要求：

● 盛装液体爆炸品容器的封闭形式，应具有防止渗漏的双重保护；

● 除内包装能充分防止爆炸品与金属物接触外，铁钉和其他没有防护涂料的金属部件不得穿透外包装；

● 双重卷边接合的钢桶，金属桶或以金属做衬里的包装箱，应能防止爆炸物进入隙缝。钢桶或铝桶的封闭装置必须有合适的垫圈；

● 包装内的爆炸物质和物品，包括内容器，必须衬垫妥实，在运输过程中不得发生危险性移动。

● 盛装有对外部电磁辐射敏感的电引发装置的爆炸物品，包装应具备防止所装物品受外部电磁的辐射源影响的功能。

第二节　危险化学品包装容器

危险化学品包装物、容器是根据危险化学品的特性，按照有关法规、标准专门设计制造的，用于盛装危险化学品的桶、罐、瓶、箱、袋等包装物和容器。

一、金属包装

1. 钢（铁）桶

① 桶端应采用焊接或双重机械卷边，卷边内均匀填涂封缝胶。桶身接缝，除盛装固体或 40L 以下（包括 40L）的液体桶可采用焊接或机械接缝处，其余均应焊接。

② 桶的两端凸缘应采用机械接缝或焊接，也可使用加强箍。

③ 桶身应有足够的刚度，容积大于 60L 的桶，桶身应有两道模压外凸筋，或两道与桶身不相连的钢质滚箍套在桶身上，使其不得移动。滚箍采用焊接固定时，不允许点焊，滚箍焊缝与桶身焊缝不得重叠。

④ 最大容积为 450L。

⑤ 最大净重为 400kg。

2. 铝桶

① 制桶材料应选用纯度至少为 99% 的铝，或具有抗腐蚀和合适机械强度的铝合金。

② 桶的全部接缝必须采用焊接，如有凸边接缝应用与桶不相连的加强箍予以加强。

③ 容积大于 60L 的桶，至少有两个与桶身不相连的金属滚箍在桶身上，使其不得移动。

滚箍采用焊接固定时，不允许点焊，滚箍焊缝与桶身焊缝不得重叠。

④ 最大容积为 450L。

⑤ 最大净重为 400kg。

3. 钢罐

① 钢罐两端的接应焊接或双重机械卷边。40L 以上的抽身接缝应采用焊接；40L 以下（包括 40L）的罐身接缝可采用焊接或双重机械卷边。

② 最大容积为 60L。

③ 最大净重为 120kg。

4. 钢箱

① 箱体一般应采用焊接或铆接。花格型箱如采用双重卷边接合，应防止内装进入接缝的凹槽处。

② 封闭装置应采用合适的类型，在正常运输条件下保持紧固。

③ 最大净重为 400kg。

二、木质包装

1. 胶合板桶

① 胶合板所用材料应质量良好，板层之间应用抗水黏合剂按交叉纹理粘接，经干燥处理，不得有降低其预定效能的缺陷。

② 桶身至少用三合板制造。若使用胶合板以外的材料制造桶端，其质量应与胶合板等效。

③ 桶身内缘应有衬肩。桶盖的衬层应牢固地固定在桶盖上，并能有效地防止内装物撒漏。

④ 桶身两端应用钢带加强。必要时桶端应用十字形木撑予以加固。

⑤ 最大容积为了加强 250L。

⑥ 最大净重为 400kg。

2. 木琵琶桶

① 所用木材应质量良好，无节子、裂缝、腐朽、边材或其他可能降低木桶预定用途效能的缺陷。

② 桶身应用若干道加强箍加强。加强箍应选用质量良好的材料制造，桶端应紧密地镶在桶身端槽内。

③ 最大容积为 250L。

④ 最大净重为 400kg。

3. 天然木箱

① 箱体应有容积和用途相适应的加强条挡和加强带。箱顶和箱底可由抗水的再生木板、硬质纤维板、塑料板或其他合适的材料制成。

② 满板型木箱各部位应为一块板或一块板等效的材料组成。平板榫接、搭接、槽舌接，或者在每个接合处至少用两个波纹金属扣件对头连接等，均可视作与一块板等效的材料。

③ 最大净重 400kg。

三、纸质包装

1. 纸袋

① 袋的材料应选用质量良好的多层牛皮或与牛皮纸等效的纸制成，并具有足够强度和韧性。

② 袋的接缝和封口应牢固、密封性能好，并在正常运输条件下保持其效能。

③ 最大净重为 50kg。

2. 硬纸板桶

① 桶身应用多层牛皮纸粘接压制成的硬纸板制成。桶身外表面应涂有抗水能力良好的防护层。

② 桶端若采用与桶身相同材料制造，也可用其他等效材料制造。

③ 桶端与桶身的结合处应用钢带卷边压制压接合。

④ 最大容积为 450L。

⑤ 最大净重为 400kg。

3. 硬纸板箱、瓦楞纸箱、钙塑板箱

① 硬纸板箱或钙塑板箱应有一定抗水能力。硬纸板箱、瓦楞纸箱、钙塑板箱应具有一定的弯曲性能，切割、折缝时应无裂缝，装配时无破裂或表皮断裂或过度弯曲，板层之间粘接牢固。

② 箱体结合处，应用胶带粘贴、搭接胶合，或者搭接并用钢钉或 U 形钉钉合。搭接处应有适当的重叠。如封口采用胶合或胶带粘贴，应使用抗水胶合剂。

③ 钙塑板箱外部表层应具有防滑性能。

④ 最大净重为 400kg。

四、塑料包装

1. 塑料袋

① 袋的材料应用质量良好的塑料制成，接缝和封口应牢固、密闭性能好，有足够强度，并在正常运输条件下能保持其效能。

② 最大净重为 50kg。

2. 塑料桶、塑料罐

① 所用材料能承受正常运输条件下的磨损、撞击、温度、光照及老化作用的影响。

② 材料内可加入合适的紫外线防护剂，但应与桶（罐）内装物性质相容，并在使用期内保持其效能。用于其他用途的添加剂，不得对包装材料的化学和物理性质产生有害作用。

③ 桶（罐）身任何一点厚度均应与桶（罐）的容积、用途和每一点可能受到的压力相适应。

④ 最大容积：塑料桶为 450L；塑料罐为 60L。

⑤ 最大净重：塑料桶为 400kg；塑料罐为 120kg。

五、陶瓷包装

主要有瓶子和坛子。

① 包装应有足够厚度，容器壁厚均匀，无气泡或砂眼。

② 陶、瓷容器外部表面不得有明显的剥落和影响其效能的缺陷。

③ 最大容积为 32L，最大净重为 50kg。

第三节 危险化学品包装标志及标记代号

一、包装标志

1. 包装储运图示标志

国家标准 GB 191-2008《包装储运图示标志》规定了运输包装件上提醒储运人员注意的一些图示符号。如防雨、防晒、易碎等，如图 8-1 所示，供操作人员在装卸时能针对不同情况进行相应的操作。

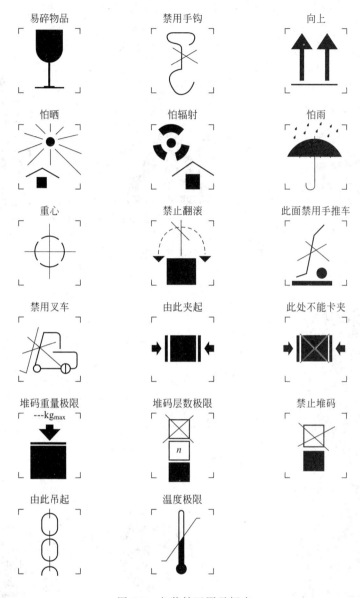

图 8-1 包装储运图示标志

2. 危险货物包装标志

国家标准《危险货物包装标志》（GB 190—2009）中，对危险货物包装图示标志的分类图形、尺寸、颜色及使用方法等作了规定。标志分为标记和标签。标记有 4 个；标签 26 个，其图形分别标示了 9 类危险货物的主要特性。

（1）标记 标记名称三项，图形四个。如图 8-2 所示为我国危险货物包装标记所示。

（2）标签 标签分为 9 个类别、18 个名称和 26 个图形。如图 8-3 我国危险货物包装标签图示所示。

二、标记代号

危险货物运输包装可根据需要采用按本条规定的标记代号。

1. 级别的标记代号用下列小写英文字母表示

x——符合Ⅰ、Ⅱ、Ⅲ级包装要求；

(符号:黑色,底色:白色)
危害环境物质和物品标记

(符号:正红色,底色:白色)
高温运输标记

(符号:黑色或正红色,底色:白色)

(符号:黑色或正红色,底色:白色)
方向标记

图 8-2 我国危险货物包装标记

(符号:黑色,底色:橙红色)

(符号:黑色,底色:橙红色)

(符号:黑色,底色:橙红色)

(符号:黑色,底色:橙红色)

＊＊项号的位置 —— 如果爆炸性是次
　要危险性,留空白。
＊配装组字母的位置 —— 如果爆炸性是次
　要危险性,留空白。

爆炸性物质或物品

(符号:黑色,底色:正红色)

(符号:白色,底色:正红色)
易燃气体

(符号:黑色,底色:绿色)

(符号:白色,底色:绿色)
非易燃无毒

图 8-3

(符号:黑色,底色:正红色)

(符号:黑色,底色:白色)

毒性气体

(符号:白色,底色:正红色)

易燃液体

(符号:黑色,底色:白色红条)

易燃固体

(符号:黑色,底色:上白下红)

易于自燃的物质

(符号:黑色,底色:蓝色)

(符号:白色,底色:蓝色)

遇水放出易燃气体物质

(符号:黑色,底色:柠檬黄色)

装货性物质

(符号:黑色,底色:红色和柠檬黄色)

(符号:白色,底色:红色和柠檬黄色)

有机过氧化物

(符号:黑色,底色:白色)

毒性物质

(符号:黑色,底色:白色)

感染性物质

(符号:黑色,底色:白色,附一条红竖条)
黑色文字,在标签下半部分写上:
"放射性"
"内装物_____"
"放射性强度_____"
在"放射性"字样之后应有一条红竖条
一级放射性物质

(符号:黑色,底色:上黄下白,附两条红竖条)
黑色文字,在标签下半部分写上:
"放射性"
"内装物_____"
"放射性强度_____"
在一个黑边框格内写上:"运输指数"
在"放射性"字样之后应有两条红竖条
二级放射性物质

(符号:黑色,底色:上黄下白,附三条红竖条)
黑色文字,在标签下半部分写上:
"放射性"
"内装物_____"
"放射性强度_____"
在一个黑边框格内写上:"运输指数"
在"放射性"字样之后应有三条红竖条
三级放射性物质

图 8-3

（符号:黑色,底色:白色）
黑色文字
在标签上半部分写上:"易裂变"
在标签下半部分的一个黑边
框格内写上:"临界安全指数"

裂变性物质

（符号:黑色,底色:上白下黑)

腐蚀性物质

（符号:黑色,底色:白色）

杂项危险物质和物品

图 8-3　我国危险货物包装标签图示

y——符合Ⅱ、Ⅲ级包装要求；

z——符合Ⅲ级包装要求。

2. 包装容器的标记代号用下列阿拉伯数字表示

1——桶；

2——木琵琶桶；

3——罐；

4——箱、盒；

5——袋、软管；

6——复合包装；

7——压力容器；

8——筐、篓；

9——瓶、坛。

3. 包装容器的材质标记代号用下列大写英文字母表示

A——钢

B——铝

C——天然木；

D——胶合板；

E——再生木板；

F——再生木板（锯末板)

G——硬质纤维板、硬纸板、瓦楞纸板、钙塑板；

H——塑料材料；

L——编织材料；

M——多层纸；

N——金属（钢、铝除外）；

P——玻璃、陶瓷；

K——柳条、荆条、藤条及竹篾。

4. 包装件组合类型标记代号的表示方法

（1）单一包装　单一包装型号由一个阿拉伯数字和一个英文字母组成，英文字母表示包装容器的材质，其左边平行的阿拉伯数字代表包装容器的类型。英文字母右下方的阿拉伯数字，代表同一类型包装容器不同开口的型号。

[例] 1A——表示钢桶；

　　　1A$_1$——表示小开口钢桶；

　　　1A$_2$——表示中开口钢桶；

　　　1A$_3$——表示全开口的钢桶。

其他包装容器开口型号的表示方法，详见表8-2。

（2）复合包装　复合包装型号由一个表示复合包装的阿拉伯数字"6"和一组表示包装材质和包装型式的字符组成。这组字符为两个大写英文字母和一个阿拉伯数字。第一个英文字母表示内包装的材质，第二个英文字母表示外包装的材质，右边的阿拉伯数字表示包装型式。

[例] 6HA1表示内包装为塑料容器，外包装为钢桶的复合包装。

5．其他标记代号

S——表示拟装固体的包装标记；

L——表示拟装液体的包装标记；

R——表示修复后的包装标记；

GB——表示符合国家标准要求；

$\frac{u}{n}$——表示符合联合国规定的要求。

[例] 钢桶标记代号及修复后标记代号

① 新桶。

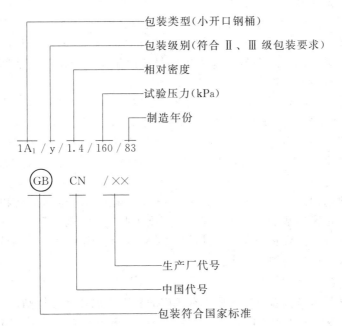

② 修复后的桶。

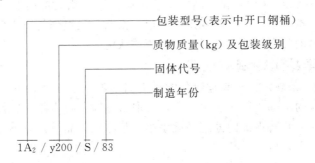

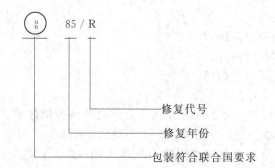

6. 标记的制作及使用方法

① 标记采用白底（或采用包装容器底色）黑字，字体要清楚，醒目。标记的制作方法可以印刷、粘贴、涂打和钉附。钢制品容器可以打钢印。

② 标记尺寸和使用方法可比照 GB 191 有关规定办理。

第四节　危险化学品运输安全管理

一、危险化学品运输管理

1. 国际运输管理

联合国危险货物运输专家委员会是联合国经济及社会理事会于 1953 年设立的专门研究国际间危险货物安全运输问题的国际组织。中国于 1988 年 12 月加入该组织并成为正式会员。2001 年 7 月，联合国危险货物运输专家委员会改组为联合国危险货物运输和全球化学品统一分类标签制度专家委员会。

该委员会制定了《联合国危险货物运输规章范本》（大橘皮书），同时配套出版《试验和标准手册》（小橘皮书）。《联合国危险货物运输规章范本》（大橘皮书）包括危险货物分类原则和各类别的定义、主要危险货物的列表、一般包装要求、试验程序、标记、标签和揭示牌、运输单据等。世界各国和各国际组织涉及危险化学品的立法内容或管理活动都以大、小橘皮书为依据。

海运危险货物采用国际海事组织（IMO）颁布的《国际海运危险货物规则》作为国际间危险化学品海上运输的基本制度和指南，该规则主要包括总则、定义、分类、品名表、包装、托运程序、仲裁等内容和要求。我国从 1982 年开始在国际海运中执行《国际海运危险货物规则》和相关的国际公约和规则。

2. 国内运输管理

我国危险化学品运输管理方式和要求有相应的法律法规和管理规则。2002 年 11 月 1 日施行的《安全生产法》和 2002 年 3 月 15 日施行的《危险化学品安全管理条例》对危险化学品运输作出了明确的规定。《危险化学品安全管理条例》对相关部门职责作了具体说明，同时从我国实际出发，按照现有分工，规定由交通、铁路、民航部门负责各自行业危险化学品运输单位和运输工具的安全管理、监督检查和资质认定等。

二、危险化学品运输资质认定

《条例》第四十三条规定：从事危险化学品道路运输、水路运输的，应当分别依照有关道路运输、水路运输的法律、行政法规的规定，取得危险货物道路运输许可、危险货物水路运输许可，并向工商行政管理部门办理登记手续。危险化学品道路运输企业、水路运输企业应当配备专职安全管理人员。

《条例》第四十四条规定：危险化学品道路运输企业、水路运输企业的驾驶人员、船员、装卸管理人员、押运人员、申报人员、集装箱装箱现场检查员应当经交通运输主管部门考核合格，取得从业资格。具体办法由国务院交通运输主管部门制定。危险化学品的装卸作业应当遵守安全作业标准、规程和制度，并在装卸管理人员的现场指挥或者监控下进行。水路运输危险化学品的集装箱装箱作业应当在集装箱装箱现场检查员的指挥或者监控下进行，并符合积载、隔离的规范和要求；装箱作业完毕后，集装箱装箱现场检查员应当签署装箱证明书。

三、危险化学品运输的要求

1. 危险化学品道路运输的要求

① 通过道路运输危险化学品的，托运人应当委托依法取得危险货物道路运输许可的企业承运。

② 通过道路运输危险化学品的，应当按照运输车辆的核定载质量装载危险化学品，不得超载。

③ 危险化学品运输车辆应当符合国家标准要求的安全技术条件，并按照国家有关规定定期进行安全技术检验。

④ 危险化学品运输车辆应当悬挂或者喷涂符合国家标准要求的警示标志。

⑤ 通过道路运输危险化学品的，应当配备押运人员，并保证所运输的危险化学品处于押运人员的监控之下。

⑥ 运输危险化学品途中因住宿或者发生影响正常运输的情况，需要较长时间停车的，驾驶人员、押运人员应当采取相应的安全防范措施；运输剧毒化学品或者易制爆危险化学品的，还应当向当地公安机关报告。

⑦ 未经公安机关批准，运输危险化学品的车辆不得进入危险化学品运输车辆限制通行的区域。危险化学品运输车辆限制通行的区域由县级人民政府公安机关划定，并设置明显的标志。

2. 危险化学品水路运输的要求

① 通过水路运输危险化学品的，应当遵守法律、行政法规以及国务院交通运输主管部门关于危险货物水路运输安全的规定。

② 海事管理机构应当根据危险化学品的种类和危险特性，确定船舶运输危险化学品的相关安全运输条件。拟交付船舶运输的化学品的相关安全运输条件不明确的，应当经国家海事管理机构认定的机构进行评估，明确相关安全运输条件并经海事管理机构确认后，方可交付船舶运输。

③ 禁止通过内河封闭水域运输剧毒化学品以及国家规定禁止通过内河运输的其他危险化学品。

④ 国务院交通运输主管部门应当根据危险化学品的危险特性，对通过内河运输的危险化学品实行分类管理，对各类危险化学品的运输方式、包装规范和安全防护措施等分别作出规定并监督实施。

⑤ 通过内河运输危险化学品，应当由依法取得危险货物水路运输许可的水路运输企业承运，其他单位和个人不得承运。托运人应当委托依法取得危险货物水路运输许可的水路运输企业承运，不得委托其他单位和个人承运。

⑥ 通过内河运输危险化学品，应当使用依法取得危险货物适装证书的运输船舶。水路运输企业应当针对所运输的危险化学品的危险特性，制定运输船舶危险化学品事故应急救援预案，并为运输船舶配备充足、有效的应急救援器材和设备。

⑦ 通过内河运输危险化学品的船舶，其所有人或者经营人应当取得船舶污染损害责任保险证书或者财务担保证明。船舶污染损害责任保险证书或者财务担保证明的副本应当随船携带。

⑧ 通过内河运输危险化学品，危险化学品包装物的材质、型式、强度以及包装方法应当符合水路运输危险化学品包装规范的要求。国务院交通运输主管部门对单船运输的危险化学品数量有限制性规定的，承运人应当按照规定安排运输数量。

⑨ 用于危险化学品运输作业的内河码头、泊位应当符合国家有关安全规范，与饮用水取水口保持国家规定的距离。有关管理单位应当制定码头、泊位危险化学品事故应急预案，并为码头、泊位配备充足、有效的应急救援器材和设备。

⑩ 用于危险化学品运输作业的内河码头、泊位，经交通运输主管部门按照国家有关规定验收合格后方可投入使用。

⑪ 船舶载运危险化学品进出内河港口，应当将危险化学品的名称、危险特性、包装以及进出港时间等事项，事先报告海事管理机构。海事管理机构接到报告后，应当在国务院交通运输主管部门规定的时间内作出是否同意的决定，通知报告人，同时通报港口行政管理部门。定船舶、定航线、定货种的船舶可以定期报告。

⑫ 在内河港口内进行危险化学品的装卸、过驳作业，应当将危险化学品的名称、危险特性、包装和作业的时间、地点等事项报告港口行政管理部门。港口行政管理部门接到报告后，应当在国务院交通运输主管部门规定的时间内作出是否同意的决定，通知报告人，同时通报海事管理机构。

⑬ 载运危险化学品的船舶在内河航行，通过过船建筑物的，应当提前向交通运输主管部门申报，并接受交通运输主管部门的管理。

⑭ 载运危险化学品的船舶在内河航行、装卸或者停泊，应当悬挂专用的警示标志，按照规定显示专用信号。

⑮ 载运危险化学品的船舶在内河航行，按照国务院交通运输主管部门的规定需要引航的，应当申请引航。

四、剧毒化学品运输

《条例》第五十条规定：通过道路运输剧毒化学品的，托运人应当向运输始发地或者目的地县级人民政府公安机关申请剧毒化学品道路运输通行证。申请剧毒化学品道路运输通行证，托运人应当向县级人民政府公安机关提交下列材料：

① 拟运输的剧毒化学品品种、数量的说明；

② 运输始发地、目的地、运输时间和运输路线的说明；

③ 承运人取得危险货物道路运输许可、运输车辆取得营运证以及驾驶人员、押运人员取得上岗资格的证明文件；

④ 本条例第三十八条第一款、第二款规定的购买剧毒化学品的相关许可证件，或者海关出具的进出口证明文件。

县级人民政府公安机关应当自收到前款规定的材料之日起 7 日内，做出批准或者不予批准的决定。予以批准的，颁发剧毒化学品道路运输通行证；不予批准的，书面通知申请人并说明理由。

《条例》第五十一条规定：剧毒化学品、易制爆危险化学品在道路运输途中丢失、被盗、被抢或者出现流散、泄漏等情况的，驾驶人员、押运人员应当立即采取相应的警示措施和安全措施，并向当地公安机关报告。公安机关接到报告后，应当根据实际情况立即向安全生产监督管理部门、环境保护主管部门、卫生主管部门通报。有关部门应采取必要的应急处置措施。

第五节　事故案例

案例一　汽车槽车倾覆造成氰化钠泄漏事故

2000年10月24日，福建省龙岩市上杭县205国道至紫金山矿矿区公路上，发生了一起氰化钠汽车槽车倾覆山涧的严重化学品泄漏事故，8t剧毒化学品氰化钠溶液泄漏并流入小溪，引起90多名村民中毒，造成经济损失300多万元。

1. 事故经过

10月22日，个体驾驶员鲁某某、潘某某，押运员王某驾乘一辆解放牌平板车装载安庆曙光化工集团有限公司10.8t浓度33%的液体氰化钠从安庆市出发。10月24日凌晨，该车通过上杭县至紫金山矿山修路施工路段时，由鲁某某驾驶、潘某某下车指挥，王某在车上押运，行进中该车后轮发生偏移，车辆翻入17.8m深的山沟中。翻车过程中，紧固槽罐的绳索断裂，使罐体与车辆脱离，罐装口倒置，液罐出口阀被折断，导致氰化钠液体外泄。事故发生后，驾驶员鲁某某虽用衣服堵塞折断的阀门口，但因灌口倒置，盖板脱落，氰化钠仍大量泄漏。

接到事故报告后，上杭、龙岩消防官兵以最快的速度奔向现场。经测量，槽车掉进了深20m、底宽8m的深谷中。消防官兵钻到树丛找到槽车时发现，罐体的入口已泄漏，入口的盖也已变形。堵住入口的方法已行不通，只好用导管吸出残液。于是消防官兵、环保人员以及紫金矿业集团技术人员搬来了专用桶，盛装用导管吸出来的残液及从地上舀起来的残液。至17时，共收回氰化钠残液2t多，残液全部运到炼金厂处理。

8t多氰化钠渗入山涧小溪，先流入古县河，再汇入汀江。古县河是上杭县群众的主要饮用水源，而汀江是龙岩市的母亲河，一旦造成污染，后果不堪设想。氰化钠所渗透的小溪，恰好位于古县河、汀江的上游，于是堵住小溪溪水成为抢险的一件大事。紫金矿业股份有限公司迅速调运了20t漂白粉到事故现场以及附近水源，作前期消毒处理。山沟里、稻田交界处筑起了两道5m多高的坝体，形成总容量达12000m³的蓄水池，控制污染源的扩大。环保监测人员24h在现场监测，取水化验。10月24日15时8分，拦坝地表水水质监测结果，浓度最大值为超标310倍；25日，最高浓度超标69.4倍；28日，浓度超标最大值15.2倍，氰化物浓度已逐渐降解。而在拦污坝外水沟、梅龙沟与旧县河汇合口前，没有发现浓度超标。

事故造成肇事地点大范围的土壤及溪水严重污染，同时，梅溪村上访自然村15户村民饮用水源也遭受严重污染，致使98人中毒，经济损失366.34万元，所幸未造成人员死亡。

2. 事故分析

造成这起事故的直接原因，一是违章超载、指挥失误。该车核载5t，实载12.8t（10.8t液体氰化钠，2t罐体）。在通过修路路段时，驾驶员心存侥幸，指挥人员潘某某对路面状况估计不足，指挥行车太靠路面边缘，造成后轮压陷路面，车辆翻下山沟。二是违章使用非专用槽车运载剧毒液体且车况严重不良。该车为普通车辆，槽罐底座与车身之间无法用紧固件牢固连接，仅用5mm的细尼绳捆绑，因此，在翻车时槽罐脱离车体，滚落车外，发生撞击，使液罐出口阀门折断，造成液体氰化钠大量泄漏。造成这起事故的间接原因，一是运输液体氰化钠的槽罐为无牌无证、非正规产品，其槽体和相关部件质量低劣，在外力作用下极易损坏。二是安庆曙光化工集团有限公司安全管理存在严重问题，对无化学危险品运输许可证使用非专用槽罐车运输剧毒化学危险品管理失控。

案例二　押运硅铁造成中毒死亡事故

1993年6月，陕西省汉中地区石门水库管理局在发运硅铁过程中，相继发生押车人3

死 1 重伤的重大事故，这一事故虽然在运输中极为少见，但应引起注意。

1. 事故经过

6 月中旬，陕西省汉中地区石门水库管理局需要将一批硅铁运出。经铁路部门安排车次，装货完毕后，水库管理局安排 4 名工人作为铁路押运员，随车押运。不料在押运途中，4 名押运员却神秘中毒，其中 3 人经抢救无效死亡，1 人伤重住院治疗。

2. 事故分析

押车人员发生中毒的情况，在我国铁路货运史上尚属罕见。通过现场勘验和仔细分析尸检报告，终于查明了事故的真相：造成押车人中毒死亡的真正"元凶"，正是发运的硅铁中释放出的磷化氢和砷化氢气体。

磷化氢是一种无色具有特殊蒜臭味的气体，因其毒性极强，故常用来灭鼠、杀虫，是应用广泛的高效粮食熏蒸剂。磷化氢中毒主要是呼吸道吸入磷化氢所致。机体对磷化氢的吸收速度相当快，1h 候后即遍及全身，并可在尿中检出。磷化氢主要作用于中枢神经系统呼吸系统、心血管系统及肝、肾，其中以中枢神经系统最易受害且最为严重，当空气中磷化氢体积分数为 $7\mu L/L$ 时，人接触 6h 就会出现中毒症状；达到 $400\mu L/L$ 时，接触 $30\sim60min$ 有生命危险；达到 $1000\mu L/L$ 时，人只要接触就会立即死亡。砷化氢为无臭或略有蒜臭味的无色气体。砷化氢主要经呼吸道吸入，是一种剧烈的溶血毒物，对人的致死量仅为 $0.1\sim0.15g$。

硅铁怎么会释放出磷化氢和砷化氢呢？原来，硅铁本身含有磷和砷化物，在存放或运输过程中，硅铁遇水表层会发生"电化反应"，生成微量的磷化氢和砷化氢气体。照理说，这一过程是极缓慢的，不至于使人中毒死亡。然而，此次发运硅铁，正值六月阴雨天气，气候潮湿闷热，加速了这两种毒性气体的产生；加上紧盖在车上的篷布，不仅使车厢内的二氧化碳浓度增加（人呼出二氧化碳气体），空气中的酸度增高（二氧化碳与水可生成碳酸），加速了电化反应进程，而且使车厢内的有毒气体难以流通散发。磷化氢和砷化氢均较空气重，沉积在车厢下层，致使押车人中毒身亡。

案例三 驾驶员操作失误导致纯苯泄漏事故

1997 年 10 月，赣抚州油 0005 轮在南京装载散装纯苯 463.4t，由南京运往重庆的运输途中，由于驾驶员操作失误，导致触礁事故，造成 149.4t 纯苯泄漏进长江。

1. 事故经过

1997 年 9 月 20 日，江西省抚州籍船舶赣抚州油 0005 轮在既未办理签证，也没办理任何申报手续的情况下，违法在南京装载散装纯苯 463.4t，于次日由南京出发驶往重庆长寿。10 月 8 日，由于驾驶员操作失误，在川江小庙基岸嘴处船舶触岸嘴礁石，造成右舷第 2、4 舱破损，两舱内共计 149.4t 纯苯泄漏进长江。

2. 事故分析

这起事故的发生，主要有如下原因。

（1）违章装货　赣抚州油 0005 轮所载纯苯，货主系江苏省海外企业集团公司，货物装船前，货主未按有关规定到港监局办理危险货物装运申报手续。给赣抚州油 0005 轮装货的码头，在未按我国法律取得港务监督机关核发的《危险货物码头设施作业许可证》的情况下，擅自进行纯苯的装卸作业；而且违反有关安全管理规定，在未见到货主和船方的申报手续的情况下就将纯苯装上了船。

（2）违法运输　根据有关规定，凡装运爆炸品和一级易燃液体的船舶应申请船检，经检验合格，才准办理装载手续。赣抚州油 0005 轮经核准只能装载一、二、三级油类，而纯苯为一级易燃液体，该轮不具备装载安全条件，属违章载运。

（3）驾驶员操作不当　据万县长江港监局等部门的调查核实，当班驾驶员操作失误是造成该事故的直接原因，该船引水员柳某某负有船舶驾驶操作不当的主要责任。

案例四　油罐车油罐爆炸事故

1. 事故经过

1999年12月24日，某单位作业一大队作业109队队长徐某，带特车大队一辆815水罐车（该水罐车12月23日曾到703队拉运原油）到垦西污水站拉水。8时50分，车到污水站后，接好污水放水管线，徐某上车罐顶开放水闸门时，发现闸门冻结，徐某用明火烘烤闸门，火星落在罐内，致使罐内达到爆炸极限的混合气体爆燃，罐体局部变形，罐顶盖飞出，击中徐头部，送医院经抢救无效死亡。

2. 事故分析

① 水罐车装运原油后，未做清罐处理，罐内残存油气混合比达到爆炸极限，遇明火爆炸，是导致事故发生的直接原因。

② 徐某缺乏安全常识，安全意识淡薄，在污水站违章使用明火烘烤阀门，是导致事故发生的主要原因。

习　　题

一、单项选择题

1. 危险化学品的包装和（　　）必须符合国家规定。

A. 商标　　　　　　　　　B. 标志　　　　　　　　　C. 颜色

2. 危险化学品包装按照危险程度划分为（　　）个包装类别。

A. 1　　　　　　　　　　B. 2　　　　　　　　　　C. 3

3. 下列关于危险化学品的运输过程中的安全技术的说法错误的是（　　）。

A. 托运危险化学品必须出示有关的证明，到指定的铁路、交通、航运等部门办理手续；

B. 运输爆炸、剧毒和放射性物品，应指派专人押运，押运人员不得多于2人；

C. 运输易燃、易爆物品的机动车，其排气管应装阻火器，并悬挂"危险品"标志。

4. 危险化学品包装的容器必须经（　　）部门认定的检验机构检验合格，方可出厂销售。

A. 质量监督检验检疫局　　　B. 公安机关　　　　　　　C. 安全监督管理局

5. 罐装包装容器上的标记代号是用下面什么符号表示（　　）。

A. X　　　　　　　　　　B. 3　　　　　　　　　　C. H

6. 铁质储罐能够储存下列什么危险化学品（　　）。

A. 浓 H_2SO_4　　　　　　B. 稀 H_2SO_4　　　　　　C. 稀 HCl

7. 剧毒化学品在公路运输途中发生被盗、丢失、流散、泄漏等情况时，承运人及押运人员必须立即向当地（　　）报告。

A. 安全监督管理局　　　　　B. 公安部门　　　　　　　C. 技术监督局

8. 搬运易燃、易爆化学品可用（　　）运输。

A. 翻斗车　　　　　　　　　B. 铲车　　　　　　　　　C. 专用车

9. 运输危险化学品的车辆不可以配置下面什么灭火器。（　　）

A. 干粉灭火器　　　　　　　B. 泡沫灭火器　　　　　　C. 二氧化碳灭火器

10. 《危险货物包装标志》规定了危险货物标志图形共有（　　）种。

A. 19　　　　　　　　　　B. 20　　　　　　　　　　C. 21

二、判断题

1. 火灾后被抢救下来的双氧水，其包装外面必须用雾状水淋洗后才能重新放回仓库。　　　　　（　　）

2. 浓硫酸、烧碱、液碱可用铁制品做容器，因此也可用镀锌铁桶。　　　　　（　　）

3. 将危险品的包装分为三类，Ⅰ类包装表示包装物的最低标准，Ⅲ类包装表示包装物的最高标准。

　　　　　（　　）

4. 通过公路运输危险化学品的，托运人只能委托有危险化学品运输资质的运输企业承运。　　（　　）

5. 复合包装由一个外包装和一个内容器（或复合层）组成一个整体的包装。　　（　　）

6. 金属钢（铁）桶包装最大容积一般为 450L。　　（　　）

7. 高锰酸钾可以用纸袋包装。　　（　　）

8. 危险货物集装箱危险包装标志应粘贴在箱体的四个侧面。　　（　　）

9. 个体运输业户的车辆可以从事道路危险化学品运输经营活动。　　（　　）

10. 运输危险化学品的驾驶员、押运员、船员可以不需要了解所运输的危险化学品的性质、危害特性、包装容器的使用特性和发生意外时的应急措施。　　（　　）

三、简答题

1. 申请剧毒化学品道路运输通行证，托运人应向公安机关提交什么材料？

2. 通过公路运输剧毒化学品应办理什么手续？

3. 危险化学品的包装物、容器生产监督管理机构和生产许可证发放机构分别是谁？

4. 包装代号 6HA1 表示什么？

5. 运输危险化学品的车辆应专车专用，并有明显标志，要符合交通管理部门对车辆和设备的哪些规定？

第九章　危险化学品储存

　　储存是指产品在离开生产领域而尚未进入消费领域之前，在流通过程中形成的一种停留。生产、经营、储存、使用危险化学品的企业都存在危险化学品的储存问题。储存是化学品流通过程中非常重要的一个环节，处理不当，就会造成事故。如深圳清水河危险品仓库爆炸事故，给国家财产和人民生命造成了巨大损失。为了加强对危险化学品的管理，国家制定了一系列法规和标准。

　　危险化学品的储存根据物质的理化性质和储存量的多少分为整装储存和散装储存两类。整装储存是将物品装于小型容器或包件中储存。如各种瓶装、袋装、桶装、箱装或钢瓶装的物品。这种储存往往存放的品种多，物品的性质复杂，比较难管理。散装储存是指物品不带外包装的净货储存。量比较大，设备、技术条件比较复杂，如有机液体危险化学品甲醇、苯、乙苯、汽油等，一旦发生事故难以施救。

　　无论整装储存还是散装储存都潜在有很大的危险。所以，经营、储存保管人员必须用科学的态度从严管理，万万不能马虎从事。

第一节　危险化学品储存分类

　　根据危险化学品的特性和仓库建筑要求及养护技术要求将危险化学品归为三类：易燃易爆性物品、毒害性物品和腐蚀性物品。

一、易燃易爆性物品的分类

　　易燃易爆性物品包括爆炸品、压缩气体和液化气体、易燃液体、易燃固体、自燃物品、遇湿易燃物品氧化剂和有机过氧化物。在储存过程中按照危险化学品储存火灾危险性的建设设计防火规范分为五类。

　　1. 甲类

　　① 闪点<28℃的液体。如丙酮闪点−20℃、乙醇闪点12℃。

　　② 爆炸下限<10%的气体，以及受到水或空气中水蒸气的作用，能产生爆炸下限<10%气体的固体物质。如爆炸下限<10%的气体丁烷，爆炸下限是1.9%、甲烷爆炸下限是5.0%；固体物质碳化钙（电石）遇到水发生反应产生爆炸下限<10%气体乙炔（电石气），乙炔的爆炸极限是2.8%～80%。

　　③ 常温下能自行分解或在空气中氧化即能导致迅速自燃或爆炸的物质。如硝化棉、黄磷。

　　④ 常温下受到水或空气中水蒸气的作用能产生可燃气体并引起燃烧或爆炸的物质。如

金属钠、金属钾。

⑤ 遇酸、受热、撞击、摩擦以及遇有机物或硫黄等易燃的无机物，极易引起燃烧或爆炸的强氧气化剂。如氯酸钾、氯酸钠。

⑥ 受撞击、摩擦或与氧化剂、有机物接触时能引起燃烧或爆炸的物质。如五硫化磷、三硫化磷等。

2. 乙类

① 闪点≥28℃至<60℃的液体。如松节油闪点35℃、异丁醇闪点28℃。

② 爆炸下限>10％的气体。如氨气、液氨等。

③ 不属于甲类的氧化剂。如重铬酸钠、铬酸钾等。

④ 不属于甲类的化学易燃危险固体。如硫黄、工业萘等。

⑤ 助燃气体。如氧气。

⑥ 常温下与空气接触能缓慢氧化、积热不散引起自燃的物品。

3. 丙类

① 闪点≥60℃的液体。如糠醛闪点75℃、环己酮闪点63.9℃、苯胺闪点70℃。

② 可燃固体。如天然橡胶及其制品。

4. 丁类

难燃烧物品

5. 戊类

非燃烧物品

二、毒害性物品的分类

毒害性物品按毒性大小划分标准如下。

1. 一级毒害品

经口摄取半数致死量：固体 $LD_{50}\leqslant50mg/kg$，液体 $LD_{50}\leqslant200mg/kg$；经皮肤接触24h半数致死量 $LD_{50}\leqslant200mg/kg$；粉尘、烟雾吸入半数致死质量浓度 $LD_{50}\leqslant2mg/L$ 及蒸气吸入半数致死质量浓度 $LC_{50}\leqslant2mg/L$ 及蒸气吸入半数致死体积分数 $LC_{50}\leqslant200mL/m^3$。

一级毒害品又分为两种：一种为一级无机毒害品如氰化钾、三氧化（二）砷等；另一种为一级有机毒害品如有机磷、硫的化合物（农药）等。

凡是一级毒害品都属于剧毒品。

2. 二级毒害品

经口摄取半数致死量：固体 $LD_{50}>50\sim500mg/kg$，液体 $LD_{50}>200\sim2000mg/kg$；经皮肤接触24h半期致死量 $LD_{50}>200\sim1000mg/kg$；粉尘、烟雾吸入半数致死质量浓度 $LD_{50}>2\sim10mg/L$ 及蒸气吸收半数致死体积分数 $LD_{50}>200\sim1000mL/m^3$。

二级毒害品又分为两种，一种为二级无机毒害品。如汞、铅、钡、氟的化合物等；另一种为二级有机毒害品，如二苯汞等。

三、腐蚀性物品的分类

按腐蚀性强度和化学组成可分为三类：第一类为酸性腐蚀品，一级酸性腐蚀品、二级酸性腐蚀品；第二类为碱性腐蚀品，一级碱性腐蚀品、二级碱性腐蚀品；第三类为其他腐蚀品，一级其他腐蚀品、二级其他腐蚀品。

1. 一级腐蚀品

能使动物皮肤在3min内出现可坏死现象，并能在3～60min再现可见坏死现象的同时产生有毒蒸气。

一级无机酸性腐蚀品。如硝酸、硫酸、五氯化磷、二氯化硫等。

一级有机酸性腐蚀品。如甲酸、氯乙酰氯等。

一级无机碱性腐蚀品。如氢氧化钠、硫化钠等。

一级有机碱性腐蚀品。如乙醇钠、二丁胺等。

一级其他腐蚀品。如苯酚钠、氟化铬等。

2. 二级腐蚀品

能使动物皮肤在 4h 内出现可见坏死现象，并在 55℃时对钢或铝的表面年腐蚀率超过 6.25mm 的物品。

二级无机酸性腐蚀品。如正磷酸、四溴化锡等。

二级有机酸性腐蚀品。如冰醋酸、醋酐等。

二级碱性腐蚀品。如氧化钙、二环己胺等。

二级其他腐蚀品。如次氯酸钠溶液等。

第二节　危险化学品储存的要求和条件

一、危险化学品储存安全管理要求

1. 危险化学品储存规划与建设

（1）国家对危险化学品的生产、储存实行统筹规划、合理布局。

（2）危险化学品生产装置或者储存数量构成重大危险源的危险化学品储存设施（运输工具加油站、加气站除外），与下列场所、设施、区域的距离应当符合国家有关规定。

① 居住区以及商业中心、公园等人员密集场所；

② 学校、医院、影剧院、体育场（馆）等公共设施；

③ 饮用水源、水厂以及水源保护区；

④ 车站、码头（依法经许可从事危险化学品装卸作业的除外）、机场以及通信干线、通信枢纽、铁路线路、道路交通干线、水路交通干线、地铁风亭以及地铁站出入口；

⑤ 基本农田保护区、基本草原、畜禽遗传资源保护区、畜禽规模化养殖场（养殖小区）、渔业水域以及种子、种畜禽、水产苗种生产基地；

⑥ 河流、湖泊、风景名胜区、自然保护区；

⑦ 军事禁区、军事管理区；

⑧ 法律、行政法规规定的其他场所、设施、区域。

（3）新建、改建、扩建生产、储存危险化学品的建设项目（以下简称建设项目），应当由安全生产监督管理部门进行安全条件审查。

建设单位应当对建设项目进行安全条件论证，委托具备国家规定的资质条件的机构对建设项目进行安全评价，并将安全条件论证和安全评价的情况报告报建设项目所在地设区的市级以上人民政府安全生产监督管理部门；安全生产监督管理部门应当自收到报告之日起 45 日内作出审查决定，并书面通知建设单位。具体办法由国务院安全生产监督管理部门制定。

新建、改建、扩建储存、装卸危险化学品的港口建设项目，由港口行政管理部门按照国务院交通运输主管部门的规定进行安全条件审查。

2. 危险化学品储存安全管理

① 储存危险化学品的单位，应当根据其储存的危险化学品的种类和危险特性，在作业场所设置相应的监测、监控、通风、防晒、调温、防火、灭火、防爆、泄压、防毒、中和、防潮、防雷、防静电、防腐、防泄漏以及防护围堤或者隔离操作等安全设施、设备，并按照

国家标准、行业标准或者国家有关规定对安全设施、设备进行经常性维护、保养，保证安全设施、设备的正常使用。

② 储存危险化学品的企业，应当委托具备国家规定的资质条件的机构，对本企业的安全生产条件每 3 年进行一次安全评价，提出安全评价报告。安全评价报告的内容应当包括对安全生产条件存在的问题进行整改的方案。

储存危险化学品的企业，应当将安全评价报告以及整改方案的落实情况报所在地县级人民政府安全生产监督管理部门备案。在港区内储存危险化学品的企业，应当将安全评价报告以及整改方案的落实情况报港口行政管理部门备案。

③ 储存剧毒化学品或者国务院公安部门规定的可用于制造爆炸物品的危险化学品（以下简称易制爆危险化学品）的单位，应当如实记录其生产、储存的剧毒化学品、易制爆危险化学品的数量、流向，并采取必要的安全防范措施，防止剧毒化学品、易制爆危险化学品丢失或者被盗；发现剧毒化学品、易制爆危险化学品丢失或者被盗的，应当立即向当地公安机关报告。

储存剧毒化学品、易制爆危险化学品的单位，应当设置治安保卫机构，配备专职治安保卫人员。

④ 储存危险化学品的单位停业或者解散的，应当采取有效措施，及时、妥善处置库存的危险化学品，不得丢弃危险化学品；处置方案应当报所在地县级人民政府安全生产监督管理部门、工业和信息化主管部门、环境保护主管部门和公安机关备案。安全生产监督管理部门应当会同环境保护主管部门和公安机关对处置情况进行监督检查，发现未依照规定处置的，应当责令其立即处置。

二、危险化学品储存的基本要求

① 危险化学品的储存必须遵照国家法律、法规和其他有关的规定。

② 危险化学品必须储存在经有关部门批准设置的专门的危险化学品仓库中，经销部门自管仓库储存危险化学品及储存数量必须经有关部门批准。未经批准不得随意设置危险化学品储存仓库。

③ 危险化学品露天堆放，应符合防火、防爆的安全要求，爆炸物品、一级易燃物品、遇湿燃烧物品、剧毒物品不得露天堆放。

④ 储存危险化学品的仓库必须配备有专业知识的技术人员，其库房及场所应设专人管理，同时必须配备可靠的个人防护用品。

⑤ 储存危险化学品分类可按爆炸品、压缩气体和液化气体、易燃液体、易爆固体、自然物品和遇湿易燃物品、氧化剂和有机过氧化物、毒害品、放射性物品、腐蚀品等分类。

⑥ 储存危险化学品应有明显的标志，标志应符合 GB 190 的规定。如同一区域储存两种以上不同级别的危险品时，应按最高等级危险物品的性能标示。

⑦ 储存危险化学品应根据危险品性能分区、分类、分库储存。各类危险品不得与禁忌物料混合储存。

⑧ 储存危险化学品的建筑物、区域内严禁吸烟和使用明火。

三、危险化学品储存的条件

危险化学品储存的条件按照易燃易爆物品、腐蚀性物品和毒害性物品三类介绍。

1. 易燃易爆物品储存条件

（1）建筑条件　应符合 GBJ 16—2001 中 4.2.1 条的要求，库房耐火等级不低于三级。

（2）库房条件　储存易燃易爆物品的库房，应冬暖夏凉、干燥、易于通风、密封和避光。

根据各类物品的不同性质、库房条件、灭火方法等进行严格的分区分类、分库存放。

① 爆炸品宜储存于一级轻顶耐火建筑的库房内。

② 低、中闪点液体、一级易燃固体、自燃物品、压缩气体和液化气体类宜储存于一级耐火建筑的库房内。

③ 遇湿易燃物品、氧化剂和有机过氧化物可储存于一、二级耐火建筑的库房内。

④ 二级易燃固体、高闪点液体可储存于耐火等级不低于三级的库房内。

（3）安全条件　应符合避免阳光直射，远离火源、热源、电源，无产生火花的条件。

除按表 9-1 规定分类储存外，以下品种应专库储存。

① 爆炸品。黑色火药类、爆炸性化合物分别专库储存。

② 压缩气体和液化气体。易燃气体、不燃气体和有毒气体分别专库储存。

③ 易燃液体均可同库储存，但甲醇、己醇、丙酮等应专库储存。

④ 易燃固体可同库储存；但发乳剂 H 与酸或酸性物品分别储存；硝酸纤维素酯、安全火柴、红磷及硫化磷、铝粉等金属粉类应分别储存。

⑤ 自燃物品。黄磷，烃基金属化合物，浸动、植物油制品须分别专库储存。

⑥ 遇湿易燃物品专库储存。

⑦ 氧化剂和有机过氧化物一、二级无机氧化剂与一、二级有机氧化剂必须分别储存，但硝酸铵、氯酸盐类、高锰酸盐、亚硝酸盐、过氧化钠、过氧化氢等必须分别专库储存。

（4）环境卫生条件　库房周围无杂草和易燃物；库房内清洁，地面无漏撒物品，保持地面与货垛清洁卫生。

凡混存物品，货垛与货垛之间，必须留有 1m 以上的距离，并要求包装容器完整，不使两种物品发生接触。

表 9-1　化学危险物品混存性能互抵表

化学危险物品分类		爆炸性物品				氧化剂				压缩气体和液化气体				自燃物品		遇水燃烧物品		易燃液体		易燃固体		毒害性物品				腐蚀性物品				放射性物品
																										酸性		碱性		
		点火器材	起爆器材	爆炸及爆炸性药品	其他爆炸品	一级无机	一级有机	二级无机	二级有机	剧毒	易燃	助燃	不燃	一级	二级	一级	二级	一级	二级	一级	二级	剧毒无机	剧毒有机	有毒无机	有毒有机	无机	有机	无机	有机	
爆炸性物品	点火器材	O																												
	起爆器材	O	O																											
	爆炸及爆炸性药品	O	O	O																										
	其他爆炸品	O	O	×	O																									
氧化剂	一级无机	×	×	×	×	①																								
	一级有机	×	×	×	×	O	O																							
	二级无机	×	×	×	×	O	O	②																						
	二级有机	×	×	×	×	O	O	×	O																					
压缩气体和液化气体	剧毒（液氨和液氯有抵触）	×	×	×	×	×	×	×	×	O																				
	易燃	×	×	×	×	×	×	×	×	×	O																			
	助燃	×	×	×	×	分	×	×	×	×	O	O																		
	不燃	×	×	×	×	分	消	分	分	O	O	O	O																	

续表

化学危险物品分类	爆炸性物品				氧化剂				压缩气体和液化气体				自燃物品		遇水燃烧物品		易燃液体		易燃固体		毒害性物品				腐蚀性物品 酸性		碱性		放射性物品
	点火器材	起爆器材	爆炸及爆炸性药品	其他爆炸品	一级无机	一级有机	二级无机	二级有机	剧毒	易燃	助燃	不燃	一级	二级	一级	二级	一级	二级	一级	二级	剧毒无机	剧毒有机	有毒无机	有毒有机	无机	有机	无机	有机	
自燃物品 一级	×	×	×	×	×	×	×	×	×	×	×	×	O①																
自燃物品 二级	×	×	×	×	×	×	×	×	×	×	×	×	×	O②															
遇水燃烧物品 一级	×	×	×	×	×	×	×	×	×	×	×	×	×	×	O														
遇水燃烧物品 二级	×	×	×	×	×	×	消	×	消	×	消	×	×	×	×	O													
易燃液体 一级	×	×	×	×	×	×	×	×	×	×	×	×	×	×	×	×	O												
易燃液体 二级	×	×	×	×	×	×	×	×	×	×	×	×	×	×	×	×	O	O											
易燃固体 一级	×	×	×	×	×	×	×	×	×	×	×	×	×	×	×	×	消	消	O										
易燃固体 二级	×	×	×	×	×	×	×	×	×	×	×	×	×	×	×	×	消	消	O	O									
毒害性物品 剧毒无机	×	×	×	分	×	分	消	分	分	分	×	分	消	消	消	消	分	分	分	分	O								
毒害性物品 剧毒有机	×	×	×	×	×	×	×	×	×	×	×	×	消	消	消	消	×	×	×	×	O	O							
毒害性物品 有毒无机	×	×	×	分	×	分	分	分	分	分	×	分	消	消	消	消	分	分	分	分	O	O	O						
毒害性物品 有毒有机	×	×	×	×	×	×	×	×	×	×	×	×	分	分	消	消	×	×	消	消	O	O	O	O					
腐蚀性物品 酸性 无机	×	×	×	×	×	×	×	×	×	×	×	×	×	×	×	×	×	×	×	×	×	×	×	×	O				
腐蚀性物品 酸性 有机	×	×	×	×	×	×	×	×	×	×	×	×	×	×	×	×	消	消	×	×	×	×	×	×	×	O			
腐蚀性物品 碱性 无机	×	×	×	×	分	消	消	分	分	分	分	分	消	消	消	消	分	分	分	分	×	×	×	×	×	×	O	O	
腐蚀性物品 碱性 有机	×	×	×	×	×	×	×	×	×	×	×	×	消	消	消	消	×	×	消	消	×	×	×	×	×	×	O	O	
放射性物品	×	×	×	×	×	×	×	×	×	×	×	×	×	×	×	×	×	×	×	×	×	×	×	×	×	×	×	×	O

① 说明过氧化钠等过氧化物不宜和无机氧化剂混存。

② 说明具有还原性的亚硝酸钠等亚硝酸盐类，不宜和其他无机氧化剂混存。

注："O"符号表示可以混存。

"×"符号表示不可以混存。

"分"指应按化学危险品的分类进行分区分类储存。如果物品不多或仓位不够时，因其性能并不互相抵触，也可以混存。

"消"指两种物品性能并不互相抵触，但消防施救方法不同，条件许可时最好分存。

（5）温湿度条件　各类物品适宜储存的温湿度见表9-2。

表9-2　易燃易爆物品储存的温湿度条件

类 别	品 名	温度/℃	相对湿度/%	备 注
爆炸品	黑火药、化合物	≤32	≤80	
	水作稳定剂的	≥1	<80	
压缩气体和液化气体	易燃、不燃、有毒	≤30		
易燃液体	低闪点	≤29		
	中高闪点	≤37		

类　　别	品　　名	温度/℃	相对湿度/%	备　注
易燃固体	易燃固体	≤35		
	硝酸纤维素酯	≤25	≤80	
	安全火柴	≤35	≤80	
	红磷、硫化磷、铝粉	≤35	<80	
自燃物品	黄磷	>1		
	烃基金属化合物	≤30	≤80	
	含油制品	≤32	≤80	
遇湿易燃物品	遇湿易燃物品	≤32	≤75	
氧化剂和有机过氧化物	氧化剂和有机过氧化物	≤30	≤80	
	过氧化钠、镁、钙等	≤30	≤75	
	硝酸锌、钙、镁等	≤28	≤75	袋装
	硝酸铵、亚硝酸钠	≤30	≤75	袋装
	盐的水溶液	>1		
	结晶硝酸锰	<25		
	过氧化苯甲酰	2～25		含稳定剂
	过氧化丁酮等有机氧化剂	≤25		

2. 腐蚀性物品储存条件

（1）库房条件　库房应是阴凉、干燥、通风、避光的防火建筑。建筑材料最好经过防腐蚀处理。

储存发烟硝酸、溴素、高氯酸的库房应是低温、干燥通风的一、二级耐火建筑。

溴氢酸、磺氢酸要避光储存。

（2）货棚、露天货场条件　货棚应阴凉、通风、干燥，露天货场应高于地面、干燥。

（3）安全条件　物品避免阳光直射、曝晒，远离热源、电源、火源，库房建筑及各种设备符合 GBJ 16 的规定。

按不同类别、性质、危险程度、灭火方法等分区分类储存，性质相抵的禁止同库储存。表 9-1 给出了化学危险物品混存性能互抵表。

（4）环境卫生条件　库房周围无杂物、易燃物应及时清理，排水沟畅通；房内地面、门窗、货架应经常打扫，保持清洁。

（5）温湿度条件　温湿度条件应符合表 9-3 规定。

表 9-3　腐蚀性物品储存的温湿度条件

类　　别	主　要　品　种	适宜温度/℃	适宜相对湿度/%
酸性腐蚀品	发烟硫酸、亚硫酸	0～30	≤80
	硝酸、盐酸及氢卤酸、氟硅（硼）酸、氯化硫、磷酸等	≤30	≤80
	磺酰氯、氯化亚砜、氧氯化磷、氯磺酸、溴乙酰、三氯化磷等多卤化物	≤30	≤75
	发烟硝酸	≤25	≤80
	溴素、溴水	0～28	
	甲酸、乙酸、乙酸酐等有机酸类	≤32	≤80

续表

类　　别	主　要　品　种	适宜温度/℃	适宜相对湿度/%
碱性腐蚀品	氢氧化钾（钠）、硫化钾（钠）	≤30	≤80
其他腐蚀品	甲醛溶液	10～30	

　　3. 毒害性物品储存条件

　　（1）库房条件　库房结构完整、干燥、通风良好。机械通风排毒要有必要的安全防护措施，库房耐火等级不低于二级。

　　（2）安全条件

　　① 仓库应远离居民区和水源。

　　② 物品避免阳光直射、曝晒、远离热源、电源、火源，库内在固定方便的地方配备与毒害品性质适应的消防器材、报警装置和急救药箱。

　　③ 不同种类的毒品要分开存放，危险程度和灭火方法不同的要分开存放，性质相低的禁止同库混存，表 9-1 给出了化学危险物品混存性能互抵表。

　　④ 剧毒品应专库储存或存放在彼此间隔的单间内，需安装防盗报警器，库门装双锁。

　　（3）环境卫生条件　库区和库房内要经常保持整洁。对散落的毒品、易燃、可燃物品和库区的杂草及时清除。用过的工作服、手套等用品必须放在库外安全地点，妥善保管或及时处理。更换储存毒品品种时，要将库房清扫干净。

　　（4）温湿条件　库区温度不超过 35℃ 为宜，易挥发的毒品应控制在 32℃ 以下，相对湿度应在 85％ 以下，对于易潮解的毒品应控制在 80％ 以下。

第三节　危险化学品储存安排

一、危险化学品储存方式

　　危险化学品储存方式分为三种：隔离储存、隔开储存和分离储存。

　　1. 隔离储存

　　在同一房间同一区域内，不同的物料之间分开一定距离，非禁忌物料间用通道保持空间的储存方式。

　　2. 隔开储存

　　在同一建筑或同一区域内，用隔板或墙，将其与禁忌物料分离开的储存方式。

　　3. 分离储存

　　在不同建筑物或远离所有建筑的外部区域内的储存方式。

二、危险化学品堆垛

　　1. 易燃易爆性物品堆垛

　　根据库房条件，商品性质和包装形态采取适当的堆码和垫底方法。

　　各种物品不允许直接落地存放。根据库房地势高低，一般应垫 15cm 以上。遇湿易燃物品、易吸潮溶化和吸潮分解的商品应根据情况加大下垫高度。

　　各种物品应码行列式压缝货垛，做到牢固、整齐、美观，出入库方便，一般垛高不超过 3m。

　　堆垛间距：

　　① 全通道大于等于 180cm；

　　② 支通道大于等于 80cm；

③ 墙距大于等于 30cm；

④ 柱距大于等于 10cm；

⑤ 垛距大于等于 10cm；

⑥ 顶距大于等于 50cm。

2. 腐蚀性物品堆垛

库房、货棚或露天货场储存的物品，货垛不应有隔潮设施，库房一般不低于 15cm，货场不低于 30cm。

根据物品性质、包装规格采用适当的堆垛方法，要求货垛整齐，堆码牢固，数量准确，禁止倒置。

按出厂先后或批号分别堆码。

堆垛高度：

① 大铁桶液体立码，固体平放，一般不超过 3m；

② 大箱（内装坛、桶）1.5m；

③ 袋装 3～3.5m。

堆垛间距：

① 主通道大于等于 180cm；

② 支通道大于等于 80cm；

③ 墙距大于等于 30cm；

④ 柱距大于等于 10cm；

⑤ 垛距大于等于 10cm；

⑥ 顶距大于等于 50cm。

3. 毒害性物品堆垛

毒害性物品不得就地堆码，货垛下应有隔潮设施，垛底一般不低于 15cm。一般性可堆存大垛，挥发性液体毒品不宜堆大垛，可堆存行列式。要求货垛牢固、整齐、美观，垛高不超过 3m。

堆垛间距：

① 主通道大于等于 180cm；

② 支通道大于等于 80cm；

③ 墙距大于等于 30cm；

④ 柱距大于等于 10cm；

⑤ 垛距大于等于 10cm；

⑥ 顶距大于等于 50cm。

三、危险化学品储存安排

① 危险化学品储存安排取决于危险化学品分类、分项、容器类型、储存方式和消防的要求。

② 储存量及储存安排见表 9-4。

表 9-4　储存量及储存安排

储　存　要　求	储　存　类　别			
	露天储存	隔离储存	隔开储存	分离储存
平均单位面积储存量/(t/m²)	1.0～1.5	0.5	0.7	0.7
单一储存区最大储量/t	2000～2400	200～300	200～300	400～600

续表

储 存 要 求	储 存 类 别			
	露天储存	隔离储存	隔开储存	分离储存
垛距限制/m	2	0.3～0.5	0.3～0.5	0.3～0.5
通道宽度/m	4～6	1～2	1～2	5
墙距宽度/m	2	0.3～0.5	0.3～0.5	0.3～0.5
与禁忌品距离/m	10	不得同库储存	不得同库储存	7～10

③ 遇火、遇热、遇潮能引起燃烧、爆炸或发生化学反应，产生有毒气体的危险化学品不得在露天或在潮湿、积水的建筑物中储存。

④ 受日光照射能发生化学反应引起燃烧、爆炸、分解、化合或能产生有毒气体的危险化学品应储存在一级建筑物中。其包装应采取避光措施。

⑤ 爆炸物品不准和其他类物品同储，必须单独隔离限量储存，仓库不准建在城镇，还应与周围建筑、交通干道、输电线路保持一定安全距离。

⑥ 压缩气体和液化气体必须与爆炸物品、氧化剂、易燃物品、自燃物品、腐蚀性物品隔离储存。易燃气体不得与助燃气体、剧毒气体同储；氧气不得与油脂混合储存，盛装液化气体的容器属压力容器的，必须有压力表、安全阀、紧急切断装置，并定期检查，不得超装。

⑦ 易燃液体、遇湿易燃物品、易燃固体不得与氧化剂混合储存，具有还原性的氧化剂应单独存放。

⑧ 有毒物品应储存在阴凉、通风、干燥的场所，不要露天存放，不要接近酸类物质。

⑨ 腐蚀性物品包装必须严密，不允许泄漏，严禁与液化气体和其他物品共存。

第四节　危险化学品储存养护

危险化学品入库后应采取适当的养护措施，在储存期内，定期检查，发现其品质变化、包装破损、渗漏、稳定剂短缺等，应及时处理。库房温度、湿度应严格控制、经常检查，发现变化及时调整。下面分三类进行详细介绍。

一、易燃易爆性物品

1. 温湿度管理

① 库房内设温湿度表，按规定时间观测和记录；

② 根据商品不同的性质，采取密封、通风和库内吸潮相结合的温湿度管理办法，严格控制并保持库房内的温湿度，使之符合表 9-2 的要求。

2. 库房检查

(1) 安全检查　每天对库房内外进行安全检查，检查易燃物是否清理，货垛牢固程度和异常现象等。

(2) 质量检查　根据商品性质，定期进行以感官为主的在库质量检查，每种商品抽查1～2 件，主要检查商品自身变化，商品容器、封口、包装和衬垫等在储存期间的变化。

① 爆炸品。一般不易拆包检查，主要检查外包装。爆炸性化合物可拆箱检查。

② 压缩气体和液化气体。用称量法检查其重量；检查钢瓶是否漏气，可用气球将瓶嘴扎紧，也可用棉球蘸稀盐酸液（用于氨）、稀氨水（用于氯）涂在瓶口处。如果漏气会立即产生大量烟雾。

③ 易燃液体。主要检查封口是否严密，有无挥发或渗漏，有无变色、变质和沉淀现象。

④ 易燃固体。查有无溶（熔）化、升华和变色、变质现象。

⑤ 自燃物品、遇湿易燃物品。查有无挥发、渗漏、吸潮溶化；含稳定剂的稳定剂要足量，否则立即添足补满。

⑥ 氧化剂和有机过氧化物。主要检查包装封口是否严密，有无吸潮溶化，变色变质；有机过氧化物、含稳定剂的稳定剂要足量，封口严密有效。

⑦ 按重量计的商品应抽查重量，以控制商品保管损耗。

⑧ 每次质量检查后，外包装上均应作出明显的标记，并做好记录。

（3）检查结果问题处理

① 检查结果逐项记录，在商品外包装上作出标记。

② 检查中发现的问题，及时填写有问题商品通知单通知存货方。如问题严重或危及安全时立即汇报和通知存货方，采取应急措施。

③ 有效期商品应在有效期内一个月通知存货方。

④ 超过储存期限或长期不出库的商品应填写在库商品催调单，转存货方。

二、腐蚀性物品

1. 温湿度管理

（1）库内设置温湿度计，按时观测、记录。

（2）根据库房条件、商品性质、采用机械（要有防护措施）自控、自然等方法通风、去湿、保温，控制与调节库内温湿度在适宜范围之内。温湿度应符合表9-3的要求。

2. 库房检查

（1）安全检查

① 每天对库房内外进行检查，检查易燃物是否清理，货垛是否牢固，有无异常，库内有无过浓刺激性气味。

② 遇特殊天气及时检查商品有无水湿受损，货场货垛苫垫是否严密。

（2）质量检查

① 根据商品性质，定期进行感官质量检查，每种商品抽查1～2件，发现问题，扩大检查比例。

② 检查商品包装、封口、衬垫有无破损、渗漏，商品外观有无质量变化。

③ 入库检斤的商品，抽检其重量以计算保管损耗。

（3）检查结果问题处理

① 检查结果逐项记录，在商品外包装上作出标记。

② 发现问题积极采取措施进行防治，同时通知存货方及时处理。

③ 对接近有效期商品和冷背残次商品应填写催调单报存货方。

三、毒害性物品

1. 温湿度管理

① 库房内设置温湿度表，按时观测、记录。

② 严格控制库内温湿度，保持在适宜范围之内。

③ 易挥发液体毒品库要经常通风排毒，若采用机械通风要有必要的安全防护措施。

2. 库房检查

（1）安全检查

① 每天对库区内进行检查，检查易燃物等是否清理，货垛是否牢固，有无异常。

② 遇特殊天气及时检查商品有无受损。

③ 定期检查库内设施、消防器材、防护用具是否安全有效。

（2）质量检查

① 根据商品性质，定期进行质量检查，每种商品抽查 1～2 件，发现问题扩大检查比例。

② 检查商品包装、封口、衬垫有无破损，商品外观和质量有无变化。

（3）检查结果问题处理。

① 检查结果项记录，在商品外包装上作出标记。

② 对发现的问题做好记录，通知存货方，同时采取措施进行防治。

③ 对有问题商品和冷背残次商品应填写催调单，报存货方，督促解决。

第五节　危险化学品出入库管理

危险化学品出入库必须严格按照出入库管理制度进行，同时对进入库区车辆、装卸、搬运物品都应根据危险化学品性质按规定进行。

一、入库要求

1. 验收原则

① 入库商品必须附有生产许可证和产品检验合格证，进口商品必须附有中文安全技术说明书或其他说明。

② 商品性状、理化常数应符合产品标准，由存货方负责检验。

③ 保管方对商品外观、内外标志、容器包装及衬垫进行感官检验，验收后作出验收记录。

④ 验收在库外安全地点或验收室进行。

⑤ 每种商品拆箱验收 2～5 箱（免检商品除外），发现问题扩大验收比例，验收后将商品包装复原，并做标记。

2. 验收项目

应按照合同进行检查验收、登记。验收内容包括：数量、包装、危险标志。经核对后方可入库，当物品性质未弄清时不得入库。

3. 入库的基本程序

填制入库单、建立明细账、立卡、建档。

二、出库要求

① 保管员发货必须以手续齐全的发货凭证为依据；

② 按生产日期和批号顺序先进先出；

③ 对毒害性物品还应执行双锁、双人复核制发放，详细记录以备查用。

三、其他要求

① 进入危险化学品储存区域人员、机动车辆和作业车辆，必须采取防火措施。

② 装卸、搬运危险化学品时应按有关规定进行，做到轻装、轻卸。严禁摔、碰、撞、击、拖拉、倾倒和滚动。

③ 装卸对人身有毒害及腐蚀性的物品时，操作人员应根据危险性，穿戴相应的防护用品。

④ 不得用同一车辆运输互为禁忌的物料。

⑤ 修补、换装、清扫、装卸易燃、易爆物料时，应使用不产生火花的铜制、合金制或其他工具。

第六节　危险化学品储存安全操作

储存危险化学品的操作人员，搬进或搬出物品必须按不同商品性质进行操作，在操作过程程中应遵守以下规定。

一、易燃易爆性物品

① 作业人员应穿工作服、戴手套、口罩等必要的防护用具，操作中轻搬轻放，防止摩擦和撞击。

② 各种操作不得使用能产生火花的工具，作业现场应远离热源与火源。

③ 操作易燃液体需穿防静电工作服，禁止穿带钉鞋，大桶不得直接在水泥地面滚动。

④ 桶装各种氧化剂不得在水泥地面滚动。

⑤ 库房内不准分、改装、开箱、开桶，验收和质量检查等需在库房外进行。

二、腐蚀性物品

① 操作人员必须穿工作服，戴护目镜、胶皮手套、胶皮围裙等必要的防护用具。

② 操作时必须轻搬轻放，严禁背负肩扛，防止摩擦震动和撞击。

③ 不能使用沾染异物和能产生火花的机具，作业现场远离热源和火源。

④ 分装、改装、开箱质量检查等在库房外进行。

三、毒害性物品

① 装卸人员应具有操作毒品的一般知识，操作时轻拿轻放，不得碰撞、倒置，防止包装破损，商品外溢。

② 作业人员要佩戴手套和相应的防毒口罩或面具，穿防护服。

③ 作业中不得饮食，不得用手擦嘴、脸、眼睛。每次作业完毕，必须及时用肥皂（或专用洗涤剂）洗净面部、手部，用清水漱口，防护用具应及时清洗，集中存放。

第七节　危险化学品储存应急情况处理

危险化学品储存仓库都配置了消防设备、设施和灭火药剂。工作人员应该懂得和会使用有关灭火器材。

一、易燃易爆性物品

① 当储存区发生燃爆，其灭火方法见表9-5。

表 9-5　易燃易爆性物品灭火方法

类　别	品　名	灭火方法	备　注
爆炸品	黑药	雾状水	
	化合物	雾状水、水	
压缩气体和液化气体	压缩气体和液化气体	大量水	冷却钢瓶
易燃液体	中、低、高闪点	泡沫、干粉	
	甲醇、乙醇、丙酮	抗溶泡沫	
易燃固体	易燃固体	水、泡沫	
	发乳剂	水、干粉	禁用酸碱泡沫
	硫化磷	干粉	禁用水

类　别	品　名	灭火方法	备　注
自燃物品	自燃物品	水、泡沫	
	烃基金属化合物	干粉	禁用水
遇湿易燃物品	遇湿易燃物品	干粉	禁用水
	钠、钾	干粉	禁用水、二氧化碳、四氯化碳
氧化剂和有机过氧化物	氧化剂和有机过氧化物	雾状水	
	过氧化钠、钾、镁、钙等	干粉	禁用水

② 各种物品在燃烧过程中会产生不同程度的毒性气体和毒害性烟雾。在灭火和抢救时，应站在上风头，佩戴防毒面具或自救式呼吸器。

③ 如发现头晕、呕吐、呼吸困难、面色发青等中毒症状，立即离开现场，移至空气新鲜处或做人工呼吸，重者送医院诊治。

二、腐蚀性物品

① 应急处置方法见表9-6。

表9-6　部分腐蚀品应急处置方法

品　名	应　急　处　置	禁　用
发烟硝酸、硝酸	雾状水、干砂、二氧化碳	高压水
发烟硝酸、硫酸	干砂、二氧化碳	水
盐酸	雾状水、砂土、干粉	高压水
磷酸、氢氟酸、氢溴酸、溴素、氢碘酸、氟硅酸、氟硼酸	雾状水、砂土、二氧化碳	高压水
高氯酸、氯磺酸	干砂、二氧化碳	
氯化硫	干砂、二氧化碳、雾状水	高压水
磺酰氯、氯化亚砜	干砂、干粉	水
氯化铬酰、二氯化磷、三溴化磷	干粉、干砂、二氧化碳	水
五氯化磷、五溴化磷	干粉、干砂	水
四氯化硅、氯化铝、四氯化钛、五氯化锑、五氧化二磷	干砂、二氧化碳	水
甲酸	雾状水、二氧化碳	高压水
溴乙酰	干砂、干粉、泡沫	高压水
苯磺酰氯	干砂、干粉、二氧化碳	水
乙酸、乙酸酐	雾状水、砂土、二氧化碳、泡沫	高压水
氯乙酸、三氯乙酸、丙烯酸	雾状水、砂土、泡沫、二氧化碳	高压水
氢氧化钠、氢氧化钾、氢氧化锂	雾状水、砂土	高压水
硫化钠、硫化钾、硫化钡	砂土、二氧化碳	水或酸、碱式灭火机
水合肼	雾状水、泡沫、干粉、二氧化碳	
氨水	水、砂土	
次氯酸钙	水、砂土、泡沫	
甲醛	水、泡沫、二氧化碳	

② 消防人员进行处置时应在上风处并配戴防毒面具。禁止用高压水（对强酸）以防爆溅伤人。

③ 进入口内立即用大量水漱口，服大量冷开水催吐或用氧化镁乳剂洗胃。呼吸道受到刺激或呼吸中毒立即移至新鲜空气处吸氧。接触眼睛或皮肤，用大量水或小苏打水冲洗后，敷氧化锌软膏，然后送医院诊治。

④ 灼伤或中毒急救方法如下。

● 强酸。皮肤沾染用大量水冲洗，或用小苏打、肥皂水洗涤，必要时敷软膏；溅入眼睛用温水冲洗后，再用 5％小苏打溶液或硼酸水洗；进入口内立即用大量水漱口，服大量冷开水催吐，或用氧化镁悬浊液洗胃；呼吸中毒立即移至空气新鲜处保持体温必要时吸氧。

● 强碱。接触皮肤用大量水冲洗，或用硼酸水、稀酸冲洗后涂氧化锌软膏；触及眼睛用温水冲洗；吸入中毒者移至空气新鲜处；严重者送医院治疗。

● 氢氟酸。接触眼睛或皮肤，立即用清水冲洗 20min 以上，可用稀氨水敷浸后保暖，再送医诊治。

● 高氯酸。皮肤沾染后用大量温水及肥皂水冲洗，溅入眼内用温水或稀硼砂水冲洗。

● 氯化铬酰。皮肤受伤后用大量水冲后，用硫代硫酸钠敷伤处后送医诊治，误入口内用温水或 2％硫代硫酸钠洗胃。

● 氯磺酸。皮肤受伤用水冲洗后再用小苏打溶液洗涤，并以甘油和氧化镁润湿绷带包扎，送医诊治。

● 溴。皮肤灼伤以苯洗涤，再涂抹油膏；呼吸器官受伤可嗅氨。

● 甲醛溶液。接触皮肤先用大量水冲洗，再用酒精洗后涂甘油；呼吸中毒可移到新鲜空气处，用 2％碳酸氢钠溶液雾化吸入以解除呼吸道刺激，然后送医院治疗。

三、毒害性物品

① 应急处置方法见表 9-7。

表 9-7　部分毒害性物品应急处置方法

类别	品　名	应急处置	禁　用
无机剧毒品	砷酸、砷酸钠	水	
	砷酸盐、砷及其化合物、亚砷酸、亚砷酸盐	水、砂土	
	亚硝酸盐、亚硒酸酐、硒及其化合物	水、砂土	
	硒粉	砂土、干粉	水
	氯化汞	水、砂土	
	氰化物、氰熔体、淬火盐	水、砂土	酸碱泡沫
	氢氰酸溶液	二氧化碳、干粉、泡沫	
有机剧毒物	敌死通、氯化苦、氟磷酸异丙酯、1240 乳剂、3911、1440	砂土、水	
	四乙基铅	干砂、泡沫	
	马钱子碱	水	
	硫酸二甲酯	干砂、泡沫、二氧化碳、雾状水	
	1605 乳剂、1059 乳剂	水、砂土	酸碱泡沫
无机有毒品	氟化钠、氟化物、氟硅酸盐、氧化铅、氯化钡、氧化汞、汞及其化合物、碲及其化合物、碳酸铍、铍及其化合物	砂土、水	

续表

类别	品　　名	应 急 处 置	禁　　用
有机有毒品	氰化二氯甲烷、其他含氰的化合物	二氧化碳、雾状水、砂土	
	苯的氯代物（多氯代物）	砂土、泡沫，二氧化碳、雾状水	
	氯酸酯类	泡沫、水、二氧化碳	
	烷烃（烯烃）的溴代物，其他醛、醇、酮、酯、苯等的溴化物	泡沫、砂土	
	各种有机物的钡盐、对硝基苯氯（溴）甲烷	砂土、泡沫，雾状水	
	腈有机化合物、草酸、草酸盐类	砂土、水，泡沫、二氧化碳	
	草酸酯类、硫酸酯类、磷酸酯类	水、泡沫、二氧化碳	
	胺的化合物、苯胺的各种化合物、盐酸苯二胺（邻、间、对）	砂土、泡沫，雾状水	
	二氨基甲苯、乙萘胺、二硝基二苯胺、苯肼及其化合物、苯酚的有机化合物、硝基的苯酚钠盐、硝基苯酚、苯的氯化物	砂土、泡沫、雾状水、二氧化碳	
	糠醛、硝基萘	泡沫、二氧化碳、雾状水、二氧化碳	
	滴滴涕原粉、毒杀酚原粉、六六六原粉	泡沫、二氧化碳、雾状水、砂土	
	氯丹、敌百虫、马拉松、安妥、苯巴比妥钠盐、阿米妥尔及其钠盐、赛力散原粉、1-萘甲腈、炭疽芽孢苗、鸟来因、粗蒽、依米丁及其盐类、苦杏仁酸、巴比妥及其钠盐	水、砂土、泡沫	

② 中毒急救方法如下。

● 呼吸道中毒。有毒的蒸气、烟雾、粉尘被人吸入呼吸道各部，发生中毒现象，多为喉痒、咳嗽、流涕、气闷、头晕、头疼等。发现上述情况后，中毒者应立即离开现场，到空气新鲜处静卧。对呼吸困难者，可使其吸氧或进行人工呼吸。在进行人工呼吸前，应解开上衣，但勿使其受凉，人工呼吸至恢复正常呼吸后方可停止，并立即予以治疗。无警觉性毒物的危险性更大，如溴甲烷，在操作前应测定空气中的气体浓度，以保证人身安全。

● 消化道中毒。经消化道中毒时，中毒者可用手指刺激咽部或注射 1％ 阿朴吗啡 0.5mL 以催吐或用当归三两、大黄一两、生甘草五钱，用水煮服以催泻，如系一○五九、一六○五等油熔性毒品中毒，禁用蓖麻油、液体石蜡等油质催泻剂。中毒者呕吐后应卧床休息，注意保持体温，可饮热茶水。

● 皮肤中毒或被腐蚀灼伤时，立即用大量清水冲洗，然后用肥皂水洗净，再涂一层氧化锌药膏或硼酸软膏以保护皮肤，重者应送医院治疗。

● 毒物进入眼睛时，应立即用大量清水或低浓度医用氯化钠（食盐）水冲洗 10～15min，然后去医院治疗。

第八节　废弃危险化学品处置

险化学品具有易燃、易爆、腐蚀、毒害等危险特性，如果对危险化学品及其废弃物管理、处置不当，不但会污染空气、水源和土壤，造成生态破坏，而且会对人体的安全与健康造成很大程度的危害。危险化学品处置按《危险化学品安全管理条例》第二条规定：废弃危险化学品的处置，依照有关环境保护的法律、行政法规和国家有关规定执行。

一、废弃危险化学品处置的原则和基本原理

1. 废弃危险化学品处置原则

危险化学品废弃物的安全处置，必须遵循以下原则。

（1）区别对待、分类处置 严格控制危险废物和放射性废物。

（2）集中处置原则 对危险废弃物实行集中处置，不仅可以节约人力、物力、财力，有利于监督管理，也是有效控制乃至消除危险废物污染危害的重要形式和主要技术手段。

（3）无害化处置原则 危险废弃物最终处置原则是合理地、最大限度地将危害废物与生物圈相隔离，减少有毒有害物质释放进入环境的速度和总量，将其在长期处置过程中对人类和环境的影响减至最小程度。

2. 废弃危险化学品处置的基本原理

废弃危险化学品的处置，在设计上采用三道防护屏障组成的多重屏障原理。

（1）废弃物的屏障系统 根据填埋的危险废物的性质进行预处理，包括固化或惰性化处理，以减轻废物的毒性或减少渗滤液中有害物质的浓度。

（2）密封屏障系统 利用人为的工程措施将废物封闭，使废物渗滤液尽量少地突破密封屏障，向外溢出。

（3）地质屏障系统 地质屏障系统包括场地的地质基础、外围和区域综合地质技术条件。

二、废弃危险化学品处置方法

废弃危险化学品的处置，是指将废弃危险化学品焚烧和用其他改变其物理、化学、生物特性的方法，达到减少已产生的废物数量、缩小固体废物体积、减少或消除其危险成分的活动，或者将废弃危险物最终置于符合环境保护规定要求的场所或者设施并不再回收的活动。

废弃危险物处置办法主要有地质处置和海洋处置两大类。海洋处置包括深海投弃和海上焚烧。地质处置包括土地耕作、永久储存或储留地储存、土地填埋、深井灌注和深地层处置等几种，其中应用最多的是土地填埋处置技术。海洋处置现已被国际公约禁止，但地质处置至今仍是世界各国最常采用的一种废物处置方法。

第九节 事 故 案 例

案例一 汽油瓶保管不当引起火灾爆炸事故

1999 年 12 月 23 日，某机械制造厂发生一起汽油瓶胀裂起火事故，3 人被烧死，2 人被烧伤。

1. 事故经过

12 月 23 日，某机械制造厂仪表车间车工班的李某、徐某、陈某和徒工小张、小孟等 5 人及徐某的妻子饶某，正聚集在车工组一间约 $18m^2$ 的小屋内，将门窗紧闭，用一个 $5kW$ 的电炉取暖。此时屋内温度逐渐升高，墙角一个盛装 $15kg$ 汽油的玻璃瓶随着室温的升高而膨胀，先后两次将瓶塞顶出。徒工小孟发现后，先后两次用力将瓶塞塞紧，瓶塞不再冲出，但已埋下灾难的种子。烤了一会儿手后，李某便在屋内检修车床，小张、小孟在一旁观看。由于瓶塞堵死了汽油挥发的唯一通道，瓶内不断聚集的汽油蒸气把玻璃瓶胀开一道裂缝，汽油慢慢向外渗出，流向电炉。坐在电炉旁的陈某、饶某发现汽油渗出后，立即用拖布擦拭汽油。在擦拭清理过程中，拖布上的汽油溅到还未熄灭的电炉丝上，瞬间电炉就燃烧起来，屋内浓烟弥漫，火焰顺着油迹向汽油瓶烧去。屋内的几个人见势不妙都往门口跑，徐某用力把门打开，因屋内充满大量汽油蒸气，门一开，屋外充足的氧气使屋内刹那间火光冲天。小张

和徐某、小孟虽先后跑出，但小孟、徐某某还是被烧伤。小张跑出后见师傅陈某未跑出，便返回去救师傅，在门口被火焰严重烧伤，只好退出。此刻汽油瓶爆炸，强大的冲击波将门关死。有孕在身的陈某和饶某动作稍慢，陈某跑到门口，想拉开门，由于屋内压力高于室外，门无法打开，陈某很快被火焰吞没倒在门口。饶某在跑的过程中摔倒，再未能爬起。正在检修车的李某，事故发生后想从有铁栅栏的窗子出去，但是没有能把安装牢固的铁栅栏拉下，无奈之中想从天窗往外跳，打开天窗后火焰更猛，李某被烧死在窗下。这起事故造成3人被烧死，2人被烧伤，房屋和机床被烧毁，经济损失惨重。

2．事故分析

事故的直接原因是车工班的人不了解汽油的危害性，领回汽油不用时，未能及时交还仓库或单独存放，而是放在人员较多、温度较高的工作休息室内，严重违反易燃易爆危险化学物品的管理和存放规定。事故的间接原因，一是工人缺乏有关汽油等危险物品知识，安全教育和培训明显不足。仪表车间负责人未能认真执行有关危险化学品的管理规定，忽视职工的安全教育，负有一定的领导责任；二是安全生产管理松懈。就在这起事故发生前几天，该厂的电工班就发生过汽油着火事故，因未造成人员伤亡和财产损失，没能引起企业领导的重视。企业领导安全观念淡薄，疏于管理，负有不可推卸的领导责任。

案例二　库房存放金属镁自燃起火事故

1993年11月4日，山西省阳泉市某金属镁厂发生自燃性火灾事故，由于灭火剂不足，火势无法有效控制，烧毁部分仓库、原料、半成品等，经济损失惨重。

1．事故经过

11月4日9时40分，山西省阳泉市某金属镁厂仓库，突然燃起了冲天烈火。起火后，该厂职工使用氟化钙灭火，但是没有奏效。在灭火期间，工厂向消防队报火警，并采取了停电、停气及疏散措施。公安消防队赶到火场时，火势已凶猛肆虐，为了避免爆炸引起伤亡，救火人员退守百米以外，望火兴叹，以后又因灭火剂严重不足，无法有效施救控制火势，直至大火自行熄灭为止。这场大火烧毁部分库房、原料、半成品等，损失23万余元。

2．事故分析

镁是银白色金属，有延展性，硬度中等。镁粉溶于酸，同时放出氢气。镁粉不溶于水，但能与水缓慢作用放出热和氢气，在潮湿空气中表面被氧化而变暗。能与氨激烈化合，也能与其他卤素、硫、磷、砷等化合。镁粉在空气中极易燃烧，燃烧时会发出强烈的白光和热。但它在干燥空气中较稳定。金属镁可由电解熔融的氯化镁或光卤石而制得。金属镁用途广泛，主要用于制造轻金属合金、球墨铸铁、脱硫剂和脱氢剂，也可用来制造焰火、闪光粉、镁盐等。

经对事故现场调查分析，造成金属镁自燃起火的原因是由于该厂金属镁中的钾、钠未脱净引起自燃导致火灾。事后，该厂有关责任人受到行政和经济上的处分。

案例三　深圳市清水河特大爆炸火灾事故

1993年8月5日，深圳市安贸危险物品储运公司清水河化学危险品仓库发生特大爆炸事故。爆炸引起了大火，1h后着火区又发生第二次强烈爆炸，造成更大范围的破坏和火灾。到8月6日5时，终于扑灭了这场大火。这起事故造成15人死亡，200多人受伤，其中重伤25人，直接经济损失超过2.5亿元。

1．事故经过

事故发生在中国对外贸易开发集团公司下属的储运公司与深圳市危险品服务中心联营的安贸危险品储运联合公司的清水河仓库区。该仓库区位于深圳市东北角，占地约2000m²。

8月5日13时10分，4号仓库的管理员发现仓库内堆放的过硫酸铵冒烟、起火，因消防设施无水，用灭火器灭火没有扑灭，电话报警又没有接通，于是保安员赶紧截住一辆汽车前去报警。深圳市公安局消防处值班员接到报警后，即调笋岗消防中队的消防车前往灭火。当消防车开出后不久（13时26分），4号仓库内堆放的可燃物发生了第一次爆炸，彻底摧毁了2、3、4号连体仓，强大的冲击波破坏了附近货仓，使多种危险化学品暴露于火焰面前。由于危险化学品处于持续被加热状态，约1h后，即在14时27分，5、6、7连体仓又发生爆炸。爆炸冲击波造成更大范围的破坏，爆炸后的带火飞散物（如黄磷、燃烧的三合板和其他可燃物）使火灾迅速蔓延扩大，引燃了距爆炸中心250m处的木材堆场的3000m³木质地板块、6个干货场以及山上的树木。在扑救过程中，广州、东莞、珠海等地消防队100多辆救火车前往增援，经过近万名公安、消防、边防武警和解放军防化兵16个小时的奋战，8月6日5时许，大火基本被扑灭。

这次事故造成清水河仓库毁坏严重，其中6个仓（2～7号）被彻底摧毁，现场留下2个深7m的大坑，其余的1号仓和8号仓遭到严重破坏。紧挨清六平仓的存有240t双氧水的仓库和存有8个大罐、41个卧罐的液化气站及刚运到的28个车皮的液化气、1个加油站未发生爆炸，否则将会造成更大的损失。

2. 事故分析

经专家组调查分析认定，清水河的干杂仓库被违章改作化学危险品仓库及仓库内化学危险品存入严重违章是事故的主要原因。干杂仓库4号仓内混存的氧化剂与还原剂接触是事故的直接原因。

经过试验表明，过硫酸铵遇硫化碱立即产生激烈反应，放热。4号仓内强氧化剂和还原剂混存、接触，发生激烈氧化还原反应，形成热积累，导致起火燃烧。4号仓的燃烧，引燃了库存区多种可燃物质，库区空气温度升高，使多种化学危险品处于被持续加热状态。6号仓内存放的约30t有机易燃液体被加热到沸点以上，快速挥发，冲破包装和空气、烟气形成爆炸混合物，并于14时27分发生燃爆。爆炸释放出巨大能量，造成瞬时局部高温高热，出现闪光和火球，引发该仓内存放的硝酸铵第二次剧烈爆炸。

案例四　大华化工厂储存化学品爆炸事故

1996年6月26日，天津津西大华化工厂发生爆炸事故，死亡19人，受伤14人，直接经济损失120多万元。

1. 事故经过

天津津西大华化工厂始建于1991年2月8日，属天津市西青区李七庄乡大倪庄村村办企业，有职工36人，共有2个生产车间，1个备料车间。自1996年1月1日开始，厂长唐某某等3人与村农工商总公司签订了承包该厂的协议。1996年计划总产值650万元，承包上缴利润22万元。该厂有长36m、宽10m的大厂房一座，内分为三个车间，位于中间的为备料车间，内存有1t左右氯酸钠，1t多二硝基苯胺，1t多不合格的溴代物、1.5t从沉淀池和水沟挖出的废溴代物等。

由于市场不景气，产品滞销，该厂从1996年5月28日停产。本地职工一般回家，外省民工有些在外打零工，但都住在厂内，一般不进车间。6月26日下午，一名女工16时左右回厂给工友做饭，当她去洗菜时发现，备料车间北面西侧窗户往外冒黑烟，便大声喊救火。听到喊声后，在厂办公室的厂长唐某某等人及在宿舍等处的其他职工和村民约20余人跑向冒烟车间，有人发现是备料车间的氯酸钠冒烟，于是向着火点泼了几桶水，但灾情继续发展。厂长喊人用铁锹运沙子压火，约几分钟，听到两声巨响，发生爆炸，一股黑烟冲向天空。事故造成19人死亡（其中3人在送医院途中死亡），14人受伤，厂房被毁，厂内其他建筑物被严重破坏。

2. 事故分析

根据事故调查组现场勘察和技术分析，这起事故的爆炸过程、致因因素和原因如下。

（1）爆炸过程　强氧化剂与有机物、可燃物（木头、塑料袋、编织袋等）等形成爆炸混合物，在高温时产生燃烧，放出黑烟。工人救火时向混合物泼了呈酸性的废水，强氧化剂加酸水生成氯酸，氯酸等在高温时发生爆炸（这是第一声响）。

（2）爆炸致因分析　天津6月26日之前几天持续高温，26日当天温度为33℃，厂房房顶是石棉瓦，隔热性差，估计室内温度在40℃以上，高温促进了氧化剂燃烧过程。氧化剂氯酸钠和有机物发生氧化反应发热，热量又加速了其氧化反应；该循环反应最终导致有机物和可燃物燃烧。救火过程中泼向强氧化剂的酸性水加速了氧化剂的氧化分解进程，产生大量氯酸，氯酸在40℃以上极易发生爆炸。

（3）主要原因　一是管理混乱，强氧化剂和有机物混放造成重大事故隐患；二是易燃易爆物品的包装、存放不符合国家规定。按规定强氧化剂应用牢固干燥的铁桶进行外包装，还要内加一层塑料袋和牛皮纸袋进行防潮，而该厂使用的强氧化剂只有塑料袋和编织袋两层包装，不符合要求；三是厂区布局不合理，厂房、办公室、宿舍、仓库距离太近，这是爆炸后导致厂内建筑物被毁的主要原因。四是职工素质低，安全和救灾知识缺乏是导致众多人员伤亡的主要原因。

习　题

一、单项选择题

1. 储存化学品的仓库有（　　）要求。

A. 不得同时存放酸与碱　　　　　　　B. 同时存放酸与碱

C. 任意存放各类化学品

2. 对固态的酸、碱进行处理时，必须（　　）。

A. 徒手操作　　　　　　　　　　　　B. 把固态变成液态，以便易于处理

C. 使用工具辅助操作，而不得用手

3. 化学品仓库保管人员进行培训的主要内容是（　　）。

A. 文化知识　　　　B. 礼仪常识　　　　C. 化学品专业知识

4. 危险化学品库门应采用（　　）。

A. 外开式　　　　B. 内开式　　　　C. 都可以

5. 依据《常用化学危险品储存通则》规定库存危险化学品隔离储存垛与垛间距应控制在（　　）m。

A. 0.3～0.5　　　　B. 0.5～0.8　　　　C. 0.8～1.0

6. 依据《常用化学危险品储存通则》规定库存危险化学品主要通道的宽度不应小于（　　）m。

A. 1.5　　　　B. 2　　　　C. 1.8

7. 储存危险化学品的仓库必须配备有专业知识的技术人员，其仓库及场所应设专人管理，管理人员必须配备可靠的（　　）。

A. 劳动保护用品　　B. 安全检测仪器　　C. 手提消防器材

8. 《常用危险化学品储存通则》规定：危险化学品储存方式分为（　　）种。

A. 2　　　　B. 4　　　　C. 3

9. 下列关于危险化学品的储存过程中的安全技术说法错误的是（　　）。

A. 危险化学品储存在专门的地点，不得与其他物资混合储存；

B. 互相接触容易引起燃烧、爆炸的物品及灭火方法不同的物品，应该分类储存；

C. 性质不稳定、容易分解和变质以及混有杂质而容易引起燃烧、爆炸危险的危险化学品，应该经常进行检查、测温、化验，防止自燃、爆炸。

10. 剧毒化学品以及储存数量构成重大危险源的其他危险化学品的储存，下列说法正确的是（　　）。

A. 必须在专用的仓库单独存放，实行双人收发、双人保管制度。

B. 必须在专用的仓库单独存放，必要时实行双人收发、双人保管制度。

C. 储存单位应当将剧毒化学品以及构成重大危险源的其他危险化学品的数量、地点以及管理人员的情况，报告当地公安部门和负责危险化学品安全监督管理综合工作的部门备案。

二、判断题

1. 易燃固体储存于阴凉通风库房内，远离火种、热源、氧化剂及酸类。亦可与其他危险化学品混放。

（   ）

2. 氢氟酸可用玻璃及陶瓷做容器。（   ）

3. 危险化学品的仓库门应为铁门或铁皮门，采用内开式或外开式皆可。（   ）

4. 各类危险化学品分装、改装、开箱（桶）检查等应在库房外进行。（   ）

5. 对毒害性物品管理应执行双人双锁、双人复核制度。（   ）

6. 易燃固体可与氧化剂混合储存，具有还原性的氧化剂应单独存放。（   ）

7. 各种物品不允许直接落地存放，应根据库房地势高低，一般应垫 15cm 以上。（   ）

8. 储存危险化学品库房必须配备专业知识人员管理，同时必须配备可靠的个人防护用品。（   ）

9. 氧气高压钢瓶和氢气高压钢瓶可同库存放。（   ）

10. 氯酸盐类、过氧化钠和过氧化氢可以同库储存。（   ）

11. 危险化学品仓库内物品应避免阳光直射，曝晒、远离热源、电源和火源。（   ）

12. 危险化学品类入库商品，可以不需要生产许可证和产品检验合格证。（   ）

13. 腐蚀性危险化学品储存操作时，操作人员必须穿工作服，戴护目镜、胶皮手套、胶皮围裙等必要的防护用具。（   ）

14. 剧毒化学品仓库燃烧时，在灭火和抢救时，应站在上风头，佩戴防毒面具或自救式呼吸器。（   ）

15. 库房内危险化学品废弃物可以倒入公共垃圾箱内。（   ）

三、简答题

1. 易燃易爆性物品在储存过程中按照危险化学品储存火灾危险性的建设设计防火规范分为几类？

2. 什么叫隔离储存、隔开储存和分离储存？

3. 储存危险化学品有哪些基本要求？

4. 危险化学品入库有什么要求？

5. 危险化学品出库有什么要求？

6. 发现呼吸道中毒应如何处置？

7. 危险化学品废弃物处置有什么规定？

第十章 危险化学品经营

危险化学品经营单位在组织商品流通过程中，要始终把危险化学品安全管理放在重要位置，认真抓好。经营活动中商品的购进、销售、储存、运输、废弃物处置要按照国家法律、法规和标准规范的要求认真执行。

第一节 危险化学品经营管理

一、危险化学品经营许可制度

《条例》第三十三条规定：国家对危险化学品经营（包括仓储经营）实行许可制度。未经许可，任何单位和个人不得经营危险化学品。

依法设立的危险化学品生产企业在其厂区范围内销售本企业生产的危险化学品，不需要取得危险化学品经营许可。

依照《中华人民共和国港口法》的规定取得港口经营许可证的港口经营人，在港区内从事危险化学品仓储经营，不需要取得危险化学品经营许可。

国家安全生产监督管理总局指导、监督全国经营许可证的颁发和管理工作。省、自治区、直辖市人民政府安全生产监督管理部门指导、监督本行政区域内经营许可证的颁发和管理工作。设区的市级人民政府安全生产监督管理部门（以下简称市级发证机关）负责下列企业的经营许可证审批、颁发：

① 经营剧毒化学品的企业；

② 经营易制爆危险化学品的企业；

③ 经营汽油加油站的企业；

④ 专门从事危险化学品仓储经营的企业；

⑤ 从事危险化学品经营活动的中央企业所属省级、设区的市级公司（分公司）；

⑥ 带有储存设施经营除剧毒化学品、易制爆危险化学品以外的其他危险化学品的企业。

县级人民政府安全生产监督管理部门（以下简称县级发证机关）负责本行政区域内本条第三款规定以外企业的经营许可证审批、颁发；没有设立县级发证机关的，其经营许可证由市级发证机关审批、颁发。

二、经营条件

《条例》第三十四条规定：从事危险化学品经营的企业应当具备下列条件：

① 有符合国家标准、行业标准的经营场所，储存危险化学品的，还应当有符合国家标

准、行业标准的储存设施；

② 从业人员经过专业技术培训并经考核合格；

③ 有健全的安全管理规章制度；

④ 有专职安全管理人员；

⑤ 有符合国家规定的危险化学品事故应急预案和必要的应急救援器材、设备；

⑥ 法律、法规规定的其他条件。

三、经营和购买危险化学品的规定

① 危险化学品经营企业不得向未经许可从事危险化学品生产、经营活动的企业采购危险化学品，不得经营没有化学品安全技术说明书或者化学品安全标签的危险化学品。

② 依法取得危险化学品经营许可证的企业，凭相应的许可证件购买剧毒化学品、易制爆危险化学品。民用爆炸物品生产企业凭民用爆炸物品生产许可证购买易制爆危险化学品。

③ 危险化学品经营企业销售剧毒化学品、易制爆危险化学品，应当查验《条例》第三十八条第一款、第二款规定的相关许可证件或者证明文件，不得向不具有相关许可证件或者证明文件的单位销售剧毒化学品、易制爆危险化学品。对持剧毒化学品购买许可证购买剧毒化学品的，应当按照许可证载明的品种、数量销售。

④ 禁止向个人销售剧毒化学品（属于剧毒化学品的农药除外）和易制爆危险化学品。

⑤ 危险化学品生产企业、经营企业销售剧毒化学品、易制爆危险化学品，应当如实记录购买单位的名称、地址、经办人的姓名、身份证号码以及所购买的剧毒化学品、易制爆危险化学品的品种、数量、用途。销售记录以及经办人的身份证明复印件、相关许可证件复印件或者证明文件的保存期限不得少于 1 年。

⑥ 剧毒化学品、易制爆危险化学品的销售企业、购买单位应当在销售、购买后 5 日内，将所销售、购买的剧毒化学品、易制爆危险化学品的品种、数量以及流向信息报所在地县级人民政府公安机关备案，并输入计算机系统。

⑦ 危险化学品经营企业储存危险化学品的，应当遵守本《条例》第二章关于储存危险化学品的规定。危险化学品商店内只能存放民用小包装的危险化学品。

第二节　剧毒化学品的经营

一、购买剧毒化学品应遵守的规定

申请取得剧毒化学品购买许可证，申请人应当向所在地县级人民政府公安机关提交下列材料：

① 营业执照或者法人证书（登记证书）的复印件；

② 拟购买的剧毒化学品品种、数量的说明；

③ 购买剧毒化学品用途的说明；

④ 经办人的身份证明。

县级人民政府公安机关应当自收到前款规定的材料之日起 3 日内，做出批准或者不予批准的决定。予以批准的，颁发剧毒化学品购买许可证；不予批准的，书面通知申请人并说明理由。

二、销售剧毒化学品应遵守的规定

危险化学品生产企业、经营企业销售剧毒化学品、易制爆危险化学品，应当查验《危险化学品安全管理条例》第三十八条第一款、第二款规定的相关许可证件或者证明文件，不得向不具有相关许可证件或者证明文件的单位销售剧毒化学品、易制爆危险化学品。对持剧毒化学品购买许可证购买剧毒化学品的，应当按照许可证载明的品种、数量销售。

禁止向个人销售剧毒化学品（属于剧毒化学品的农药除外）和易制爆危险化学品。

危险化学品生产企业、经营企业销售剧毒化学品、易制爆危险化学品，应当如实记录购买单位的名称、地址、经办人的姓名、身份证号码以及所购买的剧毒化学品、易制爆危险化学品的品种、数量、用途。销售记录以及经办人的身份证明复印件、相关许可证件复印件或者证明文件的保存期限不得少于1年。

剧毒化学品、易制爆危险化学品的销售企业、购买单位应当在销售、购买后5日内，将所销售、购买的剧毒化学品、易制爆危险化学品的品种、数量以及流向信息报所在地县级人民政府公安机关备案，并输入计算机系统。

第三节　汽车加油加气站的经营

加油加气站是石化销售企业的最基层单位，是成品油和气的销售终端环节，是连接零售企业和消费者的桥梁和纽带；是展示石化企业形象的窗口。加油加气站也是城镇建设的基础设施，与我国交通运输事业的发展有着十分密切的关系。截止2008年，全国加油站总量有9万座大关，2008年中国石化企业的加油站拥有量达到2.93万座中国石油加油站达1.8万余座。天然气和液化石油气加气站也在最近几年发展迅速，它的发展对推动市场经济发展，节约能源，提高效益，带动城乡建设的发展起到了不可忽视的作用。但是，也应看到在迅猛发展的同时，一些社会加油加气站、边远山区的加油站（点）设备简陋，工作人员少，又没有经过专门的安全技术知识及操作技能的培训，安全素质较差，一旦发生火灾爆炸事故，将会给国家财产和人身安全带来不可估量的损失。因此，加油站的安全绝不能忽视，应引起高度的重视。

一、加油加气站基本知识

1. 加油加气站术语

（1）加油加气站　加油站、液化石油气加气站、压缩天然气加气站、加油加气合建站的统称。

（2）加油站　为汽车油箱充装汽油、柴油的专门场所。

（3）压缩天然气加气站　为燃气汽车储气瓶充装车用压缩天然气的专门场所。

（4）液化石油气加气站　为燃气汽车储气瓶充装车用液化石油气的专门场所。

（5）加油加气站合建站　既可为汽车油箱充装汽油、柴油，又可为燃气汽车储气瓶充装车用液化石油气和压缩天然气的专门场所。

（6）站房　用于加油加气站管理和经营的建筑物。

（7）加油岛　用于安装加油机的平台。

（8）加气岛　用于安装加气机的平台。

（9）埋地油罐　采用直接覆土或罐池充沙（细土）方式埋设在地下，且罐内最高液面低于罐外4m范围内地面的最低标高0.2m的卧式油品储罐。

（10）埋地液化石油气罐　采用直接覆土或罐池充沙（细土）方式埋设在地下，且罐内最高液面低于罐外4m范围内地面的最低标高0.2m的卧式液化石油气储罐。

（11）密闭卸油点　埋地油罐以密闭方式接卸汽车油罐车所载油品的固定接头处。

（12）卸油油气回收系统　将汽油油罐车卸油时产生的油气回收至油罐车里的密闭油气回收系统。

（13）加油油气回收系统　将给汽车车辆加油时产生的油气回收至埋地汽油罐的密闭油

气回收系统。

（14）加气机　给汽车储气瓶充装液化石油气油气或压缩天然气，并带有计量、计价装置的专用设备。

（15）拉断阀　在一定外力作用下可被拉断成两节，拉断后具有自密封功能的阀门。

（16）压缩天然气加气子站　用车载储气瓶运进压缩天然气，为汽车进行加气作业的压缩天然气加气站。

（17）储气井　压缩天然气加气站内用于储存压缩天然气的立井。

2. 汽油

（1）汽油的牌号　汽油牌号是按照研究法辛烷值划分的，一般汽车使用汽油分 90 号、93 号、97 号、98 号等牌号，无铅汽油分为 90 号、93 号、95 号、97 号等牌号。

（2）理化特性

分子式：$C_5H_{12} \sim C_{12}H_{26}$

沸点：40～200℃

凝固点：< -60℃

相对密度（水＝1）：0.67～0.71；相对密度（空气＝1）：3～4

外观性状：无色或淡黄色液体，具有挥发性和易燃性，有特殊气味

溶解性：不溶于水，易溶于苯、二硫化碳、醇，极易混溶于脂肪

稳定性：稳定

（3）燃爆特性

闪点：-50℃

自燃点：255～390℃

火灾危险类别：甲$_B$

爆炸极限：1.4%～7.6%

最大爆炸压力：0.183MPa

危险特性：其蒸气与空气能形成爆炸性混合物，遇明火、高热易引起燃烧爆炸，与氧化剂接触能发生强烈反应。蒸气比空气重，能在较低处扩散到相当远的地方，遇明火会引起回燃。若遇高热，容器内压增大，有开裂和爆炸的危险。

灭火剂种类：泡沫、干粉、砂土、CO_2、1211，用水灭火无效。

（4）毒性、健康危害及处理方法

毒性：麻醉性毒物

接触限值：300mg/m³

健康危害：主要是引起中枢神经系统功能障碍。高浓度时引起呼吸中枢麻痹。轻度中毒的表现有：头痛、头晕、四肢无力、恶心等症状。重度中毒的表现有：高浓度汽油蒸气可引起中毒性脑病，部分患者出现中毒性精神病症状。汽油直接吸入呼吸道可引起吸入性肺炎。

皮肤接触处理：脱去污染的衣着，用肥皂水及清水彻底冲洗。

眼睛接触处理：立即翻开上下眼睑，用流动清水冲洗 10min 或用 2%碳酸氢钠溶液冲洗并敷硼酸眼膏。处理完毕立即送医院。

吸入处理：迅速脱离现场至空气新鲜处，保暖并休息。呼吸困难时给予输氧。呼吸停止时，立即进行人工呼吸。处理完毕立即送医院。

食入处理：误食者立即漱口，饮牛奶或植物油，洗胃并灌肠。处理完毕立即送医院。

（5）储存与使用注意事项

① 在储存、运输、使用中严禁接近火种，防止静电、防止汽油蒸气积聚；

② 不能用汽油做溶剂和清洗零件，严禁用嘴吸汽油，避免接触皮肤；

③ 为防止夏季气温高的地区汽车发生气阻，要加强发动机室通风；

④ 不允许用汽油代替煤油作照明油使用，以免发生中毒和火灾；

⑤ 在储运，接触油品过程中，严防水分、杂质及其他油品混入；

⑥ 汽油发生泄漏时，禁止无关人员进入污染区，切断火源。应急处理人员戴自给式呼吸器，穿一般消防防护服。在确保安全情况下堵漏。

3. 柴油

（1）柴油的牌号　柴油按照凝点区分，轻柴油一般分为 10 号、0 号、－10 号、－20 号、－35 号、－50 号等 6 个牌号。其牌号的含义为：如－10 号轻柴油的凝点规定为不高于 －10℃。宽馏分轻柴油按凝点分 0 点、－10 号、－20 号 3 个牌号。重柴油按凝点分为 10 号、20 号、30 号 3 个牌号。

（2）理化特性

凝固点：－35～10℃

相对密度：0.87～0.9

外观与性状：稍有黏性的浅黄色至棕色液体

稳定性：稳定

（3）燃爆特性

闪点：45～65℃

爆炸极限：1.5%～6.5%

火灾危险类别：乙$_B$

自燃点：227～250℃

危险特性：遇明火、高热或与氧化剂接触有引起燃烧爆炸的危险。若遇高热，容器内压增大，有开裂和爆炸的危险。

灭火剂种类：泡沫、干粉、CO_2、1211、砂土

（4）毒性、健康危害及处理方法

毒性：具有刺激作用

健康危害：对皮肤、眼、鼻有刺激作用。皮肤接触柴油可引起接触性皮炎、油性痤疮。吸入柴油雾滴可引起吸入性肺炎。

皮肤接触处理：脱去污染的衣着，用肥皂水及清水彻底冲洗。

眼睛接触处理：立即翻开上下眼睑，用流动清水或生理盐水冲洗至少 15min。处理完毕立即送医院。

吸入处理：迅速脱离现场至空气新鲜处，保持呼吸通畅，保暖并休息。呼吸困难时给予输氧。呼吸停止时，立即进行人工呼吸。处理完毕立即送医院。

食入处理：误食者立即漱口，饮足量温水，尽快洗胃。处理完毕立即送医院。

（5）储存与使用注意事项

① 防止水分、机械杂质混入；

② 严禁与汽油混合后用于照明或烧煤油炉；

③ 同一级别、牌号不同的柴油，由于它们的质量指标除凝点和冷滤点外基本相同，所以当资源不足时，可以在适合气温用油的情况下混合，但必须严格执行汽、柴油掺混的配比标准，不得随意乱掺兑；

④ 严禁曝晒及明火加热，尽量在较低的温度下储存。冬季使用柴油时，可进行必要的预热；

⑤ 柴油在使用前，都必须经过沉淀、过滤，除去杂质和水分；

⑥ 柴油发生泄漏时，禁止无关人员进入污染区，切断火源。穿一般消防防护服。在确

保安全情况下堵漏。

4. 液化石油气

液化石油气是呈液体状态的石油气，是石油气经加压或降温后而成的液态烃混合物。液化石油气其主要成分有丙烷、丁烷、丙烯、丁烯和丁二烯，还含有少量的甲烷、乙烷、戊烷、硫化物等杂质。

液化石油气具有以下五个方面的特性如下。

(1) 常温易气化　液化石油气在常温常压下的沸点低于−50℃，因此它在常温常压下易气化。1L液化石油气可气化成250~350L，而且比空气重1.5~2.0倍。由于气态液化石油气比空气重，所以泄漏时常常滞留聚集在地板下面的空隙及地沟、下水道等低洼处，一时不易被吹散，即使在平地上，也能顺风沿地面飘流到远处而不易散到空中。因此，在储存、灌装、运输、使用液化石油气的过程中，一旦发生泄漏，远处的明火也能将逸散的石油气点燃而引起燃烧或爆炸。

(2) 受热易膨胀　液化石油气受热时体积膨胀，蒸气压力增大。其体积膨胀系数在15℃时，丙烷为0.0036，丁烷为0.00212，丙烯为0.00294，丁烯为0.00203，相当于水的10~16倍。随着温度的升高，液态体积会不断地膨胀，气态压力也不断增加，大约温度每升高1℃，体积膨胀0.3%~0.4%，气压增加0.02~0.03MPa。国家规定按照纯丙烷基化在48℃时的饱和蒸气压确定钢瓶的设计压力为1.6MPa，在60℃时刚好充满整个钢瓶来设计瓶内容积；并规定钢瓶的灌装量为0.42kg/L，在常温下液态体积大约占钢瓶内容积的85%，留有15%的气态空间供液态受热膨胀。所以，在正常情况下，环境温度不超过48℃，钢瓶是不会爆炸的。如果钢瓶接触热源（如用开水烫、用火烤或靠近供热设备等），那就很危险。因为温度升高到60℃时钢瓶内就完全充满了液化石油气，气体膨胀力直接作用于钢瓶，而后温度再每升高1℃，压力就会急剧增加2~3MPa。钢瓶的爆破压力一般为8MPa，此时温度只要升高3~4℃，钢瓶内的气压就可能超过其爆破压力而爆炸。如果超量灌装钢瓶，那就更加危险。

(3) 流动易带电　液化石油气的电阻率为10^{11}~10^{14}Ω·cm，流动时易产生静电。实验证明，液化石油气喷出时产生的静电电压可达9000V以上。这主要是因为液化石油气是种多组分的混合气体，气体中常含有液体或固体杂质，在高速喷出时与管口、喷嘴或破损处产生强烈摩擦所致。液化石油气中含液体和固体杂质愈多，在管道中流动愈快，产生的静电荷也就愈多。据测试，静电电压在350~450V时所产生的放电火花就可点燃或点爆。

(4) 遇火易燃爆　液化石油气的爆炸极限为1.7%~9.7%，自燃点为446~480℃，最小引燃（爆）能量约为0.26mJ。就是说，液化石油气在空气中的浓度处在1.7%~9.7%的范围内，只要受到0.26mJ点火能量的作用或受到446~480℃点火源的作用即能引起燃烧或爆炸。1kg液化石油气与空气混合浓度达到来4%（化学计量浓度）时，能形成12.5m³的爆炸性混合气，爆速可达2000~3000m/s，爆炸威力相当于10~20kgTNT（炸药）爆炸的当量。在标准状况下，1m³液化石油气完全燃烧大约需要30m³的空气，产生100760kJ的热量，形成2100℃的火焰温度。可见，液化石油气一旦燃爆，将会造成严重危害。

(5) 含硫易腐蚀　液化石油气中大都含有不同程度的微量硫化氢。硫化氢对容器设备内壁有腐蚀作用，含量愈高，腐蚀作用愈强。据测定，民用液化石油气中硫化氢对钢瓶的内腐蚀速度可高达0.1mm/年。液化石油气容器是一种受压容器，内腐蚀可使容器壁变薄，降低容器的耐压强度，缩短容器的使用年限，导致容器穿孔漏气或爆裂，引起火灾爆炸事故。同时，容器内壁因受硫化氢的腐蚀作用会生成硫化铁粉末，附着在容器壁上或沉积于容器底部，随残液倒出，遇空气还有生热引起自燃的危险。

5. 天然气

(1) 理化性质　天然气是一种含碳氢物质的可燃气体。它的基本成分是烃类。以甲烷为主，一般组成比（体积分数）为 70%～90%，其次是重烃类（即乙烷、丙烷和丁烷的总称），组成比 3%～27%；非烃类成分主要是二氧化碳、氮、氦、硫化氢、氢和惰性气体，通常组分比较少，最大不超过 15%。无硫化氢时为无色无臭易燃易爆气体，密度多在 0.6～0.8g/cm^3，比空气轻。通常将含甲烷高于 90% 的称为干气，含甲烷低于 90% 的称为湿气。能溶于乙醇、乙醚、微溶于水、易燃，燃烧时呈青白无火焰，火焰温度约为 1950℃。

凝固点：-183℃

沸点：-161.5℃

闪点：-190℃

自燃点：540℃

爆炸极限：5.3%～15%

最易引燃浓度为 7.5%，产生最大爆炸压力的浓度为 9.8%，最大爆炸压力为 70.3N/cm^2。

(2) 毒性　天然气的毒性因其化学组成不同而异。原料天然气含硫化氢，毒性随硫化氢浓度增加而增高。净化天然气（已经脱硫处理），如家用天然气主要为甲烷的毒性。通风不良时燃气的毒性主要来自一氧化碳。

(3) 临床表现　天然气急性中毒临床表现多样化，或呈甲烷中毒表现或呈硫化氢中毒表现或两者兼有，但主要为中枢神经系统和心血管系统的临床表现。轻者头痛、头晕、胸闷、恶心、呕吐、乏力，重者昏迷、紫绀、咳嗽、胸痛、呼吸急促、呼吸困难、抽搐、心律失常，部分病例出现精神症状。有脑水肿、肺水肿、心肌炎、肺炎等并发症。心电图检查可出现心动过速或过缓心房颤动 ST-T 改变左室高电压。X 线检查可有肺部纹理增粗增多、单侧或双侧边缘不清的肺部点、片状阴影。实验室检查有一时性白细胞数和血红蛋白量增加，血浆二氧化碳结合力下降，非蛋白氮轻度升高，血钾升高。约 16.5% 中重中毒者留有后遗症，主要表现为神经系统症状头痛、头昏、乏力、多梦、失眠、反应迟钝、记忆力下降，个别有阵发性肌颤、失语、偏瘫，经过适当治疗可以恢复正常，即使严重的后遗症也呈可逆性。长期接触天然气，主要表现为类神经症、头晕、头痛、失眠、记忆力减退、恶心、乏力、食欲不振等。

(4) 治疗　其一，脱离中毒现场，呼吸新鲜空气或给氧，注意保暖；其二，对症处理；其三，防治并发症；其四，治疗后遗症。

(5) 防治　开采天然气时，要加强生产设备的密闭化和通风排毒，建立安全检查制度，严格遵守操作规程及安全制度。以日常天然气作燃料时，应注意管道及设备密闭性，防止漏气。

(6) 天然气泄漏事故处置　了解了天然气的特点和危险性质后，问题就比较简单了。各级指挥员在处置事故过程中，就可以放心大胆的采取应对措施，按照灭火抢险救援处置程序，该堵漏的实施堵漏，该切断气源的切断气源，如果发生着火的情况，本着先处置再实施灭火。对钢瓶泄漏的气体用排风机排送至空旷地方放出或装置煤气喷头烧掉。

(7) 消防措施　用碳酸氢钠、碳酸氢钾、磷酸二氢铵等化学干粉、二氧化碳或卤代烃等灭火。

6. 润滑油

润滑油在机器设备中主要起着润滑、冷却、防腐防锈、清洁冲洗、密封等作用，正确选用和合理使用润滑油对机器设备的正常运转和延长设备使用寿命有着重要作用。

（1）汽油机油　汽油机油根据汽车类别的不同选择的品种代号不同，一般分为 SC、SD、SE、SF、SG、SH 和 SJ 七种。汽油机油黏度选择时，主要取决于气温，不同黏度等级的汽油机油适用的范围要根据地区和季节进行选择，使用时查有关手册。储存和使用时应注意以下三点。

① 不同质量等级、不同黏度牌号的汽油机油应分别储存。不同厂家生产的汽油机油不易混合使用，如必须混用时，应先做相容性试验。

② 在换油时应将曲轴箱及润滑系统清洗干净，以免污染新油。装油容器和加油工具要保持清洁，应存放在仓库中妥善保管，避免日晒雨淋，以防水和杂质混入。

③ 高档油可以代替低档油使用，而低档油不能代替高档油，特别是档次相差较大的低档油更不能代用。

（2）柴油机油　柴油机油分类品种代号分为 CC、CD、CD-Ⅱ、CE、CF-4 和 CG4 六种。柴油机油黏度的等级的选择与汽油机油相同。储存和使用时应注意以下几点。

① 不同质量等级、不同黏度牌号的汽油机油应分别储存。不同厂家生产的汽油机油不易混合使用，如必须混用时，应先做相容性试验。

② 在换油时应将曲轴箱及润滑系统清洗干净，以免污染新油。

③ 柴油机使用、储存中应避免水分或杂质混入。

④ 高档机油可以代替低档机油使用。

⑤ 应选用黏度略小而能保证发动机正常润滑的内燃机油，若黏度过大会使燃油耗量增加，发动机功率下降。为了延长内燃机油的作用期限；换油前要将污油放净，清洗残存油品，然后加入新油，以防降低使用效果。

⑥ 销售润滑油同样应遵循"存新发旧"的原则。

二、站址的选择与平面布置

1. 等级的划分

（1）加油站　加油站等级的划分主要依据储油罐的容量大小进行划分。油罐总容积小于 $60m^3$，单罐容积小于 $30m^3$ 以下为三级站；油罐总容积为 $60\sim120m^3$，单罐容积小于 $50m^3$ 以下为二级站；油罐总容积为 $120\sim180m^3$，单罐容积小于 $50m^3$ 以下为一级站。其中柴油罐容积可以折半计入油罐总容积。由于一级站储存容量大，对周边地区影响较大，所以在人口稠密的主城区一般不建一级加油站。

（2）液化石油气加气站　液化石油气气罐总容积小于 $30m^3$，单罐容积小于 $30m^3$ 的站为三级站；气罐总容积为 $30\sim45m^3$，单罐容积小于 $30m^3$ 的站为二级站；气罐总容积为 $45\sim60m^3$，单罐容积小于 $30m^3$ 的站为一级站。

（3）压缩天然气加气站　压缩天然气加气站储气设施的总容积应根据加气汽车数量、每辆汽车加气的时间等因素综合确定，在城市建成区内不应超过 $16m^3$。

2. 站址的选址与布置

加油加气站的站址选择，应符合城镇规划、环境保护和防火安全的要求，并应选择在交通便利的地方。主城区内不应建一级加油站、一级加气站、一级液化石油气站和一级加油加气合建站。加油、加气或合建站设施、设备与站外建、构筑物的防火距离，应符合国家规定。

加油站、加气站或加油加气合建站的总平面布置如下。

① 加油加气站的工艺设施与站外建筑物的距离大小不同而设置不同的围墙：

● 不符合标准设置 2.2m 的非燃烧实体围墙；

● 符合标准设置相邻一侧宜设置隔离墙，隔离墙可为非实体围墙；

● 面向进、出口道路的一侧宜设非实体围墙，或开敞。

② 车辆入口和出口应分开设置。

③ 站内停车场和道路不应采用沥青路面；其单车道宽度不小于 3.5m，双车道宽度不小于 6m。

④ 加油岛、加气岛与汽车加油、加气场地宜设罩棚，罩棚应采用非燃烧材料制作，其有效高度不应小于 4.5m。

⑤ 加油岛、加气岛的设计应高出停车场的地平 0.15～0.2m、宽度不小于 1.2m。

⑥ 液化石油气罐的布置应符合下列规定：

● 地上罐应集中单排布置，罐与罐之间的净距不应小于相邻较大罐的直径；

● 地上罐组四周应设置高度为 1m 的防火堤，防火堤内堤脚线至罐壁净距不应小于 2m。

● 埋地罐之间的距离不应小于 2m，罐与罐之间应采用防渗混凝土墙隔开。

⑦ 加油、加气合建站内，宜将柴油罐布置在液化石油气罐或压缩天然气储气瓶组与汽油罐之间。

三、工艺及设施

1. 加油站工艺及设施

（1）油罐

① 加油站油罐一般为卧式油罐，容积为 15～50m³，材料选用钢板卷制焊接，在储油罐的圆周上焊接了 1～2 个人孔，在埋地前应进行防腐处理，投产使用年限必须定期清罐排污、并检查油罐的腐蚀程度。

② 油罐的人孔，应设操作井。

③ 油罐顶部覆土厚度不应小于 0.5m。油罐的周围，应回填干净的沙子或细土，其厚度不应小于 0.5m。

④ 油罐各接合管，应设在油罐的顶部，其出油接合管宜设在人孔盖上。

⑤ 油罐的进油管，应向下伸至罐内距罐底 0.2m 处。

⑥ 油罐的量油孔应设带锁的量油帽，量油帽下部的接合管宜向下伸至罐内距罐底 0.2m 处。

（2）工艺系统

① 加油站的基本工艺流程系统为：汽车罐车→储油罐→（潜油泵）→加油机→受油容器。常用标准式加油系统和潜油泵式。

标准式加油系统见图 10-1。

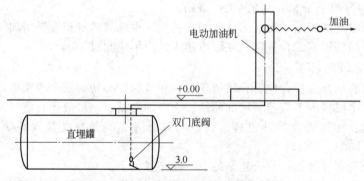

图 10-1　标准式加油系统

潜油泵式是将潜油泵安装在油罐内，加油机中没有泵，这种方式以广泛使用，如图 10-2 所示。

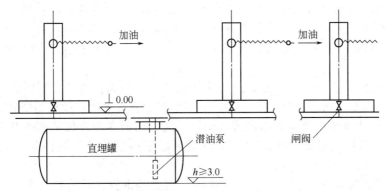

图 10-2 潜油泵式加油系统

② 油罐车卸油必须采用密闭卸油方式。

③ 加油机不得设在室内，加油枪宜采用自封式加油枪，流量不应大于 60L/min。

④ 加油站内的工艺管道应埋地敷设，且不得穿过站房等建筑、构筑物。

⑤ 汽油罐与柴油罐的通气管，应分开设置，管口需安装阻火器，并且应高出地面 4m 及以上；沿建筑物的墙（柱）向上敷设的通气管口，应高出建筑物顶面 1.5m 及以上。

2. 液化石油气加气站工艺及设施

液化石油气加气站主要设施包括：储罐、泵和压缩机、加气机、卸车点、加气岛、站房、消防设施等。

（1）液化石油气储罐

① 储罐应采用卧式罐，其设计压力不应小于 1.77MPa。

② 储罐的出液管道端口接管位置，应该选择的充装泵要求确定，其他管道端口位置宜设置在罐顶。进液管道和液相回流管道宜接入储罐内的气相空间。

③ 储罐配置的阀门及附件系统设计压力不应小于 2.5MPa。

④ 液化石油气储罐必须设置全启封闭式弹簧安全阀。安全阀应装设相应口径的放空管。

⑤ 液化石油气储罐必须设置就地指示的液位计、压力表和测量液化石油气液相和气相的温度计。应设置液位上、下限报警装置，并宜设置液位上限位控制和压力上限报警装置。

（2）泵和压缩机

① 加气站内液化石油气泵主要包括卸车泵和向燃气汽车加气的充装泵。

② 充装泵的计算流量根据所供应的加气枪数量确定。

③ 加气站内所设的卸车泵流量不应小于 300L/min。

④ 充装泵的管路系统应符合下列要求：在泵的出口阀门前的旁通管路上应设置回流阀；泵的进、出口管道上应安装压力表。

⑤ 储罐罐体内的吸液管口处应设置止回阀。

⑥ 潜液泵的管路系统除应符合一般要求外，还应在安装潜液泵的筒体下部设置切断阀和过流阀，切断阀应在罐顶部操作。

⑦ 液化石油气压缩机进、出口管道阀门及附件的设置就符合下列规定：

进口管道应设置过滤器；出口管道应设置止回阀和安全阀；进口管道和储罐的气相之间应设置旁通阀。

（3）液化石油气加气机

① 加气机数量应根据加气汽车数量并按每辆汽车净加气时间 3～5min 计算确定。

② 加气机和加气枪的选择应符合下列规定：加气机具有充装和计量功能；加气枪的流

量不大于 60L/min；加气系统设计压力不应小于 2.5MPa；加气软管设有拉断阀（在一定外力作用下可被拉断成两节，拉断后具有密封功能的阀门），分离拉力宜为 400～600N；加气枪上的加气嘴和汽车受气口配套。加气嘴配置自密封，卸开连接后液体泄漏量不应大于 5mL。

③ 加气机的液相管道上应设置紧急切断阀或过流切断阀。紧急切断阀和过流切断阀应符合下列规定：当加气机被撞时，设置的紧急切断阀能自行关闭；过流切断阀关闭流量应为最大流量的 1.6～1.8 倍；紧急切断阀或过流切断阀宜设置在加气机侧面手井内，阀后管道必须牢固固定。当加气机被撞时，该阀的管道系统不得受损坏。阀门手井内空间不应大于 0.1m³。

（4）液化石油气管道　液化石油气管道应选用无缝钢管，其管件材质应与管道材质相同，管道上的阀门及其他配件的材质宜为碳素钢，严禁采用铸铁件。液化石油气管道、管件以及液化石油气管道上得阀门和其他配件的公称压力不得小于 2.5Pa，管道系统上的胶管应采用钢丝缠绕高压胶管，承压能力不就小于 6.4MPa。管道的连接宜采用焊接连接形式，管道与储罐及其他设备的连接处宜采用法兰连接型式。

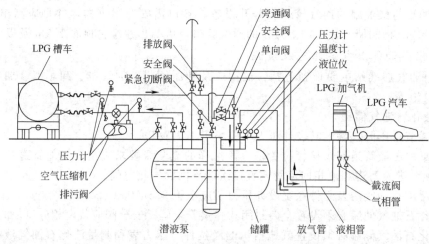

图 10-3　LPG 加气站工艺流程

（5）液化石油气加气站工艺　液化石油气由槽车运至加气站，利用槽车上的卸液泵将液化石油气卸入 LPG 储罐中。当有 LPG 汽车进站加气时，利用储罐中的潜液泵将 LPG 注入加气机中，最后通过 LPG 加气机为 LPG 汽车加注液化石油气。LPG 加气站工艺流程如图 10-3 所示。

压力计、温度计、液位仪等来监控储罐的压力、温度及液位。当 LPG 槽车的卸液时，一旦液化石油气的体积超过储罐容积的 80％时，液位监测系统就会发出信号到控制台，通知工作人员停止卸液。

卸液液相管路中的单向阀是靠卸液时的液体压力打开的，防止液化石油气回流。加气液相管路中的紧急切断阀是用来在发生紧急情况时，切断储罐和加气机的联系，防止发生泄漏。卸液液相管路和加气液相管路之间的安全阀，在加气管路压力过高或加气机流量过大时会打开，使由潜液泵压出的液化石油气部分回流储罐，以降低管路压力或加气机流量。

放气管路及管路中的泄放阀和安全阀的作用是，在储罐或加气机内压力过高时，将液化石油气的蒸气排放到大气中去，以降低压力。排污阀一般情况下是关闭的，在需要排除储罐中杂质或为了潜液泵而要将储罐中的残余液化石油气排出时打开。

在 LPG 卸液与加气过程中，始终各有两条管路系统构成回路。卸液时，一条是连 LPG

槽车上部与储罐下部的液相管路；另一条是连接 LPG 槽车下部与储罐上部的气相管路。当 LPG 槽车卸液后，槽车内气相空间增大，储罐内的气相空间减少，为保持 LPG 槽车和储罐内的压力平衡，利用空气压缩机将储罐中 LPG 气体压入 LPG 槽车中。在加气时，一条是在潜液泵出发至加气机的液相管路；另一条是连接加气机与储罐的气相管路，使加气过程中分离出来的气体返回到储罐，以保证整个 LPG 加气系统的正常运行。

3. 压缩天然气加气站工艺及设施

压缩天然气加气站的主要设施有：调压气间、压缩机间、储气瓶组、加气岛、加气机、安全放空管等。

（1）天然气的调压、计量　天然气进站管线上应设置调压装置，计量装置采用标准孔板计量计。加气站内的设备及管线，凡经增压、输送、储存需显示压力的地方，均应设压力测点，并应设供压力表拆卸时高压气体泄压的安全泄气孔。

（2）天然气的储存　加气站内储存压缩天然气的储气设施宜选用储气瓶或储气井。储气设施工作压力应为 25MPa，工作温度为 $-50 \sim 60℃$。容积宜选用大的储气瓶，当选小容积储气瓶时，每组储气瓶的总容积不宜大于 $4m^3$，且瓶数不宜大于 60 个。

加气站内储气瓶宜按运行压力分高、中、低三级设置，每级总容积比为 $1:2:3$，各级瓶组自成系统。储气瓶组应固定在独立支架上，宜卧式存放，卧式瓶组限宽为 1 个储气瓶的长度，限高 1.6m，限长 5.5m。储气瓶间净距不小于 0.03m，储气瓶组间距应不小于 1.5m。储气瓶组距站内汽车通道间距不应小于 5m，并设有坚固的安全防护栏。

（3）压缩天然气加气机

① 加气机应选用具有自动控制与手动操作功能型号。

② 加气机应具有充装与计量功能，并应符合下列要求：加气机额定工作压力为 20MPa；加气机加气流量不应大于 $0.25m^3/min$（工作状态）；加气机计量精度不应低于 1.0 级；加气机应设安全限压装置。在寒冷地区应选用适合当地环境温度条件的加气机。

③ 加气机附设的加气软管、拉断阀、加气枪等应符合下列规定：加气机软管及软管接头应选用具有抗腐蚀性能的材料。系统安装完毕后进行 2 倍工作压力的强度试验和 4MPa 压力的气密性试验。

拉断阀在外力作用下分开后，两端应自行密封，其关闭过程中天然气泄漏量不得大于 $0.1m^3$（标准状态）。当加气软管内天然气工作压力为 20MPa 时，分离拉力不得大于 400N。

加气枪的加气嘴应配有自动密封阀，加气完毕卸开后应自行关闭，其操作过程中天然气泄漏量不得大于 $0.01m^3$（标准状态）。

（4）加气站工艺设施

① 天然气进站管线上应设置手动紧急切断阀，紧急切断阀的位置应便于发生事故时能及时切断气源。紧急截断阀宜设在阀井内。

② 储气瓶进气总管上应设安全阀及紧急放散管、压力表及超压报警器。每个储气瓶出口应设截止阀。

③ 储气瓶组与加气枪之间应设施储气瓶组截断阀、主截断阀、紧急截断阀和加气截断阀，见图 10-4。

④ 加气站内缓冲罐、压缩机出口、储气瓶组应设置安全阀。

⑤ 加气站内天然气管道和储气瓶组应设置安全泄压保护装置，泄压装置应具备足够的泄压能力。泄放气体应符合下列规定：

泄放量较小，如仪表泄放的气体可排入大气。泄放管宜直向上，管口高出设备平台不应小于 2m，且高出所在地面 5m；

泄放量大于 $2m^3$，泄放次数平均每小时 $2 \sim 3$ 次以上的操作排放，应设置专用回收罐。

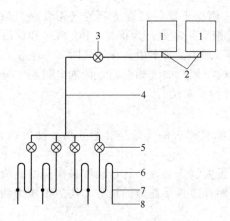

图 10-4　储气瓶组与加气枪间
阀门设置示意图

1—储气瓶组（储气井）；2—储气瓶组（储气
井）截断阀；3—主截断阀；4—输气管道；
5—紧急截断阀；6—供气软管；7—加气
截断阀；8—加气枪

泄放流量大于 500m³ 的高压气体，如储气瓶组放气、火灾或紧急检修设备时排放系统气体，应通过放散管迅速排放。

⑥ 加气站的放空管设置应符合下列规定：不同压力级别系统的放空宜分别设置；放空管应设置在室外安全区域，且应高出所在地面 5m。

（5）压缩天然气管材

① 增压前天然气管道应选项用无缝钢管，增压后天然气管道应选用高压无缝钢管。

② 站内所有设备阀门、管线、管件的设计压力应比最大工作压力高 10%，且在任何情况下不低于安全阀的起始工作压力。

③ 加气站内与压缩天然气接触的所有设备、管材、管件、垫片等均应与天然气相容。

④ 增压前天然气管道宜埋地敷设，其管顶距地面不应小于 0.5m，冰冻地区宜敷设在冰冻线以下。

⑤ 加气站站内室外高压管道宜埋地敷设。若采用低架敷设，其管底距地面不应小于 0.3m，管道跨越道路时，管底距地面净距不应小于 4.5m，室内管道宜采用管沟敷设，管沟应用于沙填充，并设活门及通风孔。

四、卸油、加油和加气作业

卸油、加油和加气员应按照中国石油化工集团公司加油加气站管理规范要求和标准进行操作，加油加气员应熟悉加油加气机性能和操作规程，熟练使用加油加气枪。加油加气时必须精力集中，细心快捷地操作，做到不冒不洒。

（一）卸油操作

1. 准备

① 送油罐车进站后，卸油员立即检查油罐车安全设施是否齐全有效，引导罐车至计量场地。

② 连接静电接地线，按规定备好消防器材，将罐车静置 15min 经计量后准备接卸。

2. 验收

① 卸油员会同驾驶员核对罐车油品交运单记载的品种、数量，检查确认罐车铅封是否完好。

② 卸油员登上罐车用玻璃试管抽样进行外观（颜色、气味等）检查，如油品质量有异常，应报告站长，拒绝接卸。

③ 测量油高、水高，计算油品数量。超过定额损耗，但在规定的 0.2% 互不找补幅度内，可直接接卸；超过定额损耗，又超过互不找补幅度，应报告站长，通知发货油库派计量员共同复测，复测结果记录在案，油品应予接卸，超耗待行处理。

④ 逐项填制进站油品核对单，由驾驶员、卸油员双方签字确认实收数量。

3. 卸油

① 核对卸油罐与罐车所装品种是否相符。

② 通过液位计或人工计量检测确认卸油罐的空容量，防止跑、冒油事故的发生。

③ 非密闭式卸油，应通知加油员关闭与卸油油罐连接的加油机，暂停加油作业。

④ 按工艺流程要求连接卸油管，做到接头结合紧密，卸油管自然弯曲。

⑤ 检查确认油罐计量孔密闭良好。

⑥ 司机缓慢开启罐车卸油阀，卸油员集中精力监视、观察卸油管线、相关闸阀、过滤器等设备的运行情况，随时准备处理可能发生的问题。同时，罐车司机不得远离现场。

⑦ 卸油完毕，卸油员登上罐车确认油品卸净。关好闸阀，拆卸卸油管，盖严罐口处的卸油帽，收回静电导线。

⑧ 引导油罐车离站。

4. 卸后工作

① 待罐内油面静止平稳后，通知加油员开机加油。

② 将消防器材放回原位，整理好现场。

③ 据进站油品核对单及油品交运单，填写进货验收登记表和分罐保管账。

(二) 加油操作

1. 加油员岗位职责

① 在站（班）长领导下，做好当班加油工作。

② 主动、热情、规范地为顾客提供加油服务，满足顾客合理要求。

③ 熟悉本规范有关内容，了解经营油品的主要性能和应用知识，掌握加油机的性能特点和操作技能，并能判断和排除一般故障。

④ 负责本工作场所的安全监督管理，发现不安全因素和危及加油站安全的行为及时阻止和汇报。熟悉站内消防器材性能，并会操作进行扑救。

⑤ 做好使用设备和工作环境的卫生工作，保持加油机和工作环境整洁。

⑥ 做好交接班工作，所收现金、支票、票证等如数交清并与加油机累计数码相符，做到手续完备，登记准确、及时。

2. 加油员岗位操作技能要求

① 熟悉操作程序。作业中能严格操作程序操作。加油中必须精力集中，细心快捷地操作，做到不冒不洒。

② 具有良好的服务态度。礼貌待客，主动、热情向顾客介绍油品的质量等情况。

③ 为方便顾客，主动及时疏通加油车道。

④ 按量加油，按质收款，不弄虚作假。

⑤ 爱护设备和器材，保持环境清洁卫生。

⑥ 提高服务质量，热心为顾客服务，坚持"三主动"，即主动迎车就位、主动询问加油品种及数量、主动开关油箱盖。

⑦ 担负站里的安全防火和治安保卫工作。

3. 加油操作程序

(1) 准备

① 当车辆驶入站时，加油员主动引导车辆进入加油位置。

② 车辆停稳，发动机熄火后，加油员应主动将油箱盖板打开（带锁的可等顾客开锁后再行打开）。

③ 您好！请问加什么油？加多少升？同时将加油机泵码回零，并请顾客确认。

(2) 加油

① 定量加油（微机加油）

● 根据顾客要求输入加油数据。

● 根据顾客要求的油品将对应的加油枪插入车辆油箱中，提示顾客确认无误后打开加油枪进行加油。

● 加油完毕，加油员须对照加油机（显示屏）的显示值，请顾客确认所加品种、数量无误后，方可收回油枪。

● 把油箱盖拧紧，关上油箱盖板。

② 非定量加油

● 根据加油机（显示屏）的显示值，请顾客确认所加品种、数量无误后，方可收回油枪。

● 把油箱盖拧紧，关上油箱盖板。

（3）结算

① 收取现金、加油票时，加油员必须当面唱票，并注意分辨真伪。发现假票立即没收，发现假钞应拒收，并及时报告站（班）长处理。

② 收取现金、加油票时必须按实找零。

③ 收取定点加油记账卡（单）时，加油员与顾客双方共同签字确认，并收回本站留存记账卡（单）。

（4）清理

① 当加油、结算等程序完成后，使用文明用语，及时引导车辆离开加油岛。

② 当继续有车辆来站加油时，按上述程序进行加油操作。

③ 当暂时无车辆来站加油时清理手中油票、现金、记账卡（单），及时上交银台或做好加油机及加油岛区域的卫生。

（三）加气员作业操作规程

① 加气操作人员必须具备 LPG 知识及消防知识，并应持证上岗操作。

② 加气员在确认进站车辆内无明火和热物后方可引导车辆到指定位置。

③ 加气车辆定位后，加气员检查发动机是否熄火、车钥匙是否拔下，手刹车是否刹住。

④ 对 LPG 改装车辆，加气前，加气员应要求驾驶员打开车辆后盖，检查容器是否在使用期内以及贴有规定的标签。并检查是否有泄露及其他异常情况。

⑤ 加气员经过检查将加气枪与车辆加气口连接，确认牢靠。严禁加气软管相互交叉和缠绕在其他设备上。

⑥ 加气员加气时要观察流量及容器的标尺，加气量最大不得超过容器容积的 85% 或规定的红线。

⑦ 加气作业中，严禁将加气枪交给顾客操作，禁止一人同时操作两把加气枪，不得擅自离开正在加气的车辆。

⑧ 加气过程中，加气员应监督驾驶员不能使用毛刷清洁车辆或打开发动机前盖维修车辆。

⑨ 加气过程中发生气体严重泄漏时，加气员工应立即关闭车辆瓶阀，同时按下现场紧急关闭按钮，把气体泄漏量控制在最小范围内。

⑩ 加气结束后，卸下并正确放置好加气枪。让驾驶员确认加气数量和金额，方可结算收款（券）。

⑪ 加气必须分车进行，各车之间不得连码加气。

⑫ 加气机计量器发生故障时，不能正确计量时应停止加气作业。

（四）特殊情况处理规程

1. 跑、冒油

① 当向储存罐卸油时发生跑、冒油，应及时关闭油罐车卸油阀，切断总电源，停止营

业，并向站（班）长汇报。

② 站（班）长及时组织人员进行现场警戒，疏散站外人员，推出站内车辆，准备消防器材。

③ 对现场已跑、冒油品用棉纱、毛巾、拖把等进行必要的回收，禁止用铁制、塑料等易产生静电火花的器皿进行回收。回收后用沙土覆盖残留油面，待充分吸收残油后将沙土清除干净。

④ 检查所有井口是否有残油，若有残油应及时清理干净，并检查其他可能产生危险的区域是否有隐患存在。

⑤ 计量确定跑、冒油损失，做好记录台账。

⑥ 检查确认无其他危险隐患后继续营业。

⑦ 分析跑、冒油原因，书面报告主管公司。

⑧ 当向车辆加油时，发生跑、冒油，应及时关闭油枪，清理现场。

2．接卸混油

① 当向储存罐卸油时发生混油，应立即关闭罐车卸油阀，停止卸油；同时关闭相应的加油机，停止加油，并向站（班）长汇报。

② 分析原因和责任，按事故处理规定及时上报主管公司处理。

③ 若柴油、汽油相混，则需清罐，并将混合油运出站外处理。

④ 清除管线内和加油机内混合油，确认无误后开启加油机加油。

3．加错油品

① 加油员发现加错油品时，立即关闭加油机。向顾客说明原因并赔礼道歉，同时向站（班）长汇报。

② 站（班）长征求顾客同意后抽出混合油，加入合格油品，并根据实际情况协商赔偿顾客经济损失，礼貌送客。

③ 确认损失，上报主管公司处理。

4．加油机乱码

① 加油过程中，加油机出现乱码时加油员应立即关闭加油机，向顾客表示歉意并说明原因，同时向站（班）长汇报。

② 与顾客协商确定已加油品数量，并根据协商意见，补足数量。

③ 停止使用该加油机，记录同罐其他加油机的字码数，对油罐进行计量，并对当事加油员进行结账，同时通知维修部门修理加油机。

④ 当班营业终了，核实损失，报站长处理。

5．水患

① 当发生水患时加油站应立即关闭电源开关，停止营业，同时密封油罐量油孔，防止油品外溢，做好安全防范工作。

② 水患过后及时组织排水，测试油罐底水高，检查设备，排除隐患，确认无误后，继续营业。

6．数、质量纠纷处理

① 顾客对油品数量提出异议时，加油员应立即查询电脑记录或用标准计量筒检测，如无误，应向顾客耐心解释，礼貌送客。如有误，应向站（班）长汇报并向顾客赔礼道歉，赔偿顾客损失。停止使用加油机，报请维修和检定。

② 顾客对油品质量提出异议时，加油员应向站（班）长汇报，及时取样，感观检查油品颜色、气味、挥发性等，如无误应向顾客耐心解释，礼貌送客。

③ 感观检查认为质量有问题时，应立即停止相应油罐加油业务，取样化验，同时向主管公司报告。

④ 依据取样化验结果，及时答复顾客，并按主管公司规定作出相应处理。

第四节　事故案例

案例一　加油机发生爆炸

1. 事故经过

1996 年 11 月，某地加油站的加油员在给顾客加完油后，在挂上加油枪，关闭电机开关的瞬间，加油机及加油机与油罐之间的管沟突然发生爆炸。管沟上覆盖的水泥盖板被炸起3m 多高，管线移位，当场炸毁两台加油机，将加油员炸伤。

2. 事故分析

① 加油机电机的防爆性能失效。该加油站使用的加油机，在使用期间经常出现故障，维修人员数次开机拆修，因维修工不懂密封防爆原理，致使其防爆接线盒电源接线处密封性能失效。

② 电源开关打火。电源开关触点松动，每次开关时都有火花产生。

③ 加油机密封性不好，时有汽油渗出，使机器内部凝聚了浓度较高的油蒸气，开关火花导致混合气体爆炸。

④ 管沟内存有油气。加油站的一条管沟深 0.55m，宽 0.3m，长 30m，一头通向两台加油机，一头通向储油罐。当天接卸两车汽油，加大了管沟内的油气量，达到了爆炸极限。

3. 应吸取的教训

① 加油站应加强设备的维修、保养工作，防止事故发生。

② 维修人员应经培训持证上岗。

③ 加油站管沟应按规定填充沙子，以防在管沟内集聚油气。在日常经营中也应注意防止其他场所的油气积聚。

案例二　卸油过程中发生溢油

1. 事故经过

1999 年 1 月 17 日，某加油站从公司油库调进 0 号柴油一车，共计 8.650t，在卸油过程中发生溢油事故，经测算，溢油 68L。通过调查发现，该站站长兼计量员在卸油前未计量罐内存油，根据上日营业日报估算罐内存油后便开始卸油，致使发生溢油事故。幸亏站长未远离作业现场，发现及时，未酿成大的损失。

2. 事故分析

这是一起典型的责任事故。事故责任人该站站长兼计量员在卸油前未计量罐内存油便轻率地决定卸油，致使发生溢油事故。站长在作业过程中虽未远离现场，但由于工作不认真，未严格监护作业，致使油品溢出。

3. 吸取的教训

① 加油站的进油时应首先对油罐中的存油量进行计量，以确定进油量；

② 加油站的接卸作业应有专人负责，计量人员必须持证上岗；

③ 加油站的作业中必须严格遵守操作规程，杜绝各种违章作业；

④ 站长应不断提高自身素质，以适应加油站管理的需要；

⑤ 加油站加强管理，提高员工素质，消除各种事故隐患，确保安全服务。

习 题

一、单项选择题

1. 零售危险化学品的店面内储存危险化学品的总量应为（ ）以内。

A. 1t   B. 1.5t   C. 2t

2. 零售危险化学品应具有（ ）。

A. 安全标签   B. 安全技术说明书   C. 安全技术说明书和安全标签

3. 油罐车卸油时应采用（ ）卸油方式。

A. 敞口   B. 密闭   C. 任一方式

4. 加气过程中发生气体严重泄漏时，加气员应采取（ ）措施。

A. 关闭加气机器开关   B. 输气管道开关   C. 关闭车辆瓶阀

5. 加油机加油枪的加油流速不应大于（ ）L/min。

A. 30   B. 90   C. 60

6. 加气站的放空管应设置在室外的安全区域，且应高出所在地面（ ）。

A. 5m   B. 2.5m   C. 4m

7. 液化石油气加气站储罐正确放置的地方为（ ）。

A. 地下室内   B. 埋地方式   C. 室外

二、判断题

1. 危险化学品经营必须持经营许可证。   （   ）

2. 零售危险化学品的店面内可以有生活设施。   （   ）

3. 购买剧毒化学品凭公安部门发的购买凭证购买。   （   ）

4. 加油岛是安装加油机的平台。   （   ）

5. 汽油和柴油可以混合后作煤油炉的燃料。   （   ）

6. 液化石油气地上储罐应在四周设置高度为1m的防火堤。   （   ）

7. 压缩天然气储气瓶组必须设置安全泄压保护装置。   （   ）

8. 汽车卸油时必须连接静电接地线。   （   ）

9. 汽车加油时发动机可以不熄火。   （   ）

10. 汽车加气时，加气员可以把加气枪交给顾客操作。   （   ）

三、简答题

1. 从事危险化学品经营的企业应当具备什么条件？

2. 汽油储存与使用应注意哪些？

3. 柴油对人体健康有哪些危害？

第十一章 职业危害及防护

　　无论是工业发达国家还是发展中国家，无一例外地发生过不同程度的工伤事故和职业病。ILO（国际劳工组织）统计数据显示：近年来，每年全球发生各类事故 125 亿人次，死亡 110 万人，平均每秒有 4 人受到伤害，每 100 个死者中有 7 人死于职业事故；欧盟每年有 8000 人死于事故和职业病，发展中国家每年有 21 万人死于职业事故，1.5 亿工人遭受职业伤害；各种事故和职业病造成的经济损失，相当于世界各国国民生产总值的 5％。我国职业危害状况十分令人担忧，改革开放 30 多年来，我国的国民经济发展速度举世瞩目，但与此同时由于经济发展的不平衡，高新技术和传统工业带来的职业危害及其后果也日益凸现，已经成为制约我国国民经济和社会文明进一步发展的因素之一。全国 50 多万个厂矿存在不同程度的职业危害，实际接触职业病危害的劳动者达 2500 万人以上。我国政府对职工的健康非常重视，先后在职业卫生和职业病防治方面颁布了一系列的法律、法规文件。因此，了解和掌握危险化学品的各种危害及预防知识，对危险化学品从业人员来说，具有十分重要的意义。

第一节　职业卫生基础知识

一、职业卫生

1. 职业卫生

　　职业卫生又称劳动卫生，是劳动保护的重要组成部分，也是预防医学中的一个专门学科。它主要是研究劳动条件对劳动者（及环境居民）健康的影响以及对职业危害因素进行识别、评价、控制和消除，以保护劳动者的健康为目的的一门学科。

2. 职业卫生的研究对象

　　① 研究和识别劳动生产过程中对劳动者及环境居民的健康产生不良影响的各种因素（职业危害因素），为改善劳动条件提出措施及卫生要求。

　　② 研究和确定职业病及与职业有关疾病的病因，提出诊断标准和防治对策。

　　③ 研究和制定职业卫生法律、法规及标准，并付诸实施。

3. 职业卫生的基本任务

　　改善生产职业活动中的劳动环境，控制和消除有害因素对人体的危害，防止职业病的发生，以达到保护劳动者身体健康，提高劳动生产效率，促进生产发展的目的。

二、职业病范围

1. 概念

《中华人民共和国职业病防治法》（以下简称《职业病防治法》）中规定："职业病是指企业、事业单位和个体经济组织等用人单位的劳动者在职业活动中，因接触粉尘、放射性物质和其他有毒、有害因素而引起的疾病。"

2. 职业病的分类

目前，我国法定的职业病是由国务院卫生行政部门会同国务院劳动保障行政部门规定、调整公布的。据《职业病分类和目录》（国卫疾控发〔2013〕48号）的规定，我国职业病共分为十大类，132种。

（1）尘肺病13种　如矽肺、煤工尘肺、石棉肺、水泥工尘肺、电焊工尘肺等。

（2）职业性放射性疾病11种　如外照射急性、亚急性、慢性放射病，放射性皮肤病等。

（3）职业性化学中毒60种　如铅、苯、汞、锰、有机磷农药中毒等。

（4）物理因素所致职业病7种　如中暑、高原病等。

（5）职业性传染病5种　如布鲁氏菌病、森林脑炎等。

（6）职业性皮肤病9种　如接触性皮炎、光敏性皮炎、电光性皮炎等。

（7）职业性眼病3种　如职业性白内障、电光性眼炎等。

（8）职业性耳鼻喉口腔疾病4种　如噪声聋、铬鼻病等。

（9）职业性肿瘤11种　如苯所致的白血病、石棉所致的肺癌、间皮瘤等。

（10）其他呼吸系统疾病6种　如职业性哮喘、棉尘病、过敏性肺炎等（注：与尘肺病归为一类）。

（11）其他职业病3种　如金属烟热、煤矿井下工人滑囊炎等。

3. 职业病的特点

职业病是由于职业有害因素作用于人体的强度和时间超过一定限度，人体不能代偿而造成的功能性或器质性病理改变，从而出现相应的临床表现，影响劳动力。职业病具有五个特点。

① 病因明确。职业病都有明确的致病因素即职业有害因素，消除该有害因素后，可以完全控制职业病的发生。

② 发病具有接触反应关系，大多数病因是可以通过监测手段衡量的，接触和效应指标之间有明确的剂量—反应关系。

③ 发病具有聚集性。在不同的接触人群中，常有不同的发病群体。

④ 可以预防。如能早诊断，合理处理，预后较好。

⑤ 大多数职业病目前尚缺乏特效治疗手段，因此保护职业人群的预防措施显得格外重要。

三、职业病的预防

在新建、扩建、改建厂房，或采用新工艺、使用新原料前，应认真考虑预防职业病的问题，认真做好卫生设计工作，对已投产的厂房应从以下措施着手。

1. 生产技术

大搞技术革新、工艺改造。这是预防职业病的重要途径，从根本上改善劳动条件，控制和消除某些职业性毒害；开展废气、废水和废渣的综合利用，变"三废"为"三宝"，不仅可回收化工原料，而且大大减少毒物的危害。

2. 技术措施

增加通风排气设备，对少数高毒物质，必须采取严格密闭、隔离式操作，以避免或减少直接接触。

3. 预防措施

建立劳动卫生职业病防治网。由各级领导负责，有关方面大力协作，建立一个专业防治机构以及劳动保护专职人员组成的防护网，开展职业病的防治工作。建立空气中毒物浓度测定制度。定期测定，以提供改进预防措施的依据。建立工作前体检、定期体检制度。定期体检目的在于早期发现毒物对人体的影响，早期诊断，早期治疗。

4. 合理使用个人防护用品

使用个人防护用品是预防职业中毒的一种辅助措施，个人防护用品包括：防护服、口罩、面具、袖套、眼镜等。

四、职业卫生的三级预防原则

职业卫生属于预防医学的范畴，其工作应遵循预防医学的三级预防原则。

1. 一级预防

不接触职业危害因素的损害。采取措施改进生产工艺、生产过程及治理作业环境的职业危害因素，使劳动条件达到国家标准，创造对劳动者的健康没有危害的生产劳动环境。

2. 二级预防

在一级预防达不到要求，职业危害因素已经开始损及劳动者的健康的情况下，应尽早地发现职业危害作业点及职业病病症，对接触职业危害因素的职工进行定期身体检查，以便及早发现问题和病情，迅速采取补救措施。

3. 三级预防

对已患职业病者，正确诊断，及时处理，及时调离有害作业岗位，积极给予综合治疗和康复治疗，防止恶化，以恢复健康。

五、职业病患者的确认和待遇

职业病的诊断与职业病病人保障应按国家颁发的《职业病防治法》及其有关规定执行。凡被确诊患有职业病的职工，职业病诊断机构应发给《职业病诊断证明书》，享受国家规定的工伤保险待遇或职业病待遇。

职工被确诊患有职业病后其所在单位应根据职业病诊断机构的意见，安排其医治或疗养。在医治或疗养后被确认不宜继续从事原有害作业或工作的，应在确认之日起的两个月内将其调离原工作岗位，另行安排工作。

从事有害作业的职工，其所在单位必须为其建立健康档案。变动工作单位时，事先须经当地职业病防治机构进行健康检查，其检查材料装入健康档案。

各级工会组织有权监督检查患职业病的职工有关待遇的处理情况，对于不按国家规定处理，损害职工合法权益的单位，应出面进行交涉，直至代表职工本人向法院起诉。

第二节　职业危害及预防

一、中毒与防毒

危险化学品中含有有毒及有害成分，对从事危险化学品的作业人员的健康造成极大的威胁。

1. 化学品的毒性危害

有毒化学品对人体的危害最主要是引起中毒。中毒是指人体在有毒化学品的作用下发生功能性和器质性改变后而出现疾病状态，是各种毒性作用后果的综合表现。有毒品对人体危害主要有以下几方面。

（1）引起刺激　一般受刺激的部位为皮肤，眼睛和呼吸系统，如引起皮炎，咳嗽，流泪等。

（2）过敏　刚开始接触时可能不会出现过敏症状，然而长时间的暴露会引起身体的反应。即便是接触低浓度化学物质也会产生过敏反应，皮肤和呼吸系统可能会受到过敏反应的影响。如引起皮疹或水疱或引起职业性哮喘。

（3）缺氧（窒息）　当空气中一氧化碳含量达到 0.05% 时就会导致血液携氧能力严重下降，称为血液内窒息。另外，如氰化氢、硫化氢这些物质影响细胞和氧的结合能力，尽管血液中含氧充足，这种称为细胞内窒息。

（4）昏迷和麻醉　高浓度的某些化学品，如乙醇、丙醇、丙酮、丁酮、乙炔、乙醚、异丙醚会导致中枢神经抑制，这些化学品有类似醉酒的作用，一次大量接触可导致昏迷，甚至死亡。

（5）全身中毒　全身中毒是指化学物质引起的对一个或多个系统产生有害影响并扩展到全身的现象，这种作用不局限于身体的某一点或某一区域。如苯酚，长期接触可引起全身中毒。

（6）尘肺　尘肺是由于在肺的换气区域发生了小尘粒的沉积以及肺组织对这些沉积物的反应。一般很难在早期发现肺的变化，当 X 射线检查发现这些变化的时候病情已经较重了。尘肺病患者肺的换气功能下降，在紧张活动时将发生呼吸短促症状。这种作用是不可逆的。能引起尘肺病的物质有石英晶体、石棉、滑石粉、煤粉和铍。

（7）致畸、致癌、致突变　接触危险化学品可能对未曾出生的胎儿造成危害，干扰胎儿的正常发育。一些实验结果表明 80%～85% 的致癌化学物质对后代有影响，而 85% 的癌症与化学物质接触有关，有些癌症要在接触化学物质多年以后才表现出来，潜伏期一般为 4～40 年。

2. 毒物进入人体的途径

毒物进入人体的途径通常有以下三种。

（1）呼吸道吸收　在生产条件下，毒物多数是经呼吸道进入人体的。这是最主要、最常见、最危险的途径。在生产过程中，以气体蒸气雾、烟、粉尘等不同形态存在于生产环境中的毒物随时可被吸入呼吸道。

（2）皮肤吸收　有些毒物可以通过皮肤和毛囊与皮脂腺、汗腺而被吸收。由于表皮的屏障作用，分子量大于 300 的物质不易被吸收。只有高度脂溶性和水溶性的物质如苯胺才易经皮肤吸收。毒物经毛囊、皮脂腺和汗腺吸收时是绕过表皮。故电解质和某些金属，特别是金属汞可经此途径被吸收。

（3）胃肠道吸收　在生产环境中，毒物单纯从经胃肠道吸收的情况比较少见。多是不良卫生习惯造成的，如被毒物污染的手直接拿食物吃或饮水而导致中毒。毒物进入胃肠道后，大多随粪便排出，只有一小部分进入血液循环系统。

3. 常见的职业中毒

（1）刺激性气体中毒　刺激性气体是指对人的眼睛、皮肤，特别是对呼吸到具有刺激作用的一类气体的总称。常见的刺激性气体主要有氯气、氨气、氮氧化物、光气、二氧化硫等。刺激性气体对人体健康的危害与接触浓度的大小和接触时间的长短有关，轻度刺激作用，可以是短暂的，也可以是一过性的，不再接触或吸入，不适反应很快就会消失，不治也可能会好；明显或严重的刺激作用，不仅出现刺激反应，而且会造成人体器官、系统组织的破坏，出现一系列症状体征，甚至危及人的生命。

（2）窒息性气体中毒　窒息性气体是指吸入该气体后，造成人体组织处于缺氧状态的一类气体。窒息性气体一般分为以下三类。

① 单纯窒息性气体。如氮气、甲烷、二氧化碳等，这类气体本身毒性很小或无毒，但当它们在空气中的含量增加时，就会相应降低空气中氧的含量，造成人体吸入氧不足而发生窒息。

② 血液窒息性气体。如一氧化碳，吸入后造成红细胞输送氧的能力降低而发生窒息。

③ 细胞窒息性气体。如硫化氢、氰化氢等，吸入后造成人体组织细胞不能利用氧而发生窒息。

（3）铅中毒　在开采铅矿、铅冶炼、铅排印等操作中，经常可接触到铅，因接触的剂量不同可导致急性铅中毒和慢性铅中毒，从而引起肝、脑、肾等器官的改变。

（4）汞中毒　接触汞可引起急性中毒和慢性中毒症状，其中慢性汞中毒是职业性汞中毒中最常见的类型。主要表现有口腔炎，部分患者出现全身皮疹，神经衰弱综合征等，有时肾脏也受损害。

（5）苯中毒　苯应用非常广泛，工业上接触苯的机会也比较多。急性苯中毒主要表现为中枢神经系统症状，部分患者可有化学性肺炎、肺水肿及肝肾损害。慢性中毒主要影响造血功能系统及中枢神经系统。

4. 防毒措施

预防有毒化学品对人体的危害，必须坚持"预防为主，防治结合"方针，必须坚持"分类管理，综合治理"的原则，必须实施"法制管理，技术控制和全民教育"的策略。防毒的具体措施主要包括技术、教育、管理等三项措施。防毒技术措施主要是指对工艺、设备、操作方面，从安全防毒角度考虑设计、计划、检查、保养等措施，如进行工艺改革，以无毒低毒的物料代替有毒高毒的物料，生产设备管道化，密闭化，机械操作自动化等。防毒的管理教育措施主要是加强防毒的宣传教育，健全有关防毒的管理制度，严格执行"三同时"方针。对从事有毒有害作业工种的工人，实行保健措施，重视个人卫生，同时，各单位的卫生保健部门应培训医务人员进行有关中毒的急救处理，积极开展预防职业中毒的各项工作。

二、粉尘危害及预防

粉尘是指能够长时间浮游于空气中的固体微粒。在生产过程中形成的粉尘叫做生产性粉尘。生产性粉尘根据其性质可分为无机粉尘（如石棉、煤粉、滑石等）、有机粉尘（如面粉、炸药、树脂等）和混合性粉尘，生产中最常见的是混合性粉尘。

1. 粉尘对健康的危害

（1）尘肺　长期吸入粉尘达到一定量后，引起以肺组织为主的全身性疾病叫做尘肺。尘肺是目前我国最严重的职业危害病，我国卫生部公布的职业病名单中，列有 13 种尘肺病，如石棉肺、煤尘肺和矽肺等。

（2）中毒　吸入含铅、砷、锰、铍的粉尘可引起职业性中毒。

（3）粉尘沉着症　吸入一定量的铁、锡、钡等粉尘（如容器除锈、不注意防护，可吸入铁末尘），尘末在肺部沉着，构成一种病情轻、进展慢的肺部疾病，叫粉尘沉着症。

（4）过敏性疾病　吸入含苯酐粉尘、甲苯二异氰酸酯可引起哮喘。

（5）局部作用　粉尘可造成皮脂腺孔堵塞，使皮肤干燥、皲裂，引起粉刺、毛囊炎，严重时可引起脓皮病。

2. 粉尘的预防措施

我国在防尘工作中总结出来的行之有效的经验是"革、水、密、风、护、管、教、查"的八字方针。"革"是指技术革新和技术改造；"水"是指湿式作业；"密"是指密闭尘源；

"风"是指抽风除尘；"护"即个人防护；"管"是指维护管理，建立各种制度；"教"是指宣传教育；"查"是指及时检查，定期测尘和健康检查。只要能因地、因时制宜地执行八字方针，粉尘的危害是完全可以减少或消除的。

三、物理性危害因素及预防

1. 噪声危害与预防

（1）噪声的危害　噪声是指不同频率和不同强度的声音无规律地组合在一起所形成的声音，是人们不希望有的声音，是一种公害。它不仅能使一些物理装置和设备产生疲劳和失效，以及干扰人们对其他声源信号的感觉和鉴别，更重要的是会影响人们的生活和工作。通过对生产现场调查和临床观察证明，无防护措施的生产性强噪声，对人体能产生多种不良影响，甚至形成噪声性疾病。主要表现在以下两方面。

① 对听觉系统的影响。每个人对噪声的感觉各不相同，但任何人的听觉都会受到噪声的损害。当脱离噪声影响一段时间后，听力仍能恢复。但是一旦发生暂时性听觉位移，如不及时采取预防措施，就很容易发生永久性听觉位移，继而发展成为噪声聋。

② 对神经、消化、心血管等系统的影响。噪声可引起头痛、头晕、记忆力减退、睡眠障碍等神经衰弱综合；可引起心率加快或减慢、血压升高或降低等改变；也可引起食欲减退、腹胀等胃肠功能紊乱；还可对视力、血糖等产生影响。

（2）噪声的预防措施

① 严格执行噪声卫生标准。为了保护劳动者听力不受损伤，国家制定了《工业企业卫生标准》。标准中规定：操作人员每天连续接触噪声 8h，噪声声级卫生限制为 85dB；若每天接触噪声时间达不到 8h 者，可根据实际接触时间，按照接触时间减半，允许增加 3dB，但是，噪声接触强度最大不得超过 115dB（此项标准不适用于脉冲噪声）。

② 噪声控制。这是控制噪声最根本的办法。主要应在设计、制造生产工具或机械过程中，通过工艺改革，机械结构改造，隔声、控制设备振动等措施来尽力实现。另外，还应控制噪声的传播。如可利用多孔吸声材料进行室内噪声的吸声，在操作室与存在噪声源场所之间安装双层玻璃窗进行隔声，对机泵、电机、空气压缩机之类的设备可根据吸声反射、干涉等原理设计消声部件进行消声。

③ 正确使用和选择个人防护用品。在强噪声环境中工作的人员，要合理选择和利用个人防护器材，如耳罩、耳塞、防噪声头盔等。

④ 医学监护。就业前认真做好健康体检，严格控制职业禁忌。对从业人员要定期进行健康体检，发现有明显听力影响者，要及时调离噪声作业环境。

2. 振动危害与预防

（1）振动的危害　物体在外力作用下以中心位置为基准，做直线或弧线的往复运动，称为振动。人体器官在经受振动中有各种感觉方式，从愉快的到不愉快的、不安的甚至是危害性的。振动分为局部振动和全身振动。长期接触局部振动的人，可有头昏、失眠、心悸、乏力等不适，还有手麻、手痛、手凉、手掌多汗、遇冷后手指发白等症状，甚至工具拿不稳、吃饭掉筷子。而长期全身振动，可出现脸色苍白、出汗、唾液多、恶心、呕吐、头痛、头晕、食欲不振等现象，还可有体温、血压降低、全身衰竭等。

（2）预防措施

① 改革工艺。如用化学除锈剂代替强烈振动的机械除锈工艺，用水瀑清砂代替风铲清砂，用液压焊接、粘接代替铆接等，都可明显减少振动。

② 采取隔振措施。压缩机与楼板接触处，用橡胶垫等隔振材料，减少振动。

③ 改进风动工具。采取减振措施，设计自动、半自动式操纵装置，减少手及肢体直接

接触振动体，或提高工具把手温度，改进压缩空气进出口的方位，防止手部受冷风吹袭。

④ 合理安排接振时间。可以采取轮流作业或增加工间休息时间来达到。

⑤ 加强个人防护。个人防护也是预防振动的一个重要方面，可配备减振手套，休息时用 40～60℃ 的热水浸泡手，每次 10min 左右，就业前和就业后定期体格检查，凡是不适合从事振动作业的人，要妥善安排其他工作。

3. 辐射危害与预防

（1）辐射的危害　辐射是能量的一种形式，一般无法通过视觉、嗅觉、感觉、听觉和味觉来发现它的存在。辐射一般分为两类：电离辐射和非电离辐射。这两类辐射都会造成危害。凡是能引起物质电离的各种辐射都称为电离辐射，电离辐射的辐射源包括 X 射线、γ 射线、α 粒子、β 粒子、中子和其他核粒子。电离辐射对人体引起的职业病主要是放射病。放射性疾病是人体受各种电离辐射照射而发生的各种类型和不同程度损伤（或疾病）的总称，它包括全身性放射性疾病，如急慢性放射病；局部放射性疾病，如急慢性放射性皮炎，放射性白内障；放射所致远期损伤，如放射所致白血病。非电离辐射包括紫外辐射、红外辐射、可见光辐射、射频辐射和微波、激光辐射。强烈的紫外辐射可引起电光性眼炎、皮炎等；红外线最容易引起的职业病是白内障；射频辐射可出现中枢神经系统和植物神经系统功能紊乱，心血管系统方面的疾病；而激光主要是引起人的眼部和皮肤造成损伤。

（2）预防措施　对操作人员来说最基本的防护措施是减少外照射和防止内照射，即在进行放射性物质操作时要尽可能缩短被照射的时间，尽量加大操作人员与放射源的距离，正确使用个人防护用品，设置防护屏障，同时还要做好健康监护，定期对危险范围内的人员进行体格检查，有不适应者，不得参加此项工作。

第三节　个体防护

个体防护器具的应用是防止职业危害因素直接侵入人体的最后一道防线。有些较差的劳动环境难以一时治理好，而劳动者的工作时间又较短时，就应该做好个体防护，防止其危害。

一、呼吸系统防护

呼吸系统防护主要是防止有毒气体、蒸气、尘、烟、雾等有害物质经呼吸器官进入人体内，从而对人体造成损害。在尘毒污染、事故处理、抢救、检修、剧毒操作以及在狭小仓库内作业时，要求都必须选用可靠的呼吸器官保护用具。

1. 呼吸防护设备的种类

按用途分，呼吸器可分为防尘、防毒、供氧三类。

按作用原理分，呼吸器分为过滤式（净化式）、隔绝式（供气式）两类。过滤式呼吸器的功能是滤除人体吸入空气中的有害气体、工业粉尘等，使之符合《工业企业卫生标准》。隔绝式呼吸器的功能是使戴用者呼吸系统与劳动环境隔离，由呼吸器自身供气（氧气或空气）或从清洁环境中引入纯净空气维持人体正常呼吸。适用于缺氧、严重污染等有生命危害的工作场所戴用。

2. 呼吸器官的防护

选用原则：一是防护有效；二是戴用舒适；三要经济。工作现场既要考虑可能发生的染毒危害配备特殊的呼吸器，又要根据实际的污染程度选用呼吸器的品种。一般情况下，过滤式面具适合毒物浓度不高的场合，在毒物浓度高的情况下，另用氧气呼吸器或空气呼吸器。使用呼吸器前一定要检查完好，并学会正确使用方法。

二、头部防护

1. 头部的伤害因素

（1）物体打击伤害　在生产过程中，如开采矿山、建筑施工、爆破等，可能发生物件、岩石、土块、工具和零部件从高处坠落或抛出，击中在场人员的头部而造成头部伤害。

（2）机械性损伤　生产过程中旋转的机床、叶轮、皮带等，可造成作业人员的毛发和头皮受损，严重时还会危及生命。

（3）高处坠落伤害　在生产中，如安装、维修、攀高等高处作业时有可能发生人体坠落事故。

（4）毛发（头皮）的污染伤害　粉尘作业、农药喷射时容易污染毛发。

2. 头部防护用品的种类

头部防护用品是为防御头部不受外来物体打击和其他因素危害而配备的个体防护装备。根据防护功能分为安全帽、防护头罩和工作帽三类。

（1）安全帽　安全帽是生产中广泛使用的头部防护用品，它的作用在于：当作业人员受到坠落物、硬质物体的冲击或挤压时，减少冲击力，消除或减轻其对人体头部的伤害。安全帽属于国家特种防护用品工业生产许可证管理的产品。标准《安全帽》（GB 2811—2007）是强制执行的标准。选择安全帽时，一定要符合国家标准规定、标志齐全，经检验合格的安全帽。使用安全帽时，要掌握正确的使用和保养方法。据有关部门统计，坠落物体伤人事故中15％是因为安全帽使用不当造成的。因此，在使用过程中一定要注意以下问题。

① 使用之前一定要检查安全帽上是否有裂纹、碰伤痕迹、磨损，安全帽上如存在影响其性能的明显缺陷就应该及时报废，以免影响防护作用。

② 不能随意在安全帽上拆卸或添加附件，以免影响其原有的防护性能。

③ 不能随意调节帽的尺寸，因为安全帽的尺寸直接影响其防护性能。

④ 使用时要将安全帽戴牢戴正，防止安全帽脱落。

⑤ 受过冲击或做过试验的安全帽要予以报废。

⑥ 不能私自在安全帽上打孔，以免影响其强度。

⑦ 要注意安全帽的有效期，超过有效期的安全帽应该报废。

（2）工作帽　工作帽又叫护发帽，主要是对头部，特别是对头发起到保护作用，它可以保护头发不受灰尘、油烟和其他环境因素的污染，也可以避免头发被卷入转动的传动带或滚轴里，还可以起到防止异物进入颈部的作用。

（3）防护头罩　防护头罩是使头部免受火焰、腐蚀性烟雾、粉尘以及恶劣气候伤害头部的个人防护装备。

三、眼、面部防护

伤害眼、面部的因素较多，如各种高温热源、射线、光辐射、电磁辐射、气体、熔融金属等异物飞溅、爆炸等都是造成眼、面部的伤害因素。眼面部防护用品包括眼镜、眼罩和面罩三类。眼面部防护用品主要用以保护作业人员的眼面部，防止各种伤害。目前我国眼面防护用品主要有：焊接用眼防护具，炉窑用眼防护具，防冲击眼防护具，微波防护镜，激光防护镜，X射线防护镜，尘毒防护镜等。

四、皮肤的防护

1. 护肤用品的种类

护肤剂分为水溶性和脂溶性两类，前者防油溶性毒物，后者防水溶性毒物。护肤剂一般在整个劳动过程中使用，涂用时间长，上班时涂抹，下班后清洗，可起一定隔离作用，使皮肤得到保护。

2. 常用护肤用品

（1）防护膏　防护膏的作用是增加涂展性，即对皮肤的附着性，从而能隔绝有害物质的侵入。防护膏有亲水性防护膏、疏水性防护膏、遮光护肤膏和滋润性防护膏。

（2）护肤霜　护肤霜主要用于预防和治疗皮肤干燥、粗糙、皲裂及职业性皮肤干燥。特别适宜于接触吸水性或碱性粉尘、能溶解皮脂的有机溶剂和肥皂等碱性溶液，也特别适用于露天、水上作业等工种。

（3）皮肤清洗剂　包括皮肤清洗液和皮肤干洗膏。皮肤清洗液适用于汽车修理、机械维修、机床加工、钳工装配、煤矿采挖、石油开采、原油提炼、印刷油印、设备清洗等行业。皮肤干洗膏主要用于在无水情况下，去除手上的油污，如汽车司机在途中检修排除故障、在野外勘探等环境。

（4）皮肤防护膜　皮肤防护膜又叫隐形手套，其作用是附着于皮肤表面，阻止有害物质对皮肤的刺激和吸收作用。

五、手、足部的防护

1. 手的防护用品

手的防护是指劳动者根据作业环境中的有害因素戴用特别手套，以防止各种手伤事故。

防护手套主要品种有：耐酸碱手套、电工绝缘手套、电焊工手套、防寒手套、耐油手套、防 X 射线手套、石棉手套等 10 余种。

2. 足部防护用品

足部防护用品是指劳动者根据作业环境中的有害因素，为防止可能发生的足部伤害或其他事故，所穿用特制的靴（鞋）。主要有：防静电鞋和导电鞋、绝缘鞋、防砸鞋、防酸碱鞋、防油鞋、防滑鞋、防寒鞋、防水鞋等。

第四节　事故案例

案例一　急性苯中毒

1. 事故经过

某年 3 月 31 日，某厂一名年轻的操作工在给 4 号缩合锅进行第二次输送苯时，违反操作规定，输苯的同时给锅加热，然后，他回到交接班室，捧起武侠小说入迷的看起来。20min 后，想起加热的缩合锅，赶紧扔下小说跑到 4 号锅前，透过视镜盖见锅内漆黑一片，他慌了手脚，在没有停苯泵的情况下，打开了视镜盖。顿时，锅内带压的苯液喷涌而出，自他头面部浇注全身，大量流淌到地板上。他大声呼叫，同班工人迅即赶到。仅几秒钟后，他叫喊难受，同班工人扶他离开现场，刚移动两步，即昏倒在地。将其抬到外面约 3min 后，他深吸气 1 次，随即呼吸停止。10min 后，经抢救无效死亡。

2. 事故分析

① 输苯同时给 4 号缩合锅加热，不停泵打开视镜盖，违反操作规程；擅离岗位看武侠小说，违反劳动纪律。以上两种原因，致使喷出苯液，是造成本次死亡事故的主要原因。

② 缺乏自救互救知识。事故后理应将患者抬到空气新鲜处，立即脱去被沾染的衣、物，用大量清水冲洗，特别是头面部及鼻腔内的液苯，可以减少高浓度苯的继续吸入和吸收，减轻中毒的程度，遗憾的是这些处理不及时。

案例二　急性氨中毒

1. 事故经过

某年 5 月 3 日，某厂石蜡车间成型工段出现下列情况：冷冻机岗位操作员接班后，按惯例检查，发现储氨罐液面显示正常，又重新调整了节流阀的开度，以保证平稳供氨。由于白班有一台空冷器因检修停运，造成冷冻系统、高压系统压力上升。16 时 35 分，3 号冷冻机压力达 1.275MPa。约 16 时 50 分班长到冷冻岗位检查，发现冷冻机出现温度超高，即令冷冻机操作员开启软化水泵进行喷淋冷却降压。水泵启动后不上量，停泵处理后再启动时，泵却不转了。约 17 时 40 分，3 号冷冻机抽液氨声音异常，2 人紧急处理，关小冷冻机出口阀，冷冻机暂挂空缸运转，向机内吹高压氨气（1.373MPa）。然后，关闭储氨罐节流阀，发现储氨罐无液面，操作员又将高压气阀开 1/2 扣，挂上两缸。约 17 时 55 分，2 号冷冻机亦抽液氨，2 人又采取前述方法处理。为了维持正常运行，冷冻机没有关闭，致使低压系统压力达 0.412MPa，正常为 0.245MPa。2 号冷冻机挂 6 个缸，3 号冷冻机挂 4 个缸运转。在这种情况下，还在吹高压气处理抽液氨。21 时 10 分，终于因低压系统压力上升启跳安全阀，泄漏液氨约 250kg，氨气弥漫，造成 28 人受到不同程度的毒害，其中 9 人住院治疗。

2．事故分析

① 冷冻岗位操作员缺乏经验，忙于开水泵，而忘掉按时检查，没有控制住氨罐和液氨分离器液面，使冷冻机带液，打乱正常操作，这是事故发生的诱因。

② 处理不当，引起液氨分配罐超压。当事者怕影响生产和劳动竞赛，而没有采取停成型或关冷室风机降蒸发器压力办法，导致高压气窜入低压系统，这是事故发生的直接原因。

总之，设备缺陷，工艺纪律执行不严，岗位工人技术素质差，异常情况下应变能力低，不能正确处理，导致本次事故的发生。

习　题

一、单项选择题

1. 职业健康工作应该遵循预防医学的（　　）级原则。

A．2　　　　　　　　　B．4　　　　　　　　　C．3　　　　　　　　　D．5

2. 生产性毒物进入人体的途径主要有呼吸道、（　　）和消化道。

A．皮肤　　　　　　　B．口腔　　　　　　　C．食品

3. 一般被认为职业病，应该具备（　　）个条件。

A．2　　　　　　　　　B．4　　　　　　　　　C．3　　　　　　　　　D．5

4. 预防粉尘危害的综合措施是（　　）。

A．个体防护、保健　　　　　　　　　　B．管理措施、组织措施

C．组织措施、技术措施、卫生保健措施

5. 下列粉尘中，（　　）属于无机粉尘。

A．烟草尘　　　　　　B．滑石粉　　　　　　C．亚麻尘　　　　　　D．骨粉

6. 对于不易进行通风换气的缺氧作业场所，应采用（　　）。

A．氧气呼吸器　　　B．空气呼吸器　　　　C．过滤式面具　　　　D．普通口罩

7. 对于通风净化系统，气流中易燃易爆的气体、蒸气的浓度不得超过爆炸下限浓度的（　　）。

A．10%　　　　　　　B．15%　　　　　　　C．25%　　　　　　　D．51%

8. 根据工业企业噪声标准，每个工作日接触噪声时间为 4h，其允许噪声标准是（　　）。

A．85dB　　　　　　　B．88dB　　　　　　　C．91dB　　　　　　　D．94dB

9. 为防止有害物质在室内扩散，应优先采取（　　）的措施进行处理。

A．全面通风　　　　B．局部通风　　　　C．物顶通风　　　　　D．个体防护

10. 作业场所防止噪声危害的根本措施是（　　）。

A．降低噪声的频率　　　　　　　　　　B．从声源着眼，降低它的噪声辐射强度

C．采取隔声措施　　　　　　　　　　　D．采取吸声措施

11. 激光对人体的危害主要是（　　）。

A．引起人的眼部和皮肤造成损伤　　　　B．中枢神经系统和植物神经系统功能紊乱

C. 心血管系统方面的疾病　　　　　　　　D. 引起电光性眼炎、皮炎等

12.《职业病分类目录》（国卫疾控发［2013］48号）的规定，我国职业病分为十大类（　　　）种。

A. 105　　　　　　B. 115　　　　　　C. 125　　　　　　D. 135

二、判断题

1. 我国的职业安全健康标准分为国家标准、部颁标准、地方标准三级。　　　　　　　　（　　　）

2. 苯是无色透明、有芳香味液体，极易挥发，因此在苯的生产使用过程中容易发生中毒。（　　　）

3. 凡确诊患有职业病的职工，享受国家规定的工伤保险待遇和职业病待遇。　　　　　（　　　）

4. 生产性毒物对机体的作用很大程度上取决于毒物的浓度、剂量与接触时间。　　　　（　　　）

5. 生产性噪声对人体的健康没有危害，因此，生产过程中不必防范噪声。　　　　　　（　　　）

6. 生产性毒物在生产过程中常以气体、蒸气、粉尘、烟和雾的形态存在并污染空气环境。（　　　）

7. 一般说来，射频辐射对机体的作用主要是机能性改变，停止数周后症状可减轻和消失。（　　　）

8. 激光对人体的伤害主要是眼睛，其次是皮肤。　　　　　　　　　　　　　　　　　（　　　）

9. 生产环境监测和职业健康监护是对职业性危害因素进行评估的重要手段。　　　　　（　　　）

10. 尘肺是一种严重的职业病类型。　　　　　　　　　　　　　　　　　　　　　　　（　　　）

三、简答题

1. 职业卫生的基本任务是什么？

2. 什么是职业病？职业病有哪些特点？

3. 防止噪声危害应该从哪几方面采取措施？

4. 预防粉尘危害的"八字方针"是指什么？

5. 危险化学品对人体的危害主要表现在哪些方面？

6. 常见的职业中毒有哪些类型？

7. 振动对人体的危害有哪些？如何预防？

8. 使用安全帽应该注意哪些？

9. 常用护肤用品有哪些？

第十二章　风险控制与事故应急处置

第一节　危险化学品生产过程风险控制

　　生产过程中的事故隐患是生产事故形成的前奏。"海恩法则"告诉我们：一起事故背后有 29 个事故征兆，1 个事故征兆背后有 300 个事故隐患，可见，大量事故隐患的存在为生产事故的发生提供了酝酿的温床。危险化学品生产过程流程长、工艺复杂、高温高压、涉及易燃易爆、腐蚀、毒性危险物质数量大，其固有危险性非常大，作业人员的不安全行为、工艺设备缺陷、生产过程配套安全卫生设施缺失或者发生故障，导致事故的风险很大。对于人们所不能接受的事故风险必须进行有效的控制，风险控制的实质就是通过技术、管理等手段消除事故隐患。

一、风险控制的基本知识

　　1. 风险控制的基本目标

　　现代安全管理利用系统安全工程的思想，在风险评价的基础上，进行科学系统的风险控制。人们运用有效的资源，发挥智慧，努力实现以下控制目标。

　　① 能消除或减弱生产过程中产生的危险、危害。

　　② 处置危险和有害物，并降低到国家规定的限值内。

　　③ 预防生产装置失灵和操作失误产生的危险、危害。

　　④ 能有效地预防重大事故和职业危害的发生。

　　⑤ 发生意外事故时，能为遇险人员提供自救和互救条件。

　　2. 风险控制措施的等级顺序

　　风险控制的措施包括安全技术和安全管理两个方面，在考虑风险控制措施时应遵循如下等级顺序原则。

　　(1) 直接安全技术措施　生产设备本身应具有本质安全性能，不出现任何事故和危害。

　　(2) 间接安全技术措施　若不能或不完全能实现直接安全技术措施时，必须为生产设备设计出一种或多种安全防护装置，最大限度地预防、控制事故或危害的发生。

　　(3) 指示性安全技术措施　间接安全技术措施也无法实现或实施时，须采用检测报警装置、警示标志等措施，警告、提醒作业人员注意，以便采取相应的对策措施或紧急撤离危险场所。

　　(4) 安全管理和个体防护　如果间接、指示性安全技术措施仍然不能避免事故发生，则应采用安全操作规程、安全教育、培训和个体防护用品等措施来规定人的行为、明确人与机（物）接触的规则，预防、减弱系统的危险、危害程度。

3. 风险控制的基本顺序原则

采用安全技术措施进行风险控制时，应遵循以下基本顺序原则。

（1）消除 通过合理的设计和科学的管理，尽可能从根本上消除危险、有害因素，如采用无害化工艺技术，生产中以无害物质代替有害物质，实现自动化作业、遥控作业等。

（2）预防 当消除危险、有害因素确有困难时，可采取预防性技术措施，预防危险、危害的发生，如使用安全阀、安全屏护、漏电保护装置、安全电压、熔断器、防爆膜、事故排放装置等。

（3）减弱 在无法消除危险、有害因素和难以预防的情况下，可采取减少危险、危害的措施，如采用局部通风排毒装置、生产中以低毒性物质代替高毒性物质、降温措施、避雷装置、消除静电装置、减振装置、消声装置等。

（4）隔离 在无法消除、预防、减弱的情况下，应将人员与危险、有害因素隔开和将不能共存的物质分开，如遥控作业，设安全罩、防护屏、隔离操作室、安全距离、事故发生时的自救装置（如防护服、各类防毒面具）等。

（5）联锁 当操作者失误或设备运行一旦达到危险状态时，应通过联锁装置终止危险、危害发生。

（6）警告 在易发生故障和危险性较大的地方，配置醒目的安全色、安全标志；必要时设置声、光或声光组合报警装置。

二、安全技术控制

1. 工艺过程风险控制要点

（1）物料的控制 控制生产过程中所有的危险有害原材料、中间物料及成品（包括各种杂质），对其主要的化学性能及物理化学性能（如爆炸极限、密度、闪点、自燃点、引燃能量、燃烧速率、导电率、介电常数、腐蚀速率、毒性、热稳定性、反应热、反应速率、热容量等）进行综合分析研究，有效加以控制。

（2）工艺流程的控制

① 火灾爆炸危险性较大的工艺流程，应控制容易发生火灾爆炸事故的部位和开车、停车及操作切换等作业。

② 控制设备及管线的设计压力及安全阀、防爆膜的设定压力。

③ 控制停水、停电及停汽等事故状态下安全泄压设备的可靠性。

④ 控制进入火炬的物料处理量、物料压力、温度、堵塞、爆炸等因素。

⑤ 控制操作参数的监测仪表、自动控制回路的正常可靠。

⑥ 确保控制室结构及设施牢固，确保能实施紧急停车、减少事故的蔓延和扩大。

⑦ 确保工艺操作的计算机控制，考虑分散控制系统、计算机备用系统及计算机安全系统在任何状况下能正常操作。

⑧ 控制工艺生产装置的供电、供水、供风、供汽等公用设施与防火、防爆等法律、法规、标准、规范的符合性，满足正常生产和事故状态下的要求。

⑨ 控制产生静电和静电积聚的各种因素，采取各种规范的防静电措施。

⑩ 控制安全联锁设施的完好运行，确保各种自控检测仪表、报警信号系统及自动和手动紧急泄压排放安全联锁。非常危险的部位，应设置常规检测系统和异常检测系统的双重检测体系。

（3）工艺管线的控制

① 控制工艺管线安全可靠，便于操作。控制工艺管线的剧烈振动、脆性破裂、温度、应力、失稳、高温蠕变、腐蚀破裂及密封泄漏问题。

② 控制工艺管线上的安全阀、防爆膜、泄压设施、自动控制检测仪表、报警系统、安全联锁装置及卫生检测设施的安全可靠。

③ 控制工艺管线的防雷电、暴雨、洪水、冰雹等自然灾害以及防静电设施的完好可靠。

④ 控制工艺管线的工艺取样、废液排放、废气排放的安全设施可靠。

⑤ 控制工艺管线的绝热保温、保冷问题。

2. 电气设施设备风险控制要点

（1）触电的控制

① 控制接零和接地系统，保证电气设备正常运行、防止人员触电。

② 控制漏电保护装置，确保规定的设备、场所范围的漏电保护器、报警式漏电保护器完好。

③ 绝缘控制。保证在潮湿、高温、有导电性粉尘、腐蚀性气体、金属占有系数大的工作场所选用加强绝缘或双重绝缘的电动工具、设备和导线，采用绝缘防护用品，确保带电体与工作者之间完全隔离，避免造成人身和设备事故。

④ 电气隔离控制。确保工作回路（二次回路）与其他回路电气的隔离。

⑤ 安全电压控制。确保在规定作业环境和条件使用特定电源所供电压系列。

⑥ 屏护控制。确保屏蔽和障碍装置无缺损。

⑦ 安全距离控制。确保带电部位与地面、建筑物、人体、其他设备、其他带电体、管道之间的最小电气安全空间距离符合相关标准。

⑧ 联锁保护控制。配置防止误操作、误入带电间隔等造成触电事故的安全联锁保护装置完好

（2）电气火灾爆炸的控制

① 控制电气设施设备场所的爆炸性混合物浓度，降低环境的危险等级。

② 控制电气设施设备场所与火灾爆炸物质及场所的隔离和间距。

③ 按规定选用火灾爆炸危险环境的电气设备，消除电气火花。

④ 控制爆炸危险环境接地和接零。

（3）静电控制

① 工艺控制。从工艺流程、材料选择、设备结构和操作管理等方面采取措施，减少、避免静电荷的产生和积累。

② 泄漏控制。所有存在静电引起爆炸和静电影响生产的场所，其生产装置（设备和装置外壳、管道、支架、构件、部件等）都必须接地，使已产生的静电电荷尽快对地泄漏、散失。

③ 中和控制。采用各类感应式、高压电源式和放射源式等静电消除器（中和器）消除（中和）、减少非导体的静电。

④ 屏蔽控制。用导电材料做的屏蔽装置根据要求对静电体进行局部或全部屏蔽。

⑤ 综合控制。综合采取工艺控制、泄漏、中和、屏蔽等措施，使系统的静电电位、泄漏电阻、空间平均电场强度、面电荷密度等参数控制在各行业、专业标准规定的限值范围内。

（4）雷电控制

① 直击雷防护。控制相应建筑物、设施或堆料、高压架空电力线路、发电厂和变电站等场所装设的避雷针、避雷线、避雷网、避雷带完好，并有二次放电防护措施。

② 控制火灾爆炸危险建构筑物的雷电感应的防护。

③ 控制雷电侵入波防护。

④ 控制电子设备防雷。

3. 机械设备的风险控制要点

(1) 通用机械设备控制　通过设计减小风险，在机械设计阶段从零件材料到零部件的合理形状和相对位置，从限制操纵力、运动件的质量与速度到减小噪声和振动。采用本质安全技术与动力源，应用零部件间的强制机械作用原理，结合人机工程学原则等多项措施，通过选用适当的设计结构，尽可能避免或减小危险。通过提高设备的可靠性、操作机械化或自动化，以及实行在危险区之外的调整、维修等措施。通过选用适当的设计结构，尽可能避免或减小风险。

(2) 特种设备控制　《特种设备安全监察条例》（373 号令）及《国务院关于修改〈特种设备安全监察条例〉的决定》（549 号令）将涉及生命安全、危险性较大的锅炉、压力容器（含气瓶）、压力管道、电梯、起重机械、客运索道、大型游乐设施及场（厂）内专用机动车辆进行严格的监管，明确了特种设备使用单位的职责，并按照特种设备的相关安全技术监察规程进行安全技术管理控制。

① 采购。特种设备的使用单位应当使用符合安全技术规范要求的特种设备。

② 登记。特种设备投入使用前或投入使用后 30 日内，使用单位应当向直辖市或设区的市的特种设备安全监督管理部门登记。登记标志应当置于或附着于该特种设备的显著位置。

③ 建档。使用单位应当建立特种设备安全技术档案：特种设备的设计文件、制造单位、产品质量合格证明、使用维护说明等文件以及安装技术文件和资料；特种设备的定期检验和定期自行检查的记录；特种设备的日常使用状况记录；特种设备及其安全附件、安全保护装置、测量调控装置及有关附属仪器仪表的日常维护保养记录；特种设备运行故障和事故记录；特种设备的事故应急措施和救援预案。

④ 自检。使用单位对在用特种设备应当至少每月进行一次自行检查，并做出记录。

⑤ 定检。使用单位应当按照安全技术规范的定期检验要求，在安全检验合格有效期届满前 1 个月向特种设备检验检测机构提出定期检验要求。未经定期检验或者检验不合格的特种设备，不得继续使用。

⑥ 注销。特种设备存在严重事故隐患，无改造、维修价值，或者超过安全技术规范规定使用年限，使用单位应当及时予以报废，并应当向原登记的特种设备安全监督管理部门办理注销。

⑦ 作业人员。经过培训、考核合格、持证上岗。

4. 其他风险控制要点

(1) 安全色、安全警示标志控制　企业中存在危险、有害因素的部位，都必须按照《安全色》（GB 2893）、《安全标志》（GB 2894）《消防安全标志》（GB 13495）等标准的规定悬挂醒目的标牌。应保证这些标牌在夜间仍能起到警示作用。

(2) 高处坠落、物体打击控制　高处作业应执行国家安全标准，落实安全措施，落实"十不登高"要求：患有禁忌症者不登高；未经批准者不登高；未戴好安全帽、未系安全带者不登高；脚手架、跳板、梯子不符合要求不登高；攀爬脚手架、设备不登高；穿易滑鞋、携带笨重物体不登高；石棉、玻璃钢瓦上无垫脚板不登高；高压线旁无可靠隔离安全措施不登高；酒后不登高；照明不足不登高。

(3) 机械伤害控制　建立健全安全操作规程和规章制度，加强操作人员的安全管理；控制机械设备的布局合理；提高机械设备零、部件的安全可靠性；加强危险零、部件的安全防护；重视作业环境的改善。

三、危险化学品安全管理控制

严格执行国家相关法律、法规、规章、标准，实现危险化学品的安全管理控制。按照中华人民共和国国务院令第 591 号《危险化学品安全管理条例》等，对危险化学品生产、储存、使用、经营和运输进行安全管理控制。严格执行国家相关标准，贯彻《危险化学品从业单位安全标准化通用规范》（AQ 3013—2008）等，推进安全生产标准化管理。

第二节　重大危险源的辨识

目前重大危险源辨识的标准及依据主要是《危险化学品重大危险源辨识》（GB 18218—2009）和安监管协调字［2004］56 号文件《关于开展重大危险源监督管理工作的指导意见》。

一、重大危险源的定义

危险化学品重大危险源是指长期地或临时地生产、加工、使用或储存危险化学品，且危险化学品的数量等于或超过临界量的单元。单元是指一个（套）生产装置、设施或场所，或同属一个生产经营单位的且边缘距离小于 500m 的几个（套）生产装置、设施或场所。临界量是指对于某种或某类危险化学品规定的数量，若单元中危险化学品数量等于或超过该数量，则该单元定为重大危险源。

二、重大危险源的分类

按国家标准《危险化学品重大危险源辨识》（GB 18218—2009）和安监管协调字［2004］56 号文件《关于开展重大危险源监督管理工作的指导意见》，将重大危险源分为九个大类。

① 储罐区（储罐）；
② 库区（库）；
③ 生产场所；
④ 压力管道；
⑤ 锅炉；
⑥ 压力容器；
⑦ 煤矿（井工开采）；
⑧ 金属非金属地下矿山；
⑨ 尾矿库。

三、重大危险源的辨识

重大危险源的辨识通常是根据危险、有害物质的种类及其限量来确定，应从是否存在一旦发生泄漏可能导致火灾、爆炸和中毒等重大危险的物质出发进行分析。生产过程中的危险、有害因素往往不是单一的，且各危险、有害因素之间又是相互关联的，辨识时不能顾此失彼，遗漏隐患，应确定不同危险、有害因素的相关关系、相关程度和危及范围。

1. 储罐区（储罐）重大危险源的确定

储罐区或单个储罐重大危险源，系指存在按标准所列类别的危险物品，且储存量达到或超过其临界量的储罐区或单个储罐。

储存量达到或超过其临界量包括两种情况。

① 储罐区（储罐）内有一种危险物品的储量达到或超过其临界量；
② 储罐区内储存多种危险物品，且每一种危险物品的储量均未达到或超过其对应临界量，但满足下面公式：

$$\frac{q_1}{Q_1}+\frac{q_2}{Q_2}+\cdots+\frac{q_n}{Q_n}\geqslant 1$$

式中　q_1，q_2，$\cdots$，q_n——每一种危险物品的实际储存量；
　　　Q_1，Q_2，$\cdots$，Q_n——相对应危险物品的临界量。

2. 库区（库）重大危险源的确定

库区或单个库房重大危险源，系指存在按标准所列类别的危险物品，且储存量达到或超过其临界量的库区或单个库房。

储存量达到或超过其临界量包括以下两种情况。

① 库区（库）内有一种危险物品的储存量达到或超过其临界量。

② 库区（库）内储存多种危险物品，且每一种危险物品的储存量均未达到或超过其对应临界量，但满足下面的公式：

$$\frac{q_1}{Q_1}+\frac{q_2}{Q_2}+\cdots+\frac{q_n}{Q_n}\geqslant 1$$

式中　q_1，q_2，$\cdots$，q_n——每一种危险物品的实际储存量；
　　　Q_1，Q_2，$\cdots$，Q_n——相对应危险物品的临界量。

3. 压力管道重大危险源的确定

压力管道重大危险源系指符合以下条件之一的压力管道。

（1）工业管道重大危险源

① 输送 GB 5044 中，毒性程度为极度、高度危害气体、液化气体介质，且公称直径≥100mm 的管道。

② 输送 GB 5044 中，毒性程度为极度、高度危害液体介质；输送 GB 50160 及 GB J16 中，火灾危险性为甲、乙类可燃气体或甲类可燃液体介质，且公称直径≥100mm，设计压力≥4MPa 的管道。

③ 输送其他可燃、有毒流体介质，且公称直径≥100mm，设计压力≥4MPa，设计温度≥400℃的管道。

（2）公用管道重大危险源　中压和高压燃气管道，且公称直径≥200mm 的管道。

（3）长输管道重大危险源

① 输送有毒、可燃、易爆气体介质，且设计压力＞1.6MPa 的管道。

② 输送有毒、可燃、易爆液体介质，输送距离≥200km，且公称直径≥300mm 的管道。

4. 锅炉重大危险源的确定

锅炉重大危险源系指符合以下条件之一的锅炉。

① 蒸汽锅炉。额定蒸汽压力＞2.5MPa，且额定蒸发量≥10t/h。

② 热水锅炉。额定出水温度≥120℃，且额定功率≥14MW。

5. 压力容器重大危险源的确定

压力容器重大危险源系指符合下列条件之一的压力容器。

① 容器内介质毒性程度为极度、高度或中度危害的三类压力容器。

② 易燃介质，最高工作压力≥0.1MPa，且 $pV\geqslant 100$MPa·m^3 的压力容器或压力容器群。

第三节　事故调查与处理

事故报告与调查处理是事故管理的重要内容，主要是指对已发生事故的分析、处理等一系列管理活动。工作内容主要有事故报告、事故应急救援、事故调查、事故分析、事故责任人的处理和事故赔偿等。

　　为了规范生产安全事故的报告和调查处理，落实生产安全事故责任追究制度，防止和减少生产安全事故，国务院发布第 493 号令《生产安全事故报告和调查处理条例》，条例明确了生产经营活动中发生的造成人身伤亡或者直接经济损失的生产安全事故的报告和调查处理的相关要求。

　　安全生产工作的根本目的和最终目标就是防止和减少生产安全事故。避免事故发生的有效方法是危险预知、风险评估以及风险控制。

一、事故概述

　　事故：造成死亡、疾病、伤害、损坏或其他损失的意外情况。

　　生产安全事故：生产经营活动中发生的造成死亡、疾病、伤害、损坏或其他损失的意外情况。

　　责任事故：因有关人员的过失而造成的事故。

　　非责任事故：因自然原因造成的人力不可抗拒的事故，或在技术改造、发明创造、科学实验活动中，因科学技术条件限制无法预测而发生的事故。

　　事故具有因果性、必然性、偶然性、潜在性、再现性、规律性、预测性等基本特性，掌握事故的基本特性有助于科学预防和控制事故。

　　因果性：事故是一系列原因综合作用的结果。

　　必然性：只要存在着发生的条件，事故终究将要发生。

　　偶然性：相同条件下，事故可能发生，可能不发生；相同事故的后果存在巨大的差异。

　　潜在性：事故发生的条件常常隐藏在许多表面现象之下。

　　再现性：同样的事故可能不断重复发生。

　　规律性：事故是一种客观现象，其内部各因素之间有着必然的联系。

　　预测性：对未来的某段时间、某个范围内发生事故的可能性大小及造成的后果是可以预测的。

　　人类一直在探索总结事故发生的原因，至今，事故致因理论主要包括因果连锁论、人机轨迹交叉理论以及能量意外释放理论，这些理论从不同的角度总结了事故发生的原因。总之，人的不安全行为和物的不安全状态是导致事故的根本原因，人的不安全行为和物的不安全状态可能是由于管理缺陷所导致。据统计，既没有不安全状态，也没有不安全行为的事故（不可抗力）所占比例仅为 1.9%。可见，事故是可以预防的，避免事故发生的有效方法是：对生产经营过程中存在的危险有害因素进行辨识，对其带来的危险进行评价，并对产生的风险进行科学有序的控制。

二、安全生产事故的分级

　　依据 2007 年 6 月 1 日实施的《生产安全事故报告和调查处理条例》第三条规定，生产安全事故造成的人员伤亡或者直接经济损失，事故一般分为以下等级：

　　① 特别重大事故，是指造成 30 人以上死亡，或者 100 人以上重伤（包括急性工业中毒），或者 1 亿元以上直接经济损失的事故；

　　② 重大事故，是指造成 10 人以上 30 人以下死亡，或者 50 人以上 100 人以下重伤，或者 5000 万元以上 1 亿元以下直接经济损失的事故；

　　③ 较大事故，是指造成 3 人以上 10 人以下死亡，或者 10 人以上 50 人以下重伤，或者 1000 万元以上 5000 万元以下直接经济损失的事故；

　　④ 一般事故，是指造成 3 人以下死亡，或者 10 人以下重伤，或者 1000 万元以下直接

经济损失的事故。

三、事故报告制度

企业发生事故后，必须及时向相关部门如实报告。发生事故不报告，甚至故意隐瞒事故真相，有关责任人将受到法律制裁。

事故发生后，事故现场有关人员应当立即向本单位负责人报告；单位负责人接到报告后，应当于1h内向事故发生地县级以上人民政府安全生产监督管理部门和负有安全生产监督管理职责的有关部门报告；安监及相关职能部门根据事故等级在2h内完成逐级上报工作。情况紧急时，事故现场有关人员可以直接向事故发生地县级以上人民政府安全生产监督管理部门和负有安全生产监督管理职责的有关部门报告。

报告事故应当包括下列内容：

① 事故发生单位概况；

② 事故发生的时间、地点以及事故现场情况；

③ 事故的简要经过；

④ 事故已经造成或者可能造成的伤亡人数（包括下落不明的人数）和初步估计的直接经济损失；

⑤ 已经采取的措施；

⑥ 其他应当报告的情况。

四、事故调查

1. 事故调查的原则

① 事故调查必须以事实为依据，以科学为手段，在充分调查研究的基础上科学、公正、求是地给出事故调查结论；

② 事故调查必须遵循"四不放过"的原则，即事故原因不查清不放过、事故责任者和群众没有受到教育不放过、事故责任者没有受到追究不放过、没有采取相应的预防改进措施不放过；

③ 依靠专家与科学技术手段；

④ 第三方的原则；

⑤ 不干涉、不阻碍的原则。

2. 事故调查的内容

主要了解发生事故的具体时间和具体地点；检查现场，做好详细记录；统计受害人数、伤害程度；分析事故原因；向事故当事人及现场人员了解事故事前的生产情况（包括作业人员的任务、分工及工艺条件、设备完好情况等）；了解受害者情况、经济损失情况等。

3. 事故调查程序

① 成立事故调查小组；

② 事故调查物资准备；

③ 事故现场处理；

④ 事故现场勘查与物证获取；

⑤ 其他有关事故资料的收集；

⑥ 事故分析；

⑦ 编写事故调查报告。

五、事故处理

有关监察机关应当按照人民政府的批复，依照法律、行政法规规定的权限和程序，对事故发生单位和有关人员进行行政处罚，对负有事故责任的国家工作人员进行处分。事故发生单位应当按照负责事故调查的人民政府的批复，对本单位负有事故责任的人员进行处理。负有事故责任的人员涉嫌犯罪的，依法追究其刑事责任。

六、事故赔偿

企业职工因工作遭受事故伤害或者患职业病后，无论企业是否参加了工伤保险，职工的伤亡赔偿、医疗费用、工伤待遇等均按照国家《工伤保险条例》处理。如果企业参加了社会工伤保险，按照要求交纳了工伤保险金，上述费用将由保险公司支付；如果没有参加工伤保险，则由企业按照工伤保险标准支付各种费用。

第四节　事故应急救援

事故应急救援是指在应急响应过程中，为消除、减少事故危害，防止事故扩大或恶化，最大限度地降低事故造成的损失或危害而采取的救援措施或行动。其基本任务是：控制危险源；抢救受害人员；指导群众防护，组织群众撤离；排除现场灾患，消除危险后果。《中华人民共和国安全生产法》及《危险化学品安全管理条例》对事故应急救援和应急措施做出了明确的规定。

《生产经营单位安全生产事故应急预案编制导则》（AQ/T 9002—2006）由国家安全生产监督管理总局于 2006 年 9 月 20 日发布，2006 年 11 月 1 日正式实施。本标准适用于中华人民共和国领域内从事生产经营活动的单位，标准规定了生产经营单位编制安全生产事故应急预案的程序、内容和要素等基本要求。生产经营单位结合本单位的组织结构、管理模式、风险种类、生产规模等特点，可以对应急预案框架结构等要素进行调整。

一、应急救援预案的基本要求

（1）科学性　科学的态度制定出系统、完整的应急预案；

（2）实用性　符合实际情况，具有可操作性；

（3）权威性　明确救援工作的组织管理体系、组织指挥权限及职责、任务等；上报批准备案，确保其权威性及合法性。

二、应急救援预案体系的构成

事故应急救援预案是针对可能发生的事故，为迅速、有序地开展应急行动而预先制定的行动方案。应急预案应形成体系，针对各级各类可能发生的事故和所有危险源制订专项应急预案和现场应急处置方案，并明确事前、事发、事中、事后的各个过程中相关部门和有关人员的职责。

1. 综合应急预案

综合应急预案是从总体上阐述事故的应急方针、政策，应急组织结构及相关应急职责，应急行动、措施和保障等基本要求和程序，是应对各类事故的综合性文件。

2. 专项应急预案

专项应急预案是针对具体的事故类别（如煤矿瓦斯爆炸、危险化学品泄漏等事故）、危险源和应急保障而制定的计划或方案，是综合应急预案的组成部分，应按照综合应急预案的程序和要求组织制定，并作为综合应急预案的附件。专项应急预案应制定明确的救援程序和具体的应急救援措施。

3. 现场处置方案

现场处置方案是针对具体的装置、场所或设施、岗位所制定的应急处置措施。现场处置方案应具体、简单、针对性强。现场处置方案应根据风险评估及危险性控制措施逐一编制，做到事故相关人员应知应会，熟练掌握，并通过应急演练，做到迅速反应、正确处置。

生产规模小、危险因素少的生产经营单位，综合应急预案和专项应急预案可以合并编写。

三、应急救援预案的主要内容

《生产经营单位安全生产事故应急预案编制导则》明确了综合应急预案、专项应急预案及现场处置方案的主要内容。

综合应急预案的主要包括以下 11 项主要内容：

（1）总则 包括编制目的、编制依据、适用范围、应急预案体系、应急工作原则。

（2）生产经营单位的危险性分析 包括生产经营单位概况、危险源与风险分析。

（3）组织机构及职责 包括应急组织体系、指挥机构及职责。

（4）预防与预警 包括危险源监控、预警行动、信息报告与处置。

（5）应急响应 包括响应分级、响应程序、应急结束。

（6）信息发布 明确事故信息发布的部门，发布原则。事故信息应由事故现场指挥部及时准确向新闻媒体通报事故信息。

（7）后期处置 主要包括污染物处理、事故后果影响消除、生产秩序恢复、善后赔偿、抢险过程和应急救援能力评估及应急预案的修订等内容。

（8）保障措施 包括通信与信息保障、应急队伍保障、应急物资装备保障、经费保障、其他保障。

（9）培训与演练 包括培训及演练的相关计划方案等。

（10）奖惩 明确事故应急救援工作中奖励和处罚的条件和内容。

（11）附则 包括术语和定义、应急预案备案、维护和更新、制定与解释、应急预案实施。

四、应急救援预案的演练

有了应急救援预案，如果响应人员不能充分理解自己的职责与预案实施步骤，如果应急人员没有足够的应急经验与实战能力，那么预案的实施效果将会大打折扣，达不到预案的制定目的。为了提高应急救援人员的技术水平与整体能力，使救援快速、有序、有效，有计划地开展应急救援培训、演练是非常必要的。

国家安全生产监督管理总局将于近期发布中华人民共和国安全生产行业标准《安全生产应急演练指南》，该标准对安全生产应急演练的基本程序、内容、组织、实施、监控与评估等方面作出一般性规定，各级政府及其组成部门、生产经营单位组织开展安全生产应急演练活动时可参照执行。

习　　题

一、单项选择题

1. 当操作者失误或设备运行一旦达到危险状态时，应通过（　　）装置终止危险、危害发生。

A. 隔离　　　　　B. 通风　　　　　C. 监测　　　　　D. 联锁

2. 静电控制不包括（　　）。

A. 工艺控制　　　B. 泄漏控制　　　C. 监测控制　　　D. 屏蔽控制

3. 特种设备投入使用前或投入使用后（　　）日内，使用单位应当向直辖市或设区的市的特种设备安全监督管理部门登记。

A. 15　　　　　　B. 30　　　　　　C. 45　　　　　　D. 60

4. 使用单位对在用特种设备应当至少（　　）进行一次自行检查，并做好记录。

A. 每天　　　　　B. 每周　　　　　C. 每月　　　　　D. 每季度

5. 单元是指一个（套）生产装置、设施或场所，或同属于一个生产经营单位的且边缘距离小于（　　）m

的几个（套）生产装置、设施或场所。

 A. 400   B. 500   C. 600   D. 700

6. 根据《危险化学品重大危险源辨识》标准，重大危险源分为（　　）个大类。

 A. 七   B. 八   C. 九   D. 十

7. 公用管道重大危险源是指公称直径大于或等于（　　）mm 的中压和高压燃气管道。

 A. 200   B. 250   C. 300   D. 350

8. 某次事故造成 2 人死亡，11 人重伤，300 万元直接经济损失，则该起事故属于（　　）。

 A. 一般事故 B. 较大事故 C. 重大事故   D. 特别重大事故

9. 事故发生后，安监及相关职能部门根据事故等级在（　　）小时内完成逐级上报工作。

 A. 1   B. 1.5   C. 2   D. 2.5

10. 应急救援预案的基本要求不包括（　　）。

 A. 科学性 B. 实用性 C. 权威性   D. 灵活性

二、判断题

1. 风险控制的实质就是通过技术、管理等手段消除事故隐患。（　　）

2. 使用单位应当按照安全技术规范的定期检验要求，在安全检验合格有效期届满前 2 个月向特种设备检验检测机构提出定期检验要求。（　　）

3. 若单元中危险化学品数量等于或超过临界量，则该单元定为重大危险源。（　　）

4. 重大危险源分为生产场所重大危险源和储存区重大危险源两种。（　　）

5. 额定蒸汽压力为 2.5MPa，且额定蒸发量为 10t/h 的蒸汽锅炉是重大危险源。（　　）

6. 安全生产工作的根本目的和最终目标就是杜绝生产安全事故。（　　）

7. 同样的事故可能不断重复发生。（　　）

8. 事故发生单位应当按照负责事故调查的公安机关的批复，对本单位负有事故责任的人员进行处理。（　　）

9. 企业职工因工作遭受事故伤害或者患职业病后，如果企业没有参加工伤保险，则由企业按照工伤保险标准支付各种费用。（　　）

10. 生产经营单位的应急预案按照针对情况的不同，分为综合应急预案、专项应急预案和现场应急处置方案。（　　）

三、简答题

1. 什么是风险控制的基本顺序原则？风险控制的基本目标有哪些？

2. 工艺过程风险控制的要点包括哪些方面？

3. 防止触电危害可采取哪些措施？

4. 使用单位建立的特种设备安全技术档案包括哪些内容？

5. "十不登高"包括哪些内容？

6. 什么是危险化学品重大危险源？重大危险源有哪些分类？

7. 什么是事故报告与调查处理？事故报告与调查处理的主要内容有哪些？

8. 事故调查的原则包括那些？

9. 什么是事故应急救援？事故应急救援的基本任务包括哪些内容？

10. 综合应急救援预案主要包括哪些内容？

附录一　危险化学品安全管理条例

（2002 年 1 月 26 日中华人民共和国国务院令第 344 号公布　2011 年 2 月 16 日国务院第 144 次常务会议修订通过）

第一章　总　　则

第一条　为了加强危险化学品的安全管理，预防和减少危险化学品事故，保障人民群众生命财产安全，保护环境，制定本条例。

第二条　危险化学品生产、储存、使用、经营和运输的安全管理，适用本条例。

废弃危险化学品的处置，依照有关环境保护的法律、行政法规和国家有关规定执行。

第三条　本条例所称危险化学品，是指具有毒害、腐蚀、爆炸、燃烧、助燃等性质，对人体、设施、环境具有危害的剧毒化学品和其他化学品。

危险化学品目录，由国务院安全生产监督管理部门会同国务院工业和信息化、公安、环境保护、卫生、质量监督检验检疫、交通运输、铁路、民用航空、农业主管部门，根据化学品危险特性的鉴别和分类标准确定、公布，并适时调整。

第四条　危险化学品安全管理，应当坚持安全第一、预防为主、综合治理的方针，强化和落实企业的主体责任。

生产、储存、使用、经营、运输危险化学品的单位（以下统称危险化学品单位）的主要负责人对本单位的危险化学品安全管理工作全面负责。

危险化学品单位应当具备法律、行政法规规定和国家标准、行业标准要求的安全条件，建立、健全安全管理规章制度和岗位安全责任制度，对从业人员进行安全教育、法制教育和岗位技术培训。从业人员应当接受教育和培训，考核合格后上岗作业；对有资格要求的岗位，应当配备依法取得相应资格的人员。

第五条　任何单位和个人不得生产、经营、使用国家禁止生产、经营、使用的危险化学品。

国家对危险化学品的使用有限制性规定的，任何单位和个人不得违反限制性规定使用危险化学品。

第六条　对危险化学品的生产、储存、使用、经营、运输实施安全监督管理的有关部门（以下统称负有危险化学品安全监督管理职责的部门），依照下列规定履行职责：

（一）安全生产监督管理部门负责危险化学品安全监督管理综合工作，组织确定、公布、调整危险化学品目录，对新建、改建、扩建生产、储存危险化学品（包括使用长输管道输送危险化学品，下同）的建设项目进行安全条件审查，核发危险化学品安全生产许可证、危化学品安全使用许可证和危险化学品经营许可证，并负责危险化学品登记工作。

（二）公安机关负责危险化学品的公共安全管理，核发剧毒化学品购买许可证、剧毒化学品道路运输通行证，并负责危险化学品运输车辆的道路交通安全管理。

（三）质量监督检验检疫部门负责核发危险化学品及其包装物、容器（不包括储存危险化学品的固定式大型储罐，下同）生产企业的工业产品生产许可证，并依法对其产品质量实施监督，负责对进出口危险化学品及其包装实施检验。

（四）环境保护主管部门负责废弃危险化学品处置的监督管理，组织危险化学品的环境危害性鉴定和环境风险程度评估，确定实施重点环境管理的危险化学品，负责危险化学品环境管理登记和新化学物质环境管理登记；依照职责分工调查相关危险化学品环境污染事故和生态破坏事件，负责危险化学品事故现场的应急环境监测。

（五）交通运输主管部门负责危险化学品道路运输、水路运输的许可以及运输工具的安全管理，对危险化学品水路运输安全实施监督，负责危险化学品道路运输企业、水路运输企业驾驶人员、船员、装卸管理人员、押运人员、申报人员、集装箱装箱现场检查员的资格认定。铁路主管部门负责危险化学品铁路运输的安全管理，负责危险化学品铁路运输承运人、托运人的资质审批及其运输工具的安全管理。民用航空主管部门负责危险化学品航空运输以及航空运输企业及其运输工具的安全管理。

（六）卫生主管部门负责危险化学品毒性鉴定的管理，负责组织、协调危险化学品事故受伤人员的医疗卫生救援工作。

（七）工商行政管理部门依据有关部门的许可证件，核发危险化学品生产、储存、经营、运输企业营业执照，查处危险化学品经营企业违法采购危险化学品的行为。

（八）邮政管理部门负责依法查处寄递危险化学品的行为。

第七条　负有危险化学品安全监督管理职责的部门依法进行监督检查，可以采取下列措施：

（一）进入危险化学品作业场所实施现场检查，向有关单位和人员了解情况，查阅、复制有关文件、资料；

（二）发现危险化学品事故隐患，责令立即消除或者限期消除；

（三）对不符合法律、行政法规、规章规定或者国家标准、行业标准要求的设施、设备、装置、器材、运输工具，责令立即停止使用；

（四）经本部门主要负责人批准，查封违法生产、储存、使用、经营危险化学品的场所，扣押违法生产、储存、使用、经营、运输的危险化学品以及用于违法生产、使用、运输危险化学品的原材料、设备、运输工具；

（五）发现影响危险化学品安全的违法行为，当场予以纠正或者责令限期改正。

负有危险化学品安全监督管理职责的部门依法进行监督检查，监督检查人员不得少于2人，并应当出示执法证件；有关单位和个人对依法进行的监督检查应当予以配合，不得拒绝、阻碍。

第八条　县级以上人民政府应当建立危险化学品安全监督管理工作协调机制，支持、督促负有危险化学品安全监督管理职责的部门依法履行职责，协调、解决危险化学品安全监督管理工作中的重大问题。

负有危险化学品安全监督管理职责的部门应当相互配合、密切协作，依法加强对危险化学品的安全监督管理。

第九条　任何单位和个人对违反本条例规定的行为，有权向负有危险化学品安全监督管理职责的部门举报。负有危险化学品安全监督管理职责的部门接到举报，应当及时依法处理；对不属于本部门职责的，应当及时移送有关部门处理。

第十条　国家鼓励危险化学品生产企业和使用危险化学品从事生产的企业采用有利于提高安全保障水平的先进技术、工艺、设备以及自动控制系统，鼓励对危险化学品实行专门储存、统一配送、集中销售。

第二章　生产、储存安全

第十一条　国家对危险化学品的生产、储存实行统筹规划、合理布局。

国务院工业和信息化主管部门以及国务院其他有关部门依据各自职责，负责危险化学品生产、储存的行业规划和布局。

地方人民政府组织编制城乡规划，应当根据本地区的实际情况，按照确保安全的原则，规划适当区域专门用于危险化学品的生产、储存。

第十二条　新建、改建、扩建生产、储存危险化学品的建设项目（以下简称建设项目），应当由安全生产监督管理部门进行安全条件审查。

建设单位应当对建设项目进行安全条件论证，委托具备国家规定的资质条件的机构对建设项目进行安全评价，并将安全条件论证和安全评价的情况报告报建设项目所在地设区的市级以上人民政府安全生产监督管理部门；安全生产监督管理部门应当自收到报告之日起45日内作出审查决定，并书面通知建设单位。具体办法由国务院安全生产监督管理部门制定。

新建、改建、扩建储存、装卸危险化学品的港口建设项目，由港口行政管理部门按照国务院交通运输主管部门的规定进行安全条件审查。

第十三条　生产、储存危险化学品的单位，应当对其铺设的危险化学品管道设置明显标志，并对危险化学品管道定期检查、检测。

进行可能危及危险化学品管道安全的施工作业，施工单位应当在开工的7日前书面通知管道所属单位，并与管道所属单位共同制定应急预案，采取相应的安全防护措施。管道所属单位应当指派专门人员到现场进行管道安全保护指导。

第十四条　危险化学品生产企业进行生产前，应当依照《安全生产许可证条例》的规定，取得危险化学品安全生产许可证。

生产列入国家实行生产许可证制度的工业产品目录的危险化学品的企业，应当依照《中华人民共和国工业产品生产许可证管理条例》的规定，取得工业产品生产许可证。

负责颁发危险化学品安全生产许可证、工业产品生产许可证的部门，应当将其颁发许可证的情况及时向同级工业和信息化主管部门、环境保护主管部门和公安机关通报。

第十五条　危险化学品生产企业应当提供与其生产的危险化学品相符的化学品安全技术说明书，并在危险化学品包装（包括外包装件）上粘贴或者拴挂与包装内危险化学品相符的化学品安全标签。化学品安全技术说明书和化学品安全标签所载明的内容应当符合国家标准的要求。

危险化学品生产企业发现其生产的危险化学品有新的危险特性的，应当立即公告，并及时修订其化学品安全技术说明书和化学品安全标签。

第十六条　生产实施重点环境管理的危险化学品的企业，应当按照国务院环境保护主管部门的规定，将该危险化学品向环境中释放等相关信息向环境保护主管部门报告。环境保护主管部门可以根据情况采取相应的环境风险控制措施。

第十七条　危险化学品的包装应当符合法律、行政法规、规章的规定以及国家标准、行业标准的要求。

危险化学品包装物、容器的材质以及危险化学品包装的型式、规格、方法和单件质量（重量），应当与所包装的危险化学品的性质和用途相适应。

第十八条　生产列入国家实行生产许可证制度的工业产品目录的危险化学品包装物、容器的企业，应当依照《中华人民共和国工业产品生产许可证管理条例》的规定，取得工业产品生产许可证；其生产的危险化学品包装物、容器经国务院质量监督检验检疫部门认定的检验机构检验合格，方可出厂销售。

运输危险化学品的船舶及其配载的容器，应当按照国家船舶检验规范进行生产，并经海事管理机构认定的船舶检验机构检验合格，方可投入使用。

对重复使用的危险化学品包装物、容器，使用单位在重复使用前应当进行检查；发现存在安全隐患的，应当维修或者更换。使用单位应当对检查情况作出记录，记录的保存期限不得少于 2 年。

第十九条　危险化学品生产装置或者储存数量构成重大危险源的危险化学品储存设施（运输工具加油站、加气站除外），与下列场所、设施、区域的距离应当符合国家有关规定：

（一）居住区以及商业中心、公园等人员密集场所；

（二）学校、医院、影剧院、体育场（馆）等公共设施；

（三）饮用水源、水厂以及水源保护区；

（四）车站、码头（依法经许可从事危险化学品装卸作业的除外）、机场以及通信干线、通信枢纽、铁路线路、道路交通干线、水路交通干线、地铁风亭以及地铁站出入口；

（五）基本农田保护区、基本草原、畜禽遗传资源保护区、畜禽规模化养殖场（养殖小区）、渔业水域以及种子、种畜禽、水产苗种生产基地；

（六）河流、湖泊、风景名胜区、自然保护区；

（七）军事禁区、军事管理区；

（八）法律、行政法规规定的其他场所、设施、区域。

已建的危险化学品生产装置或者储存数量构成重大危险源的危险化学品储存设施不符合前款规定的，由所在地设区的市级人民政府安全生产监督管理部门会同有关部门监督其所属单位在规定期限内进行整改；需要转产、停产、搬迁、关闭的，由本级人民政府决定并组织实施。

储存数量构成重大危险源的危险化学品储存设施的选址，应当避开地震活动断层和容易发生洪灾、地质灾害的区域。

本条例所称重大危险源，是指生产、储存、使用或者搬运危险化学品，且危险化学品的数量等于或者超过临界量的单元（包括场所和设施）。

第二十条　生产、储存危险化学品的单位，应当根据其生产、储存的危险化学品的种类和危险特性，在作业场所设置相应的监测、监控、通风、防晒、调温、防火、灭火、防爆、泄压、防毒、中和、防潮、防雷、防静电、防腐、防泄漏以及防护围堤或者隔离操作等安全设施、设备，并按照国家标准、行业标准或者国家有关规定对安全设施、设备进行经常性维护、保养，保证安全设施、设备的正常使用。

生产、储存危险化学品的单位，应当在其作业场所和安全设施、设备上设置明显的安全警示标志。

第二十一条　生产、储存危险化学品的单位，应当在其作业场所设置通信、报警装置，并保证处于适用状态。

第二十二条　生产、储存危险化学品的企业，应当委托具备国家规定的资质条件的机构，对本企业的安全生产条件每 3 年进行一次安全评价，提出安全评价报告。安全评价报告的内容应当包括对安全生产条件存在的问题进行整改的方案。

生产、储存危险化学品的企业，应当将安全评价报告以及整改方案的落实情况报所在地县级人民政府安全生产监督管理部门备案。在港区内储存危险化学品的企业，应当将安全评价报告以及整改方案的落实情况报港口行政管理部门备案。

第二十三条　生产、储存剧毒化学品或者国务院公安部门规定的可用于制造爆炸物品的危险化学品（以下简称易制爆危险化学品）的单位，应当如实记录其生产、储存的剧毒化学品、易制爆危险化学品的数量、流向，并采取必要的安全防范措施，防止剧毒化学品、易制爆危险化学品丢失或者被盗；发现剧毒化学品、易制爆危险化学品丢失或者被盗的，应当立即向当地公安机关报告。

生产、储存剧毒化学品、易制爆危险化学品的单位，应当设置治安保卫机构，配备专职治安保卫人员。

第二十四条　危险化学品应当储存在专用仓库、专用场地或者专用储存室（以下统称专用仓库）内，并由专人负责管理；剧毒化学品以及储存数量构成重大危险源的其他危险化学品，应当在专用仓库内单独存放，并实行双人收发、双人保管制度。

危险化学品的储存方式、方法以及储存数量应当符合国家标准或者国家有关规定。

第二十五条　储存危险化学品的单位应当建立危险化学品出入库核查、登记制度。

对剧毒化学品以及储存数量构成重大危险源的其他危险化学品，储存单位应当将其储存数量、储存地点以及管理人员的情况，报所在地县级人民政府安全生产监督管理部门（在港区内储存的，报港口行政管理部门）和公安机关备案。

第二十六条　危险化学品专用仓库应当符合国家标准、行业标准的要求，并设置明显的标志。储存剧毒化学品、易制爆危险化学品的专用仓库，应当按照国家有关规定设置相应的技术防范设施。

储存危险化学品的单位应当对其危险化学品专用仓库的安全设施、设备定期进行检测、检验。

第二十七条　生产、储存危险化学品的单位转产、停产、停业或者解散的，应当采取有效措施，及时、妥善处置其危险化学品生产装置、储存设施以及库存的危险化学品，不得丢弃危险化学品；处置方案应当报所在地县级人民政府安全生产监督管理部门、工业和信息化主管部门、环境保护主管部门和公安机关备案。安全生产监督管理部门应当会同环境保护主管部门和公安机关对处置情况进行监督检查，发现未依照规定处置的，应当责令其立即处置。

第三章　使用安全

第二十八条　使用危险化学品的单位，其使用条件（包括工艺）应当符合法律、行政法规的规定和国家标准、行业标准的要求，并根据所使用的危险化学品的种类、危险特性以及使用量和使用方式，建立、健全使用危险化学品的安全管理规章制度和安全操作规程，保证危险化学品的安全使用。

第二十九条　使用危险化学品从事生产并且使用量达到规定数量的化工企业（属于危险化学品生产企业的除外，下同），应当依照本条例的规定取得危险化学品安全使用许可证。

前款规定的危险化学品使用量的数量标准，由国务院安全生产监督管理部门会同国务院公安部门、农业主管部门确定并公布。

第三十条　申请危险化学品安全使用许可证的化工企业，除应当符合本条例第二十八条的规定外，还应当具备下列条件：

（一）有与所使用的危险化学品相适应的专业技术人员；

（二）有安全管理机构和专职安全管理人员；

（三）有符合国家规定的危险化学品事故应急预案和必要的应急救援器材、设备；

（四）依法进行了安全评价。

第三十一条　申请危险化学品安全使用许可证的化工企业，应当向所在地设区的市级人民政府安全生产监督管理部门提出申请，并提交其符合本条例第三十条规定条件的证明材料。设区的市级人民政府安全生产监督管理部门应当依法进行审查，自收到证明材料之日起

45 日内作出批准或者不予批准的决定。予以批准的，颁发危险化学品安全使用许可证；不予批准的，书面通知申请人并说明理由。

安全生产监督管理部门应当将其颁发危险化学品安全使用许可证的情况及时向同级环境保护主管部门和公安机关通报。

第三十二条 本条例第十六条关于生产实施重点环境管理的危险化学品的企业的规定，适用于使用实施重点环境管理的危险化学品从事生产的企业；第二十条、第二十一条、第二十三条第一款、第二十七条关于生产、储存危险化学品的单位的规定，适用于使用危险化学品的单位；第二十二条关于生产、储存危险化学品的企业的规定，适用于使用危险化学品从事生产的企业。

第四章 经营安全

第三十三条 国家对危险化学品经营（包括仓储经营，下同）实行许可制度。未经许可，任何单位和个人不得经营危险化学品。

依法设立的危险化学品生产企业在其厂区范围内销售本企业生产的危险化学品，不需要取得危险化学品经营许可。

依照《中华人民共和国港口法》的规定取得港口经营许可证的港口经营人，在港区内从事危险化学品仓储经营，不需要取得危险化学品经营许可。

第三十四条 从事危险化学品经营的企业应当具备下列条件：

（一）有符合国家标准、行业标准的经营场所，储存危险化学品的，还应当有符合国家标准、行业标准的储存设施；

（二）从业人员经过专业技术培训并经考核合格；

（三）有健全的安全管理规章制度；

（四）有专职安全管理人员；

（五）有符合国家规定的危险化学品事故应急预案和必要的应急救援器材、设备；

（六）法律、法规规定的其他条件。

第三十五条 从事剧毒化学品、易制爆危险化学品经营的企业，应当向所在地设区的市级人民政府安全生产监督管理部门提出申请，从事其他危险化学品经营的企业，应当向所在地县级人民政府安全生产监督管理部门提出申请（有储存设施的，应当向所在地设区的市级人民政府安全生产监督管理部门提出申请）。申请人应当提交其符合本条例第三十四条规定条件的证明材料。设区的市级人民政府安全生产监督管理部门或者县级人民政府安全生产监督管理部门应当依法进行审查，并对申请人的经营场所、储存设施进行现场核查，自收到证明材料之日起 30 日内作出批准或者不予批准的决定。予以批准的，颁发危险化学品经营许可证；不予批准的，书面通知申请人并说明理由。

设区的市级人民政府安全生产监督管理部门和县级人民政府安全生产监督管理部门应当将其颁发危险化学品经营许可证的情况及时向同级环境保护主管部门和公安机关通报。

申请人持危险化学品经营许可证向工商行政管理部门办理登记手续后，方可从事危险化学品经营活动。法律、行政法规或者国务院规定经营危险化学品还需要经其他有关部门许可的，申请人向工商行政管理部门办理登记手续时还应当持相应的许可证件。

第三十六条 危险化学品经营企业储存危险化学品的，应当遵守本条例第二章关于储存危险化学品的规定。危险化学品商店内只能存放民用小包装的危险化学品。

第三十七条 危险化学品经营企业不得向未经许可从事危险化学品生产、经营活动的企业采购危险化学品，不得经营没有化学品安全技术说明书或者化学品安全标签的危险化学品。

第三十八条 依法取得危险化学品安全生产许可证、危险化学品安全使用许可证、危险化学品经营许可证的企业，凭相应的许可证件购买剧毒化学品、易制爆危险化学品。民用爆炸物品生产企业凭民用爆炸物品生产许可证购买易制爆危险化学品。

前款规定以外的单位购买剧毒化学品的，应当向所在地县级人民政府公安机关申请取得剧毒化学品购买许可证；购买易制爆危险化学品的，应当持本单位出具的合法用途说明。

个人不得购买剧毒化学品（属于剧毒化学品的农药除外）和易制爆危险化学品。

第三十九条　申请取得剧毒化学品购买许可证，申请人应当向所在地县级人民政府公安机关提交下列材料：

（一）营业执照或者法人证书（登记证书）的复印件；

（二）拟购买的剧毒化学品品种、数量的说明；

（三）购买剧毒化学品用途的说明；

（四）经办人的身份证明。

县级人民政府公安机关应当自收到前款规定的材料之日起 3 日内，作出批准或者不予批准的决定。予以批准的，颁发剧毒化学品购买许可证；不予批准的，书面通知申请人并说明理由。

剧毒化学品购买许可证管理办法由国务院公安部门制定。

第四十条　危险化学品生产企业、经营企业销售剧毒化学品、易制爆危险化学品，应当查验本条例第三十八条第一款、第二款规定的相关许可证件或者证明文件，不得向不具有相关许可证件或者证明文件的单位销售剧毒化学品、易制爆危险化学品。对持剧毒化学品购买许可证购买剧毒化学品的，应当按照许可证载明的品种、数量销售。

禁止向个人销售剧毒化学品（属于剧毒化学品的农药除外）和易制爆危险化学品。

第四十一条　危险化学品生产企业、经营企业销售剧毒化学品、易制爆危险化学品，应当如实记录购买单位的名称、地址、经办人的姓名、身份证号码以及所购买的剧毒化学品、易制爆危险化学品的品种、数量、用途。销售记录以及经办人的身份证明复印件、相关许可证件复印件或者证明文件的保存期限不得少于 1 年。

剧毒化学品、易制爆危险化学品的销售企业、购买单位应当在销售、购买后 5 日内，将所销售、购买的剧毒化学品、易制爆危险化学品的品种、数量以及流向信息报所在地县级人民政府公安机关备案，并输入计算机系统。

第四十二条　使用剧毒化学品、易制爆危险化学品的单位不得出借、转让其购买的剧毒化学品、易制爆危险化学品；因转产、停产、搬迁、关闭等确需转让的，应当向具有本条例第三十八条第一款、第二款规定的相关许可证件或者证明文件的单位转让，并在转让后将有关情况及时向所在地县级人民政府公安机关报告。

第五章　运输安全

第四十三条　从事危险化学品道路运输、水路运输的，应当分别依照有关道路运输、水路运输的法律、行政法规的规定，取得危险货物道路运输许可、危险货物水路运输许可，并向工商行政管理部门办理登记手续。

危险化学品道路运输企业、水路运输企业应当配备专职安全管理人员。

第四十四条　危险化学品道路运输企业、水路运输企业的驾驶人员、船员、装卸管理人员、押运人员、申报人员、集装箱装箱现场检查员应当经交通运输主管部门考核合格，取得从业资格。具体办法由国务院交通运输主管部门制定。

危险化学品的装卸作业应当遵守安全作业标准、规程和制度，并在装卸管理人员的现场指挥或者监控下进行。水路运输危险化学品的集装箱装箱作业应当在集装箱装箱现场检查员的指挥或者监控下进行，并符合积载、隔离的规范和要求；装箱作业完毕后，集装箱装箱现场检查员应当签署装箱证明书。

第四十五条　运输危险化学品，应当根据危险化学品的危险特性采取相应的安全防护措施，并配备必要的防护用品和应急救援器材。

用于运输危险化学品的槽罐以及其他容器应当封口严密，能够防止危险化学品在运输过程中因温度、湿度或者压力的变化发生渗漏、洒漏；槽罐以及其他容器的溢流和泄压装置应当设置准确、起闭灵活。

运输危险化学品的驾驶人员、船员、装卸管理人员、押运人员、申报人员、集装箱装箱现场检查员，应当了解所运输的危险化学品的危险特性及其包装物、容器的使用要求和出现危险情况时的应急处置方法。

第四十六条　通过道路运输危险化学品的，托运人应当委托依法取得危险货物道路运输许可的企业承运。

第四十七条　通过道路运输危险化学品的，应当按照运输车辆的核定载质量装载危险化学品，不得超载。

危险化学品运输车辆应当符合国家标准要求的安全技术条件，并按照国家有关规定定期进行安全技术检验。

危险化学品运输车辆应当悬挂或者喷涂符合国家标准要求的警示标志。

第四十八条　通过道路运输危险化学品的，应当配备押运人员，并保证所运输的危险化学品处于押运人员的监控之下。

运输危险化学品途中因住宿或者发生影响正常运输的情况，需要较长时间停车的，驾驶人员、押运人员应当采取相应的安全防范措施；运输剧毒化学品或者易制爆危险化学品的，还应当向当地公安机关报告。

第四十九条　未经公安机关批准，运输危险化学品的车辆不得进入危险化学品运输车辆限制通行的区域。危险化学品运输车辆限制通行的区域由县级人民政府公安机关划定，并设置明显的标志。

第五十条　通过道路运输剧毒化学品的，托运人应当向运输始发地或者目的地县级人民政府公安机关申请剧毒化学品道路运输通行证。

申请剧毒化学品道路运输通行证，托运人应当向县级人民政府公安机关提交下列材料：

（一）拟运输的剧毒化学品品种、数量的说明；

（二）运输始发地、目的地、运输时间和运输路线的说明；

（三）承运人取得危险货物道路运输许可、运输车辆取得营运证以及驾驶人员、押运人员取得上岗资格的证明文件；

（四）本条例第三十八条第一款、第二款规定的购买剧毒化学品的相关许可证件，或者海关出具的进出口证明文件。

县级人民政府公安机关应当自收到前款规定的材料之日起 7 日内，作出批准或者不予批准的决定。予以批准的，颁发剧毒化学品道路运输通行证；不予批准的，书面通知申请人并说明理由。

剧毒化学品道路运输通行证管理办法由国务院公安部门制定。

第五十一条　剧毒化学品、易制爆危险化学品在道路运输途中丢失、被盗、被抢或者出现流散、泄漏等情况的，驾驶人员、押运人员应当立即采取相应的警示措施和安全措施，并向当地公安机关报告。公安机关接到报告后，应当根据实际情况立即向安全生产监督管理部门、环境保护主管部门、卫生主管部门通报。有关部门应当采取必要的应急处置措施。

第五十二条　通过水路运输危险化学品的，应当遵守法律、行政法规以及国务院交通运输主管部门关于危险货物水路运输安全的规定。

第五十三条　海事管理机构应当根据危险化学品的种类和危险特性，确定船舶运输危险化学品的相关安全运输条件。

拟交付船舶运输的化学品的相关安全运输条件不明确的，应当经国家海事管理机构认定的机构进行评估，明确相关安全运输条件并经海事管理机构确认后，方可交付船舶运输。

第五十四条 禁止通过内河封闭水域运输剧毒化学品以及国家规定禁止通过内河运输的其他危险化学品。

前款规定以外的内河水域，禁止运输国家规定禁止通过内河运输的剧毒化学品以及其他危险化学品。

禁止通过内河运输的剧毒化学品以及其他危险化学品的范围，由国务院交通运输主管部门会同国务院环境保护主管部门、工业和信息化主管部门、安全生产监督管理部门，根据危险化学品的危险特性、危险化学品对人体和水环境的危害程度以及消除危害后果的难易程度等因素规定并公布。

第五十五条 国务院交通运输主管部门应当根据危险化学品的危险特性，对通过内河运输本条例第五十四条规定以外的危险化学品（以下简称通过内河运输危险化学品）实行分类管理，对各类危险化学品的运输方式、包装规范和安全防护措施等分别作出规定并监督实施。

第五十六条 通过内河运输危险化学品，应当由依法取得危险货物水路运输许可的水路运输企业承运，其他单位和个人不得承运。托运人应当委托依法取得危险货物水路运输许可的水路运输企业承运，不得委托其他单位和个人承运。

第五十七条 通过内河运输危险化学品，应当使用依法取得危险货物适装证书的运输船舶。水路运输企业应当针对所运输的危险化学品的危险特性，制定运输船舶危险化学品事故应急救援预案，并为运输船舶配备充足、有效的应急救援器材和设备。

通过内河运输危险化学品的船舶，其所有人或者经营人应当取得船舶污染损害责任保险证书或者财务担保证明。船舶污染损害责任保险证书或者财务担保证明的副本应当随船携带。

第五十八条 通过内河运输危险化学品，危险化学品包装物的材质、型式、强度以及包装方法应当符合水路运输危险化学品包装规范的要求。国务院交通运输主管部门对单船运输的危险化学品数量有限制性规定的，承运人应当按照规定安排运输数量。

第五十九条 用于危险化学品运输作业的内河码头、泊位应当符合国家有关安全规范，与饮用水取水口保持国家规定的距离。有关管理单位应当制定码头、泊位危险化学品事故应急预案，并为码头、泊位配备充足、有效的应急救援器材和设备。

用于危险化学品运输作业的内河码头、泊位，经交通运输主管部门按照国家有关规定验收合格后方可投入使用。

第六十条 船舶载运危险化学品进出内河港口，应当将危险化学品的名称、危险特性、包装以及进出港时间等事项，事先报告海事管理机构。海事管理机构接到报告后，应当在国务院交通运输主管部门规定的时间内作出是否同意的决定，通知报告人，同时通报港口行政管理部门。定船舶、定航线、定货种的船舶可以定期报告。

在内河港口内进行危险化学品的装卸、过驳作业，应当将危险化学品的名称、危险特性、包装和作业的时间、地点等事项报告港口行政管理部门。港口行政管理部门接到报告后，应当在国务院交通运输主管部门规定的时间内作出是否同意的决定，通知报告人，同时通报海事管理机构。

载运危险化学品的船舶在内河航行，通过过船建筑物的，应当提前向交通运输主管部门申报，并接受交通运输主管部门的管理。

第六十一条 载运危险化学品的船舶在内河航行、装卸或者停泊，应当悬挂专用的警示标志，按照规定显示专用信号。

载运危险化学品的船舶在内河航行，按照国务院交通运输主管部门的规定需要引航的，应当申请引航。

第六十二条　载运危险化学品的船舶在内河航行，应当遵守法律、行政法规和国家其他有关饮用水水源保护的规定。内河航道发展规划应当与依法经批准的饮用水水源保护区划定方案相协调。

第六十三条　托运危险化学品的，托运人应当向承运人说明所托运的危险化学品的种类、数量、危险特性以及发生危险情况的应急处置措施，并按照国家有关规定对所托运的危险化学品妥善包装，在外包装上设置相应的标志。

运输危险化学品需要添加抑制剂或者稳定剂的，托运人应当添加，并将有关情况告知承运人。

第六十四条　托运人不得在托运的普通货物中夹带危险化学品，不得将危险化学品匿报或者谎报为普通货物托运。

任何单位和个人不得交寄危险化学品或者在邮件、快件内夹带危险化学品，不得将危险化学品匿报或者谎报为普通物品交寄。邮政企业、快递企业不得收寄危险化学品。

对涉嫌违反本条第一款、第二款规定的，交通运输主管部门、邮政管理部门可以依法开拆查验。

第六十五条　通过铁路、航空运输危险化学品的安全管理，依照有关铁路、航空运输的法律、行政法规、规章的规定执行。

第六章　危险化学品登记与事故应急救援

第六十六条　国家实行危险化学品登记制度，为危险化学品安全管理以及危险化学品事故预防和应急救援提供技术、信息支持。

第六十七条　危险化学品生产企业、进口企业，应当向国务院安全生产监督管理部门负责危险化学品登记的机构（以下简称危险化学品登记机构）办理危险化学品登记。

危险化学品登记包括下列内容：

（一）分类和标签信息；

（二）物理、化学性质；

（三）主要用途；

（四）危险特性；

（五）储存、使用、运输的安全要求；

（六）出现危险情况的应急处置措施。

对同一企业生产、进口的同一品种的危险化学品，不进行重复登记。危险化学品生产企业、进口企业发现其生产、进口的危险化学品有新的危险特性的，应当及时向危险化学品登记机构办理登记内容变更手续。

危险化学品登记的具体办法由国务院安全生产监督管理部门制定。

第六十八条　危险化学品登记机构应当定期向工业和信息化、环境保护、公安、卫生、交通运输、铁路、质量监督检验检疫等部门提供危险化学品登记的有关信息和资料。

第六十九条　县级以上地方人民政府安全生产监督管理部门应当会同工业和信息化、环境保护、公安、卫生、交通运输、铁路、质量监督检验检疫等部门，根据本地区实际情况，制定危险化学品事故应急预案，报本级人民政府批准。

第七十条　危险化学品单位应当制定本单位危险化学品事故应急预案，配备应急救援人员和必要的应急救援器材、设备，并定期组织应急救援演练。

危险化学品单位应当将其危险化学品事故应急预案报所在地设区的市级人民政府安全生

产监督管理部门备案。

第七十一条　发生危险化学品事故，事故单位主要负责人应当立即按照本单位危险化学品应急预案组织救援，并向当地安全生产监督管理部门和环境保护、公安、卫生主管部门报告；道路运输、水路运输过程中发生危险化学品事故的，驾驶人员、船员或者押运人员还应当向事故发生地交通运输主管部门报告。

第七十二条　发生危险化学品事故，有关地方人民政府应当立即组织安全生产监督管理、环境保护、公安、卫生、交通运输等有关部门，按照本地区危险化学品事故应急预案组织实施救援，不得拖延、推诿。

有关地方人民政府及其有关部门应当按照下列规定，采取必要的应急处置措施，减少事故损失，防止事故蔓延、扩大：

（一）立即组织营救和救治受害人员，疏散、撤离或者采取其他措施保护危害区域内的其他人员；

（二）迅速控制危害源，测定危险化学品的性质、事故的危害区域及危害程度；

（三）针对事故对人体、动植物、土壤、水源、大气造成的现实危害和可能产生的危害，迅速采取封闭、隔离、洗消等措施；

（四）对危险化学品事故造成的环境污染和生态破坏状况进行监测、评估，并采取相应的环境污染治理和生态修复措施。

第七十三条　有关危险化学品单位应当为危险化学品事故应急救援提供技术指导和必要的协助。

第七十四条　危险化学品事故造成环境污染的，由设区的市级以上人民政府环境保护主管部门统一发布有关信息。

第七章　法律责任

第七十五条　生产、经营、使用国家禁止生产、经营、使用的危险化学品的，由安全生产监督管理部门责令停止生产、经营、使用活动，处 20 万元以上 50 万元以下的罚款，有违法所得的，没收违法所得；构成犯罪的，依法追究刑事责任。

有前款规定行为的，安全生产监督管理部门还应当责令其对所生产、经营、使用的危险化学品进行无害化处理。

违反国家关于危险化学品使用的限制性规定使用危险化学品的，依照本条第一款的规定处理。

第七十六条　未经安全条件审查，新建、改建、扩建生产、储存危险化学品的建设项目的，由安全生产监督管理部门责令停止建设，限期改正；逾期不改正的，处 50 万元以上 100 万元以下的罚款；构成犯罪的，依法追究刑事责任。

未经安全条件审查，新建、改建、扩建储存、装卸危险化学品的港口建设项目的，由港口行政管理部门依照前款规定予以处罚。

第七十七条　未依法取得危险化学品安全生产许可证从事危险化学品生产，或者未依法取得工业产品生产许可证从事危险化学品及其包装物、容器生产的，分别依照《安全生产许可证条例》、《中华人民共和国工业产品生产许可证管理条例》的规定处罚。

违反本条例规定，化工企业未取得危险化学品安全使用许可证，使用危险化学品从事生产的，由安全生产监督管理部门责令限期改正，处 10 万元以上 20 万元以下的罚款；逾期不改正的，责令停产整顿。

违反本条例规定，未取得危险化学品经营许可证从事危险化学品经营的，由安全生产监督管理部门责令停止经营活动，没收违法经营的危险化学品以及违法所得，并处 10 万元以上 20 万元以下的罚款；构成犯罪的，依法追究刑事责任。

第七十八条 有下列情形之一的，由安全生产监督管理部门责令改正，可以处 5 万元以下的罚款；拒不改正的，处 5 万元以上 10 万元以下的罚款；情节严重的，责令停产停业整顿：

（一）生产、储存危险化学品的单位未对其铺设的危险化学品管道设置明显的标志，或者未对危险化学品管道定期检查、检测的；

（二）进行可能危及危险化学品管道安全的施工作业，施工单位未按照规定书面通知管道所属单位，或者未与管道所属单位共同制定应急预案、采取相应的安全防护措施，或者管道所属单位未指派专门人员到现场进行管道安全保护指导的；

（三）危险化学品生产企业未提供化学品安全技术说明书，或者未在包装（包括外包装件）上粘贴、拴挂化学品安全标签的；

（四）危险化学品生产企业提供的化学品安全技术说明书与其生产的危险化学品不相符，或者在包装（包括外包装件）粘贴、拴挂的化学品安全标签与包装内危险化学品不相符，或者化学品安全技术说明书、化学品安全标签所载明的内容不符合国家标准要求的；

（五）危险化学品生产企业发现其生产的危险化学品有新的危险特性不立即公告，或者不及时修订其化学品安全技术说明书和化学品安全标签的；

（六）危险化学品经营企业经营没有化学品安全技术说明书和化学品安全标签的危险化学品的；

（七）危险化学品包装物、容器的材质以及包装的型式、规格、方法和单件质量（重量）与所包装的危险化学品的性质和用途不相适应的；

（八）生产、储存危险化学品的单位未在作业场所和安全设施、设备上设置明显的安全警示标志，或者未在作业场所设置通信、报警装置的；

（九）危险化学品专用仓库未设专人负责管理，或者对储存的剧毒化学品以及储存数量构成重大危险源的其他危险化学品未实行双人收发、双人保管制度的；

（十）储存危险化学品的单位未建立危险化学品出入库核查、登记制度的；

（十一）危险化学品专用仓库未设置明显标志的；

（十二）危险化学品生产企业、进口企业不办理危险化学品登记，或者发现其生产、进口的危险化学品有新的危险特性不办理危险化学品登记内容变更手续的。

从事危险化学品仓储经营的港口经营人有前款规定情形的，由港口行政管理部门依照前款规定予以处罚。储存剧毒化学品、易制爆危险化学品的专用仓库未按照国家有关规定设置相应的技术防范设施的，由公安机关依照前款规定予以处罚。

生产、储存剧毒化学品、易制爆危险化学品的单位未设置治安保卫机构、配备专职治安保卫人员的，依照《企业事业单位内部治安保卫条例》的规定处罚。

第七十九条 危险化学品包装物、容器生产企业销售未经检验或者经检验不合格的危险化学品包装物、容器的，由质量监督检验检疫部门责令改正，处 10 万元以上 20 万元以下的罚款，有违法所得的，没收违法所得；拒不改正的，责令停产停业整顿；构成犯罪的，依法追究刑事责任。

将未经检验合格的运输危险化学品的船舶及其配载的容器投入使用的，由海事管理机构依照前款规定予以处罚。

第八十条 生产、储存、使用危险化学品的单位有下列情形之一的，由安全生产监督管理部门责令改正，处 5 万元以上 10 万元以下的罚款；拒不改正的，责令停产停业整顿直至由原发证机关吊销其相关许可证件，并由工商行政管理部门责令其办理经营范围变更登记或者吊销其营业执照；有关责任人员构成犯罪的，依法追究刑事责任：

（一）对重复使用的危险化学品包装物、容器，在重复使用前不进行检查的；

（二）未根据其生产、储存的危险化学品的种类和危险特性，在作业场所设置相关安全设施、设备，或者未按照国家标准、行业标准或者国家有关规定对安全设施、设备进行经常性维护、保养的；

（三）未依照本条例规定对其安全生产条件定期进行安全评价的；

（四）未将危险化学品储存在专用仓库内，或者未将剧毒化学品以及储存数量构成重大危险源的其他危险化学品在专用仓库内单独存放的；

（五）危险化学品的储存方式、方法或者储存数量不符合国家标准或者国家有关规定的；

（六）危险化学品专用仓库不符合国家标准、行业标准的要求的；

（七）未对危险化学品专用仓库的安全设施、设备定期进行检测、检验的。

从事危险化学品仓储经营的港口经营人有前款规定情形的，由港口行政管理部门依照前款规定予以处罚。

第八十一条 有下列情形之一的，由公安机关责令改正，可以处 1 万元以下的罚款；拒不改正的，处 1 万元以上 5 万元以下的罚款：

（一）生产、储存、使用剧毒化学品、易制爆危险化学品的单位不如实记录生产、储存、使用的剧毒化学品、易制爆危险化学品的数量、流向的；

（二）生产、储存、使用剧毒化学品、易制爆危险化学品的单位发现剧毒化学品、易制爆危险化学品丢失或者被盗，不立即向公安机关报告的；

（三）储存剧毒化学品的单位未将剧毒化学品的储存数量、储存地点以及管理人员的情况报所在地县级人民政府公安机关备案的；

（四）危险化学品生产企业、经营企业不如实记录剧毒化学品、易制爆危险化学品购买单位的名称、地址、经办人的姓名、身份证号码以及所购买的剧毒化学品、易制爆危险化学品的品种、数量、用途，或者保存销售记录和相关材料的时间少于 1 年的；

（五）剧毒化学品、易制爆危险化学品的销售企业、购买单位未在规定的时限内将所销售、购买的剧毒化学品、易制爆危险化学品的品种、数量以及流向信息报所在地县级人民政府公安机关备案的；

（六）使用剧毒化学品、易制爆危险化学品的单位依照本条例规定转让其购买的剧毒化学品、易制爆危险化学品，未将有关情况向所在地县级人民政府公安机关报告的。

生产、储存危险化学品的企业或者使用危险化学品从事生产的企业未按照本条例规定将安全评价报告以及整改方案的落实情况报安全生产监督管理部门或者港口行政管理部门备案，或者储存危险化学品的单位未将其剧毒化学品以及储存数量构成重大危险源的其他危险化学品的储存数量、储存地点以及管理人员的情况报安全生产监督管理部门或者港口行政管理部门备案的，分别由安全生产监督管理部门或者港口行政管理部门依照前款规定予以处罚。

生产实施重点环境管理的危险化学品的企业或者使用实施重点环境管理的危险化学品从事生产的企业未按照规定将相关信息向环境保护主管部门报告的，由环境保护主管部门依照本条第一款的规定予以处罚。

第八十二条 生产、储存、使用危险化学品的单位转产、停产、停业或者解散，未采取有效措施及时、妥善处置其危险化学品生产装置、储存设施以及库存的危险化学品，或者丢弃危险化学品的，由安全生产监督管理部门责令改正，处 5 万元以上 10 万元以下的罚款；构成犯罪的，依法追究刑事责任。

生产、储存、使用危险化学品的单位转产、停产、停业或者解散，未依照本条例规定将其危险化学品生产装置、储存设施以及库存危险化学品的处置方案报有关部门备案的，分别由有关部门责令改正，可以处 1 万元以下的罚款；拒不改正的，处 1 万元以上 5 万元以下的罚款。

第八十三条　危险化学品经营企业向未经许可违法从事危险化学品生产、经营活动的企业采购危险化学品的，由工商行政管理部门责令改正，处 10 万元以上 20 万元以下的罚款；拒不改正的，责令停业整顿直至由原发证机关吊销其危险化学品经营许可证，并由工商行政管理部门责令其办理经营范围变更登记或者吊销其营业执照。

第八十四条　危险化学品生产企业、经营企业有下列情形之一的，由安全生产监督管理部门责令改正，没收违法所得，并处 10 万元以上 20 万元以下的罚款；拒不改正的，责令停产停业整顿直至吊销其危险化学品安全生产许可证、危险化学品经营许可证，并由工商行政管理部门责令其办理经营范围变更登记或者吊销其营业执照：

（一）向不具有本条例第三十八条第一款、第二款规定的相关许可证件或者证明文件的单位销售剧毒化学品、易制爆危险化学品的；

（二）不按照剧毒化学品购买许可证载明的品种、数量销售剧毒化学品的；

（三）向个人销售剧毒化学品（属于剧毒化学品的农药除外）、易制爆危险化学品的。

不具有本条例第三十八条第一款、第二款规定的相关许可证件或者证明文件的单位购买剧毒化学品、易制爆危险化学品，或者个人购买剧毒化学品（属于剧毒化学品的农药除外）、易制爆危险化学品的，由公安机关没收所购买的剧毒化学品、易制爆危险化学品，可以并处 5000 元以下的罚款。

使用剧毒化学品、易制爆危险化学品的单位出借或者向不具有本条例第三十八条第一款、第二款规定的相关许可证件的单位转让其购买的剧毒化学品、易制爆危险化学品，或者向个人转让其购买的剧毒化学品（属于剧毒化学品的农药除外）、易制爆危险化学品的，由公安机关责令改正，处 10 万元以上 20 万元以下的罚款；拒不改正的，责令停产停业整顿。

第八十五条　未依法取得危险货物道路运输许可、危险货物水路运输许可，从事危险化学品道路运输、水路运输的，分别依照有关道路运输、水路运输的法律、行政法规的规定处罚。

第八十六条　有下列情形之一的，由交通运输主管部门责令改正，处 5 万元以上 10 万元以下的罚款；拒不改正的，责令停产停业整顿；构成犯罪的，依法追究刑事责任：

（一）危险化学品道路运输企业、水路运输企业的驾驶人员、船员、装卸管理人员、押运人员、申报人员、集装箱装箱现场检查员未取得从业资格上岗作业的；

（二）运输危险化学品，未根据危险化学品的危险特性采取相应的安全防护措施，或者未配备必要的防护用品和应急救援器材的；

（三）使用未依法取得危险货物适装证书的船舶，通过内河运输危险化学品的；

（四）通过内河运输危险化学品的承运人违反国务院交通运输主管部门对单船运输的危险化学品数量的限制性规定运输危险化学品的；

（五）用于危险化学品运输作业的内河码头、泊位不符合国家有关安全规范，或者未与饮用水取水口保持国家规定的安全距离，或者未经交通运输主管部门验收合格投入使用的；

（六）托运人不向承运人说明所托运的危险化学品的种类、数量、危险特性以及发生危险情况的应急处置措施，或者未按照国家有关规定对所托运的危险化学品妥善包装并在外包装上设置相应标志的；

（七）运输危险化学品需要添加抑制剂或者稳定剂，托运人未添加或者未将有关情况告知承运人的。

第八十七条　有下列情形之一的，由交通运输主管部门责令改正，处 10 万元以上 20 万元以下的罚款，有违法所得的，没收违法所得；拒不改正的，责令停产停业整顿；构成犯罪的，依法追究刑事责任：

（一）委托未依法取得危险货物道路运输许可、危险货物水路运输许可的企业承运危险化学品的；

（二）通过内河封闭水域运输剧毒化学品以及国家规定禁止通过内河运输的其他危险化学品的；

（三）通过内河运输国家规定禁止通过内河运输的剧毒化学品以及其他危险化学品的；

（四）在托运的普通货物中夹带危险化学品，或者将危险化学品谎报或者匿报为普通货物托运的。

在邮件、快件内夹带危险化学品，或者将危险化学品谎报为普通物品交寄的，依法给予治安管理处罚；构成犯罪的，依法追究刑事责任。

邮政企业、快递企业收寄危险化学品的，依照《中华人民共和国邮政法》的规定处罚。

第八十八条　有下列情形之一的，由公安机关责令改正，处 5 万元以上 10 万元以下的罚款；构成违反治安管理行为的，依法给予治安管理处罚；构成犯罪的，依法追究刑事责任：

（一）超过运输车辆的核定载质量装载危险化学品的；

（二）使用安全技术条件不符合国家标准要求的车辆运输危险化学品的；

（三）运输危险化学品的车辆未经公安机关批准进入危险化学品运输车辆限制通行的区域的；

（四）未取得剧毒化学品道路运输通行证，通过道路运输剧毒化学品的。

第八十九条　有下列情形之一的，由公安机关责令改正，处 1 万元以上 5 万元以下的罚款；构成违反治安管理行为的，依法给予治安管理处罚：

（一）危险化学品运输车辆未悬挂或者喷涂警示标志，或者悬挂或者喷涂的警示标志不符合国家标准要求的；

（二）通过道路运输危险化学品，不配备押运人员的；

（三）运输剧毒化学品或者易制爆危险化学品途中需要较长时间停车，驾驶人员、押运人员不向当地公安机关报告的；

（四）剧毒化学品、易制爆危险化学品在道路运输途中丢失、被盗、被抢或者发生流散、泄露等情况，驾驶人员、押运人员不采取必要的警示措施和安全措施，或者不向当地公安机关报告的。

第九十条　对发生交通事故负有全部责任或者主要责任的危险化学品道路运输企业，由公安机关责令消除安全隐患，未消除安全隐患的危险化学品运输车辆，禁止上道路行驶。

第九十一条　有下列情形之一的，由交通运输主管部门责令改正，可以处 1 万元以下的罚款；拒不改正的，处 1 万元以上 5 万元以下的罚款：

（一）危险化学品道路运输企业、水路运输企业未配备专职安全管理人员的；

（二）用于危险化学品运输作业的内河码头、泊位的管理单位未制定码头、泊位危险化学品事故应急救援预案，或者未为码头、泊位配备充足、有效的应急救援器材和设备的。

第九十二条　有下列情形之一的，依照《中华人民共和国内河交通安全管理条例》的规定处罚：

（一）通过内河运输危险化学品的水路运输企业未制定运输船舶危险化学品事故应急救援预案，或者未为运输船舶配备充足、有效的应急救援器材和设备的；

（二）通过内河运输危险化学品的船舶的所有人或者经营人未取得船舶污染损害责任保险证书或者财务担保证明的；

（三）船舶载运危险化学品进出内河港口，未将有关事项事先报告海事管理机构并经其同意的；

（四）载运危险化学品的船舶在内河航行、装卸或者停泊，未悬挂专用的警示标志，或者未按照规定显示专用信号，或者未按照规定申请引航的。

未向港口行政管理部门报告并经其同意，在港口内进行危险化学品的装卸、过驳作业的，依照《中华人民共和国港口法》的规定处罚。

第九十三条 伪造、变造或者出租、出借、转让危险化学品安全生产许可证、工业产品生产许可证，或者使用伪造、变造的危险化学品安全生产许可证、工业产品生产许可证的，分别依照《安全生产许可证条例》、《中华人民共和国工业产品生产许可证管理条例》的规定处罚。

伪造、变造或者出租、出借、转让本条例规定的其他许可证，或者使用伪造、变造的本条例规定的其他许可证的，分别由相关许可证的颁发管理机关处10万元以上20万元以下的罚款，有违法所得的，没收违法所得；构成违反治安管理行为的，依法给予治安管理处罚；构成犯罪的，依法追究刑事责任。

第九十四条 危险化学品单位发生危险化学品事故，其主要负责人不立即组织救援或者不立即向有关部门报告的，依照《生产安全事故报告和调查处理条例》的规定处罚。

危险化学品单位发生危险化学品事故，造成他人人身伤害或者财产损失的，依法承担赔偿责任。

第九十五条 发生危险化学品事故，有关地方人民政府及其有关部门不立即组织实施救援，或者不采取必要的应急处置措施减少事故损失，防止事故蔓延、扩大的，对直接负责的主管人员和其他直接责任人员依法给予处分；构成犯罪的，依法追究刑事责任。

第九十六条 负有危险化学品安全监督管理职责的部门的工作人员，在危险化学品安全监督管理工作中滥用职权、玩忽职守、徇私舞弊，构成犯罪的，依法追究刑事责任；尚不构成犯罪的，依法给予处分。

第八章 附 则

第九十七条 监控化学品、属于危险化学品的药品和农药的安全管理，依照本条例的规定执行；法律、行政法规另有规定的，依照其规定。

民用爆炸物品、烟花爆竹、放射性物品、核能物质以及用于国防科研生产的危险化学品的安全管理，不适用本条例。

法律、行政法规对燃气的安全管理另有规定的，依照其规定。

危险化学品容器属于特种设备的，其安全管理依照有关特种设备安全的法律、行政法规的规定执行。

第九十八条 危险化学品的进出口管理，依照有关对外贸易的法律、行政法规、规章的规定执行；进口的危险化学品的储存、使用、经营、运输的安全管理，依照本条例的规定执行。

危险化学品环境管理登记和新化学物质环境管理登记，依照有关环境保护的法律、行政法规、规章的规定执行。危险化学品环境管理登记，按照国家有关规定收取费用。

第九十九条　公众发现、捡拾的无主危险化学品，由公安机关接收。公安机关接收或者有关部门依法没收的危险化学品，需要进行无害化处理的，交由环境保护主管部门组织其认定的专业单位进行处理，或者交由有关危险化学品生产企业进行处理。处理所需费用由国家财政负担。

第一百条　化学品的危险特性尚未确定的，由国务院安全生产监督管理部门、国务院环境保护主管部门、国务院卫生主管部门分别负责组织对该化学品的物理危险性、环境危害性、毒理特性进行鉴定。根据鉴定结果，需要调整危险化学品目录的，依照本条例第三条第二款的规定办理。

第一百零一条　本条例施行前已经使用危险化学品从事生产的化工企业，依照本条例规定需要取得危险化学品安全使用许可证的，应当在国务院安全生产监督管理部门规定的期限内，申请取得危险化学品安全使用许可证。

第一百零二条　本条例自 2011 年 12 月 1 日起施行。

氯
第一部分 化学品及企业标识

化学品中文名 氯；氯气

化学品英文名 chlorine

分子式 Cl₂ 分子量 70.90

结构式 Cl—Cl

第二部分 成分/组成信息

√纯品 混合物

有害物成分 浓度 **CAS NO.**

氯 7782-50-5

第三部分 危险性概述

危险性类别 第2.3类 有毒气体

侵入途径 吸入

健康危害 氯是一种强烈的刺激性气体。

急性中毒：轻度者有流泪、咳嗽、咳少量痰、胸闷，出现气管—支气管炎或支气管周围炎的表现；中度中毒发生支气管肺炎、局部性肺泡性肺水肿、间技性肺水肿，或哮喘样发作病人除有上述症状的加重外，出现呼吸困难、轻度紫绀等；重者发生肺泡性水肿、急性呼吸，窘迫综合征、严重窒息、昏迷和休克，可出现气胸、纵隔气肿等并发症。吸入极高浓度的氯气，可引起迷走神经反射性心跳骤停或喉头痉挛而发生"电击样"死亡。眼接触可引起急性结膜炎，高浓度造成角膜损伤。皮肤接触液氯或高浓度氯，在暴露部位可有灼伤或急性皮炎。

慢性影响：长期低浓度接触，可引起慢性牙龈炎、慢性咽炎、慢性支气管炎、肺气肿、支气管哮喘等。可引起牙齿酸蚀症

环境危害 对大气可造成污染；对水生生物有极高毒性

燃爆危险 助燃。与可燃物混合会发生爆炸

第四部分 急救措施

皮肤接触 立即脱去污染的衣着，用大量流动清水冲洗。如有不适感，就医

眼睛接触 提起眼睑，用流动清水或生理盐水冲洗。如有不适感，就医

吸入 迅速脱离现场至新鲜处。保持呼吸道通畅。如呼吸困难，给输氧。呼吸、心跳停止，立即进行心肺复苏术。就医

食入 不会通过该途径接触

第五部分 消防措施

危险特性 本品不会燃烧，但可助燃。一般可燃物大都能在氯气中燃烧，一般易燃气体或蒸气也都能与氯气形成爆炸性混合物。氯气能与许多化学品如乙炔、松节油、乙醚、氨、燃料气、烃类、氢气、金属

粉末等猛烈反应发生爆炸或生成爆炸性物质。它对金属和非金属几乎都有腐蚀作用。

有害燃烧产物　无意义

灭火方法　本品不燃。根据着火原因选择适当灭火剂灭火

灭火注意事项及措施　消防人员必须佩戴空气呼吸器、穿全身防火防毒服，在上风向灭火。切断气源。尽可能将容器从火场移至空旷处。喷水保持火场容器冷却，直至灭火结束

第六部分　泄漏应急处理

应急行动　根据气体扩散的影响区域划定警戒区，无关人员从侧风、上风向撤离至安全区。建议应急处理人员穿内置正压自给式呼吸器的全封闭防化服，戴橡胶手套。如果是液化气体泄漏，还应注意防冻伤。禁止接触或跨越泄漏物。勿使泄漏物与可燃物质（如木材、纸、油等）接触。尽可能切断泄漏源。喷雾状水抵制蒸气或改变蒸气云流向，避免水流接触泄漏物。禁止用水直接冲击泄漏物或泄漏源。若可能翻转容器，使之逸出气体而非液体。防止气体通过下水道、通风系统和限制性空间扩散。构筑围堤堵截液体泄漏物。喷稀碱液中和、稀释。也可将泄漏的储罐或钢瓶浸入石灰乳池中。隔离泄漏区直至气体散尽。泄漏场所保持通风

第七部分　操作处置与储存

操作注意事项　严加密闭，提供充分的局部排风和全面通风。操作人员必须经过专门培训，严格遵守操作规程。建议操作人员佩戴空气呼吸器，穿面罩式防毒衣，戴橡胶手套。远离火种、热源。工作场所严禁吸烟。远离易燃、可燃物。防止气体泄漏到工作场所空气中。避免与醇类接触。搬运时轻装轻卸，防止钢瓶及附体破损。配备相应品种和数量的消防器材及泄漏应急处理设备

储存注意事项　储存于阴凉、通风的有毒气体专用库房。实行"双人收发、双人保管"制度。远离火种、热源。库温不宜超过30℃。应与易（可）燃物、醇类、食用化学品分开存放，切忌混储。储区应备有泄漏应急处理设备

第八部分　接触控制/个体防护

职业接触限值

中国　MAC（mg/m^3）：1

美国　（ACGIH）TLV-TWA：0.5ppm；

　　　　TLV-STEL：1ppm；

监测方法　甲基橙分光光度法

工程控制　严加密闭，提供充分的局部排风和全面通风。提供安全沐浴和洗眼设备

呼吸系统防护　空气中浓度超标时，建议佩戴过滤式防毒面具（全面罩）。紧急事态抢救或撤离时，必须佩戴空气呼吸器

眼睛防护　呼吸系统防护中已作防护

身体防护　穿隔绝式防毒服

手防护　戴橡胶手套

其他防护　工作现场禁止吸烟、进食和饮水。工作完毕，沐浴更衣。保持良好的卫生习惯。进入限制性空间或其他高浓度区作业，须有人监护

第九部分　理化特性

外观与性状　黄绿色、有刺激性气味的气体	临界温度（℃）　144
pH值　无意义	临界压力（MPa）　7.71
熔点（℃）　-101	辛醇/水分配系数　0.85
沸点（℃）　-34.0	闪点（℃）　无意义
相对密度（水=1）　1.41（20℃）	引燃温度（℃）　无意义
相对蒸气密度（空气=1）　2.5	爆炸下限（%）　无意义
饱和蒸气压（kPa）　673（20℃）	爆炸上限（%）　无意义

溶解性　微溶于水，溶于碱、氯化物和醇类

主要用途　用于漂白；制造氯化合物、盐酸、聚氯乙烯等

第十部分　稳定性和反应性

稳定性　稳定

禁配物 易燃或可燃物、烷烃、卤代烷烃、芳香烃、胺类、醇类、乙醚、氢、金属、苛性碱、非金属单质、非金属氧化物、金属氢化物等

避免接触的条件 无资料

聚合危害 不聚合　　　　　　　　　　　　　　**分解产物** 无资料

第十一部分　毒理学资料

急性毒性 LC_{50}：$850mg/m^3$（大鼠吸入，1h）

刺激性 无资料

亚急性与慢性毒性 家兔吸入 $2\sim5mg/m^3$，每天 5h，$1\sim9$ 个月，出现消瘦、上呼吸道炎、肺炎、胸膜炎及肺气肿等。大鼠吸入 $41\sim97mg/m^3$，每天 $1\sim2h$，$3\sim4$ 周，引起严重便非致死性的肺气肿与气管病变

致突变性 细胞遗传学分析：人淋巴细胞 20ppm。精子形态学分析：小鼠经口 20mg/kg（5d）（连续）。微生物致突变：鼠伤寒沙门菌 $1800\mu g/L$

其他 LCLo：$2530mg/m^3$（人吸入 30min），500ppm（人吸入 5min）

第十二部分　生态学资料

生态毒性 LC_{50}：0.44mg/L（96h）（蓝鳃太阳鱼）；0.49mg/L（96h）（水蚤）

生物降解性 无资料　　**非生物降解性** 无资料

第十三部分　废弃处置

废弃物性质 危险废物

废弃处置方法 把废气通入过量的还原性溶液（亚硫酸氢盐、亚铁盐、硫代亚硫酸钠溶液）中，中和后用水冲入下水道

废弃注意事项 处置前应参阅国家和地方有关法规

第十四部分　运输信息

危险货物编号 23002　　　　　　　　　　　**铁危编号** 23002

UN 编号 1017　　　　　　　　　　　　　　**包装类别** Ⅱ类包装

包装标志 有毒气体；腐蚀品　　　　　　　　**包装方法** 钢质气瓶

运输注意事项 本品铁路运输时限使用耐压液化气企业自备罐车装运，装运前需报有关部门批准。铁路运输时应严格按照铁道部《危险货物运输规则》中的危险货物配装表进行配装。采用钢瓶运输时必须戴好钢瓶的安全帽。钢瓶一般平放，并应将瓶口朝同一方向，不可交叉；高度不得超过车辆的防护栏板，并用三角木垫卡牢，防止滚动。严禁与易燃物或可燃物、醇类、食用化学品等混装混运。夏季应早晚运输，防止日光曝晒。运输时运输车辆应配备泄漏应急处理设备。公路运输时要按规定路线行驶，禁止在居民区和人口稠密停留。铁路运输时要禁止溜放。每年 $4\sim9$ 月使用 2 包装时，限按冷藏运输

第十五部分　法规信息

中华人民共和国安全生产法（2002 年 6 月 29 日第九届全国人大常委会第二十八次会议通过）；中华人民共和国职业病防治法（2001 年 10 月 27 日第九届全国人大常委会第十一次会议通过）；中华人民共和国环境保护法（1989 年 12 月 26 日第七届全国人大常委会第十一次会议通过）；危险化学品安全管理条例（2002 年 1 月 9 日国务院第 52 次常务会议通过）；安全生产许可证条例（2004 年 1 月 7 日国务院第 34 次常务会议通过）；常用危险化学品的分类及标志（GB 13690—92）；工作场所有害因素职业接触限值（GBZ 2.1—2007）；危险化学品名录；剧毒化学品目录；高毒物品目录

第十六部分　其他信息

填表时间　　　　　　　　　　　　　　　　**填表部门**

数据审核单位　　　　　　　　　　　　　　**修改说明**

氨

第一部分　化学品及企业标识

化学品中文名 氨；液氨；氨气

化学品英文名 ammonia；ammonia liquefied；ammonia gas

分子式 NH_3　　　　　　　　　　　　　　　**分子量** 17.03

结构式　NH₃

第二部分　成分/组成信息

√纯品　　　　　　　混合物

有害物成分	浓度	CAS NO.
氨		7664-41-7

第三部分　危险性概述

危险性类别　第2.3类　有毒气体

侵入途径　吸入

健康危害　低浓度氨对黏膜有刺激作用，高浓度可造成组织溶解坏死。

轻度中毒者出现流泪、咽痛、声音嘶哑、咳嗽、咯痰等；眼结膜、鼻黏膜、咽部充血、水肿；胸部X线症象符合支气管炎或支气管周围炎。中度中毒上述症状加剧，出现呼吸困难、紫绀；胸部X线症象符合肺炎或间质性肺炎。重度中毒发生中毒性肺水肿，或有呼吸窘迫综合征，患者剧烈咳嗽、咯大量粉红色泡沫痰、呼吸窘迫、谵妄、昏迷、休克等。可发生喉头水肿或支气管黏膜坏死脱落窒息。可并发气胸或纵隔气肿。高浓度氨可引起反射性呼吸停止。

液氨或高浓度氨可致眼灼伤；液氨可致皮肤灼伤

环境危害　对水生生物有毒性

燃爆危险　易燃，与空气混合物能形成爆炸性混合物

第四部分　急救措施

皮肤接触　立即脱去污染的衣着，应用2%硼酸液或大量清水彻底冲洗。如有不适感，就医

眼睛接触　立即提起眼睑，用大量流动清水或生理盐水彻底冲洗10～15min。如有不适感，就医

吸入　迅速脱离现场至空气新鲜处。保持呼吸道通畅。如呼吸困难，给输氧。呼吸、心跳停止，立即进行心肺复苏术。就医

食入　不会通过该途径接触

第五部分　消防措施

危险特性　与空气混合能形成爆炸性混合物，遇明火、高热能引起燃烧爆炸。与氟、氯等接触会发生剧烈的化学反应。若遇高热，容口内压增大，有开列和爆炸的危险

有害燃烧产物　氮氧化物

灭火方法　用雾状水、抗溶性泡沫、二氧化碳、砂土灭火

灭火注意事项及措施　切断气源。若不能切断气源，则不允许熄灭泄漏处的火焰。消防人员必须佩戴空气呼吸器、穿全身防火防毒服，在上风向灭火。尽可能将将容器从火场移至空旷处。喷水保持火场容器冷却，直至灭火结束

第六部分　泄漏应急处理

应急行动　消除所有点火源。根据气体的影响区域划定警戒区，无关人员从侧风、上风向撤离至安全区。建议应急处理人员穿内置正压自给式呼吸器的隔绝式防护服。如果是液化气体泄漏，还应注意防冻伤。禁止接触或跨越泄漏物。尽可能切断泄漏源。防止气体通过下水道、通风系统和限制性空间扩散。若可能翻转容器，使之逸出气体而非液体。构筑围堤堵截液体泄漏物。喷雾状水稀释、溶解，同时构筑围堤或挖坑收容产生的大量废水。如果钢瓶发生泄漏，无法关闭时可浸入水中。储罐区最好设稀酸喷洒设施。隔离泄漏区直至气体散尽

第七部分　操作处置与储存

操作注意事项　严加密闭，提供充分的局部排风和全面通风。操作人员必须经过专门培训，严格遵守操作规程。建议操作人员佩戴过滤式防毒面具（半面罩），戴化学安全防护眼镜，穿防静电工作服，戴橡胶手套。远离火种、热源。工作场所严禁吸烟。使用防爆型的通风系统和设备。防止气体泄漏到工作场所空气中。避免与氧化剂、酸类、卤素接触。搬运时轻装轻卸，防止钢瓶及附件破损。配备相应品种和数量的消防器材及泄漏应急处理设备

储存注意事项　储存于阴凉、干燥、通风的有毒气体专用库房。远离火种、热源。库温不宜超过30℃。应与氧化剂、酸类、卤素、食用化学品分开存放，切忌混储。采用防爆型照明、通风设施。禁止使用易产生火花的机械设备和工具。储区应备有泄漏应急处理设备

第八部分　接触控制/个体防护

职业接触限值

中国　PC-TWA（mg/m³）：20；

　　　PC-STEI（mg/m³）：30

美国　（ACGIH）TLV-TWA：25ppm；

　　　TLV-STEL：35ppm

监测方法　纳氏试剂分光光度法

工程控制　严加密闭，提供充分的局部排风和全面通风。提供安全淋浴和洗眼设备

呼吸系统防护　空气中浓度超标时，建议佩戴过滤式防毒面具（半面罩），紧急事态抢救或撤离时，必须佩戴空气呼吸器

眼睛防护　戴化学安全防护眼镜

身体防护　穿防静电工作服，处理液氨时，穿防寒服

手防护　戴橡胶手套

其他防护　工作现场禁止吸烟、进食和饮水。工作完毕，淋浴更衣。保持良好的卫生习惯

第九部分　理化特性

外观与性状　无色、有刺激性恶臭的气体

pH 值　11.7（1%溶液）

熔点（℃）　−77.7

沸点（℃）　−33.5

相对密度（水=1）　0.7（−33℃）

相对蒸气密度（空气=1）　0.59

饱和蒸气压（kPa）　506.62（4.7℃）

燃烧热（kJ/mol）　−316.25

溶解性　易溶于水、乙醇、乙醚

主要用途　用作制冷剂及制取铵盐和氮肥

临界温度（℃）　132.5

临界压力（MPa）　11.40

辛醇/水分配系数　0.230

闪点（℃）　−54

引燃温度（℃）　651

爆炸下限（%）　15

爆炸上限（%）　28

第十部分　稳定性和反应性

稳定性　稳定

禁配物　卤素、酰基氯、酸类、氯仿、强氧化剂

避免接触的条件　无资料

聚合危害　不聚合　　**分解产物**　无资料

第十一部分　毒理学资料

急性毒性　LD_{50}：350mg/m³（大鼠经口）

　　　　　LC_{50}：4230ppm（小鼠吸入，1h）；2000ppm（大鼠吸入，4h）

刺激性　家兔经眼：100mg，重度刺激

亚急性与慢性毒性大鼠　20mg/m³，每天24h，84d，或每天5~6h，7个月，出现神经系统功能紊乱

致突变性　微生物致突变性；大肠杆菌1500ppm（3h）。细胞遗传学分析：大鼠吸入19800ug/m³（16周）

其他

　　　LCLo.5000ppm（人吸入，5min）

　　　TDLo：0.15ml/kg（人经口）

第十二部分　生态学资料

生态毒性　LC_{50}：>3.58mg/L（24h）（彩鲑，已受精的）；>3.58mg/L（24h）（彩鲑，幼年的）；0.068mg/L（24h）（彩鲑，85天的鱼苗）；0.097mg/L（24h）（彩鲑，成年的）；24mg/L（48h）（水蚤）

生物降解性　无资料

非生物降解性　能被臭氧氧化，反应速率与氨的浓度成正比例关系，当 pH 值为7~9时，OH^-对反应有催化作用

其他有害作用　该物质对环境有严重危害，应特别注意对地表水、土壤、大气和饮用水的污染

第十三部分　废　弃　处　置

废弃物性质　危险废物

废弃处置方法　先用水稀释，再加盐酸中和，然后放入废水系统

废弃注意事项　处置前应参阅国家和地方有关法规。把空容器归还厂商

第十四部分　运　输　信　息

危险货物编号　23003　　　　　　　　　　**铁危编号**　23003

UN 编号　1005　　　　　　　　　　　　　**包装类别**　Ⅱ类包装

包装标志　有毒气体　　　　　　　　　　　**包装方法**　钢质气瓶

运输注意事项　本品铁路运输时限使用耐压液化气企业自备罐车装运，装运前需报有关部门批准。铁路运输时应严格按照铁道部《危险货物运输规则》中的危险货物配装表进行配装。采用钢瓶运输时必须戴好钢瓶的安全帽。钢瓶一般平放，并应将瓶口朝同一方向，不可交叉；高度不得超过车辆的防护栏板，并用三角木垫卡牢，防止滚动。运输时运输车辆应配备相应品种和数量的消防器材及泄漏应急处理设备。装运该物品的车辆排气管必须配备阻火装置，禁止使用易产生火花的机械设备和工具装卸。严禁与氧化剂、酸类、卤素、食用化学品等混装混运。夏季应早晚运输，防止日光曝晒。中途停留时应远离火种、热源。公路运输时要按规定路线行驶，禁止在居民区和人口稠密区停留。铁路运输时要禁止溜放

第十五部分　法　规　信　息

中华人民共和国安全生产法（2002 年 6 月 29 日第九届全国人大常委会第二十八次会议通过）；中华人民共和国职业病防治法（2001 年 10 月 27 日第九届全国人大常委会第十一次会议通过）；中华人民共和国环境保护法（1989 年 12 月 26 日第七届全国人大常委会第十一次会议通过）；危险化学品安全管理条例（2002 年 1 月 9 日国务院第 52 次常务会议通过）；安全生产许可证条例（2004 年 1 月 7 日国务院第 34 次常务会议通过）；常用危险化学品的分类及标志（GB 13690—92）；工作场所有害因素职业接触限值（GBZ 2.1—2007）；危险化学品名录；高毒物品目录

第十六部分　其　他　信　息

填表时间　　　　　　　　　　　　　　　**填表部门**

数据审核单位　　　　　　　　　　　　　**修改说明**

氢〔压缩的〕

第一部分　化学品及企业标识

化学品中文名　氢〔压缩的〕；氢气

化学品英文名　hydrogen（compressed）

分子式　H_2　　　　　　　　　　　　　**分子量**　2.02

结构式　H—H

第二部分　成分/组成信息

　√ 纯品　　　　　　　　　　混合物

有害物成分　　**浓度**　　**CAS No.**

　　氢　　　　　　　　　　　1333-74-0

第三部分　危险性概述

危险性类别　第 2.1 类　易燃气体

侵入途径　吸入

健康危害　本品在生理学上是惰性气体，仅在高浓度时，由于空气中氧分压降低才引起窒息。在很高的分压下，氢气可呈现出麻醉作用。

　　缺氧性窒息发生后，轻者表现为心悸、气促、头昏、头痛、无力、眩晕、恶心、呕吐、耳鸣、视力模糊、思维判断能力下降等缺氧表现。重者除表现为上述症状外，很快发生精神错乱、意识障碍，甚至呼吸、循环衰竭。液氢可引起冻伤

环境危害　无环境危害

燃爆危险　易燃，与空气混合能形成爆炸性混合物

第四部分　急　救　措　施

皮肤接触　如果发生冻伤：将患部浸泡于保持在 38～42℃的温水中复温。不要涂擦。不要使用热水或

辐射热。使用清洁、干燥的敷料包扎。就医

眼睛接触 一般不会通过该途径接触

吸入 迅速脱离现场至空气新鲜处。保持呼吸道通畅。如呼吸困难，给输氧。呼吸、心跳停止，立即进行心肺复苏术。就医

食入 不会通过该途径接触

第五部分 消防措施

危险特性 与空气混合能形成爆炸性混合物，遇热或明火即爆炸。气体比空气轻，在室内使用和储存时，漏气上升滞留屋顶不易排出，遇火星会引起爆炸。氢气与氟、氯、溴等卤素会发生剧烈反应

有害燃烧产物 水

灭火方法 用雾状水、泡沫、二氧化碳、干粉灭火

灭火注意事项及措施 切断气源。若不能切断气源，则不允许熄灭泄漏处的火焰。消防人员必须佩戴空气呼吸器、穿全身防火防毒服，在上风向灭火。尽可能将容器从火场移至空旷处。喷水保持火场容器冷却，直至灭火结束

第六部分 泄漏应急处理

应急行动 消除所有点火源。根据气体扩散的影响范围区域划定警戒区，无关人员从侧风、上风向撤离至安全区。建议应急处理人员戴正压自给式呼吸器，穿防静电服。作业时使用的所有设备应接地。尽可能切断泄漏源。喷雾状水抑制蒸气或改变蒸气云流向。防止气体通过下水道、通风系统和限制性空间扩散。隔离泄漏区直至气体散尽

第七部分 操作处置与储存

操作注意事项 密闭操作，加强通风。操作人员必须经过专门培训，严格遵守操作规程。建议操作人员穿防静电工作服。远离火种、热源，工作场所严禁吸烟。使用防爆型的通风系统和设备。防止气体泄漏到工作场所空气中。避免与氧化剂、卤素接触。在传送过程中，钢瓶和容器必须接地和跨接，防止产生静电。搬运时轻装轻卸，防止钢瓶及附件破损。配备相应品种和数量的消防器材及泄漏应急处理设备

储存注意事项 储存于阴凉、通风的易燃气体专用库房。远离火种、热源。库温不宜超过30℃。应与氧化剂、卤素分开存放，切忌混储。采用防爆型照明、通风设施。禁止使用易产生火花的机械设备和工具。储区应备有泄漏应急处理设备

第八部分 接触控制/个体防护

职业接触限值 中国 未制定标准

美国 （ACGIH）未制定标准

监测方法 无资料

工程控制 生产过程密闭，全面通风

呼吸系统防护 一般不需要特殊防护，高浓度接触时可佩戴空气呼吸器

眼睛防护 一般不需特殊防护

身体防护 穿防静电工作服

手防护 戴一般作业防护手套

其他防护 工作现场严禁吸烟。避免高浓度吸入。进入限制性空间或其他高浓度区作业，须有人监护

第九部分 理化特性

外观与性状 无色无味气体

pH值 无意义

熔点（℃） −259.2

沸点（℃） −252.8

相对密度（水＝1） 0.07（−252℃）

相对蒸气密度（空气＝1） 0.07

饱和蒸气压（kPa） 13.3（−257.9℃）

燃烧热（kJ/mol） −241.0

溶解性 不溶于水，微溶于乙醇、乙醚

主要用途 用于合成氨和甲醇、石油精制，有机物氢化及用作火箭燃料等

临界温度（℃） −240

临界压力（MPa） 1.30

辛醇/水分配系数 −0.45

闪点（℃） 无意义

引燃温度（℃） 500～571

爆炸下限（%） 4.1

爆炸上限（%） 75

第十部分 稳定性和反应性

稳定性 稳定

禁配物 强氧化剂、卤素

避免接触的条件 无资料

聚合危害 不聚合 **分解产物** 无意义

第十一部分 毒理学资料

急性毒性 无资料

刺激性 无资料

第十二部分 生态学资料

生态毒性 无资料

生物降解性 无资料

非生物降解性 无资料

第十三部分 废 弃 处 置

废弃物性质 危险废物

废弃处置方法 根据国家和地方有关法规的要求处置。或与制造商联系，确定处置方法

废弃注意事项 把空容器归还厂商

第十四部分 运 输 信 息

危险货物编号 21001 **铁危编号** 21001A

UN 编号 1049 **包装类别** Ⅱ类包装

包装标志 易燃气体

包装方法 钢质气瓶

运输注意事项 采用钢瓶运输时必须戴好钢瓶的安全帽。钢瓶一般平放，并应将瓶口朝同一方向，不可交叉；高度不得超过车辆的防护栏板，并用三角木垫卡牢，防止滚动。运输时运输车辆应配备相应品种和数量的消防器材。装运该物品的车辆排气管必须配备阻火装置，禁止使用易产生火花的机构设备和工具装卸。严禁与氧化剂、卤素等混装混运。夏季应早晚运输，防止日光曝晒。中途停留时应远离火种、热源。公路运输时要按规定路线行驶，禁止在居民区和人口稠密区停留。铁路运输时要禁止溜放。

第十五部分 法 规 信 息

中华人民共和国安全生产法（2002 年 6 月 29 日第九届全国人大常委会第二十八次会议通过）；中华人民共和国职业病防治法（2001 年 10 月 27 日第九届全国人大常委会第十一次会议通过）；中华人民共和国环境保护法（1989 年 12 月 26 日第七届全国人大常委会第十一次会议通过）；危险化学品安全管理条例（2002 年 1 月 9 日国务院第 52 次常务会议通过）；安全生产许可证条例（2004 年 1 月 7 日国务院第 34 次常务会议通过）；常用危险化学品的分类及标志（GB 13690—92）；危险化学品名录

第十六部分 其 他 信 息

填表时间 **填表部门**

数据审核单位 **修改说明**

氧

第一部分 化学品及企业标识

化学品中文名 氧；氧气

化学品英文名 oxygen

分子式 O_2 **分子量** 32.00

结构式 O＝O

第二部分 成分/组成信息

√ 纯品 混合物

有害物成分 浓度 **CAS No.**

氧 7782-44-7

第三部分 危险性概述

危险性类别 第 2.2 类 不燃气体

侵入途径　吸入

健康危害　氧压的高低不同对机体各种生理功能的影响也不同。

肺型：见于在氧分压 100～200kPa 条件下，时间超过 6～12h。开始时出现胸骨后不适感、轻咳，进而胸闷、胸骨后烧灼感和呼吸困难，咳嗽加剧；严重时可发生肺水肿，甚至出现呼吸窘迫综合征。脑型：见于氧分压超过 300kPa 连续 2～3h 时，先出现面部肌肉抽动、面色苍白、眩晕、心动过速、虚脱，继而全身强直性抽搐、昏迷，呼吸衰竭而死亡。眼型：长期处于氧分压为 60～100kPa 的条件下可发生眼损害，严重者可失明。

皮肤接触液态氧可引起冻伤

环境危害　无环境危害　　　　　　　　　　**燃爆危险**　助燃

第四部分　急救措施

皮肤接触　如果发生冻伤：将患部浸泡于保持在 38～42℃的温水中复温。不要涂擦。不要使用热火或辐射热。使用清洁、干燥的敷料包扎。就医

眼睛接触　不会通过该途径接触

吸入　迅速脱离现场至空气新鲜处。保持呼吸道通畅。呼吸、心跳停止，立即进行心肺复苏术。就医

食入　不会通过该途径接触

第五部分　消防措施

危险特性　是易燃物、可燃物燃烧爆炸的基本要素之一，能氧化大多数活性物质。与易燃物（如乙炔、甲烷等）形成有爆炸性的混合物

有害燃烧产物　无意义

灭火方法　本品不燃。根据着火原因选择适当灭火剂灭火

灭火注意事项及措施　切断气源。喷水冷却容器，可能的话将容器从火场移到空旷处

第六部分　泄漏应急处理

应急行动　消除所有点火源。根据气体扩散的影响区域划定警戒区，无关人员从侧风、上风向撤离至安全区。建议应急处理人员戴正压自给式呼吸器，穿一般作业工作服。勿使泄漏物与可燃物质（如木材、纸、油等）接触。尽可能切断泄漏源。喷雾状水抑制蒸气或改变蒸气云注射。漏出气允许排入大气中。隔离泄漏区直至气体散尽

第七部分　操作处置与储存

操作注意事项　密闭操作，提供良好的自然通风条件。操作人员经过专门训练，严格遵守操作规程。远离火种、热源。工作场所严禁吸烟。远离易燃、可燃物。防止气体泄漏到工作场所空气中。避免与活性金属粉末接触。搬运时轻装轻卸，防止气瓶及附件破损。配备相应品种和数量的消防器材及泄漏应急处理设备

储存注意事项　储存于阴凉、通风的不燃气体专用库房。远离火种、热源。库温不宜 30℃。应与易（可）燃物、活性金属粉末等分开存放，切忌混储。储区应备有泄漏应急处理设备

第八部分　接触控制/个体防护

职业接触限值　中国　未制定标准

　　　　　　　　美国　（ACGIH）未制定标准

监测方法　无资料

工程控制　密闭操作。提供良好的自然通风条件

呼吸系统防护　一般不需要特殊防护

眼睛防护　一般不需特殊防护

身体防护　穿一般作业工作服

手防护　戴一般作业防护手套

其他防护　避免高浓度吸入

第九部分　理化特性

外观与性状　无色无味气体	**饱和蒸气压**（kPa）　506.62（−164℃）
pH 值　无意义	**临界温度**（℃）−118.95
熔点（℃）　−218.8	**临界压力**（MPa）　5.08
沸点（℃）　−183.1	**辛醇/水分配系数**　0.65
相对密度（水＝1）　1.14（−183℃）	**闪点**（℃）　无资料
相对蒸气密度（空气＝1）　1.43	**引燃温度**（℃）　无资料

爆炸下限（％） 无资料   爆炸上限（％） 无资料

溶解性 溶于水、乙醇

主要用途 用于切割、焊接金属，制造医药、染料、炸药等

第十部分 稳定性和反应性

稳定性 稳定

禁配物 还原剂、易燃或可燃物、活性金属粉末、碱金属、碱土金属等

避免接触的条件 无资料

聚合危害 不聚合   分解产物 无意义

第十一部分 毒理学资料

急性毒性 无资料

刺激性 无资料

亚急性与慢性毒性 常压下，在80％氧中生活4d，大鼠开始陆续死亡，兔的视细胞全部损毁；在纯氧中，兔48h视细胞全部损毁，狗60h有死亡，猴3d出现呼吸困难，6～9d死亡

其他

     TCLo：100％（100％）（人吸入，14h）

     TCLo：80％（大鼠吸入）

第十二部分 生态学资料

生态毒性 无资料

生物降解性 无资料

非生物降解性 无资料

第十三部分 废弃处置

废弃物性质 无废弃物

废弃处置方法 废气直接排入大气

废弃注意事项 处置前应参阅国家和地方有关法规

第十四部分 运输信息

危险货物编号 22001（压缩）；22002（液化）

铁危编号 22001（压缩）；22002（液化）

UN 编号 1072（压缩）；1073（液化）

包装类别 Ⅲ类包装

包装标志 不燃气体；氧化剂

包装方法 钢质气瓶

运输注意事项 氧气钢瓶不得沾污油脂。采用钢瓶运输时必须戴好钢瓶的安全帽。钢瓶一般平放，并应将瓶口朝同一方向，不可交叉；高度不得超过车辆的防护栏板，并用三角木垫卡牢，防止滚动。严禁与易燃物或可燃物、活性金属粉末等混装混运。夏季应早晚运输，防止日光曝晒。铁路运输时要禁止溜放。

第十五部分 法规信息

中华人民共和国安全生产法（2002年6月29日第九届全国人大常委会第二十八次会议通过）；中华人民共和国职业病防治法（2001年10月27日第九届全国人大常委会第十一次会议通过）；中华人民共和国环境保护法（1989年12月26日第七届全国人大常委会第十一次会议通过）；危险化学品安全管理条例（2002年1月9日国务院第52次常务会议通过）；安全生产许可证条例（2004年1月7日国务院第34次常务会议通过）；常用危险化学品的分类及标志（GB 13690—92）；危险化学品名录

第十六部分 其他信息

填表时间   填表部门

数据审核单位   修改说明

液　氮

第一部分 化学品及企业标识

化学品中文名 液氮

化学品英文名 liquid nitrogen

分子式 N_2 　　　　　　　　　　　分子量 28.02

结构式 $N≡N$

第二部分 成分/组成信息

√纯品 　　　　　混合物

有害物成分	浓度	CAS No.
液氮		7727-37-9

第三部分 危险性概述

危险性类别 第 2.2 类 不燃气体

侵入途径 吸入

健康危害 皮肤接触液氮可致冻伤。如在常压下汽化产生的氮气过量，可使空气中氧分压下降，引起缺氧窒息

环境危害 无环境危害

燃爆危险 不燃，无特殊燃爆特性

第四部分 急救措施

皮肤接触 如果发生冻伤：将患部浸泡于保持在 38～42℃ 的温水中复温。不要涂擦。不要使用热水或辐射热。使用清洁、干燥的敷料包扎。就医

眼睛接触 不会通过该途径接触

吸入 迅速脱离现场至空气新鲜处。保持呼吸道通畅。如呼吸困难，给输氧。呼吸、心跳停止，立即进行心肺复苏术。就医

食入 不会通过该途径接触

第五部分 消防措施

危险特性 若遇高热，容器内压增大，有开裂和爆炸的危险

有害燃烧产物 无意义

灭火方法 本品不燃。根据着火原因选择适当灭火剂灭火

灭火注意事项及措施 用雾状水保持火场中容器冷却，可用雾状水喷淋加速液氮蒸发，但不可使水枪射至液氮

第六部分 泄漏应急处理

应急行动 根据气体扩散的影响区域划定警戒区，无关人员从侧风、上风向撤离至安全区。建议应急人员戴正压自给式呼吸器，穿防寒服。禁止接触或跨越泄漏物。尽可能切断泄漏源。喷雾状水抑制蒸气或改变蒸气云流向，避免水流接触泄漏物。禁止用水直接冲击泄漏物或泄漏源。若可能翻转容器，使之逸出气体而非液体。漏出气允许排入大气中。泄漏场所保持通风

第七部分 操作处置与储存

操作注意事项 密闭操作，提供良好的自然通风条件。操作人员必须经过专门培训，严格遵守操作规程。建议操作人员穿防寒服，戴防寒手套。防止气体泄漏到工作场所空气中。搬运时轻装轻卸，防止钢瓶及附件破损。配备泄漏应急处理设备

储存注意事项 储存于阴凉、通风的不燃气体专用库房。库温不宜超过 30℃。储区应备有泄漏应急处理设备

第八部分 接触控制/个体防护

职业接触限值 中国 未制定标准

　　　　　　　美国 （ACGIH）未制定标准

监测方法 无资料

工程控制 密闭操作。提供良好的自然通风条件

呼吸系统防护 一般不需特殊防护。但当作业场所空气中氧气浓度低于 18% 时，必须佩戴空气呼吸器或长管面具

眼睛防护 戴安全防护面罩

身体防护 穿防寒服

手防护 戴防寒手套

其他防护 避免高浓度吸入。防止冻伤

第九部分　理化特性

外观与性状　压缩液体，无色无味	**临界温度**（℃）　−147
pH 值　无意义	**临界压力**（MPa）　3.40
熔点（℃）　−209.8	**辛醇/水分配系数**　0.67
沸点（℃）　−195.8	**闪点**（℃）　无意义
相对密度（水＝1）　0.81（−196℃）	**引燃温度**（℃）　无意义
相对蒸气密度（空气＝1）　0.97	**爆炸下限**（%）　无意义
饱和蒸气压（kPa）　1026.42（−173℃）	**爆炸上限**（%）　无意义

溶解性　微溶于水、乙醇；溶于液氨

主要用途　用于合成氨、硝酸盐、氰化物或用作制冷剂等

第十部分　稳定性和反应性

稳定性　稳定

禁配物　无资料

避免接触的条件　无资料

聚合危害　不聚合　　　　　　　　　　　　**分解产物**　无意义

第十一部分　毒理学资料

急性毒性　无资料

刺激性　无资料

第十二部分　生态学资料

生态毒性　无资料

生物降解性　无资料

非生物降解性　无资料

第十三部分　废弃处置

废弃物性质　无废弃物

废弃处置方法　废气直接排入大气

废弃注意事项　处置前应参阅国家和地方有关法规

第十四部分　运输信息

危险货物编号　22006	**铁危编号**　22006
UN 编号　1977	**包装类别**　Ⅲ类包装

包装标志　不燃气体

包装方法　无资料

运输注意事项　由铁道部认定的专业技术机构作出运输安全分析报告，报铁道部批准。采用钢瓶运输时必须戴好钢瓶的安全帽。钢瓶一般平放，并应将瓶口朝同一方向，不可交叉；高度不得超过车辆的防护栏板，并用三角木垫卡牢，防止滚动。夏季应早晚运输，防止日光曝晒

第十五部分　法规信息

中华人民共和国安全生产法（2002 年 6 月 29 日第九届全国人大常委会第二十八次会议通过）；中华人民共和国职业病防治法（2001 年 10 月 27 日第九届全国人大常委会第十一次会议通过）；中华人民共和国环境保护法（1989 年 12 月 26 日第七届全国人大常委会第十一次会议通过）；危险化学品安全管理条例（2002 年 1 月 9 日国务院第 52 次常务会议通过）；安全生产许可证条例（2004 年 1 月 7 日国务院第 34 次常务会议通过）；常用危险化学品的分类及标志（GB 13690—92）；危险化学品名录；

第十六部分　其他信息

填表时间	**填表部门**
数据审核单位	**修改说明**

乙　炔

第一部分　化学品及企业标识

化学品中文名　乙炔；电石气

化学品英文名　acetylene；ethyne

分子式　C_2H_2　　　　　　　　　　　　　分子量　26.04

结构式　$H-C{\equiv}C-H$

第二部分　成分/组成信息

√纯品　　　　　　　　混合物

有害物成分　　　浓度　　　CAS No.

乙炔　　　　　　　　　　74-86-2

第三部分　危险性概述

危险性类别　第 2.1 类　易燃气体

侵入途径　吸入

健康危害　具有弱麻醉作用。高浓度吸入可引起单纯窒息。

暴露于 20％浓度时，出现明显缺氧症状；吸入高浓度，初期兴奋、多语、哭笑不安，后出现眩晕、头痛、恶心、呕吐、共济失调、嗜睡；严重者昏迷、紫绀、瞳孔对光反应消失、脉弱而不齐。当混有磷化氢、硫化氢时，毒性增大，应予以注意

环境危害　对环境有害

燃爆危险　易燃，与空气混合能形成爆炸性混合物

第四部分　急救措施

皮肤接触　不会通过该途径接触

眼睛接触　不会通过该途径接触

吸入　迅速脱离现场至空气新鲜处。保持呼吸道通畅。如呼吸困难，给输氧。呼吸、心跳停止，立即进行心肺复苏术。就医

食入　不会通过该途径接触

第五部分　消防措施

危险特性　极易燃烧爆炸。与空气混合能形成爆炸性混合物，遇明火、高热能引起燃烧爆炸。与氧化剂接触发生猛烈反应。经压缩或加热可造成剧烈爆炸。与氟、氯等接触会发生剧烈的化学反应。能与铜、银、汞等的化合物生成爆炸性物质

有害燃烧产物　一氧化碳

灭火方法　用雾状水、泡沫、二氧化碳、干粉灭火

灭火注意事项及措施　切断气源。若不能切断气源，则不允许熄灭泄漏处的火焰。消防人员必须佩戴空气呼吸器、穿全身防火防毒服，在上风向灭火。尽可能将容器从火场移至空旷处。喷水保持火场容器冷却，直至灭火结束

第六部分　泄漏应急处理

应急行动　消除所有点火源。根据气体扩散的影响区域划定警戒区，无关人员从侧风、上风向撤离至安全区。建议应急处理人员戴正压自给式呼吸器，穿防静电服。作业时使用的所有设备应接地。禁止接触或跨越泄漏物。尽可能切断泄漏源。若可能翻转容器，使之逸出气体而非液体。喷雾状水抑制蒸气或改变蒸气云流向，避免水流接触泄漏物。禁止用水直接冲击泄漏物或泄漏源。防止气体通过下水道、通风系统和限制性空间扩散。隔离泄漏区直至气体散尽

第七部分　操作处置与储存

操作注意事项　密闭操作，全面通风。操作人员必须经过专门培训，严格遵守操作规程，建议操作人员穿防静电工作服。远离火种、热源。工作场所严禁吸烟。使用防爆型的通风系统和设备。防止气体泄漏到工作场所空气中。避免氧化剂、酸类、卤素接触。在传送过程中，钢瓶和容器必须接地和跨接，防止产生静电。搬运时轻装轻卸，防止钢瓶及附件破损。配备相应品种和数量的消防器材及泄漏应急处理

储存注意事项　乙炔的包装法通常是溶解在溶剂及多孔物中，装入钢瓶内。储存于阴凉、通风的易燃气体专用库房。远离火种、热源。库温不宜超过 30℃。应与氧化剂、酸类、卤素分开存放，切忌混储。采用防爆型照明、通风设施。禁止使用易产生火花的机械设备和工具。储区应备有泄漏应急处理设备

第八部分　接触控制/个体防护

职业接触限值　中国　未制定标准

美国　（ACGIH）未制定标准

监测方法　无资料

工程控制　生产过程密闭，全面通风

呼吸系统防护　一般不需要特殊防护，但建议特殊情况下，佩戴过滤式防毒面具（半面罩）

眼睛防护　一般不需特殊防护

身体防护　穿防静电工作服

手防护　戴一般作业防护手套

其他防护　工作现场严禁吸烟。避免长期反复接触。进入限制性空间或其他高浓度区作业，须有人监护

第九部分　理化特性

外观与性状　无色无味气体，工业品有使人不愉快的大蒜气味

pH 值　无意义

熔点（℃）　−81.8（119kPa）

沸点（℃）　−83.8（升华）

相对密度（水＝1）　0.62（−82℃）

相对蒸气密度（空气＝1）　0.91

饱和蒸气压（kPa）　4460（20℃）

燃烧热（kJ/mol）　−1298.4

临界温度（℃）　35.2

临界压力（MPa）　6.19

辛醇/水分配系数　0.37

闪点（℃）　−17.7℃

引燃温度（℃）　305

爆炸下限（%）　2.5

爆炸上限（%）　82

溶解性　微溶于水，溶于乙醇、丙酮、氯仿、苯，混溶于乙醚

主要用途　是有机合成的重要原料之一。亦是合成橡胶、合成纤维和塑料的单体，也用于氧炔焊割

第十部分　稳定性和反应性

稳定性　稳定

禁配物　强氧化剂、碱金属、碱土金属、重金属尤其是铜、重金属盐、卤素

避免接触的条件　无资料

聚合危害　聚合　分解产物　碳、氢

第十一部分　毒理学资料

急性毒性　无资料

刺激性　无资料

亚急性与慢性毒性　动物长期吸入非致死性浓度本品，出现血红蛋白、网织细胞、淋巴细胞增加和中性粒细胞减少。尸检有支气管炎、肺炎、肺水肿、肝充血和脂肪浸润

第十二部分　生态学资料

生态毒性　无资料

生物降解性　无资料

非生物降解性　无资料

其他有害作用　该物质对环境可能有危害，对水体应给予特别注意

第十三部分　废弃处置

废弃物性质　危险废物

废弃处置方法　建议用焚烧法处置

废弃注意事项　处置前应参阅国家和地方有关法规。把空容器归还厂商

第十四部分　运输信息

危险货物编号　21024

铁危编号　21024A（溶解）；21024B（无溶剂）

UN 编号　1001（溶解）；3374（无溶剂）

包装类别　Ⅱ类包装

包装标志　易燃气体

包装方法　钢质气瓶

运输注意事项　采用钢瓶运输时必须戴好钢瓶的安全帽。钢瓶一般平放，并应将瓶口朝同一方向，不可交叉；高度不得超过车辆的防护栏板，并用三角木垫卡牢，防止滚动。运输时运输车辆应配备相应

品种和数量的消防器材。装运该物品的车辆排气管必须配备阻火装置，禁止使用易产生火花的机械设备和工具装卸。严禁与氧化剂、酸类、卤素等混装混运。夏季应早晚运输，防止日光曝晒。中途停留时应远离火种、热源。公路运输时要按规定路线行驶，禁止在居民区和人口稠密区停留。铁路运输时要禁止溜放。

第十五部分 法 规 信 息

中华人民共和国安全生产法（2002 年 6 月 29 日第九届全国人大常委会第二十八次会议通过）；中华人民共和国职业病防治法（2001 年 10 月 27 日第九届全国人大常委会第十一次会议通过）；中华人民共和国环境保护法（1989 年 12 月 26 日第七届全国人大常委会第十一次会议通过）；危险化学品安全管理条例（2002 年 1 月 9 日国务院第 52 次常务会议通过）；安全生产许可证条例（2004 年 1 月 7 日国务院第 34 次常务会议通过）；常用危险化学品的分类及标志（GB 13690—92）；危险化学品名录

第十六部分 其 他 信 息

填表时间　　　　　　　　　　　　填表部门

数据审核单位　　　　　　　　　　修改说明

二 氧 化 碳

第一部分 化学品及企业标识

化学品中文名　二氧化碳；碳（酸）酐

化学品英文名　carbon dioxide

　　　　　　　　carbonic anhydride

分子式　CO_2　　　　　　　　　　**分子量**　44.01

结构式　O＝C＝O

第二部分 成分/组成信息

√纯品　　　　　　　混合物

有害物成分　　**浓度**　　**CAS No.**

二氧化碳　　　　　　　124-38-9

第三部分 危险性概述

危险性类别　第 2.2 类　不燃气体

侵入途径　吸入

健康危害　在低浓度时，对呼吸中枢呈兴奋作用，高浓度时则产生抑制甚至麻痹作用。中毒机制中还兼有缺氧的因素。

急性中毒：轻度中毒出现头晕、头痛、疲乏、恶心等，脱离接触后较快恢复。人进入高浓度二氧化碳环境，在几秒钟内迅速昏迷倒下，反射消失、瞳孔扩大或缩小、大小便失禁、呕吐等，更严重者出现呼吸、心跳停止及休克，甚至死亡。

慢性影响：经常接触较高浓度的二氧化碳者，可有头晕、头痛、失眠、易兴奋、无力等神经功能紊乱等。但在生产中是否存在慢性中毒国内外均未见病例报道

环境危害　对大气可造成污染

燃爆危险　不燃，无特殊燃爆特性

第四部分 急 救 措 施

皮肤接触　不会通过该途径接触

眼睛接触　不会通过该途径接触

吸入　迅速脱离现场至空气新鲜处。保持呼吸道通畅。如呼吸困难，给输氧。呼吸、心跳停止，立即进行心肺复苏术。就医

食入　不会通过该途径接触

第五部分 消 防 措 施

危险特性　若遇高热，容器内压增大，有开裂和爆炸的危险

有害燃烧产物　无意义

灭火方法　本品不燃。根据着火原因选择适当灭火剂灭火

灭火注意事项及措施　喷水冷却容器，可能的话将容器从火场移至空旷处

第六部分　泄漏应急处理

应急行动　大量泄漏：根据气体扩散的影响区域划定警戒区，无关人员从侧风、上风向撤离至安全区。建议应急处理人员戴正压自给式呼吸器，穿一般作业工作服。尽可能切断泄漏源。漏出气允许排入大气中。泄漏场所保持通风

第七部分　操作处置与储存

操作注意事项　密闭操作，提供良好的自然通风条件。操作人员必须经过专门培训，严格遵守操作规程。防止气体泄漏到工作场所空气中。远离易燃、可燃物。搬运时轻装轻卸，防止钢瓶及附件破损。配备泄漏应急处理设备

储存注意事项　储存于阴凉、通风的不燃气体专用库房。远离火种、热源。库温不宜超过30℃。应与易（可）燃物分开存放，切忌混储。储区应备有泄漏应急处理设备

第八部分　接触控制/个体防护

职业接触限值

中国　PC-TWA（mg/m³）：9000；PC-STEL（mg/m³）：18000

美国　（ACGIH）TLV-TWA：5000ppm；TLV-STEL：30000ppm

监测方法　直接进样-气相色谱法

工程控制　密闭操作。提供良好的自然通风条件

呼吸系统防护　一般不需要特殊防护，高浓度接触时可佩戴空气呼吸器

眼睛防护　一般不需特殊防护

身体防护　穿一般作业工作服

手防护　戴一般作业防护手套

其他防护　避免高浓度吸入。进入限制性空间或其他高浓度区作业，须有人监护

第九部分　理化特性

外观与性状　无色无味气体

pH 值　无资料

熔点（℃）　−56.6（527kPa）

沸点（℃）　−78.5（升华）

相对密度（水=1）　1.56（−79℃）

相对蒸气密度（空气=1）　1.53

饱和蒸气压（kPa）　1013.25（−39℃）

临界温度（℃）　31.3

临界压力（MPa）　7.39

辛醇/水分配系数　0.83

闪点（℃）　不燃

引燃温度（℃）　无意义

爆炸下限（%）　无意义

爆炸上限（%）　无意义

溶解性　溶于水，溶于烃类等多数有机溶剂

主要用途　用于制糖工业、制碱工业、制铅白等，也用于冷饮、灭火及有机合成

第十部分　稳定性和反应性

稳定性　稳定

禁配物　无资料

避免接触的条件　无资料

聚合危害　不聚合

分解产物　无资料

第十一部分　毒理学资料

急性毒性　无资料

刺激性　无意义

其他　LCLo：657190ppm（大鼠吸入，15min）

人吸入 LCLo：10%　（1min），9%（5min）；

TCLo：2000ppm

第十二部分　生态学资料

生态毒性　无资料

生物降解性　无资料

非生物降解性　无资料

其他有害作用　温室气体，可造成全球气候变暖

第十三部分　废　弃　处　置

废弃物性质　无废弃物

废弃处置方法　废气直接排入大气

废弃注意事项　处置前应参阅国家和地方有关法规

第十四部分　运　输　信　息

危险货物编号　22019（压缩）；22020（冷冻液化）

铁危编号　22019（压缩）；22020（冷冻液化）

UN 编号　1013（压缩）；2187（冷冻液化）

包装类别　Ⅲ类包装

包装标志　不燃气体

包装方法　钢质气瓶；安瓿瓶外普通木箱

运输注意事项　采用钢瓶运输时必须戴好钢瓶的安全帽。钢瓶一般平放，并应将瓶口朝同一方向，不可交叉；高度不得超过车辆的防护栏板，并用三角木垫卡牢，防止滚动。严禁与易燃物或可燃物等混装混运。夏季应早晚运输，防止日光曝晒。铁路运输时要禁止溜放。

第十五部分　法　规　信　息

中华人民共和国安全生产法（2002 年 6 月 29 日第九届全国人大常委会第二十八次会议通过）；中华人民共和国职业病防治法（2001 年 10 月 27 日第九届全国人大常委会第十一次会议通过）；中华人民共和国环境保护法（1989 年 12 月 26 日第七届全国人大常委会第十一次会议通过）；危险化学品安全管理条例（2002 年 1 月 9 日国务院第 52 次常务会议通过）；安全生产许可证条例（2004 年 1 月 7 日国务院第 34 次常务会议通过）；常用危险化学品的分类及标志（GB 13690—92）；工作场所有害因素职业接触限值（GBZ 2.1—2007）；危险化学品名录

第十六部分　其　他　信　息

填表时间　　　　　　　　　　　　　**填表部门**

数据审核单位　　　　　　　　　　　**修改说明**

甲　烷

第一部分　化学品及企业标识

化学品中文名　甲烷；沼气

化学品英文名　methane; marsh gas

分子式　CH_4　　　　　　　　　　　**分子量**　16.05

结构式
$$H-\underset{\displaystyle H}{\overset{\displaystyle H}{\underset{|}{\overset{|}{C}}}}-H$$

第二部分　成分/组成信息

√纯品　　　　　　　　混合物

有害物成分　　　**浓度**　　　**CAS No.**
　甲烷　　　　　　　　　　　74-82-8

第三部分　危险性概述

危险性类别　第 2.1 类　易燃气体

侵入途径　吸入

健康危害　空气中甲烷浓度过高，能使人窒息，当空气中甲烷达 25％～30％时，可引起头痛、头晕、乏力、注意力不集中、呼吸和心跳加速、共济失调。若不及时脱离，可致窒息死亡。皮肤接触液化气体可致冻伤

环境危害　对环境有害

燃爆危险　易燃，与空气混合能形成爆炸性混合物

第四部分　急　救　措　施

皮肤接触　如果发生冻伤：将患部浸泡于保持在 38～42℃的温水中复温。不要涂擦。不要使用热水或辐射热。使用清洁、干燥的敷料包扎。如有不适感，就医

眼睛接触 不会通过该途径接触

吸入 迅速脱离现场至空气新鲜处。保持呼吸道通畅。如呼吸困难，给输氧。呼吸、心跳停止，立即进行心肺复苏术。就医

食入 不会通过该途径接触

第五部分 消防措施

危险特性 易燃，与空气混合能形成爆炸性混合物，遇热源和明火有燃烧爆炸的危险。与五氧化溴、氯气、次氯酸、三氟化氮、液氧、二氟化氧及其他强氧化剂接触发生剧烈反应

有害燃烧产物 一氧化碳

灭火方法 用雾状水、泡沫、二氧化碳、干粉灭火

灭火注意事项及措施 切断气源。若不能切断气源，则不允许熄灭泄漏处的火焰。消防人员必须佩戴空气呼吸器、穿全身防火防毒服，在上风向灭火。尽可能将容器从火场移到空旷处。喷水保持火场容器冷却，直至灭火结束

第六部分 泄漏应急处理

应急行动 消除所有点火源。根据气体扩散的影响区域划定警戒区，无关人员从侧风、上风向撤离至安全区。建议应急处理人员戴正压自给式呼吸器，穿静电服。作业时使用所有设备应接地。禁止接触或跨越泄漏物。尽可能切断泄漏源。若可能翻转容器，使之逸出气体而非液体。喷雾状水抑制蒸气或改变蒸气云流向，避免水流接触泄漏物。禁止用水直接冲击泄漏物或泄漏源。防止气体通过下水道、通风系统和限制性空间扩散。隔离泄漏区直至气体散尽

第七部分 操作处置与储存

操作注意事项 密闭操作，全面通风。操作人员必须经过专门培训，严格遵守操作规程。远离火种、热源。工作场所严禁吸烟。使用防爆型的通风系统和设备。防止气体泄漏到工作场所空气中。避免与氧化剂接触。在传送过程中钢瓶和容器必须接地和跨接，防止产生静电。搬运时轻装轻卸，防止钢瓶及附件破损。配备相应品种和数量的消防器材及泄漏应急处理设备

储存注意事项 钢瓶装本品储存于阴凉、通风的易燃气体专用库房。远离火种、热源。库温不宜30℃。应与氧化剂等分开存放，切忌混储。采用防爆型照明、通风设施。禁止使用易产生火花的机械设备和工具。储区应备有泄漏应急处理设备

第八部分 接触控制/个体防护

职业接触限值 中国 未制定标准

美国 （ACGIH） 未制定标准

监测方法 无资料

工程控制 生产过程密闭，全面通风

呼吸系统防护 一般不需要特殊防护，但建议特殊情况下，佩戴过滤式防毒面具（半面罩）

眼睛防护 一般不需要特殊防护，高浓度接触时可戴安全防护眼镜

身体防护 穿防静电工作服

手防护 戴一般作业防护手套

其他防护 工作现场严禁吸烟。避免长期反复接触。进入限制性空间或其他高浓度区作业，须有人监护

第九部分 理化特性

外观与性状 无色无味气体	**临界温度**（℃）−82.25
pH 值 无意义	**临界压力**（MPa）4.59
熔点（℃）−182.6	**辛醇/水分配系数** 1.09
沸点（℃）−161.4	**闪点**（℃）−218
相对密度（水=1）0.42（−164℃）	**引燃温度**（℃）537
相对蒸气密度（空气=1）0.6	**爆炸下限**（%）5
饱和蒸气压（kPa）53.32（−168.8℃）	**爆炸上限**（%）15
燃烧热（kJ/mol）−890.8	

溶解性 微溶于水，溶于乙醇、乙醚、苯、甲苯等

主要用途 用作燃料和用于炭黑、氢、乙炔、甲醛等的制造

第十部分 稳定性和反应性

稳定性 稳定

禁配物 强氧化剂、强酸、强碱、卤素

避免接触的条件 无资料

聚合危害 不聚合　　　　　　　　　　　　　　**分解产物** 无资料

第十一部分 毒理学资料

急性毒性 LC_{50}：50％（小鼠吸入，2h）

刺激性 无资料

第十二部分 生态学资料

生态毒性 无资料

生物降解性 无资料

非生物降解性 空气中，当羟基自由基浓度为 5.00×10^5 个/cm^3 时，降解半衰期 6a（理论）

其他有害作用 温室气体。应特别注意对地表水、土壤、大气和饮用水的污染

第十三部分 废弃处置

废弃物性质 危险废物

废弃处置方法 建议用焚烧法处置

废弃注意事项 处置前应参阅国家和地方有关法规。把倒空的容器归还厂商或在规定场所掩埋

第十四部分 运输信息

危险货物编号 21007（压缩）；21008（液化）

铁危编号 21007（压缩）；21008（液化）

UN 编号 1971（压缩）；1792（液化）

包装类别 Ⅱ类包装

包装标志 易燃气体

包装方法 钢质气瓶

运输注意事项 采用钢瓶运输时必须戴好钢瓶的安全帽。钢瓶一般平放，并应将瓶口朝同一方向，不可交叉；高度不得超过车辆的防护栏板，并用三角木垫卡牢，防止滚动。运输时运输车辆应配备相应品种和数量的消防器材。装运该物品的车辆排气管必须配备阻火装置，禁止使用易产生火花的机械设备和工具装卸。严禁与氧化剂、酸类、卤素等混装混运。夏季应早晚运输，防止日光曝晒。中途停留时应远离火种、热源。公路运输时要按规定路线行驶，禁止在居民区和人口稠密区停留。铁路运输时要禁止溜放

第十五部分 法规信息

中华人民共和国安全生产法（2002 年 6 月 29 日第九届全国人大常委会第二十八次会议通过）；中华人民共和国职业病防治法（2001 年 10 月 27 日第九届全国人大常委会第十一次会议通过）；中华人民共和国环境保护法（1989 年 12 月 26 日第七届全国人大常委会第十一次会议通过）；危险化学品安全管理条例（2002 年 1 月 9 日国务院第 52 次常务会议通过）；安全生产许可证条例（2004 年 1 月 7 日国务院第 34 次常务会议通过）；常用危险化学品的分类及标志（GB 13690—92）；危险化学品名录

第十六部分 其他信息

填表时间　　　　　　　　　　　　　　　　**填表部门**

数据审核单位　　　　　　　　　　　　　　**修改说明**

汽油〔闪点＜−18℃〕

第一部分 化学品及企业标识

化学品中文名 汽油〔闪点＜−18℃〕

化学品英文名 gasoline；petrol

第二部分 成分/组成信息

纯品　　　　　　　　　　　√混合物

有害物成分　　　　**浓度**　　　　**CAS No.**

C₄～C₁₂的烃类　　　无资料　　　8006-61-9

第三部分　危险性概述

危险性类别　第3.1类　低闪点液体

侵入途径　吸入、食入

健康危害　汽油为麻醉性毒物，急性汽油中毒主要引起中枢神经系统和呼吸系统损害。

急性中毒：吸入汽油蒸气后，轻度中毒出现头痛、头晕、恶心、呕吐、步态不稳、视力模糊、烦躁、哭笑无常、兴奋不安、轻度意识障碍等。重度中毒出现跨度或重度意识障碍、化学性肺炎、反射性呼吸停止。汽油液体被吸入呼吸道后引起吸入性肺炎，出现剧烈咳嗽、胸痛、咯血、发热、呼吸困难、紫绀。如汽油液体进入消化道，表现为频繁呕吐、胸骨后灼热感、腹痛、腹泻、肝脏肿大及压痛。皮肤浸泡或浸渍于汽油时间较长后，受浸皮肤出现水疱、表皮破碎脱落，呈浅Ⅱ度灼伤。个别敏感者可发生急性皮炎。

慢性中毒：表现为神经衰弱综合征、植物神经功能紊乱、周围神经病。严重中毒出现中毒性脑病、中毒性精神病、精神分裂症、中毒性周围神经病所致肢体瘫痪。可引起肾脏损害。长期接触汽油可引起血中白细胞等血细胞的减少，其原因是由于汽油内苯含较高，其临床表现同慢性苯中毒。皮肤损害可见皮肤干燥、皲裂、角化、手囊炎、慢性湿疹、指甲变厚和凹陷。严重者可引起剥脱性皮炎。

环境危害　对环境有害

燃爆危险　极易燃，其蒸气与空气混合，能形成爆炸性混合物

第四部分　急救措施

皮肤接触　立即脱去污染的衣着，用肥皂水和清水彻底冲洗皮肤。如有不适感，就医

眼睛接触　立即提起眼睑，用大量流动清水或生理盐水彻底冲洗。如有不适感，就医

吸入　迅速脱离现场至空气新鲜处。保持呼吸道通畅。如呼吸困难，给输氧。呼吸、心跳停止，立即进行心肺复苏术。就医

食入　饮水，禁止催吐。如有不适感，就医

第五部分　消防措施

危险特性　其蒸气与空气可形成爆炸性混合物，遇明火、高热极易燃烧爆炸。与氧化剂能发生强烈反应。蒸气比空气重，沿地面扩散并易积存低洼处，遇火源会着火回燃

有害燃烧产物　一氧化碳

灭火方法　用泡沫、干粉、二氧化碳灭火

灭火注意事项及措施　消防人员必须佩戴空气呼吸器、穿全身防火防毒服，在上风向灭火。喷水冷却容器，可能的话将容器从火场移至空旷处。容器突然发生异常声音或出现异常现象，应立即撤离

第六部分　泄漏应急处理

应急行动　消除所有点火源。根据液体流动和蒸气扩散的影响区域划定警戒区，无关人员从侧风、上风向撤离至安全区。建议应急处理人员戴正压自给式呼吸器，穿防毒、防静电服，戴橡胶耐油手套。作业时使用的所有设备应接地。禁止接触或跨越泄漏物。尽可能切断泄漏源。防止泄漏物进入水体、下水道、地下室或限制性空间。小量泄漏：用砂土或其他不燃材料吸收。使用洁净的无火花工具收集吸收材料。大量泄漏：构筑围堤或挖坑收容。用泡沫覆盖，减少蒸发。喷水雾能减少蒸发，但不能降低泄漏物在限制性空间内的易燃性。用防爆泵转移至槽车或专用收集器内

第七部分　操作处置与储存

操作注意事项　密闭操作，全面通风。操作人员必须经过专门培训，严格遵守操作规程。建议操作人员穿防静电工作服，戴橡胶耐油手套。远离火种、热源。工作场所严禁吸烟。使用防爆型的通风系统和设备。防止蒸气泄漏到工作场所空气中。避免与氧化剂接触。灌装时应控制流速，且有接地装置，防止静电积聚。搬运时要轻装轻卸，防止包装及容器损坏。配备相应品种和数量的消防器材及泄漏应急处理设备

储存注意事项　用储罐、铁桶等容器盛装，盛装时，切不可充满，要留出必要的安全空间。桶装汽油储存于阴凉、通风的库房。远离火种、热源，炎热季节采取喷淋、通风等降温措施。库温不宜超过29℃，保持容器密封。应与氧化剂分开存放，切忌混储。采用防爆型照明、通风设施。禁止使用易产生火花的机械设备和工具。储区应备有泄漏应急处理设备和合适的收容材料。罐储时要有防火防爆技术措施。充装时流速不超过3m/s，且有接地装置，防止静电积聚

第八部分　接触控制/个体防护

职业接触限值

中国　PC-TWA（mg/m³）：300［溶剂汽油］；

PC-STEL（mg/m³）：450［溶剂汽油］

美国　（ACGIH）TLV-TWA：300ppm；

TLV-STEL：500ppm

监测方法　热解吸-色相色谱法；直接进样-气相色谱法

工程控制　生产过程紧闭，全面通风

呼吸系统防护　一般不需要特殊防护，高浓度接触时可佩戴过滤式防毒面具（半面罩）

眼睛防护　一般不需要特殊防护，高浓度接触时可戴化学安全防护眼镜

身体防护　穿防静电工作服

手防护　戴橡胶耐油手套

其他防护　工作现场严禁吸烟。避免长期反复接触

第九部分　理化特性

外观与性状　无色或浅黄色透明液体，易挥发，具有典型的石油烃气味

pH 值　无资料	**临界压力（MPa）**　无资料
熔点（℃）　−95.4～−90.5	**辛醇/水分配系数**　2～7
沸点（℃）　25～220	**闪点（℃）**　−58～10
相对密度（水＝1）　0.70～0.80	**引燃温度（℃）**　250～530
相对蒸气密度（空气＝1）　3～4	**爆炸下限（%）**　1.3
饱和蒸气压（kPa）　40.5～91.2（37.8℃）	**爆炸上限（%）**　7.6

溶解性　不溶于水，易溶于苯、二硫化碳、乙醇、脂肪、乙醚、氯仿等

主要用途　主要用作汽油机的燃料，可用于橡胶、制鞋、印刷、制革、颜料等行业，也可用作机械零件的去污剂

第十部分　稳定性和反应性

稳定性　稳定

禁配物　强氧化剂、强酸、强碱、卤素

避免接触的条件　无资料

聚合危害　不聚合　　　　　　　　　　　　　　**分解产物**　无资料

第十一部分　毒理学资料

急性毒性

LD$_{50}$：67000mg/kg（120 号溶剂汽油）（小鼠经口）

LC$_{50}$：103000mg/m³（120 号溶剂汽油）（小鼠吸入，2h）

刺激性　人经眼：140ppm（8h），轻度刺激

亚急性与慢性毒性　大鼠吸入 3g/m³，每天 12～24h，78d（120 号溶剂汽油），未见中毒症状。大鼠吸入 2500mg/m³，130 号催化裂解汽油，每天 4h，每周 6d，8 周，体力活动能力降低，神经系统发生机能性改变

致癌性　IARC 致癌性评论：G2B，可疑人类致癌物

第十二部分　生态学资料

生态毒性

LC$_{50}$：11～16mg/L（96h）（虹鳟鱼，静态）

EC$_{50}$：7.6～12mg/L（48h）（水蚤）

生物降解性　无资料

非生物降解性　无资料

第十三部分　废弃处置

废弃物性质　危险废物

废弃处置方法　用焚烧法处置

废弃注意事项 处置前应参阅国家和地方有关法规

第十四部分 运 输 信 息

危险货物编号 31001 　　　　　　　　　　**铁危编号** 31001

UN 编号 1203 　　　　　　　　　　　　**包装类别** Ⅱ类包装

包装标志 易燃液体

包装方法 小开口钢桶；安瓿瓶外普通木箱；螺纹口玻璃瓶、铁盖压口玻璃瓶、塑料瓶或金属桶（罐）外普通木箱

运输注意事项 本品铁路运输时限使用耐压液化气企业自备罐车装运，装运前需报有关部门批准。运输时运输车辆应配备相应品种和数量的消防器材及泄漏应急处理设备。夏季最好早晚运输。运输时所用的槽（罐）车应有接地链，槽内可设孔隔板以减少震荡产生静电。严禁与氧化剂等混装混运。运输中应防曝晒、雨淋、防高温。中途停留时应远离火种、热源、高温区。装运该物品的车辆排气管必须配备阻火装置，禁止使用易产生火花的机械设备和工具装卸。公路运输时要按规定路线行驶，禁止在居民区和人口稠密区停留。铁路运输时要禁止溜放。严禁用木船、水泥船散装运输

第十五部分 法 规 信 息

中华人民共和国安全生产法（2002 年 6 月 29 日第九届全国人大常委会第二十八次会议通过）；中华人民共和国职业病防治法（2001 年 10 月 27 日第九届全国人大常委会第十一次会议通过）；中华人民共和国环境保护法（1989 年 12 月 26 日第七届全国人大常委会第十一次会议通过）；危险化学品安全管理条例（2002 年 1 月 9 日国务院第 52 次常务会议通过）；安全生产许可证条例（2004 年 1 月 7 日国务院第 34 次常务会议通过）；常用危险化学品的分类及标志（GB 13690—92）；工作场所有害因素职业接触限值（GBZ 2.1—2007）；危险化学品名录

第十六部分 其 他 信 息

填表时间 　　　　　　　　　　　　　　**填表部门**

数据审核单位 　　　　　　　　　　　　**修改说明**

液化石油气

第一部分 化学品及企业标识

化学品中文名 液化石油气；压凝汽油

化学品英文名 liquefied petroleum gas；
　　　　　　　　compressed petroleum gas；LPG

第二部分 成分/组成信息

纯品 　　　　　　　√混合物

液化石油气 CAS 　No. 68476-85-7

有害物成分 　**浓度** 　　**CAS No.**

丙烷 　　>85% 　　74-98-6

丙烯 　　　　　　　115-07-1

丁烷 　　　　　　　106-97-8

丁烯 　　　　　　　106-98-9

第三部分 危险性概述

危险性类别 第 2.1 类 易燃气体

侵入途径 吸入

健康危害 本品有麻醉作用

急性液化轻度中毒主要表现为头昏、头痛、咳嗽、食欲减退、乏力、失眠等；重者失去知觉、小便失禁、呼吸变浅变慢。

皮肤接触 液态本品，可引起冻伤

环境危害 对环境有害

燃爆危险 易燃，与空气混合能形成爆炸性混合物

第四部分 急 救 措 施

皮肤接触 如果发生冻伤：将患部浸泡于保持在 38～42℃的温水中复温。不要涂擦。不要使用热水或

辐射热。使用清洁、干燥的敷料包扎。就医

眼睛接触　提起眼睑，用流动清水或生理盐水冲洗。如有不适感，就医

吸入　迅速脱离现场至空气新鲜处。保持呼吸道通畅。如呼吸困难，给输氧。呼吸、心跳停止，立即进行心肺复苏术。就医

食入　不会通过该途径接触

第五部分　消防措施

危险特性　极易燃，与空气混合能形成爆炸性混合物。遇热源和明火有爆炸的危险。与氟、氯等接触会发生剧烈的化学反应。蒸气比空气重，沿地面扩散并易积存于低洼处，遇火源会着火回燃

有害燃烧产物　一氧化碳

灭火方法　用雾状水、泡沫、二氧化碳灭火

灭火注意事项及措施　切断气源。若不能切断气源，则不允许熄灭泄漏处的火焰。消防人员必须佩戴空气呼吸器、穿全身防火防毒服，在上风向灭火。尽可能将容器从火场移至空旷处。喷水保持火场容器冷却，直至灭火结束

第六部分　泄漏应急处理

应急行动　消除所有点火源。根据液体流动和蒸气扩散的影响区域划定警戒区，无关人员从侧风、上风向撤离至安全区。建议应急处理人员戴正压自给式呼吸器，穿防毒、防静电服，戴橡胶耐油手套。作业时使用的所有设备应接地。禁止接触或跨越泄漏物。尽可能切断泄漏源。若可能翻转容器使之逸出气体而非液体。喷雾状水抵制蒸气或改变蒸气云流向，避免水流接触泄漏源。防止气体通过下水道、通风系统和限制性空间扩散。隔离泄漏区直到气体散尽

第七部分　操作处置与储存

操作注意事项　密闭操作，提供良好的自然通风条件。操作人员必须经过专门培训，严格遵守操作规程。建议操作人员佩戴过滤式防毒面具（半面罩），穿防静电工作服。远离火种、热源。工作场所严禁吸烟。使用防爆型的通风系统和设备。防止气体泄漏到工作场所空气中。避免与氧化剂、卤素接触。在传送过程中，钢瓶和容器必须接地和跨接，防止产生静电。搬运时轻装轻卸，防止钢瓶及附件破损。配备相应品种和数量的消防器材及泄漏应急处理设备

储存注意事项　储存于阴凉、通风的易燃气体专用库房。远离火种、热源。库温不宜超过30℃。应与氧化剂、卤素分开存入，切忌混储。采用防爆型照明、通风设施。禁止使用易产生火花的机械设备和工具。储区应备有泄漏应急处理设备

第八部分　接触控制/个体防护

职业接触限值

中国　PC-TWA（mg/m³）：1000；

　　　　PC-STEL（mg/m³）：1500

美国　（ACGIH）TLV-TWA：1000ppm

监测方法　直接进样-气相色谱法

工程控制　生产过程密闭，全面通风。提供良好的自然通风条件

呼吸系统防护　高浓度环境中，建议佩戴过滤式防毒面具（半面罩）

眼睛防护　一般不需要特殊防护，高浓度接触时可戴化学安全防护眼镜

身体防护　穿防静电工作服

手防护　戴一般作业防护手套

其他防护　工作现场严禁吸烟。避免高浓度吸入。进入限制性空间或其他高浓度区作业，须有人监护

第九部分　理化特性

外观与性状　由炼厂气加压液化得到的一种无色挥发性液体，有特殊臭味

pH 值　无意义	**饱和蒸气压（kPa）** ≤1380kPa（37.8℃）
熔点（℃） －160～－107	**临界压力（MPa）** 无资料
沸点（℃） －12～4	**辛醇/水分配系数** 无资料
相对密度（水=1） 0.5～0.6	**闪点（℃）** －80～－60
相对蒸气密度（空气=1） 1.5～2.0	**引燃温度（℃）** 426～537

爆炸下限（％）　2.3　　　　　　　　　　　　溶解性　微溶于水

爆炸上限（％）　9.5

主要用途　主要用作民用燃料、发动机燃料、制氢原料、加热炉燃料以及打火机的气体燃料等，可用作石油化工的原料

第十部分　稳定性和反应性

稳定性　稳定

禁配物　强氧化剂、氟、氯卤素等

避免接触的条件　无资料

聚合危害　不聚合　　　　　　　　　　　　分解产物　无资料

第十一部分　毒理学资料

急性毒性　LC_{50}：丁烷：658000mg/m³（大鼠吸入，4h）

刺激性　无资料

致癌性　组分丙烯：IARC：G3，对人及动物致癌性证据不足

第十二部分　生态学资料

生态毒性　无资料

非生物降解性　无资料

其他有害作用　该物质对环境有危害，应特别注意对地表水、土壤、大气和饮用水的污染

第十三部分　废弃处置

废弃物性质　危险废物

废弃处置方法　建议用焚烧法处置

废弃注意事项　处置前应参阅国家和地方有关法规

第十四部分　运输信息

危险货物编号　21053　　　　　　　　　　**铁危编号**　21053

UN编号　1075　　　　　　　　　　　　　**包装类别**　Ⅱ类包装

包装标志　易燃气体；有毒气体

包装方法　钢质气瓶

运输注意事项　本品铁路运输时限使用耐压液化气企业自备罐车装运，装运前需报有关部门批准。装有液化石油气的气瓶（即石油气的气瓶）禁止铁路运输。采用钢瓶运输时必须戴好钢瓶的安全帽。钢瓶一般平放，并应将瓶口朝同一方向，不可交叉；高度不得超过车辆的防护栏板，并用三角木垫卡牢，防止滚动。运输时运输车辆应配备相应品种和数量的消防器材。装运该物品的车辆排气必须配备阻火装置，禁止使用易产生火花的机械设备和工具装卸。严禁与氧化剂、卤素等混装混运。夏季应早晚运输，防止日光曝晒。中途停留时应远离火种、热源。公路运输时要按规定路线行驶，勿在居民区和人口稠密区停留。铁路运输时要禁止溜放。

第十五部分　法规信息

中华人民共和国安全生产法（2002年6月29日第九届全国人大常委会第二十八次会议通过）；中华人民共和国职业病防治法（2001年10月27日第九届全国人大常委会第十一次会议通过）；中华人民共和国环境保护法（1989年12月26日第七届全国人大常委会第十一次会议通过）；危险化学品安全管理条例（2002年1月9日国务院第52次常务会议通过）；安全生产许可证条例（2004年1月7日国务院第34次常务会议通过）；常用危险化学品的分类及标志（GB 13690—92）；工作场所有害因素职业接触限值（GBZ 2.1—2007）；危险化学品名录

第十六部分　其他信息

填表时间　　　　　　　　　　　　　　　　填表部门

数据审核单位　　　　　　　　　　　　　　修改说明

盐　酸

第一部分　化学品及企业标识

化学品中文名　盐酸；氢氯酸

化学品英文名　hydrochloric acid；

chlorohydric acid；muriatic acid

分子式　HCl　　　　　　　　　　　　　　　**分子量**　36.46

第二部分　成分/组成信息

纯品　　　　　　　　√混合物

有害物成分　　　**浓度**　　　**CAS No.**

氯化氢　　　　　　　　　　　7647-01-0

第三部分　危险性概述

危险性类别　第8.1类　酸性腐蚀品

侵入途径　吸入、食入

健康危害　接触其蒸气或雾，可引起急性中毒，出现眼结膜炎，鼻及口腔黏膜有烧灼感，鼻衄，齿龈出血，气管炎等。误服可引起消防道灼伤、溃疡形成，有可能引起胃穿孔、腹膜炎等。眼和皮肤接触可致灼伤。

环境危害　对大气和水体可造成污染

燃爆危险　不燃，无特殊燃爆特性

第四部分　急救措施

皮肤接触　立即脱去污染的衣着，用大量流动清水冲洗20～30min。如有不适感，就医

眼睛接触　立即提起眼睑，用大量流动清水或生理盐水彻底冲洗10～15min。如有不适感，就医

吸入　迅速脱离现场至空气新鲜处。保持呼吸道通畅。如呼吸困难，给输氧。呼吸、心跳停止，立即进行心肺复苏术。就医

食入　用水漱口，给饮牛奶或蛋清。就医

第五部分　消防措施

危险特性　能与一些活性金属粉末发生反应，放出氢气。遇氰化物能产生剧毒的氰化氢气体。与碱发生中和反应，并放出大量的热。具有较强的腐蚀性

有害燃烧产物　无意义

灭火方法　本品不燃。根据着火原因选择适当灭火剂灭火

灭火注意事项及措施　消防人员必须穿全身耐酸碱消防服、佩戴空气呼吸器灭火。尽可能将容器从火场移至空旷处。喷水保持火场容器冷却，直至灭火结束

第六部分　泄漏应急处理

应急行动　根据液体流动和蒸气扩散的影响区域划定警戒区，无关人员从侧风、上风向撤离至安全区。建议应急处理人员戴正压自给式呼吸器，穿防酸碱服，戴橡胶耐酸碱手套。作业时使用的所有设备应接地。穿上适当的防护服前严禁接触破裂的容器和泄漏物。喷雾状水抑制蒸气或改变蒸气云流向，避免水流接触泄漏物。勿使水进入包装容器内。尽可能切断泄漏源。防止泄漏物进入水体、下水道或限制性空间。小量泄漏：用干燥的砂土或其他不燃材料覆盖泄漏物，也可以用大量水冲洗，洗水稀释后放入废水系统。大量泄漏：构筑围堤或挖坑收容。用粉状石灰石（$CaCO_3$）、熟石灰、苏打灰（Na_2CO_2）或碳酸氢钠（$NaHCO_3$）中和。用抗溶性泡沫覆盖，减少蒸发。用耐腐蚀泵转移至槽车或专用收集器内

第七部分　操作处置与储存

操作注意事项　密闭操作，注意通风。操作尽可能机械化、自动化。操作人员必须经过专门培训，严格遵守操作规程。建议操作人员佩戴自吸过滤式防毒面具（全面罩），穿橡胶耐酸碱服，戴橡胶耐碱手套。远离易燃、可燃物。防止蒸气泄漏到工作场所空气中。避免与碱类、胺类、碱金属接触。搬运时要轻装轻卸，防止包装及容器损坏。配备泄漏应急处理设备。倒空的容器可能残留有害物

储存注意事项　储存于阴凉、通风的库房。库温不超过30℃，相对湿度不超过80%。保持容器密封。应与碱类、胺类、碱金属、易（可）燃物分开存放，切忌混储。储区应备有泄漏应急处理设备和合适的收容材料

第八部分　接触控制/个体防护

职业接触限值

中国　MAC（mg/m³）：7.5

美国（ACGIH）TLV-C：2ppm

监测方法　硫氰酸汞分光光度法；离子色谱法

工程控制 密闭操作，注意通风。提供安全淋浴和洗眼设备

呼吸系统防护 可能接触其烟雾时，佩戴过滤式防毒面具（全面罩）或空气呼吸器。紧急事态抢救或撤离时，建议佩戴空气呼吸器

眼睛防护 呼吸系统防护中已作防护

身体防护 穿橡胶耐酸碱服

手防护 戴橡胶耐酸碱手套

其他防护 工作现场禁止吸烟、进食和饮水。工作完毕，淋浴更衣。单独存放被毒物污染的衣服，洗后备用。保持良好的卫生习惯

第九部分　理 化 特 性

外观与性状 无色或微黄色发烟液体，有刺鼻的酸味

pH 值 0.1（1mol/L）	**临界压力（MPa）** 无意义
熔点（℃） −114.8（纯）	**辛醇/水分配系数** 无资料
沸点（℃） 108.6（20%）	**闪点（℃）** 无意义
相对密度（水＝1） 1.1（20%）	**引燃温度（℃）** 无意义
相对蒸气密度（空气＝1） 1.26	**爆炸下限（%）** 无意义
饱和蒸气压（kPa） 30.66（21℃）	**爆炸上限（%）** 无意义

溶解性 与水混溶，溶于甲醇、乙醇、乙醚、苯，不溶于烃类

主要用途 重要的无机化工原料，广泛用于染料、医药、食品、印染、皮革、冶金等行业

第十部分　稳定性和反应性

稳定性 稳定

禁配物 碱类、胺类、碱金属

避免接触的条件 受热

聚合危害 不聚合　　　　　　　　　　**分解产物** 氯化氢

第十一部分　毒理学资料

急性毒性

LD_{50}：900mg/kg（兔经口）

LC_{50}：3124ppm（大鼠吸入，1h）

1108mg/ppm（小鼠吸入，1h）

刺激性

家兔经眼：5mg（30s），轻度刺激（用水冲洗）

人经皮：4%（24h），轻度刺激

致突变性 性染色体缺失和分离：黑腹果蝇吸入 100ppm（24h）。细胞遗传学分析：仓鼠卵巢 8mmol/L

致癌性 IARC 致癌性评论：G3，对人及动物致癌性证据不足

第十二部分　生态学资料

生态毒性 TLm：0.282mg/L（96h）（食蚊鱼）

生物降解性 无资料

非生物降解性 无资料

第十三部分　废 弃 处 置

废弃物性质 危险废物

废弃处置方法 用碱液-石灰水中和，生成氯化钠和氯化钙，用水稀释后排入废水系统

废弃注意事项 处置前应参阅国家和地方有关法规

第十四部分　运 输 信 息

危险货物编号 81013	**铁危编号** 81013
UN 编号 1789	**包装类别** Ⅱ类包装

包装标志 腐蚀品

包装方法 耐酸坛或陶瓷瓶外普通木箱或半花格木箱；玻璃瓶或塑料桶（罐）外普通木箱或半花格木

箱；磨砂口玻璃或螺纹口玻璃瓶外普通木箱；螺纹口玻璃瓶、铁盖压口玻璃瓶、塑料瓶或金属桶（罐）外普通木箱。本品属第三类易制毒化学品，托运时，须持有运出地县级人民政府发给的备案证明

运输注意事项 本品铁路运输时限使用有橡胶衬里钢制罐车或特制塑料企业自备罐车装运，装运前需报有关部门批准。铁路运输时应严格按照铁道部《危险货物运输规则》中的危险货物配装表进行配装。起运时包装要完整，装载应稳妥。运输过程中要确保容器不泄漏、不倒塌、不坠落、不损坏。严禁与碱类、胺类、碱金属、易燃或可燃物、食用化学品等混装混运。运输时运输车辆应配备泄漏应急处理设备。运输途中应防曝晒、雨淋、防高温。公路运输时要按规定路线行驶，勿在居民区和人口稠密区停留

第十五部分 法 规 信 息

中华人民共和国安全生产法（2002 年 6 月 29 日第九届全国人大常委会第二十八次会议通过）；中华人民共和国职业病防治法（2001 年 10 月 27 日第九届全国人大常委会第十一次会议通过）；中华人民共和国环境保护法（1989 年 12 月 26 日第七届全国人大常委会第十一次会议通过）；危险化学品安全管理条例（2002 年 1 月 9 日国务院第 52 次常务会议通过）；安全生产许可证条例（2004 年 1 月 7 日国务院第 34 次常务会议通过）；常用危险化学品的分类及标志（GB 13690—92）；工作场所有害因素职业接触限值（GBZ 2.1—2007）；危险化学品名录

第十六部分 其 他 信 息

填表时间　　　　　　　　　　　　填表部门
数据审核单位　　　　　　　　　　修改说明

硫 酸

第一部分 化学品及企业标识

化学品中文名 硫酸
化学品英文名 sulfuric acid
分子式 H_2SO_4　　　　　　　　　　**分子量** 98.08

结构式
$$HO-\overset{\overset{O}{\|}}{\underset{\underset{O}{\|}}{S}}-OH$$

第二部分 成分/组成信息

√纯品　　　　　　　　混合物

有害物成分	浓度	CAS No.
硫酸		7664-93-9

第三部分 危险性概述

危险性类别 第 8.1 类 酸性腐蚀品
侵入途径 吸入、食入
健康危害 对皮肤、黏膜等组织有强烈的刺和腐蚀作用。蒸气或雾可引起结膜炎、结膜水肿、角膜混浊，以致失明；引起呼吸道刺激，重者发生呼吸困难和肺水肿；高浓度引起喉痉挛或声门水肿而窒息死亡。口服后引起消化道灼伤以致溃疡，愈后瘢痕收缩影响功能。溅入眼内可造成灼伤，甚至角膜穿孔、全眼炎以至失明。
慢性影响：牙齿酸蚀症、慢性支气管炎、肺气肿和肺硬化
环境危害 对水体和土壤可造成污染
燃爆危险 不燃，无特殊燃爆特性。浓硫酸与可燃物接触易着火燃烧

第四部分 急 救 措 施

皮肤接触 立即脱去污染的衣着，用大量流动清水冲洗 20～30min。如有不适感，就医
眼睛接触 立即提起眼睑，用大量流动清水或生理盐水彻底冲洗 10～15min。如有不适感，就医
吸入 迅速脱离现场至空气新鲜处。保持呼吸道通畅。如呼吸困难，给输氧。呼吸、心跳停止，立即进行心肺复苏术。就医
食入 用水漱口，给饮牛奶或蛋清。禁止催吐。就医

第五部分 消 防 措 施

危险特性 遇水大量放热，可发生沸溅。与易燃物（如苯）和可燃物（如糖、纤维素等）接触会发生

剧烈反应，甚至引起燃烧。遇电石、高氯酸盐、雷酸盐、硝酸盐、苦味酸盐、金属粉末等发生猛烈反应，引起爆炸或燃烧。有强烈的腐蚀性和吸水性

有害燃烧产物 无意义

灭火方法 本品不燃。根据着火原因选择适当灭火剂灭火

灭火注意事项及措施 消防人员必须穿全身耐酸碱消防服、佩戴空气呼吸器灭火。尽可能将容器从火场移至空旷处。喷水保持火场容器冷却，直至灭火结束。避免水流冲击物品，以免遇水会放出大量热量发生喷溅而灼伤皮肤

第六部分 泄漏应急处理

应急行动 根据液体流动和蒸气扩散的影响区域划定警戒区，无关人员从侧风、上风向撤离至安全区。建议应急处理人员戴正压自给式呼吸器，穿防酸碱服，戴橡胶耐酸碱手套。穿上适当的防护服前严禁接触破裂的容器和泄漏物。尽可能切断泄漏源。勿使泄漏物与可燃物质（如木材、纸、油等）接触。防止泄漏物进入水体、下水道、地下室或限制性空间。小量泄漏：用干燥的砂土或其他不燃材料覆盖泄漏物，用洁净的无火花工具收集泄漏物，置于一盖子较松的塑料容器中，待处置。大量泄漏：构筑围堤或挖坑收容。用砂土、惰性物质或蛭石吸收大量液体。用石灰（CaO）、碎石灰石（$CaCO_3$）或碳酸氢钠（$NaHCO_3$）中和。用耐腐蚀泵转移至槽车或专用收集器内

第七部分 操作处置与储存

操作注意事项 密闭操作，注意通风。操作尽可能机械化、自动化。操作人员必须经过专门培训，严格遵守操作规程。建议操作人员佩戴自吸过滤式防毒面具（全面罩），穿橡胶耐酸碱服，戴橡胶耐酸碱手套。远离火种、热源。工作场所严禁吸烟。远离易燃、可燃物。防止蒸气泄漏到工作场所空气中。避免与还原剂、碱类、碱金属接触。搬运时要轻装轻卸，防止包装及容器损坏。配备相应品种数量的消防器材及泄漏应急处理设备。倒空的容器可能残留有害物。稀释或制备溶液时，应把酸加入水中，避免沸腾和飞溅

储存注意事项 储存于阴凉、通风的库房。保持容器密封。应与易（可）燃物、还原剂、碱类、碱金属、食用化学品分开存放，切忌混储。储区应备有泄漏应急处理设备和合适的收容材料

第八部分 接触控制/个体防护

职业接触限值

中国　PC-TWA（mg/m^3）：1 [G1]；

　　　PC-STEI（mg/m^3）：2 [G1]

美国　（ACGIH）TLV-TWA（mg/m^3）：1；

　　　TLV-STEL（mg/m^3）：3

监测方法 氰化钡比色法；离子色谱法

工程控制 密闭操作，注意通风。提供安全淋浴和洗眼设备

呼吸系统防护 可能接触其烟雾时，佩戴过滤式防毒面具（全面罩）或空气呼吸器。紧事态抢救或撤离时，建议佩戴空气呼吸器

眼睛防护 呼吸系统防护中已作防护

身体防护 穿橡胶耐酸碱服

手防护 戴橡胶耐酸碱手套

其他防护 工作现场禁止吸烟、进食和饮水。工作完毕，淋浴更衣。单独存放被毒物污染的衣服，洗后备用。保持良好的卫生习惯

第九部分 理化特性

外观与性状 纯品为无色透明油状液体，无臭	**临界压力（MPa）** 6.4
pH 值 无资料	**辛醇/水分配系数** -2.2
熔点（℃） 10～10.49	**闪点（℃）** 无意义
沸点（℃） 330	**引燃温度（℃）** 无意义
相对密度（水=1） 1.84	**爆炸下限（%）** 无意义
相对蒸气密度（空气=1） 3.4	**爆炸上限（%）** 无意义
饱和蒸气压（kPa） 0.13（145.8℃）	**溶解性** 与水、乙醇混溶

主要用途 用于生产化学肥料，在化工、医药、塑料、染料、石油提炼等工业也有广泛的应用

第十部分　稳定性和反应性

稳定性　稳定

禁配物　碱类、强还原剂、易燃或可燃物、电石、高氯酸盐、雷酸盐、硝酸盐、苦味酸盐、金属粉末等

避免接触的条件　水

聚合危害　不聚合　　　　　　　　　　**分解产物**　氧化硫

第十一部分　毒理学资料

急性毒性

LD_{50}：2140mg/kg（大鼠经口）

LC_{50}：510mg/m^3（大鼠吸入，2h）；320mg/m^3（小鼠吸入，2h）

刺激性　家兔经眼：1380μg，重度刺激

亚急性与慢性毒性　牛长期每天摄入含硫酸的饮水（剂量110～190mg/kg），出现疲乏，外观极度衰弱，以致转入死亡。狗长期摄入含硫酸（115mg/kg）饮水，出现腹泻

致癌性　IARC致癌性评论：G1，确认人类致癌物

第十二部分　生态学资料

生态毒性　TLm：42mg/L（48h）（食蚊鱼）；49mg/L（48h）（蓝鳃太阳鱼）

生物降解性　无资料

非生物降解性　无资料

其他有害作用　该物质对环境有危害，应特别注意对水体和土壤的污染

第十三部分　废弃处置

废弃物性质　危险废物

废弃处置方法　缓慢加入碱液-石灰水中，并不断搅拌，反应停止后，用大量水冲入废水系统

废弃注意事项　处置前应参阅国家和地方有关法规

第十四部分　运输信息

危险货物编号　81007　　　　　　　　**铁危编号**　81007

UN编号　1830　　　　　　　　　　　**包装类别**　Ⅰ类包装

包装标志　腐蚀品

包装方法　耐酸坛或陶瓷瓶外普通木箱或半花格木箱；磨砂口玻璃瓶或螺纹口玻璃瓶外普通木箱

运输注意事项　本品铁路运输时限使用钢制企业自备罐车装运，装运前需报有关部门批准。铁路运输时应严格按照铁道部《危险货物运输规则》中的危险货物配装表进行配装。起运时包装要完整，装载应稳妥。运输过程中要确保容器不泄漏、不倒塌、不坠落、不损坏。严禁与易燃或可燃物、还原剂、碱类、碱金属、食用化学品等混装混运。运输时运输车辆应配备泄漏应急处理设备。运输途中应防爆晒、雨淋、防高温。公路运输时要按规定路线行驶，勿在居民区和人口稠密区停留。本品属第三类易制化学品，托运时，须持有运出地县级人民政府发给的备案证明

第十五部分　法规信息

中华人民共和国安全生产法（2002年6月29日第九届全国人大常委会第二十八次会议通过）；中华人民共和国职业病防治法（2001年10月27日第九届全国人大常委会第十一次会议通过）；中华人民共和国环境保护法（1989年12月26日第七届全国人大常委会第十一次会议通过）；危险化学品安全管理条例（2002年1月9日国务院第52次常务会议通过）；安全生产许可证条例（2004年1月7日国务院第34次常务会议通过）；常用危险化学品的分类及标志（GB 13690—92）；工作场所有害因素职业接触限值（GBZ 2.1—2007）；危险化学品名录

第十六部分　其他信息

填表时间　　　　　　　　　　　　　　**填表部门**

数据审核单位　　　　　　　　　　　　**修改说明**

苯

第一部分　化学品及企业标识

化学品中文名　苯

化学品英文名　benzene；plene

分子式　C_6H_6 　　　　　　　　分子量　78.12

结构式　◯

第二部分　成分/组成信息

√ 纯品　　　　　　　　混合物

有害物成分　　**浓度**　　**CAS No.**
　　苯　　　　　　　　　　71-43-2

第三部分　危险性概述

危险性类别　第3.2类　　中闪点液体

侵入途径　吸入、食入、经皮吸收

健康危害　高浓度苯对中枢神经系统有麻醉作用，引起急性中毒；长期接触苯对造血系统有损害，引起急性中毒

急性中毒：轻者有头痛、头晕、恶心、呕吐、轻度兴奋、步态蹒跚等酒醉状态，可伴有黏膜刺激；重度中毒者发生烦躁不安、昏迷、抽搐、血压下降，以致呼吸系统和循环系统衰竭。可发生心室颤动。呼气苯、血苯、尿酚测定值增高

慢性中毒：主要表现有神经衰弱综合征；造血系统改变有白细胞减少（计数低于 $4×10^9/L$）、血小板减少，重者出现再生障碍性贫血；并有易感染和（或）出血倾向。少数病例在慢性中毒后可发生白血病（以急性粒细胞性为多见）。皮肤损害有脱脂、干燥、邹裂、皮炎。可致月经量增多与经期延长

环境危害　对水体、土壤和大气可造成污染

燃爆危险　易燃，其气体与空气混合，能形成爆炸性混合物

第四部分　急救措施

皮肤接触　脱去污染的衣着，用肥皂水和清水彻底冲洗皮肤。如有不适感，就医

眼睛接触　提起眼睑，用流动清水或生理盐水冲洗。如有不适感，就医

吸入　迅速脱离现场至空气新鲜处。保持呼吸道通畅。如呼吸困难，给输氧。呼吸、心跳停止，立即进行心肺复苏术，就医

食入　饮水，禁止催吐。如有不适感，就医

第五部分　消防措施

危险特性　易燃，其与空气混合可形成爆炸性混合物，遇明火、高热极易燃烧爆炸。与氧化剂能发生强烈反应。易产生和聚集静电，有燃烧爆炸危险。蒸气比空气重，沿地面扩散易积存于低洼处，遇火源会着火回燃

有害燃烧产物　一氧化碳、二氧化碳

灭火方法　用泡沫、干粉、二氧化碳、砂土灭火

灭火注意事项及措施　消防人员必须佩戴空气呼吸器、穿全身防火防毒服，在上风向灭火。喷水冷却容器，可能的话将容器从火场移至空旷处。容器突然发生异常声音或出现异常现象，应立即撤离。用水灭火无效

第六部分　泄漏应急处理

应急行动　消除所有点火源。根据液体流动和蒸气扩散的影响区域划定警戒区，无关人员从侧风、上风向撤离至安全区。建议应急处理人员戴正压自给式呼吸器，穿防毒、防静电服，戴橡胶耐油手套。作业时使用的所有设备应接地。禁止接触或跨越泄漏物。尽可能切断泄漏源。防止泄漏物进入水体、下水道、地下室或限制性空间。小量泄漏：用砂土或其他不燃材料吸收。使用清洁的无火花工具收集吸收材料。大量泄漏：构筑围堤或挖坑收容。用泡沫覆盖，减少蒸发。喷水雾能减少蒸发，但不能降低泄漏物在限制性空间内的易燃性。用防爆泵转移至槽车或专用收集器内。

第七部分　操作处置与储存

操作注意事项　密闭操作，加强通风。操作人员必须经过专门培训，严格遵守操作规程。建议操作人员佩戴自吸过滤式防毒面具（半面罩），戴化学安全防护眼镜，穿防毒物渗透工作服，戴耐油橡胶手套。远离火种、热源。工作场所严禁吸烟。使用防爆型的通风系统和设备。防止蒸气泄漏到工作场所空气中。避免与氧化剂接触。灌装时就控制流速，且有接地装置，防止静电积集。搬运时要轻装轻卸，防止包装及容器损坏。配备相应品种和数量的消防器材及泄漏应急处理设备。倒空的容器可能有残留物

储存注意事项　储存于阴凉、通风的库房。远离火种、热源。库温不宜越过 37℃。保持容器密封。应与氧化剂、食用化学品分开存放，切忌混储。采用防爆型照明、通风设施。禁止使用易产生火花的机械设备与工具。储区应备有泄漏应急设备和合适的收容材料

第八部分　接触控制/个体防护

职业接触限值　中国　PC-TWA（mg/m³）：6［皮］［G1］；

　　　　　　　　　　　PC-STEL（mg/m³）：10［皮］［G1］；

　　　　　　　　美国　（ACGIH）TLV-TWA：0.5ppm［皮］；

　　　　　　　　　　　TLV-STEL：2.5ppm［皮］

监测方法　溶剂解吸-气相色谱法；热解吸-气相色谱法；直接进样-气相色谱法；无泵型采样-气相色谱法

工程控制　生产过程密闭，加强通风。提供安全淋浴及洗眼设备

呼吸系统防护　空气中浓度超标时，佩戴过滤式防毒面具（半面罩）。紧急事态撤离时，应佩戴空气呼吸器

眼睛防护　戴化学安全防护眼镜

身体防护　穿防毒物渗透工作服

手防护　戴耐油橡胶手套

其他防护　工作现场禁止吸烟、进食和饮水。工作完毕淋浴更衣。实行就业前和定期的体检

第九部分　理化特性

外观与性状　无色透明液体，有强烈芳香味　　　**临界温度**（℃）　289.5

pH 值　无资料　　　　　　　　　　　　　　**临界压力**（MPa）　4.92

熔点（℃）　5.5　　　　　　　　　　　　　**辛醇/水分配系数**　2.15

沸点（℃）　80.1　　　　　　　　　　　　　**闪点**（℃）　－11

相对密度（水＝1）　0.88　　　　　　　　　**引燃温度**（℃）　560

相对蒸气密度（空气＝1）　2.77　　　　　　**爆炸下限**（%）　1.2

饱和蒸气压（kPa）　9.95（20℃）　　　　　**爆炸上限**（%）　8.0

燃烧热（kJ/mol）　－3264.4

溶解性　不溶于水，溶于乙醇、乙醚、丙酮等多数有机溶剂

主要用途　用作溶剂及苯的衍生物、香料、染料、塑料、医药、橡胶等

第十部分　稳定性和反应性

稳定性　稳定

禁配物　强氧化剂、酸类、卤素类

避免接触的条件　无资料

聚合危害　不聚合　　　　　　　　　　　　　**分解产物**　无资料

第十一部分　毒理学资料

急性毒性

　　　LD_{50}：1800mg/kg（大鼠经口）；

　　　4700mg/kg（小鼠经口）；

　　　8272mg/kg（兔经皮）

　　　LC_{50}：31900mg/m³（大鼠吸入，7h）

刺激性

　　　（家兔经皮）500mg/kg（24h），中度刺激；

　　　（家兔经眼）2mg/kg（24h），重度刺激

亚急性与慢性毒性　家兔吸入 10mg/m³，数天到几周，引起白细胞减少，淋巴细胞百分比相对增加。慢性中毒动物造血系统改变，严重者骨髓再生不良

　　　致突变性 DNA 抑制：人白细胞 2200μmol/L。姐妹染色体单体交换：人淋巴细胞 200μmol/L。细胞遗传学分析：人吸入 125ppm（la）。细胞突变：人淋巴细胞 1gm/L

　　　致畸性　小鼠孕后 6～15d 吸入最低中毒剂量（TCLo）5ppm，致血和淋巴系统发育畸形（包括脾和骨

髓）。小鼠腹腔内给予最低中毒剂量（TDLo）219mg/kg，致致血和淋巴系统发育畸形（包括脾和骨髓）、肝胆管系统发育畸形

其他　大鼠吸入最低中毒浓度（TCLo）：150ppm/24h（孕 7～14d），引起填入后死亡率增加和骨骼肌肉发育异常

第十二部分　生态学资料

生态毒性

　　LC_{50}：46mg/L（24h）（金鱼）

　　20mg/L（24～48h）（蓝鳃太阳鱼）

　　27mg/L（96h）（小长臂虾）

　　LC_{100}：12.8mmol/L（24h）（梨形四膜虫）

　　LD_{100}：34mg/L（24h）（蓝鳃太阳鱼）

　　TLm：36mg/L（24～96h）（虹鳟，软水）

生物降解性

　　好氧生物降解（h）：120～384

　　厌氧生物降解（h）：2688～17280

非生物降解性

　　水相光解半衰期（h）：2808～16152

　　光解最大光吸收波长范围（nm）：239～268

　　水中光氧化半衰期（h）：8021～3.20×10^5

　　空气中光氧化半衰期（h）：50.1～501

　　生物富集性　BCF：3.5（日本鳗鲡）；4.4（大西洋鲱）；4.3（金鱼）

第十三部分　废弃处置

废弃物性质　危险废物

废弃处置方法　用焚烧法处置

废弃注意事项　把倒空的容器归还厂商或在规定场所掩埋

第十四部分　运输信息

危险货物编号　32050　　　　　　　　**铁危编号**　31150

UN 编号　1114　　　　　　　　　　**包装类别**　Ⅱ类包装

包装标志　易燃液体

包装方法　小开口钢桶；螺纹口玻璃瓶、铁盖压口玻璃瓶、塑料瓶或金属桶（罐）外普通木箱

运输注意事项　本品铁路运输时限使用钢制企业自备罐车装运，装运前需报有关部门批准。铁路运输时应严格按照铁道部《危险货物运输规则》中的危险货物配装表进行配装。运输时运输车辆应配备相应品种和数量的消防器材及泄漏应急处理设备。夏季最好早晚运输。运输时所用的槽（罐）车应有接地链，槽内可设孔隔板以减少震荡产生静电。严禁与氧化剂、食用化工品等混装混运。运输途中应防爆晒、雨淋、防高温。中途停留时应远离火种、热源、高温区。装运该物品的车辆排气管必须配备阻火装置，禁止使用易产生火花的机械设备和工具装卸。公路运输时要按规定路线行驶，勿在居民区和人口稠密区停留。铁路运输时要禁止溜放。严禁用木船、水泥船散装运输

第十五部分　法规信息

中华人民共和国安全生产法（2002 年 6 月 29 日第九届全国人大常委会第二十八次会议通过）；中华人民共和国职业病防治法（2001 年 10 月 27 日第九届全国人大常委会第十一次会议通过）；中华人民共和国环境保护法（1989 年 12 月 26 日第七届全国人大常委会第十一次会议通过）；危险化学品安全管理条例（2002 年 1 月 9 日国务院第 52 次常务会议通过）；安全生产许可证条例（2004 年 1 月 7 日国务院第 34 次常务会议通过）；常用危险化学品的分类及标志（GB 13690—92）；工作场所有害因素职业接触限值（GBZ 2.1—2007）；危险化学品名录；高毒物品目录

第十六部分　其他信息

填表时间　　　　　　　　　　　　　**填表部门**

数据审核单位　　　　　　　　　　　**修改说明**

苯 胺

第一部分 化学品及企业标识

化学品中文名 苯胺；氨基苯；阿尼林油

化学品英文名 aniline；aminobenzene；aniline oil

分子式 C_6H_7N **分子量** 93.14

结构式 H_2N—⬡

第二部分 成分/组成信息

√纯品 混合物

有害物成分	浓度	CAS No.
苯胺		62-53-3

第三部分 危险性概述

危险性类别 第 6.1 类 毒害品

侵入途径 吸入、食入、经皮吸收

健康危害 本品主要引起高铁血红蛋白症、溶血性贫血和肝、肾损害。易经皮肤吸收。急性中毒：患者口唇、指端、耳廓紫绀，有头痛、头晕、恶心、呕吐、手指发麻、精神恍惚等；重度中毒时，皮肤、黏膜严重青紫，呼吸困难，抽搐，甚至昏迷，休克。出现溶血性黄疸、中毒性肝炎及肾损害。可有化学性膀胱炎。眼接触引起结膜角膜炎。

慢性中毒：患者有神经衰弱综合征表现，伴有轻度紫绀、贫血和肝、脾肿大。皮肤接触可引起湿疹

环境危害 对水生生物有极高毒性，可对土壤和大气可造成污染

燃爆危险 可燃，其蒸气与空气混合，能形成爆炸性混合物

第四部分 急救措施

皮肤接触 立即脱去污染的衣着，用肥皂水和清水彻底冲洗皮肤。如有不适感，就医

眼睛接触 立即提起眼睑，用大量流动清水或生理盐水彻底冲洗 $10\sim15min$。如有不适感，就医

吸入 迅速脱离现场至空气新鲜处。保持呼吸道通畅。如呼吸困难，给输氧。呼吸、心跳停止，立即进行心肺复苏。就医

食入 饮足量温水，催吐。就医

第五部分 消防措施

危险特性 遇明火、高热可燃。与酸类、卤素、醇类、胺类发生强烈反应，会引起燃烧

有害燃烧产物 一氧化碳、氮氧化物

灭火方法 用水、泡沫、二氧化碳、砂土灭火

灭火注意事项及措施 消防人员必须佩戴空气呼吸器、穿全身防火防毒服，在上风向灭火。尽可能将容器从火场移至空旷处。喷水保持火场容器冷却，直至灭火结束

第六部分 泄漏应急处理

应急行动 根据液体流动和蒸气扩散的影响区域划定警戒区，无关人员从侧风、上风向撤离至安全区。消除所有点火源。建议应急处理人员戴正压自给式呼吸器，穿防毒服，戴橡胶耐油手套。穿上适当的防护服前严禁接触破裂的容器和泄漏物。尽可能切断泄漏源。防止泄漏物进入水体、下水道、地下室或限制性空间。小量泄漏：用干燥的砂土或其他不燃材料吸收或覆盖，收集于容器中。大量泄漏：构筑围堤或挖坑收容。用砂土、惰性材料或蛭石吸收大量液体。用泵转移至槽车或专用收集器内

第七部分 操作处置与储存

操作注意事项 密闭操作，提供充分的局部排风。操作尽可能机械化、自动化。操作人员必须经过专门培训，严格遵守操作规程。建议操作人员佩戴过滤式防毒面罩（半面罩），戴安全防护眼镜，穿防毒物渗透工作服，戴橡胶耐油手套。远离火种、热源。工作场所严禁吸烟。使用防爆型的通风系统和设备。防止蒸气泄漏到工作场所空气中。避免与氧化剂、酸类接触。搬运时要轻装轻卸，防止包装及容器损坏。配备相应品种和数量的消防器材及泄漏应急处理设备。倒空的容器可能残留有害物

储存注意事项 储存于阴凉、通风的库房。远离火种、热源。库温不超过 32℃，相对湿度不超过80%。避光保存。包装要求密封，不可与空气接触。应与氧化剂、酸类、食用化学品分开存放，切忌混储。配备相应品种和数量的消防器材。储区应备有泄漏应急处理设备和合适的收容材料

第八部分　接触控制/个体防护

职业接触限值

中国　PC-TWA（mg/m³）：3［皮］；

美国　（ACGIH）TLV-TWA：2ppm［皮］；

监测方法　溶剂解吸-气相色谱法；高效液相色谱法

工程控制　严加密闭，提供充分的局部排风。提供安全淋浴和洗眼设备

呼吸系统防护　可能接触其蒸气时，佩戴过滤式防毒面具（半面罩）。紧急事态抢救或撤离时，佩戴空气呼吸器

眼睛防护　戴安全防护眼镜

身体防护　穿防毒物渗透工作服

手防护　戴耐油橡胶手套

其他防护　工作现场禁止吸烟、进食和饮水。及时换洗工作服。工作前后不饮酒。用温水洗澡。注意检测毒物。实行就业前和定期的体检

第九部分　理化特性

外观与性状　无色至浅黄色透明液体，有强烈气味。暴露在空气中或在曝光下变棕色

pH 值　约 8（2%溶液）	**临界温度**（℃）　425.6
熔点（℃）　－6.2	**临界压力**（MPa）　5.30
沸点（℃）　184.4	**辛醇/水分配系数**　0.94
相对密度（水=1）　1.02	**闪点**（℃）　70
相对蒸气密度（空气=1）　3.22	**引燃温度**（℃）　615
饱和蒸气压（kPa）　2.00（25℃）	**爆炸下限**（%）　1.2
燃烧热（kJ/mol）　－3389.8	**爆炸上限**（%）　11.0

溶解性　微溶于水，溶于乙醇、乙醚、苯

主要用途　可用来测定油品的苯胺点，也用作染料中间体、农药、橡胶助剂及其他有机合成等的原料

第十部分　稳定性和反应性

稳定性　稳定

禁配物　强氧化剂、酸类、酰基氯、酸酐

避免接触的条件　无资料

聚合危害　不聚合　**分解产物**　无资料

第十一部分　毒理学资料

急性毒性

LD_{50}：250mg/kg（大鼠经口）；

1400mg/kg（大鼠经皮）；

1000mg/kg（兔经口）；

820mg/kg（兔经皮）；

LC_{50}：665mg/m³（小鼠吸入，7h）

刺激性

家兔经皮：500mg（24h），中度刺激；

家兔经眼：20mg（24h），重度刺激。

亚急性与慢性毒性

大鼠吸入 19mg/m³，每天 6h，23 周时高铁血红蛋白升高至 600mg/mL

致突变性　微生物致突变：鼠伤寒沙门菌100μg/kg。姐妹染色单体交换：小鼠腹腔内210mg/kg。

微核试验：小鼠腹腔内给予 50mg/kg。

DNA 损伤：小鼠经口 1g/kg

致癌性　IARC 致癌性评论：G3，对人及动物致癌性证据不足

第十二部分　生态学资料

生态毒性

LC_{100}：21.5mmol/L（24h）（梨形四膜虫）

LC_{50}：51～92mg/L（48h）（金色圆腹雅罗鱼）；8.2mg/L（7d）（虹鳟鱼）

EC_{50}：0.1～0.65mg/L（48h）（水蚤）

生物降解性　低浓度下，在天然水体中，1d可降解40％～60％；21d内可降解75％～99％

非生物降解性　空气中半衰期3.3h（理论）

<h3 style="text-align:center">第十三部分　废 弃 处 置</h3>

废弃物性质　危险废物

废弃处置方法　用焚烧法处置。焚烧炉排出的氮氧化物通过洗涤器除去

废弃注意事项　处置前应参阅国家和地方有关法规

<h3 style="text-align:center">第十四部分　运 输 信 息</h3>

危险货物编号　61746　　　　　　　　　　**铁危编号**　61746

UN编号　1547　　　　　　　　　　　　　**包装类别**　Ⅱ类包装

包装标志　有毒品

包装方法　小开口钢桶；螺纹口玻璃瓶、铁盖压口玻璃瓶、塑料瓶或金属桶（罐）外普通木箱；螺纹口玻璃瓶、塑料瓶或镀锡薄钢板桶（罐）外满底板花格箱、纤维板箱或胶合板箱

运输注意事项　运输前应先检查包装容器是否完整、密封，运输过程中要确保容器不泄漏、不倒塌、不坠落、不损坏。严禁与酸类、氧化剂、食品及食品添加剂混运。运输时运输车辆应配备相应品种和数量的消防器材及泄漏应急处理设备。运输途中应防爆晒、雨淋、防高温。公路运输时要按规定路线行驶

<h3 style="text-align:center">第十五部分　法 规 信 息</h3>

中华人民共和国安全生产法（2002年6月29日第九届全国人大常委会第二十八次会议通过）；中华人民共和国职业病防治法（2001年10月27日第九届全国人大常委会第十一次会议通过）；中华人民共和国环境保护法（1989年12月26日第七届全国人大常委会第十一次会议通过）；危险化学品安全管理条例（2002年1月9日国务院第52次常务会议通过）；安全生产许可证条例（2004年1月7日国务院第34次常务会议通过）；常用危险化学品的分类及标志（GB 13690—92）；工作场所有害因素职业接触限值（GBZ 2.1—2007）；危险化学品名录；高毒物品目录

<h3 style="text-align:center">第十六部分　其 他 信 息</h3>

填表时间　　　　　　　　　　　　　　　　**填表部门**

数据审核单位　　　　　　　　　　　　　　**修改说明**

<h2 style="text-align:center">甲 醛 溶 液</h2>

<h3 style="text-align:center">第一部分　化学品及企业标识</h3>

化学品中文名　甲醛溶液

化学品英文名　formaldehyde solution；methanal solution

分子式　CH_2O　　　　　　　　　　　　**分子量**　30.03

结构式　

<h3 style="text-align:center">第二部分　成分/组成信息</h3>

纯品　　　　　　　　√混合物

有害物成分　　**浓度**　　**CAS No.**

　甲醛　　　　　　　　50-00-0

<h3 style="text-align:center">第三部分　危险性概述</h3>

危险性类别　第8.3类　其他腐蚀品

根据《危险货物品名表》GB 12268，主危险性为第8类　腐蚀品（甲醛溶液，甲醛含量不低于25％）；根据《危险货物品名表》GB 12268，主危险性为第3类　易燃液体（甲醛溶液，易燃）

侵入途径　吸入、食入

健康危害　本品对黏膜、上呼吸道、眼睛和皮肤有强烈刺激性。接触其蒸气，引起结膜炎、角膜炎、鼻炎、支气管炎；重者发生喉痉挛、声门水肿和肺炎等。肺水肿较少见。对皮肤有原发性刺激和致敏作用，可致皮炎；浓溶液可引起皮肤凝固性坏死。口服灼伤口腔和消化道，可发生胃肠道穿孔，休克，肾和肝脏

损害。

慢性影响：长期接触低浓度甲醛可有轻度眼、鼻、咽喉刺激症状，皮肤干燥、皲裂、甲软化等。甲醛对人有致癌性

环境危害　对水体、土壤和大气可造成污染

燃爆危险　易燃，其蒸气与空气混合，能形成爆炸性混合物

第四部分　急救措施

皮肤接触　立即脱去污染的衣着，用大量流动清水冲洗 20～30min。如有不适感，就医

眼睛接触　立即提起眼睑，用大量流动清水或生理盐水彻底冲洗 10～15min。如有不适感，就医

吸入　迅速脱离现场至空气新鲜处。保持呼吸道通畅。如呼吸困难，给输氧。呼吸、心跳停止，立即进行心肺复苏术。就医

食入　口服牛奶、醋酸胺水溶液。催吐，用稀氨水溶液洗胃。就医

第五部分　消防措施

危险特性　其蒸气与空气可形成爆炸性混合物，遇明火、高热能引起燃烧爆炸。与氧化剂接触发生猛烈反应

有害燃烧产物　一氧化碳

灭火方法　用雾状水、抗溶性泡沫、干粉、二氧化碳、砂土灭火

灭火注意事项及措施　消防人员须佩戴防毒面具、穿全身消防服，在上风向灭火，尽可能将容器从火场移至空旷处。喷水保持火场容器冷却，直至灭火结束。容器突然发出异常声音或出现异常现象，应立即撤离

第六部分　泄漏应急处理

应急行动　根据液体流动和蒸气扩散的影响区域划定警戒区，无关人员从侧风、上风向撤离至安全区。建议应急处理人员戴正压自给式呼吸器，穿防腐蚀、防毒服，戴橡胶手套。作业时使用的所有设备应接地。禁止接触或跨越泄漏物。尽可能切断泄漏源。防止泄漏物进入水体、下水道、地下室或限制性空间。小量泄漏：用砂土或其他不燃材料吸收。使用洁净的无火花工具收集吸收材料。大量泄漏：构筑围堤或挖坑收容。用抗溶性泡沫覆盖，减少蒸发，喷水雾能减少蒸发，但不能降低泄漏物在限制性空间内的易燃性。用砂土、惰性物质或蛭石吸收大量液体。用亚硫酸氢（$NaHSO_3$）中和。用耐腐蚀泵转移至槽车或专用收集器内。喷雾状水驱散蒸气、稀释液体泄漏物

第七部分　操作处置与储存

操作注意事项　密闭操作，提供充分的局部排风。操作人员必须经过专门培训。严格遵守操作规程。建议操作人员佩戴自吸过滤式防毒面具（全面罩），穿橡胶耐酸碱服，戴橡胶手套。远离火种、热源。工作场所严禁吸烟。使用防爆型的通风系统和设备。防止蒸气泄漏到工作场所空气中。避免与氧化剂、酸类、碱类接触。搬运时要轻装轻卸，防止包装及容器损坏。配备相应品种和数量的消防器材及泄漏应急处理设备。倒空的容器可能残留有害物

储存注意事项　储存于阴凉、通风的库房。远离火种、热源。包装要求密封，不可与空气接触。应与氧化剂、酸类、碱类分开存放，切忌混储。采用防爆型照明、通风设施。禁止使用易产生火花的机械设备和工具。储区应备有泄漏应急处理设备和合适的收容材料

第八部分　接触控制/个体防护

职业接触限值

　　中国　MAC（mg/m³）：0.5［敏］［G1］

　　美国　（ACGIH）TLV-C：0.3ppm

监测方法　酚试剂分光光度法

工程控制　严加密闭，提供充分的局部排风。提供安全淋浴和洗眼设备

呼吸系统防护　可能接触其蒸气时建议佩戴过滤式防毒面具（全面罩）。紧急事态抢救或撤离时，佩戴空气呼吸器

眼睛防护　呼吸系统防护中已作防护

身体防护　穿橡胶耐酸碱服

手防护　戴橡胶手套

其他防护　工作现场禁止吸烟、进食和饮水。工作完毕，彻底清洗。注意个人清洁卫生。实行就业前和定期的体检。进入限制性空间或其他高浓度区作业，须有人监护

第九部分　理化特性

外观与性状　无色，具有刺激性和窒息性的气体，商品为其水溶液

pH 值　无资料	**临界温度**（℃）　137.2～141.2
熔点（℃）　−92	**临界压力**（MPa）　6.81
沸点（℃）　−21～−19	**辛醇/水分配系数**　0.35
相对密度（水＝1）　0.84	**闪点**（℃）　83（℃）（37％水溶液）
相对蒸气密度（空气＝1）　1.03	**引燃温度**（℃）　430
饱和蒸气压（kPa）　13.33（−57.30）	**爆炸下限**（％）　7.0
燃烧热（kJ/mol）　−570.7	**爆炸上限**（％）　73.0

溶解性　易溶于水，溶于乙醇、乙醚、丙酮等多数有机溶剂

主要用途　是一种重要的有机原料，也是炸药、染料、医药、农药的原料，也作杀菌剂、消毒剂等

第十部分　稳定性和反应性

稳定性　稳定

禁配物　强氧化剂、强酸、强碱

避免接触的条件　接触空气

聚合危害　聚合　　　　　　　　　　　　**分解产物**　无资料

第十一部分　毒理学资料

急性毒性

　　LD_{50}：800mg/kg（大鼠经口）；

　　270mg/kg（兔经皮）

　　LC_{50}：590mg/m³（大鼠吸入）

刺激性

　　家兔经皮：50mg（24h），中度刺激；

　　家兔经眼：750μg（24h），重度刺激

亚急性与慢性毒性　大鼠吸入 50～70mg/m³，每天 1h，每周 3d，35 周，发现气管及支气管基底细胞增生及生化改变

致突变性　微生物致突变：鼠伤寒沙门菌 4mg/L。哺乳动物体细胞突变：人淋巴细胞 130μmol/L。姐妹染色单体互换：人淋巴细胞 37％

致畸性　大鼠孕后 1～21d 经口给予最低中毒剂量（TDLo）168mg/kg，致肝胆管系统发育畸形。小鼠孕后 7～14d 腹腔内给予最低中毒剂量（TDLo）240mg/kg，致颅面部（包括鼻、舌）、肌肉骨骼系统发育畸形。大鼠孕后 1～21d 腹腔内给予最低中毒剂量（TDLo）10.5mg/kg，致肝胆管系统、泌尿生殖系统、呼吸系统发育畸形

致癌性　IARC 致癌性评论：G1，确认人类致癌物

其他　大鼠经口给予最低中毒剂量（TDLo）：200mg/kg（1d，雄性），对精子生存有影响。大鼠吸入最低中毒浓度（TCLo）：12μg/m³（24h）（孕 1～22d），引起新生鼠生化和代谢改变

第十二部分　生态学资料

生态毒性

　　LC_{50}：96～7200mg/L（96h）（鱼）

　　EC_{50}：2mg/L（48h）（水蚤）

　　IC_{50}：0.39～14mg/L（72h）（藻类）

生物降解性

　　好氧生物降解（h）：24～168

　　厌氧生物降解（h）：96～672

非生物降解性

　　水相光解半衰期（h）：1.25～6

水中光氧化半衰期（h）：4813～$1.9×10^5$

空气中光氧化半衰期（h）：7.13～71.3

第十三部分　废弃处置

废弃物性质　危险废物

废弃处置方法　用焚烧法处置

废弃注意事项　处置前应参阅国家和地方有关法规

第十四部分　运输信息

危险货物编号　83012

铁危编号　32152（甲醛溶液，易燃）；83012（甲醛溶液，甲醛含量不低于25%）

UN编号　1198（甲醛溶液，易燃）；2209（甲醛溶液，甲醛含量不低于25%）

包装类别　Ⅲ类包装

包装标志　易燃液体；腐蚀品（甲醛溶液，易燃）　腐蚀品（甲醛溶液，甲醛含量不低于25%）

包装方法　小开口钢桶；玻璃瓶或塑料桶（罐）外全开口钢桶；磨砂口玻璃瓶或螺纹口玻璃瓶外普通木箱；安瓿外普通木箱；螺纹口玻璃瓶、铁盖压口玻璃瓶、塑料瓶或金属桶（罐）外普通木箱；螺纹口玻璃瓶、塑料瓶或镀锡薄钢板桶（罐）外满底板花格箱、纤维板箱或胶合板箱

运输注意事项　本品铁路运输时限使用铝制企业自备罐车装运，装运前需报有关部门批准。铁路运输时应严格按照铁道部《危险货物运输规则》中的危险货物配装表进行配装。起运时包装要完整，装载应稳妥。运输过程中要确保容器不泄漏、不倒塌、不坠落、不损坏。运输时所用的槽（罐）车应有接地链，槽内可设孔隔板以减少震荡产生静电。严禁与氧化剂、酸类、碱类、食用化学品等混装混运。运输车辆应配备相应品种和数量的消防器材及泄漏应急处理设备。公路运输时要按规定路线行驶，勿在居民区和人口稠密区停留

第十五部分　法规信息

中华人民共和国安全生产法（2002年6月29日第九届全国人大常委会第二十八次会议通过）；中华人民共和国职业病防治法（2001年10月27日第九届全国人大常委会第十一次会议通过）；中华人民共和国环境保护法（1989年12月26日第七届全国人大常委会第十一次会议通过）；危险化学品安全管理条例（2002年1月9日国务院第52次常务会议通过）；安全生产许可证条例（2004年1月7日国务院第34次常务会议通过）；常用危险化学品的分类及标志（GB 13690—92）；工作场所有害因素职业接触限值（GBZ 2.1—2007）；危险化学品名录；剧毒化学品目录；高毒物品目录

第十六部分　其他信息

填表时间　　　　　　　**填表部门**

数据审核单位　　　　　**修改说明**

硫

第一部分　化学品及企业标识

化学品中文名　硫；硫黄

化学品英文名　sulfur

分子式　S　　　　　　　**分子量**　32.06

第二部分　成分/组成信息

√纯品　　　　　　　　混合物

有害物成分	浓度	CAS No.
硫		7704-34-9

第三部分　危险性概述

危险性类别　第4.1类　易燃固体

侵入途径　吸入、食入

健康危害　因其能在肠内部分转化为硫化氢而被吸收，故大量口服可致硫化氢中毒。急性硫化氢中毒的全身毒作用表现为中枢神经系统症状。有头痛、头晕、乏力、呕吐、共济失调、昏迷等。本品可引起眼结膜炎、皮肤湿疹。对皮肤有弱刺激性。生产中长期吸入硫粉尘，一般无明显毒性作用

环境危害　对环境有害

燃爆危险　易燃。与氧化剂混合能形成爆炸性混合物

第四部分　急救措施

皮肤接触　脱去污染的衣着，用肥皂水和清水彻底冲洗皮肤。如有不适感，就医

眼睛接触　提起眼睑，用流动清水或生理盐水冲洗。如有不适感，就医

吸入　迅速脱离现场至空气新鲜处。保持呼吸道通畅。如呼吸困难，给输氧。呼吸、心跳停止，立即进行心肺复苏术。就医

食入　用水漱口。就医

第五部分　消防措施

危险特性　与卤素、金属粉末等接触剧烈反应。硫黄为不良导体，在储运过程中易产生静电荷，可导致硫尘起火。粉尘或蒸气与空气或氧化剂混合形成爆炸性混合物

有害燃烧产物　氧化硫

灭火方法　遇小火用砂土闷熄。遇大火可用雾状水灭火

灭火注意事项及措施　消防人员须佩戴防毒面具、穿全身消防服，在上风向灭火。尽可能将容器从火场移至空旷处。喷水保持火场容器冷却，直至灭火结束

第六部分　泄漏应急处理

应急行动　隔离泄漏污染区，限制出入。消除所有点火源。建议应急处理人员戴防尘口罩，穿防静电服。禁止接触或跨越泄漏物。小量泄漏：用洁净的铲子收集泄漏物，置于干净、干燥、盖子较松的容器中，将容器移离泄漏区。大量泄漏：用水润湿，并筑堤收容。防止泄漏物进入水体、下水道、地下室或限制性空间

第七部分　操作处置与储存

操作注意事项　密闭操作，局部排风。操作人员必须经过专门培训，严格遵守操作规程。建议操作人员佩戴自吸过滤式防尘口罩。远离火种、热源。工作场所严禁吸烟。使用防爆型的通风系统和设备。避免产生粉尘。避免与氧化剂接触。搬运时要轻装轻卸。防止包装及容器损坏。配备相应品种和数量的消防器材及泄漏应急处理设备。倒空的容器可能残留有害物

储存注意事项　储存于阴凉、通风的库房。库温不超过35℃。远离火种、热源。包装密封。应与氧化剂分开存放，切忌混储。采用防爆型照明、通风设施。禁止使用易产生火花的机械设备和工具。储区应备有合适的材料收容泄漏物

第八部分　接触控制/个体防护

职业接触限值　中国　未制定标准

　　　　　　　　美国　（ACGIH）未制定标准

监测方法　无资料

工程控制　密闭操作，局部排风

呼吸系统防护　一般不需特殊防护。空气中粉尘浓度较高时，佩戴过滤式防尘呼吸器

眼睛防护　一般不需特殊防护

身体防护　穿一般作业防护服

手防护　戴一般作业防护手套

其他防护　工作现场禁止吸烟、进食和饮水。工作完毕，淋浴更衣。注意个人清洁卫生

第九部分　理化特性

外观与性状　淡黄色脆性结晶或粉末，有特殊臭味

pH值　无意义　　　　　　　　　　**临界压力（MPa）**　11.75

熔点（℃）　112.8～120　　　　　**辛醇/水分配系数**　0.23

沸点（℃）　444.6　　　　　　　　**闪点（℃）**　207（CC）

相对密度（水＝1）　1.92～2.07　　**引燃温度（℃）**　232

相对蒸气密度（空气＝1）　无资料　　**爆炸下限（%）**　35g/m³

饱和蒸气压（kPa）　0.13（183.8℃）　**爆炸上限（%）**　1400g/m³

临界温度（℃）　1040

溶解性　不溶于水，微溶于乙醇、乙醚，易溶于二硫化碳、苯、甲苯

主要用途 用于制造染料、农药、火柴、火药、橡胶、人造丝、药物等

第十部分 稳定性和反应性

稳定性 稳定

禁配物 强氧化剂、卤素、金属粉末

避免接触的条件 无资料

聚合危害 不聚合 　　　　　　　　　　　**分解产物** 无意义

第十一部分 毒理学资料

急性毒性 LD_{50}：＞8437mg/kg（大鼠经口）

刺激性 无资料

其他 LDLo：8mg/kg（大鼠静脉）；175mg/kg（兔经口）

第十二部分 生态学资料

生态毒性 无资料

生物降解性 无资料

非生物降解性 无资料

第十三部分 废弃处置

废弃物性质 危险废物

废弃处置方法 建议用焚烧法处置。与燃烧混合后，再焚烧。焚烧炉排出的硫氧化物通过洗涤器除去

废弃注意事项 处置前应参阅国家和地方有关法规

第十四部分 运输信息

危险货物编号 41501 　　　　　　　　　　**铁危编号** 41501

UN 编号 1350；2448（熔融）　　　　　　　**包装类别** Ⅲ类包装

包装标志 易燃固体

包装方法 两层塑料袋或一层塑料袋处麻袋、塑料编织袋、乳胶布袋；塑料袋外复合塑料编织袋（聚丙烯三合一袋、聚乙烯三合一袋、聚丙烯二合一袋、聚乙烯二合一袋）；螺纹口玻璃瓶、铁盖压口玻璃瓶、塑料瓶或金属桶（罐）外普通木箱；螺纹口玻璃瓶、塑料瓶或镀锡薄钢板桶（罐）外满底板花格箱、纤维板箱或胶合板箱

运输注意事项 硫黄散装经铁路运输时：限在港口发往收货人的专用线或专用铁路上装车；装车前托运人需用席子在车内衬垫好；装车后苫盖自备篷布；托运人需派人押运。运输时运输车辆应配备相应品种和数量的消防器材及泄漏应急处理设备。装运本品的车辆排气管须有阻火装置。运输过程中要确保容器不泄漏、不倒塌、不坠落、不损坏。严禁与氧化剂等混装混运。运输途中应防爆晒、雨淋、防高温。中途停留时应远离火种、热源。车辆运输完毕应进行长度彻底清扫。铁路运输时要禁止溜放

第十五部分 法规信息

中华人民共和国安全生产法（2002 年 6 月 29 日第九届全国人大常委会第二十八次会议通过）；中华人民共和国职业病防治法（2001 年 10 月 27 日第九届全国人大常委会第十一次会议通过）；中华人民共和国环境保护法（1989 年 12 月 26 日第七届全国人大常委会第十一次会议通过）；危险化学品安全管理条例（2002 年 1 月 9 日国务院第 52 次常务会议通过）；安全生产许可证条例（2004 年 1 月 7 日国务院第 34 次常务会议通过）；常用危险化学品的分类及标志（GB 13690—92）；危险化学品名录

第十六部分 其他信息

填表时间 　　　　　　　　　　　　　　　**填表部门**

数据审核单位 　　　　　　　　　　　　　**修改说明**

氢 氧 化 钠

第一部分 化学品及企业标识

化学品中文名 氢氧化钠；苛性钠；烧碱

化学品英文名 sodium hydroxide；caustic soda

分子式 NaOH 　　　　　　　　　　　　　**分子量** 40.00

结构式 Na—OH

第二部分 成分/组成信息

　√纯品 　　　　　　　　　混合物

有害物成分	浓度	CAS No.
氢氧化钠		1310-73-2

第三部分　危险性概述

危险性类别　第8.2类　碱性腐蚀品

侵入途径　吸入、食入

健康危害　本品有强烈刺激和腐蚀性。粉尘刺激眼和呼吸道，腐蚀鼻中隔；皮肤和眼直接接触可引起灼伤；误服可造成消化道灼伤、黏膜糜烂、出血和休克

环境危害　对环境有害

燃爆危险　不燃，无特殊燃爆特性

第四部分　急救措施

皮肤接触　立即脱去污染的衣着，用大量流动清水冲洗20～30min。如有不适感，就医

眼睛接触　立即提起眼睑，用大量流动清水或生理盐水彻底冲洗10～15min。如有不适感，就医

吸入　迅速脱离现场至空气新鲜处。保持呼吸道通畅。如呼吸困难，给输氧。呼吸、心跳停止，立即进行心肺复苏术。就医

食入　有水漱口，禁止催吐。给饮牛奶或蛋精。就医

第五部分　消防措施

危险特性　与酸发生中和反应并放热。遇潮时对铝、锌和锡有腐蚀性，并放出易燃易爆的氢气。本品不会燃烧，遇水和水蒸气大量放热。形成腐蚀性溶液。具有强腐蚀性

有害燃烧产物　无意义

灭火方法　本品不燃。根据着火原因选择适当灭火剂灭火

灭火注意事项及措施　消防人员必须穿全身耐酸碱消防服、佩戴空气呼吸器灭火。尽可能将容器从火场移至空旷处。喷水保持火场容器冷却，直至灭火结束

第六部分　泄漏应急处理

应急行动　隔离泄漏污染区，限制出入。建议应急处理人员戴防尘口罩，穿防酸碱服，戴橡胶耐酸碱手套。穿上适当的防护服前严禁接触破裂的容器和泄漏物。尽可能切断泄漏源。用塑料布覆盖泄漏物，减少飞散。勿使水进入包装容器内。用洁净的铲子收集泄漏物，置于干净、干燥、盖子较松的容器中，将容器移离泄漏区

第七部分　操作处置与储存

操作注意事项　密闭操作。操作人员必须经过专门培训，严格遵守操作规程。建议操作人员佩戴头罩型电动送风过滤式防尘呼吸器，穿橡胶耐酸碱服，戴橡胶耐酸碱手套。远离易燃、可燃物。避免产生粉尘。避免与酸类接触。搬运时要轻装轻卸，防止包装及容器损坏。配备泄漏应急处理设备。倒空的容器可能残留有害物。稀释或制备溶液时，应把碱加入水中，避免沸腾和飞溅

储存注意事项　储存于阴凉、干燥、通风良好的库房。远离火种、热源。库温不宜超过35℃，相对湿度不超过80％。包装必须密封，切勿受潮。应与易（可）燃物、酸类等分开存放，切忌混储。储区应备有合适的材料收容泄漏物

第八部分　接触控制/个体防护

职业接触限值

　　　中国　MAC（mg/m³）：2

　　　美国　（ACGIH）TLV-C（mg/m³）：2

监测方法　火焰原子吸收光谱法

工程控制　密闭操作。提供安全淋浴和洗眼设备

呼吸系统防护　可能接触其粉尘时，必须佩戴过滤式防尘呼吸器。必要时佩戴空气呼吸器

眼睛防护　戴化学安全防护眼镜

身体防护　穿橡胶耐酸碱服

手防护　戴橡胶耐酸碱手套

其他防护　工作场所禁止吸烟、进食和饮水，饭前要洗手。工作完毕，淋浴更衣。注意个人清洁卫生

第九部分　理化特性

外观与性状　纯品为无色透明晶体。吸湿性强　　**临界压力**（MPa）　25

pH 值　12.7（1%溶液）　　　　　　　　　　**辛醇/水分配系数**　－3.88

熔点（℃）　318.4　　　　　　　　　　　　**闪点**（℃）　无意义

沸点（℃）　1390　　　　　　　　　　　　　**引燃温度**（℃）　无意义

相对密度（水＝1）　2.13　　　　　　　　　**爆炸下限**（%）　无意义

相对蒸气密度（空气＝1）　无资料　　　　　**爆炸上限**（%）　无意义

饱和蒸气压（kPa）　0.13（739℃）

溶解性　易溶于水、乙醇、甘油，不溶于丙酮、乙醚

主要用途　广泛用作中和剂，用于制造各种钠盐、肥皂、纸浆，整理棉织品、丝、黏胶纤维，橡胶制品的再生，金属清洁，电镀，漂白等

第十部分　稳定性和反应性

稳定性　稳定

禁配物　强酸、易燃或可燃物、二氧化碳、过氧化物、水

避免接触的条件　潮湿空气

聚合危害　不聚合　　　　　　　　　　　　**分解产物**　氧化钠

第十一部分　毒理学资料

急性毒性　LD_{50}：40mg/kg（小鼠腹腔）

刺激性

家兔经皮：50mg（24h），重度刺激。

家兔经眼：1%，重复刺激

其他　LDLo：1.57mg/kg（人经口）

第十二部分　生态学资料

生态毒性

LC_{50}：180ppm（24h）（鲤鱼）；

TLm：125ppm（96h）（食蚊鱼）；

99mg/L（48h）（蓝鳃太阳鱼）

生物降解性　无资料

非生物降解性　无资料

其他有害作用　由于呈碱性，对水体可造成污染，对植物和水生生物应给予特别注意

第十三部分　废弃处置

废弃物性质　危险废物

废弃处置方法　中和、稀释后，排入废水系统

废弃注意事项　处置前应参阅国家和地方有关法规。把倒空的容器归还厂商或在规定场所掩埋

第十四部分　运输信息

危险货物编号　82001　　　　　　　　　　**铁危编号**　82001A

UN 编号　1823　　　　　　　　　　　　　**包装类别**　Ⅱ类包装

包装标志　腐蚀品

包装方法　固定可装入 0.5mm 厚的钢桶中严封，每桶净重不超过 100kg，塑料袋或二层牛皮纸袋外全开口或中开口钢桶；螺纹口玻璃、铁盖压口玻璃瓶、塑料瓶或金属桶（罐）外普通木箱；螺纹口玻璃瓶、塑料瓶或镀锡薄钢板桶（罐）外满底板花格箱、纤维板箱或胶合板箱；镀锡薄钢板桶（罐）、金属桶（罐）、塑料瓶或金属软管外瓦楞纸箱

运输注意事项　铁路运输时，钢桶包装的可用敞车运输。起运时包装要完善，装载应稳妥。运输过程中要确保容器不泄漏、不倒塌、不坠落、不损坏。严禁与易燃物或可燃物、酸类、食用化学品等混装混运。运输时运输车辆应配备泄漏应急处理设备

第十五部分　法规信息

中华人民共和国安全生产法（2002 年 6 月 29 日第九届全国人大常委会第二十八次会议通过）；中华人

民共和国职业病防治法（2001 年 10 月 27 日第九届全国人大常委会第十一次会议通过）；中华人民共和国
环境保护法（1989 年 12 月 26 日第七届全国人大常委会第十一次会议通过）；危险化学品安全管理条例
（2002 年 1 月 9 日国务院第 52 次常务会议通过）；安全生产许可证条例（2004 年 1 月 7 日国务院第 34 次常
务会议通过）；常用危险化学品的分类及标志（GB 13690—92）；工作场所有害因素职业接触限值（GBZ
2.1—2007）；危险化学品名录

<h2 align="center">第十六部分　其他信息</h2>

填表时间　　　　　　　　　　　　　　**填表部门**

数据审核单位　　　　　　　　　　　　**修改说明**

习题参考答案

第一章　参考答案

一、1. C　2. A　3. A　4. B　5. A　6. B　7. C　8. B

二、1. √　2. ×　3. √　4. ×　5. √　6. √

三、(略)

第二章　参考答案

一、1. A　2. A　3. C　4. C　5. B

二、1. √　2. ×　3. ×　4. √　5. √

三、(略)

第三章　参考答案

一、1. B　2. B　3. D　4. A　5. B　6. B　7. B　8. B　9. D　10. A　11. C
12. B　13. C　14. B　15. B　16. D　17. C　18. B　19. A　20. D

二、1. √　2. ×　3. √　4. ×　5. ×　6. √　7. √　8. √　9. √　10. ×

三、(略)

第四章　参考答案

一、1. B　2. B　3. C　4. D　5. C　6. C　7. C　8. A　9. C　10. C　11. C
12. B　13. A　14. A

二、1. √　2. √　3. ×　4. √　5. ×　6. √　7. √　8. √

三、(略)

第五章　参考答案

一、1. C　2. B　3. C　4. A　5. C　6. C　7. B　8. B　9. C　10. A

二、1. √　2. √　3. ×　4. ×　5. ×　6. ×　7. √　8. √　9. √　10. ×

三、(略)

第六章　参考答案

一、1. D　2. B　3. A　4. D　5. C　6. A　7. D　8. D　9. B　10. D

二、1. ×　2. √　3. √　4. √　5. ×　6. ×　7. ×　8. ×　9. √　10. ×

三、(略)

第七章　参考答案

一、1. D　2. A　3. A　4. D　5. B　6. C　7. A　8. B　9. C　10. B

二、1. ×　2. ×　3. √　4. ×　5. ×　6. √　7. √　8. ×　9. √　10. ×

三、(略)

第八章　参考答案

一、1. B　2. C　3. B　4. A　5. B　6. A　7. B　8. C　9. B　10. C

二、1. √　2. ×　3. ×　4. √　5. √　6. √　7. ×　8. √　9. ×　10. ×

三、（略）

第九章　参考答案

一、1. A　2. C　3. C　4. A　5. A　6. C　7. A　8. C　9. B　10. C

二、1. ×　2. ×　3. ×　4. √　5. √　6. ×　7. √　8. √　9. ×　10. ×
　　11. √　　12. ×　　13. √　　14. √　　15. ×

三、（略）

第十章　参考答案

一、1. A　2. C　3. B　4. C　5. C　6. A　7. B

二、1. √　2. ×　3. √　4. √　5. ×　6. √　7. √　8. √　9. √　10. ×

三、（略）

第十一章　参考答案

一、1. C　2. A　3. B　4. C　5. B　6. A　7. B　8. B　9. B　10. B　11. A
　　12. B

二、1. √　2. √　3. √　4. √　5. ×　6. √　7. √　8. √　9. √　10. √

三、（略）

第十二章　参考答案

一、1. D　2. C　3. B　4. C　5. B　6. C　7. A　8. B　9. C　10. D

二、1. √　2. ×　3. √　4. √　5. ×　6. ×　7. √　8. ×　9. √　10. √

参 考 文 献

[1] 张广华. 危险化学品生产安全技术与管理. 北京：中国石化出版社，2004.

[2] 国家安全生产监督管理局和安全科学技术研究所组织编写. 危险化学品生产单位安全培训教程. 北京：化学工业出版社，2004.

[3] 万世波. 中国化工安全卫生法规汇编. 北京：化学工业出版社，2004.

[4] 朱宝轩，刘向东. 化工安全技术基础. 北京：化学工业出版社，2004.

[5] 周国泰，吕海燕，张海峰. 危险化学品安全技术全书. 北京：化学工业出版社，1997.

[6] 王孝元. 工业危害消除与控制. 北京：中国标准出版社，2003.

[7] 罗云. 安全工程试题集. 北京：中国经济出版社，2004.

[8] 张荣. 危险化学品安全技术. 北京：化学工业出版社，2005.

[9] 王德学. 危险化学品安全管理条例释义. 北京：化学工业出版社，2002.

[10] 国家安全生产监督管理局. 国内外危险化学品重特大典型事故案例分析. 2002.

[11] 危险化学品重特大事故案例精选. 北京：中国劳动社会保障出版社，2007.

[12] 赵良省. 噪声与振动控制技术. 北京：化学工业出版社，2004.

[13] 聂幼平，崔慧峰. 个人防护装备基础知识. 北京：化学工业出版社，2004.

[14] 刘宏. 职业安全管理. 北京：化学工业出版社，2004.

[15] 卞耀武，李适时，黄淑和，闪淳昌. 中华人民共和国安全生产法读本. 北京：煤炭工业出版社，2002.

[16] 郑端文，刘海辰. 消防安全技术. 北京：化学工业出版社，2004.

[17] 李再关，李铭鑫. 油品终端销售. 北京：中国石化出版社，2000.

[18] 徐厚生，赵双其. 防火防爆. 北京：化学工业出版社，2004.

[19] 翼和平，崔慧峰. 防火防爆技术. 北京：化学工业出版社，2004.

[20] 刘强. 危险化学品从业单位安全标准化工作指南. 北京：中国石化出版社，2006.

[21] 生产安全事故报告和调查处理条例实施手册. 北京：中国建材工业出版社，2007.

[22] 张东普. 职业卫生与职业病危害控制. 北京：化学工业出版社，2004.

[23] 王自齐，赵金垣. 化学事故与应急救援. 北京：化学工业出版社，2003.

[24] 国家安全生产监督管理局编. 危险化学品经营单位安全管理培训教材. 北京：气象出版社，2002.

[25] 吴金林，毕港峰. 加油站经营与管理. 北京：中国石化出版社，2000.

[26] 常见事故分析与防范对策丛书编委会. 危险化学品常见事故与防范对策. 北京：中国劳动社会保出版社，2004.

[27] 国家安全生产管理管理局编. 危险化学品安全评价. 北京：中国石化出版社，2003.

[28] 全国注册安全工程师执业资格考试辅导教材编审委员会组织编写. 安全生产管理知识. 北京：煤炭工业出版社，2004.

[29] 汽车加油加气站设计与施工规范（GB 50156—2002）.

[30] 周长江，王同义. 危险化学品安全技术管理. 北京：中国石化出版社，2004.

[31] 化学品安全技术说明书编写规定（GB 16483—2000）.

[32] 常用化学危险品贮存通则（GB 15603—1995）.

[33] 易燃易爆商品储藏养护技术条件（GB 17914—1999）.

[34] 腐蚀性商品储藏养护技术条件（GB 17915—1999）.

[35] 毒害性商品储藏养护技术条件（GB 17916—1999）.

[36] 孙华山. 安全生产风险管理. 北京：化学工业出版社，2006.

[37] 危险化学品安全技术说明书编写规定（GB 16483—2000）.

[38] 危险化学品安全标签编写规定（GB 15258—1999）.

[39] 中国就业培训技术指导中心组织编写. 安全评价常用法律法规. 北京：中国劳动社会保障出版社，2008.

[40] 中国就业培训技术指导中心组织编写. 安全评价师. 北京：中国劳动社会保障出版社，2008.

[41] 焦宇，熊艳. 化工企业生产安全事故应急工作手册. 北京：中国劳动社会保障出版社，2008.

[42] 樊晓华，韩雪萍. 企业危险化学品事故应急工作手册. 北京：中国劳动社会保障出版社，2008.

[43] 张海峰. 危险化学品安全技术全书. 北京：化学工业出版社，2008.

[44] 张荣. 危险化学品企业新工人三级安全教育读本. 北京：中国劳动社会保障出版社，2008.

[45] 葛晓军，周厚云，梁缙. 化工生产安全技术. 北京：化学工业出版社，2008.

[46] 赵修从，施代权. 石油化工产品储运销售安全知识. 北京：中国石化出版社，2001.

[47] 王显政. 安全生产与经济社会发展报告. 北京：煤炭工业出版社，2006.

［48］ 中国安全生产科学研究院编．易燃液体安全手册．北京：中国劳动社会保障出版社，2008．

［49］ 中国安全生产科学研究院编．腐蚀品安全手册．北京：中国劳动社会保障出版社，2008．

［50］ 张荣，练学宁．危险化学品生产单位负责人和管理人员安全培训教程．北京：中国劳动社会保障出版社，2010．

［51］ 国务院法制办公室工交商事法制司等联合编写．危险化学品安全管理条例释义．北京：中国市场出版社，2011．

［52］ 中国安全生产科学研究院组织编写．危险化学品生产单位安全培训教程．第2版．北京：化学工业出版社，2012．

［53］ 陈会明，张静．化学品安全管理战略与政策．北京：化学工业出版社，2012．

［54］ 鞠江，范小花．危险化学品安全法律法规．北京：中国劳动社会保障出版社，2010．

［55］ 全国危险化学品管理标准化技术委员会编．危险化学品标准汇编包装、储运卷基础标准．第2版．北京：中国标准出版社，2011．

［56］ 王起全．重大危险源安全评估．北京：气象出版社，2010．

［57］ 胡永宁，马玉国，付林，俞万林．危险化学品经营企业安全管理培训教程．北京：化学工业出版社，2011．